# 太阳能电池
## ——材料·制造·检测技术

翁敏航　编著
刘　玮　审校

科学出版社
北　京

## 内 容 简 介

本书作者总结多年的研究经验，由浅入深地对太阳能电池进行详细的介绍。首先对太阳能光电产业的历史演进及基本理论做简单的介绍，并对太阳能电池的半导体物理基础、基本原理、损失与测定进行了说明。本书重点在于太阳能电池相关原理的说明，并纳入许多读者感兴趣的议题，包括晶硅太阳能电池、染料敏化太阳能电池、硅基薄膜与高效率化合物的太阳能电池等知识。

本书使用浅显易懂的词句，并尽量按条理进行说明，同时配有丰富的图片，使读者减少不必要的阅读困难。

本书适合各大、中型院校能源、环境、电力及相关专业的师生参考阅读，同时适合作为太阳能电池研发工程师的参考用书。

**图书在版编目(CIP)数据**

太阳能电池：材料・制造・检测技术/翁敏航编著；刘玮审校. —北京：科学出版社，2013.4（2025.8重印）

ISBN 978-7-03-036720-4

Ⅰ.太… Ⅱ.翁… Ⅲ.太阳能电池 Ⅳ.TM914.4

中国版本图书馆 CIP 数据核字(2013)第 030085 号

责任编辑：孙力维 杨 凯 / 责任制作：董立颖 魏 谨

责任印制：赵 博 / 封面设计：张 楠

科学出版社 出版

北京东黄城根北街 16 号

邮政编码：100717

http://www.sciencep.com

天津市新科印刷有限公司印刷

科学出版社发行 各地新华书店经销

*

2013 年 4 月第 一 版 开本：B5(720×1000)

2025 年 8 月第十次印刷 印张：25 1/4

字数：490 000

**定 价：58.00 元**

（如有印装质量问题，我社负责调换）

# 前　言

目前,太阳能电池已经成为一个热门的产业与研究领域。地球的平均温度在过去20年间升高了0.2℃以上,因此开发与使用无污染的绿色能源已成为21世纪人类生活中最重要的工作。在众多的绿色能源中,太阳能光电以其低环境冲击的优点,成为主要的替代能源。

本书的编撰构想源于2006年,当时主编有幸与几位热情的年轻朋友共同研究用于太阳能电池的光电薄膜材料,有感于当时相关的太阳能电池参考书太少,虽然国外已有许多大师级学者撰写的太阳能电池的经典书籍,但是对于国内的初学者而言似乎要一段相当长的时间才能理解,因而兴起编写一本轻松入门且可读性高的中文书籍。经过几年时间,坊间已经有许多优秀的太阳能电池的专业书籍。从太阳能电池的技术观点来看,可分为原理、材料、器件、检测、制备、封装、模块、设备、系统、应用与市场趋势等。有些书着重讲原理,有些书着重讲制备,有些则着重讲封装或应用,每本书都有其切入点与特色。作者在多年研究太阳能电池的过程中发现,太阳能电池是一门跨领域的学问。因此本书定位在太阳能电池的入门书,重点在于太阳能电池的相关原理的说明,并纳入许多读者感兴趣的议题,包括晶硅太阳能电池、染料敏化太阳能电池、硅基薄膜与高效率化合物的太阳能电池等基础知识。本书的内容汇集了多位编写者多年来的读书笔记、教学与研究数据,并参考了许多书籍与文献资料。大致说来,本书非常适合各大、中型院校能源、环境、电力及相关专业的师生参考阅读,同时适合作为太阳能电池研发工程师的参考书。

作者使用浅显易懂的词句,并尽量按条理进行说明,使读者减少不必要的阅读困难。虽然作者力求翔实,但难免有疏漏之处,请读者不吝指教。在此特别感谢过去及现在的众多同学给我的启发与协助资料收集,他们是叶佑名、王昱杰、黄健玮、庄明战、陈坤贤、林成、张竣逸、李家兴、郭恭佑、涂在根、邱宥浦、田伟辰、徐政杰、王诠文、庄子谊、陈伟修、李鸿升、彭昱铭、黄俊智、蔡水峰、何宜璟、李宗育等。太阳能电池的知识广泛，要编辑一本书需要许多人的协助。特别感谢张育绮小姐（第 1 章、第 3 章与第 5 章）、叶昌鑫先生（第 4 章与第 6 章）、陈皇宇先生（第 2 章、第 7 章与第 10 章）、陈威宇先生（第 8 章与第 9 章）协助初稿整理。祝他们早日获得博士学位！特别感谢洪政源博士与吴宏伟博士对本书提出的教学意见。也感谢施明昌教授、周春禧教授、熊京民教授、廖庆聪教授、于剑平教授、朱孝业教授、吴信贤教授长期在光电薄膜研究上给予的宝贵意见。感谢杨茹媛教授、管鸿教授与晁成虎博士对本书的编辑做出的相当多的贡献。主编与共同作者深深地感谢多位教导过的师长，苏炎坤教授、张守进教授、黄正亮教授、陈建富教授、梁从主教授、戴宝通教授等，让我们能在知识的领域里作一点小小贡献。

完成一本浅显易懂的太阳能电池的入门书，心中感觉踏实。能为这块土地做一点事，作者深感荣幸又谦卑。

作　者

2012 年 11 月

# 目　录

# 1 章

# 太阳能电池概论

## 1.1 章节重点与学习目标

由于近年来全球气候的异常以及各国经济发展而消耗大量石油燃料，已造成大气中二氧化碳等温室气体的浓度急速增加，产生越来越明显的全球增温、海平面上升及气候变迁加剧等现象，对水资源、农作物、自然生态系统及人类健康等层面都造成日益明显的负面冲击。全球变暖与能源危机成为亟待解决的问题，因此，可再生能源技术的开发成为当前能源产业的发展趋势。绿色可再生能源之中，具有诸多优点的太阳能光电的发展受到极大瞩目。在本章中，我们先说明发展可再生能源的必要性，目前环境污染造成的全球变暖，传统能源所面临的问题，以及国际上产学研相应的对策。接着介绍替代能源、可再生能源以及绿色能源的意义，说明发展太阳能电池的必要性。本章还将介绍太阳光的基本知识，包含太阳光谱、太阳辐射以及各种太阳能电池种类、技术概论与目前的市场评价。最后将给有志从事太阳能电池的工作者一些入门学习的建议。读者在读完本章后，应该能回答：

(1) 发展可再生能源的必要性与急迫性。

(2) 发展太阳能电池的理由。

(3) 太阳能电池的发展历史。

(4) 太阳能电池的种类与目前效能。

(5) 各种太阳能电池的优缺点。

(6) 太阳能电池的发展现状与待解决的研发重点。

(7) 可以学习太阳能电池知识的途径。

## 1.2 能源现状

我们应当了解目前我们所居住的环境正面临两个亟待解决的问题：

(1) 全球变暖。

(2) 能源危机。

## 1.2.1 全球变暖

全球变暖(Global Warming)是指地球表面的温度越来越高,造成海平面上升及全球气候变迁加剧等现象,对水资源、农作物、自然生态系统及人类健康等层面都造成明显的冲击。图 1.1 所示为北极冰层俯视图,从 1979 年到 2003 年,北极冰层有 8%的冰层面积溶化。图 1.2 所示为 1928 年与 2004 年阿根廷的冰河消退对照图。在全球变暖日益严重的影响下,喜马拉雅山上游的冰河也有逐渐溶化的趋势。全球变暖的原因大致包括[1]:

(1) 自然的改变:太阳辐射的变化与火山活动。

(2) 外来因素的影响:主要是温室气体产生的温室效应,亦即大气中二氧化碳和其他温室气体的含量不断增加,使得地球表面的热气被局限在地表上。燃烧化石燃料、清理林木和耕作等都增强了温室效应。

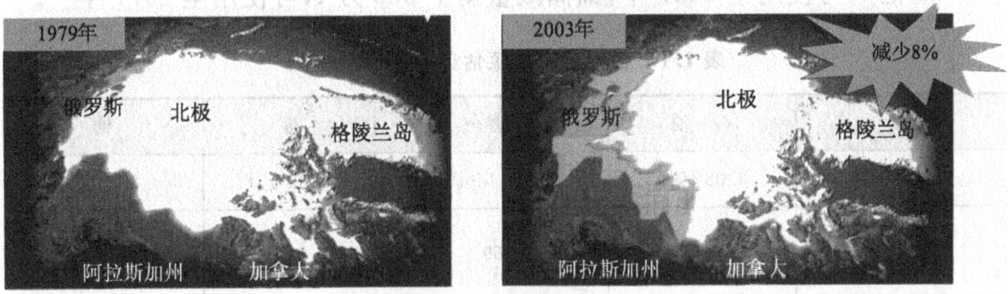


**图 1.1** 1979 年与 2003 年北极冰层前后对照图(www.erec-renewables.org)

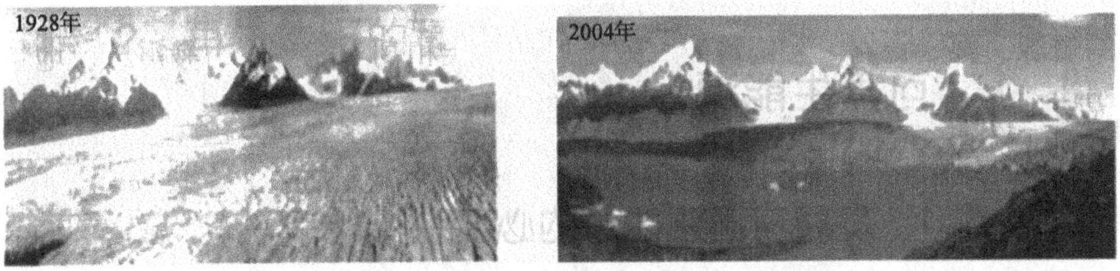


**图 1.2** 阿根廷的冰河消退对照图(www.erec-renewables.org)

温室效应的观测是 1897 年由瑞典化学家阿伦尼乌斯(Arrhenius)提出的,全球性的温度增量可能造成地球环境的变动,包括海平面上升和降雨量及降雪量在数额和样式上的变化,如洪水、旱灾、热浪、飓风和龙卷风。除此之外,还有其他后果,包括更高或更低的农产品产量、冰河消退、夏天时河流流量减少、物种消失及疾病肆虐等。多位气候学家同意，自从 1950 年以来，太阳辐射的变化与火山活动所产生的变暖效果比人类所排放的温室气体还要低，关于温室气体的产生，大部分与燃烧化石燃料有关。传统化石能源发电的 $CO_2$ 排放量约 530 t/(GW·h)，而太阳能发电制造的 $CO_2$ 排放量仅 5 t/(GW·h)。目前地球平均温度已经比 20 年前高 0.2℃以上，解决全球变暖问题已经刻不容缓了。

### 1.2.2 能源危机

随着工业与物质文明的发展，人类对能源的依赖程度加深了能源的过度使用，表 1.1 列出了各种传统能源的储藏量与可用年限估计。多数传统能源的储藏量都是有限的，即会有用尽的一天。依据估算，石油储藏量剩下 3.08 亿桶，可使用至 2050 年；天然气储藏量剩下 136Mm³，可使用至 2069 年；煤储藏量剩下 9822 亿 t，可使用至 2237 年；铀储藏量剩下 385 万 t，可使用至 2071 年[2]。

**表 1.1 各种传统能源估计的储藏量年限**

| | 石 油 | 天然气 | 煤 | 铀 |
|---|---|---|---|---|
| 储藏量 | 3.08 亿桶 | 136 Mm³ | 9822 亿 t | 385 万 t |
| 2010 年后可用年限 | 40 | 59 | 227 | 61 |

## 1.3 可再生能源

### 1.3.1 发展可再生能源的必要性

由前节所述，发展其他非传统的能源非常必要，并且具有急迫的需求。非传统的能源有一些常见的分类[3~7]。

可再生能源(Renewable Energy)是自然界中已存在的能源，且在自然界中生生不息，具有与耗能同等速度的再生能力，因而不会造成能源的短缺，有着再生及再利用的可能性。可再生能源是取之不竭、用之不尽的资源，如风能、生物质能、太阳能、波能和潮汐能、水力发电以及地热能等。

替代能源(Alternative Energy)指一般非传统、对环境影响小的能源及能源储藏技术,且并非来自于化石燃料。其中,多数的可再生能源都是替代能源的一种。

绿色能源(Green Energy)是指对环境友好的能源,具有减缓全球变暖与气候变迁的效用,包括风力、太阳能、地热、潮汐、生物质能等。广义来说,绿色能源可以增加能源效益、减少温室气体排放、减少废弃物与污染,以及节约水资源及其他自然资源。

为了我们的地球免受气候变暖的威胁,在 1997 年 12 月 11 日,149 个国家和地区的代表在日本东京召开"联合国气候变化框架公约会议",会议中通过了限制发达国家和地区温室气体排放量以抑制全球变暖的《京都议定书》。这是历史上第一次以法律约束的形式限制发达国家和地区温室气体排放量。《京都议定书》规定,到 2010 年,下列六种管制温室气体[3,4]的排放量要比 1990 年减少 5.2%:

(1) 前三类:$CO_2$、甲烷与氧化亚氮。

(2) 后三类:氢氟碳化物、全氟化碳与六氟化硫。

具体说来,各个发达国家和地区从 2008 年到 2012 年必须完成的减排目标是:

(1) 与 1990 年相比,欧盟减少 8%、美国减少 7%、日本减少 6%、加拿大减少 6%、东欧各国减少 5%~8%。

(2) 新西兰、俄罗斯和乌克兰可将排放量稳定在 1990 年的水平上。

(3) 允许爱尔兰、澳大利亚和挪威的排放量分别比 1990 年增加 10%、8%、1%。

(4) 各国皆应制定使用可再生能源的比例占总体使用能源 12%~15%的目标。

## 1.3.2 可再生能源的种类

可再生能源多为取之不竭、用之不尽的资源,例如,风能、生物质能、太阳能、波能和潮汐能、水力发电以及地热能等。以下简述常用可再生能源的种类与发展现状[1]。

1. 风 能

风能发电是通过风推动电机以产生电力，是一种机械能与电能的转换。目前，风力发电的发电成本已下降至可与传统燃油发电成本相竞争，且低于天然气发电成本。2008 年年底，风力发电累积装置容量已达 12 200 万W。若某一地区的年平均风速超过 4 m/s，则具有发展风能的潜力。

2. 太阳能

太阳能包含太阳热能与太阳电能的使用。太阳热能是直接用集热板收集太阳光的辐射热，将水加热以推动机械，是一种热能、机械能与化学能的转换。太阳能发电是通过光伏电池（Photovoltaic，PV）或太阳能电池（Solar Cell）将太阳能转换为电能，是一种光能与电能的转换。随着使用化石能源与环保冲突日趋严重，在美、日、欧等发达国家和地区的推动下，太阳能光电产业蓬勃发展，且被认为是最具发展潜力的可再生能源。

3. 生物质能

生物质能发电指将各种有机体转换成电能，是一种生物质能与电能的转换。有机体发电是指将农村及城市地区产生的各种有机物，如粮食、含油植物、牲畜粪便、农作物残渣及下水道废水等，经各种自然或人为化学反应后，再萃取其能量进行应用。典型的生物质能发电的应用包括垃圾焚化发电、沼气发电、农林废弃物及一般工业废弃物应用发电等。

4. 地 热

地热发电指借助地底所产生的热来推动发电机生成电能，是一种热能与电能的转换。环太平洋火山带有多处山区显示蕴藏有地热。根据台湾地区地热资源初步评估结果，全台湾地区有近百处显示具有温泉地热征兆，但大部分因属火山性地热泉，酸性成分太高，较不具有发电价值。因此，如能克服地热酸性成分高与蒸气含量少两个瓶颈，则能使地热发电具有较好的发展前景。

5. 海水温差

海水温差发电是指将自然界的海水或湖水冷却，再经水泵加压打回锅炉，形成一个闭路循环以此产生电能，是一种热能、机械与电能的转换。其中，若在此循环中的热源与冷源的温差达到数百摄氏度，其热力效率可达 30%～40%；

然而,海洋温差仅有 20～25℃,因此其效率仅为 3%左右。虽然如此,但是海洋的体积庞大,若善加设计利用,也能产生可观的电能。

6. 波 浪

波浪发电是指风吹过海洋时产生波浪能(Wave Energy),这种波浪能在宽广的海面上以储存在水中的方式进行发电机的能量转移,是一种风能、机械能与电能的转换。由于地球表面有超过 70%以上的面积是海洋,因此海洋成为世界最大的太阳能收集器。太阳辐射照射在广大的海洋面积,造成地表海水与深海海水之间的温差,产生地球表面大气间的压力差,由此产生风并造成波浪能。所利用的装置有许多种形式,操作原理可分为:

(1) 利用波峰到波谷的垂直运动来驱动水轮机或汽轮机。

(2) 利用波浪的前后来回运动,经由凸轮等机械组件来推动轮叶机。

(3) 其他方法。例如,将波浪集中在水道,再以波浪变化时的动量传播效应,来维持一定的水位差以推动水轮机等。

7. 潮 汐

潮汐的产生是由于地球的万有引力与地球自转对海水的引力,造成海平面周期性的变化。潮汐发电即是利用涨潮与退潮造成海水高低潮位的落差,进而推动水轮机旋转,带动发电机发电来产生电力,仅需 1 m 的潮差即可供围筑潮池,进行潮汐发电,它是一种机械位能与电能的转换形式。

虽然上述的可再生能源各以不同的名称出现,但是几乎都与太阳提供的能量有关。在能量守恒的观点上,太阳内部的质量变化所提供的光能量传送至地球,形成诸多可再生能源,如风能、生物质能、太阳能、波浪能、水力以及地热能等的原动力。

### 1.3.3 发展可再生能源的策略

图 1.3 示出了 2005～2011 年全球可再生能源的材料和设备的产值与预估值[8,9]。2006～2011 年间以 25.8%年均复合增长率增长;预计到 2011 年,市场规模将达到 75 亿美元。而以目前的可再生能源而言,风能似乎是现阶段发展性较佳的再生能源。

目前世界各国推动可再生能源产业发展的具体措施包括:电价收购、设备

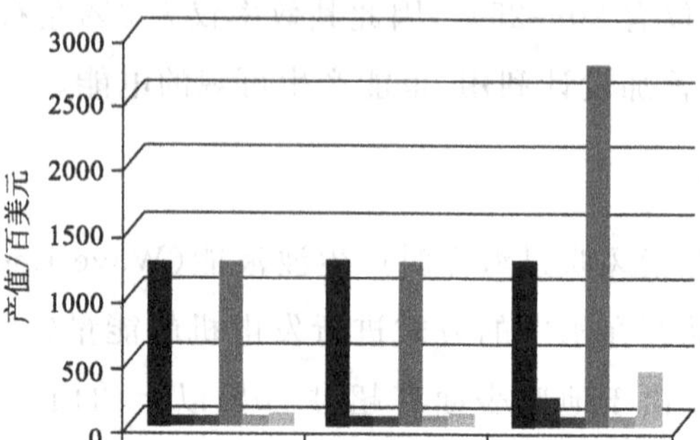


| | 2005年 | 2006年 | 2011年 |
|---|---|---|---|
| 太阳能(光能) | 1211.30 | 1214.90 | 1214.90 |
| 太阳能(热能) | 6.1 | 12 | 167.1 |
| 小型水力发电 | 0.4 | 0.6 | 5.1 |
| 风能 | 949 | 1105.50 | 2714.00 |
| 地热能 | 5.2 | 5.4 | 13.2 |
| 海洋能 | 28.1 | 28.1 | 360 |

**图 1.3**　2005～2011 年全球市场可再生能源的材料和设备的产值

补助、低息贷款、租税减免、加速折旧等奖励政策。未来应确立电力公司的电力供应必须有一定比例来自可再生能源，且光电并联系统的使用者也可将其剩余电力回售给电力公司。

### 1.3.4　发展太阳能电池的必要性

图 1.4 所示为到 2040 年全球对各种可再生能源的电力需求预估[9,10]。由图 1.4 可知，可再生能源的使用将有快速的增长，其中太阳能发电的增长更加明显。整体来说，在发展中的替代性能源，风力及水力皆受到各国地理环境的影响，无法有效地普及应用。而生物质能的部分，虽被认为是最有效、最有可能取代石油的替代性能源，却由于世界各国的粮食危机，在粮食不够充足的情况下，其发展性大大地受到拘束。美国能源部长朱棣文博士曾表示："风能有风场问题，生物质能有粮食议题。"因此，属于绿色能源的太阳能电池被列为未来研究发展的重点之一。

太阳能电池及其模块在使用上的优点为[4~6]：

(1) 至少对人类的历史而言，太阳能应该是取之不尽、用之不竭的。

(2) 太阳能的提供不需能源运转费、无需燃料、无废弃物与污染、无转动组件、无噪声。

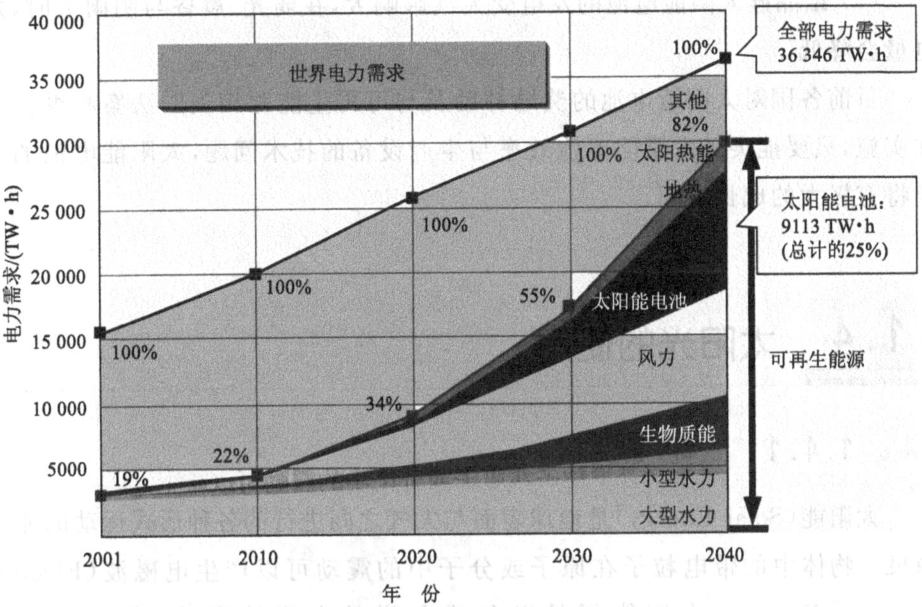


**图 1.4 全球对各种可再生能源的电力需求预估**

(3) 太阳能电池组块机械破损较少，是半永久性的发电设备，使用寿命可以长达二十年以上。

(4) 太阳能电池可将光能直接转换为直流电能，且发电规模可依系统而定，大至发电厂、小至一般计算器皆可发电。

(5) 太阳能电池种类众多，外形、尺寸可随意变化，应用广泛。

(6) 太阳能电池发电量大小随日光强度而变，并联型发电系统可以辅助尖峰电力。

(7) 薄膜型太阳能电池可设计为阻隔辐射热或半透光，将可与建筑物结合。

尽管太阳能电池在使用上具有诸多优点，但目前太阳能电池尚有一些缺点仍待改进[9-13]：

(1) 就现阶段的发展而言，太阳能电池的生产设备成本相对昂贵。

(2) 太阳能电池的转换效率为 15%～20%，大规模发电的太阳能电池组件需要很大的收集面积。

(3) 目前的太阳能电池仅发电但不储电，因此需要有储电的蓄电池。

(4) 硅基太阳能电池的机械强度低，需要其他的封装材料加以增强。

(5) 结晶硅太阳能电池的发电受天气影响大，在弱光、晨昏与阴雨天时，发电量会降低。

目前各国对太阳能电池的奖励补助及与可再生能源相关的法案相继推出并实施，只要能突破太阳能电池效率与生产设备的技术问题，太阳能电池的需求将有极大的成长空间。

## 1.4 太阳光的使用

### 1.4.1 太阳光谱

太阳能(Solar Energy)是地球表面与大气之间进行的各种形式运动的能量源泉。物体中的带电粒子在原子或分子中的震动可以产生电磁波(Electromagnetic Wave)。太阳能便是以各式各样的电磁波形式，由太阳辐射(Radiation)到地球上。辐射是通过放射输送能量，其传播速度等于光速，且传播不需介质。日常生活中当我们坐在火炉边，可以感受到火焰带给我们的温暖，这就是辐射能的作用。

气象学所着重研究的是太阳、地球和大气的热辐射，其波长范围为 0.15～120 μm，其中太阳辐射的主要波长范围是 0.15～4 μm，地面辐射和大气辐射的主要波长范围是 3～120 μm。因此气象学上习惯把太阳辐射称为短波辐射，而把地面及大气的辐射称为长波辐射。我们可以理解的阳光是指可见光，其波长范围是 0.4～0.76 μm；可见光经棱镜分光后，成为红、橙、黄、绿、蓝、靛、紫的七色光带，称为光谱，如图 1.5 所示。在可见光范围之外的光谱是人眼所看不见的，但可用仪器测量出来[2~5]。

### 1.4.2 太阳辐射与吸收

太阳是一个炽热的气态球体，其表面温度为 6000 K 左右，而内部的温度据估计高达 40 000 000 K，不断以电磁波的形式向四周发散光与热。到达地球上的太阳辐射是非常巨大的，因此，大气中所发生的各种物理过程和物理现象，都直接或间接地依靠太阳辐射的能量来进行，而太阳辐射可视为黑体辐射。

太阳辐射强度是用来表征太阳辐射能强弱的物理量，即表示单位时间内，

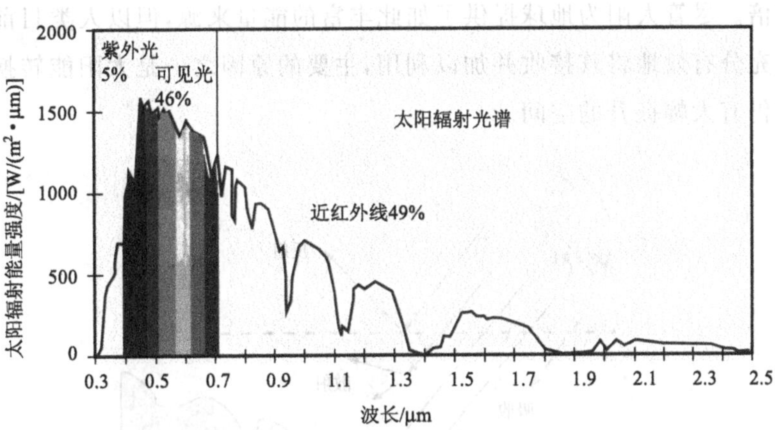


**图 1.5** AM1.5 照射下的太阳能光谱

垂直投射在单位面积上的太阳辐射能，用 $I$ 表示[单位为 cal/(cm · min)]；到达地球大气顶端的太阳辐射强度，则是由以下因素决定[5,6]：

(1) 日地距离：地球绕太阳的轨道是椭圆形的，因此日地间的距离便以一年为周期来变化。地球上受到的太阳辐射的强弱与日地距离的平方成反比。当地球通过近日点时，地表单位面积上所获得的太阳能，要比地球通过远日点时多 7%。但实际上，由于大气中的热量交换和海陆分布的影响，南、北半球的实际气温并没有上述的差别。

(2) 太阳高度：太阳的高度越高，其辐射强度越大；反之，则辐射强度越小。因为太阳高度越高，阳光直射到地面的面积越小，因此单位面积上，所吸收的热量越多；太阳高度越低时，因阳光为斜射，照到地面上的面积则变大，因此单位面积上所吸收的热量便减少。

(3) 日照时间：太阳辐射强度也会与日照时间长短成正比，而日照时间会随着季节和纬度的不同而不同。夏季时，昼长夜短，日照时间长；冬季时，昼短夜长，日照时间短。昼夜长短的差异随纬度增高而增大。

图 1.6 所示为太阳光入射地面时的情况[5]。当太阳光照射到地球时，一部分光线被反射或散射，一部分光线被吸收，只有约 70% 的光线能够透过大气层，以直射光或散射光的形式到达地球表面。到达地球表面的光线一部分被表面物体所吸收，另一部分又被反射回大气层。从太阳表面所放射出来的能量，换算成电力约 $3.8\times10^{23}$ kW。其中，距离太阳 1.5 亿 km 的地球换算所接收的太阳能量，以电力表示约为 $1.77\times10^{14}$ kW，这个值大约是全球平均年消耗电力

的十万倍。尽管太阳为地球提供了如此丰富的能量来源,但以人类目前的科技尚无法充分有效地将其接收并加以利用,主要的原因之一是太阳能转换成电能的效率仍有大幅提升的空间。

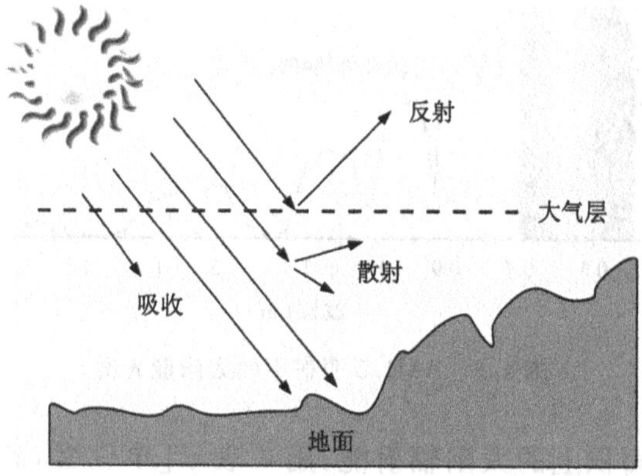


**图 1.6** 太阳光照射地面时的情形,部分光线被反射或散射,部分被吸收,约 70%会到达地面

### 1.4.3 太阳光的光电转换

太阳光照射到可吸收光谱的半导体光电材料后,光子(Photon)会以激发电子/空穴(Electron/Hole)的方式输出。在光电转换的过程中,事实上并非所有的入射光谱都能被太阳能电池所吸收,并完全转换成电流,有 30%左右的光谱因能量太低(小于半导体的能隙),对电池的输出没有贡献。在被吸收的光子中,除了产生电子-空穴对所需的能量外,约有 50%的能量以热的形式释放掉。

太阳能电池是一种能量转换的光电器件,经过太阳光照射后,可以把光的能量转换成电能。从物理的角度来看,有人称之为光伏电池(Photovoltaic),其中的 Photo 就是光,而 voltaic 就是电力(Electricity)。

## 1.5 太阳能电池的种类

由于太阳能电池的种类繁多,若以材料的种类进行分类,其分类结果如图 1.7 所示。本节大致说明各种电池的优缺点与目前的效能,详细信息于后续章节中说明[2~16]。

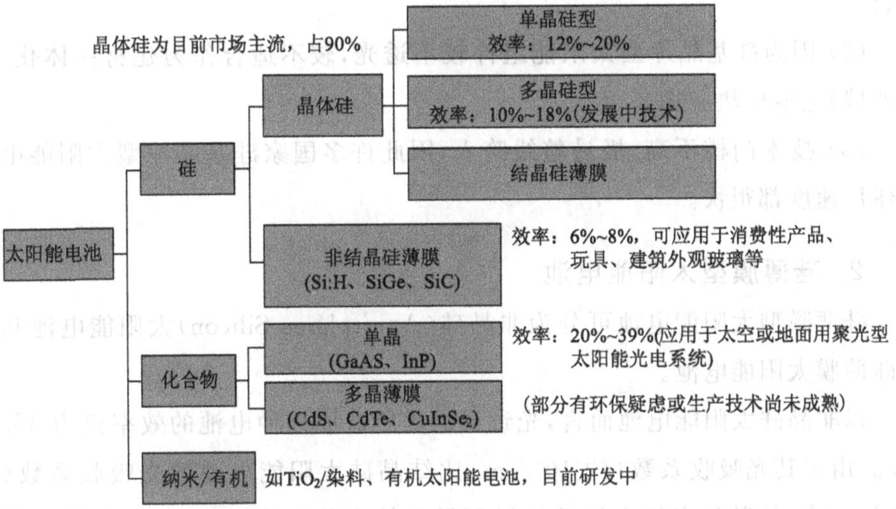


**图 1.7　以材料的种类对太阳能电池进行分类**

1. 硅基晶片型太阳能电池

硅基晶片型太阳能电池主要可分为单晶硅(Single Crystal Silicon)和多晶硅(Poly Crystal Silicon)芯片型太阳能电池两大类。

以单晶硅太阳能电池而言，完整的结晶使单晶硅太阳能电池能够达到较高的效率，且键结较为完全，不易受入射光子破坏而产生悬挂键(Dangling Bond)，因此光电转换效率不容易随时间而衰退。

以多晶硅太阳能电池而言，由于具有晶界面，在切割和再加工的工序上，比单晶和非晶更困难，效率方面比单晶硅太阳能电池低。不过，简单与低廉的长晶成本是它最大的特色。因此，在部分低功率的电力应用系统上，多采用这类的太阳能电池。详细信息将在第 4 章说明。

目前效能：单晶硅型太阳能电池的模块效率为 15%～17%；多晶硅型太阳能电池的模块效率为 13%～16%。

硅基晶片型太阳能电池的优点：

(1) 硅基制备技术发展成熟，可大量生产，是目前太阳能电池的主流。

(2) 整厂输出(Turn Key)设备价格低，25 MW 的生产线约合 200 万美元。

(3) 模块的效能稳定，使用期限长，一般可达 20 年。

硅基晶片型太阳能电池的潜在缺点：

(1) 晶片原料有缺料风险，且同瓦数模块的能源回收期比薄膜型太阳能电池长。

(2) 因为硅基晶片型太阳能组件较不透光，较不适合作为建材一体化(玻璃外墙)电池模块应用。

(3) 技术门槛不高，极易整线跨入，因此许多国家硅基晶片型太阳能电池的建厂速度都很快。

## 2. 硅薄膜型太阳能电池

硅薄膜型太阳能电池可分为非晶硅(Amorphous Silicon)太阳能电池和结晶硅薄膜太阳能电池。

以非晶硅太阳能电池而言，光致衰退现象造成该种电池的效率仅为6%～8%。由于其光吸收系数(约$10^5$/cm)比结晶硅太阳能电池的光吸收系数(约$10^3$/cm)高，使其具有较少的硅材料用量与较多的全年发电量，因此仍有存在的必要性[11]。详细信息将在第5章说明。

以结晶硅薄膜太阳能电池而言，主要是利用叠接不同晶格结构与材料制成太阳能电池，并通过不同的能隙变化吸收某特定波段的光谱能量来进行光电转换。详细信息将在第6章说明。

目前效能：非晶硅太阳能电池的模块效率约为6%；结晶硅薄膜太阳能电池的模块效率为10%～13%。

硅薄膜型太阳能电池的优点：

(1) 同一模块瓦数下，全年发电量胜过其他种类的太阳能电池。

(2) 制备与模块一体成形，极适合建材一体化的应用。

(3) 制备与设备技术类似面板产业的发展，目前正进行第5代大面板制备技术的开发。

(4) 所有太阳能电池都可大面积且定制化生产，还可在柔性(Flexible)基板上进行制造。

硅薄膜型太阳能电池的潜在缺点：

(1) 非晶硅薄膜太阳能电池的效率及稳定度差，有极大的改善空间。

(2) 大面积(5代面板以上)的镀膜设备技术门槛甚高，需克服如高频CVD驻波(Standing Wave)与电浆均匀度等问题，目前仅有少数几家国际大厂具有技术能力。

(3) 目前整厂输出设备价格高，非晶硅薄膜电池25 MW生产线约合3000

万美元，结晶硅薄膜太阳能电池 25 MW 生产线要 6000 万～1 亿美元。

### 3. Ⅲ-Ⅴ族化合物太阳能电池

许多化合物半导体材料都可用于太阳能电池的光吸收层，主要的材料有砷化镓 GaAs、GaInP 等。目前，Ⅲ-Ⅴ系列太阳能电池的效率已远远超过硅基太阳能电池，且由于 Ⅲ-Ⅴ 半导体电池的高效率、低重量以及更好的耐辐射特性，已使得 Ⅲ-Ⅴ 半导体逐渐在太空卫星与高效率太阳能电池的市场占有一席之地[15]。详细信息将在第 8 章说明。

目前效能：聚光型砷化镓（GaAs）太阳能电池是目前所有太阳能电池中效率最高的，其效率可超过 30%。

Ⅲ-Ⅴ族化合物太阳能电池的优点：

(1) 砷化镓太阳能电池的效率大部分超过 20%以上。

(2) 砷化镓器件制备类似于发光二极管产业，因此发电与照明产业的结合将有极大潜力。

Ⅲ-Ⅴ族化合物太阳能电池的缺点：

(1) 砷化镓太阳能电池的生产设备与材料昂贵，大面积化制备困难度极高。

(2) 聚光型砷化镓太阳能电池的模块成本极高，每瓦的成本约是其他电池的百倍以上。

### 4. Ⅱ-Ⅵ族化合物太阳能电池

许多Ⅱ-Ⅵ族化合物半导体材料都可用于太阳能电池的光吸收层，主要的材料有 CdTe、$CuInSe_2$（CIS）、$CuInGaSe_2$（CIGS）等。目前，生产 CdTe 薄膜太阳能电池的国际大厂获利甚高，此外 $CuInGaSe_2$（CIGS）薄膜太阳能电池的实验室效率也达到 17%，因此引起众多厂商积极投入[16]。详细信息将在第 8 章说明。

目前效能：CdTe 的模块效率可达 10%以上，CIGS 的模块效率达 12%。

Ⅱ-Ⅵ族化合物太阳能电池的优点：

(1) CdTe 电池是次世代薄膜太阳能电池中效率较高的。

(2) CIGS 可通过卷印制备用于柔性基板生产。

Ⅱ-Ⅵ族化合物太阳能电池的缺点：

(1) CdTe 与 CIGS 的部分成分毒性高，有严重的环保问题。

(2) CdTe 与 CIGS 的部分组成原料在地球的蕴藏量有限。

(3) CIGS 的大面积化制备困难度极高，并有靶材来源——四元化合物的稳定性与材料毒性的问题，以及材料控制等问题。

5. 染料敏化太阳能电池

染料敏化太阳能电池(Dye-Sensitized Solar Cell，DSSC)是 Gratazel 等人在1991年发明的，其工作原理简述如下：当染料(Dye)被光激发后，将激发的电子注入 $TiO_2$ 导带，而留下氧化(Oxidize)的染料分子，电子在 $TiO_2$ 粒子间传输至电极，经过负载至另一电极，在此经由白金的催化与电解质溶液产生氧化还原反应，反应完成后的电子将氧化的染料分子还原，完成一个工作循环。其优点是制造简易，模块具柔性(Flexible)，效率最高纪录达到11%。详细信息将在第7章说明。

目前效能：染料敏化太阳能电池的实验室最高效率约为11%，但大面积商用模块仍在开发中。

染料敏化太阳能电池的优点：

(1) 染料敏化太阳能电池是次世代薄膜电池中成本较低且材料使用较少者。

(2) 染料敏化太阳能电池的制备非常容易，不需要昂贵的真空设备。

(3) 染料敏化太阳能电池可实现大面积且定制化生产，还可在柔性基板上进行制备。

染料敏化太阳能电池的潜在缺点：

(1) 染料敏化太阳能电池目前大面积生产的技术仍不够成熟，且商用模块效率仍较低。

(2) 染料敏化太阳能电池的封装过程较为复杂。

(3) 在 UV 照射和高温下会出现严重光致衰退现象。

6. 有机太阳能电池

有机太阳能电池采用有机材料，类似 PN 结的结构，有一施主层与一受主层。与一般半导体不同的是，在有机半导体中，光子的吸收并非产生可自由移动的载流子，而是产生束缚的电子-空穴对(亦称作激子，Excitons)。其制备简易，模块具柔性，详细信息将在第 8 章说明。

目前效能：有机太阳能电池的实验室最高效率为 5%～6%，但大面积商用模块仍在开发中。

有机太阳能电池的优点：

(1) 有机太阳能电池是次世代薄膜电池中成本最低的。

(2) 有机太阳能电池的制备非常容易，不需要太多昂贵的真空设备。

(3) 有机太阳能电池可在柔性基板上进行制造，产品的重量轻，极适合整合于个性化可移动的电子产品上。

有机太阳能电池的潜在缺点：

(1) 有机太阳能电池目前的技术仍不够成熟，短时间内似乎不易商业化。

(2) 有机太阳能电池的封装过程较为复杂且模块的可靠度与稳定度差。

(3) 目前在次世代电池中转换效率最差，必须突破有机材料电子传导速率过慢的先天性缺陷限制。

除了上述常用的太阳能电池外，还有许多研发中的太阳能电池，它们基于上述太阳能电池，在材料或结构上进行变化[17]。表 1.2 列出了目前实验室研发中的各类太阳能电池的转换效率、每瓦价格以及其在本书的对应章节[2～5]。需要说明的是，以目前世界各国产学研对太阳能电池的积极研发态度，表中的数据在几年内皆会被更新。

**表 1.2　太阳能电池依形态及材料种类分类**

| 形　态 | 种　类 | 材　料 | | 地面用转换效率/% AM1.5,25℃测量<br>实验室面积/$cm^2$ | 地面用转换效率/% AM1.5,25℃测量<br>商业化面积/$cm^2$ | 价格/(U.S/Wp) | 本书对应章节 |
|---|---|---|---|---|---|---|---|
| 晶片型 | Ⅲ-Ⅴ族 | 砷化镓 | GaAs | 25.1%<br>(3.91$cm^2$) | — | 100～2000 | 8.5 |
| | | | 多结叠层<br>CaInP/CaAs/Ge | 35.0%<br>(3.989$cm^2$) | — | 2.5～3.5 | 8.5 |
| | 硅基 | 单晶硅 | Single-Crystalline Si | 24.7%<br>(4.00 $cm^2$) | 15%～18%<br>(直径=4″～6″) | 1～1.5 | 4.5 |
| | | 多晶硅 | Poly-Crystalline Si | 20.3%<br>(1.002 $cm^2$) | 12%～14%<br>(直径=4″～6″) | | 4.5 |
| | | 单晶/非晶硅叠层 | Heterojunction with Intrinsic Thin-layer | 21.0%<br>(101 $cm^2$) | 19.5%<br>(101 $cm^2$) | | 4.7.2 |

续表1.2

| 形态 | 种类 | 材料 | | 地面用转换效率/% AM1.5,25℃测量 实验室面积/cm² | 地面用转换效率/% AM1.5,25℃测量 商业化面积/cm² | 价格/(U.S/Wp) | 本书对应章节 |
|---|---|---|---|---|---|---|---|
| 薄膜型 | 硅 | 非晶硅 | Amorphous Si | 10.1% (1.199 cm²) | 7% (15 400 cm²) | | 5.5 |
| | | 非晶硅/微晶硅叠层 | Amorphous/Micro Crystalline Si Tandem | 13% (1.0 cm²) | 10% (15 400 cm²) | 2~3 | 6.4 |
| | Ⅱ-Ⅵ族 | | Cd-Te | 16.5% (1.032 cm²) | 10.7% (4 874 cm²) | | 8.3 |
| | Ⅰ-Ⅲ-Ⅵ族 | | $CuInSe_2$ | 19.5% (0.41 cm²) | 13.4% (3 459 cm²) | 2~3 | 8.4 |
| 电化学 | 有机染料 | | Dye Sensitized $TiO_2$ | 8.2% (2.36 cm²) | — | — | 7.3 |

太阳能电池的另一种分类方式是按出现的时代进行分类,如图1.8所示。

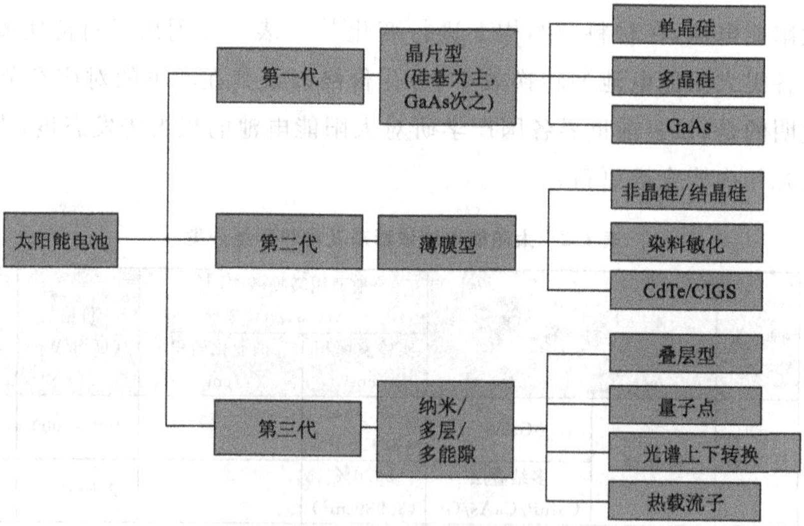


**图1.8 太阳能电池按出现的时代分类**

第一代太阳能电池——以晶片型(Wafer Based)或硅基(Silicon Based)为主的太阳能电池,具有高价格与接近20%转换效率的特性。

第二代太阳能电池——主要以薄膜型太阳能电池为主,其效率尚不及传统的单晶硅太阳能电池,包括非晶硅/结晶硅薄膜太阳能电池、染料敏化太阳能电池、CIGS等。

第三代太阳能电池——能超越目前硅基太阳能电池理论效率28%以上或采用纳米结构的太阳能电池，主要以纳米/多层/多能隙结构为主，包括量子点、热载流子、光谱上下转换或纳米结构太阳能电池为主。

## 1.6 太阳能电池的发展

表1.3列出了太阳能的部分发展历程，第一个太阳电池是在1954年由贝尔实验室制造出来的，当时研究的动机是希望能为偏远地区的通信系统提供电源，但其效率太低（只有6%）且造价太高（357美元/W），缺乏商业价值。从1957年苏联发射第一颗人造卫星开始，太阳能电池就担任太空飞行任务中一个重要的角色，到了1969年美国人登陆月球，太阳能电池的发展达到巅峰[2~6]。

**表1.3 太阳能电池器件及其应用发展**

| 年 份 | 成 就 |
|---|---|
| 1839 | 法国科学家E. Becquerel博士发现“光电效应” |
| 1876 | W. G. Adams和R. E. Day研究硒的光电效应 |
| 1883 | Charles Fritts博士，制成第一个太阳能电池，是通过硒晶圆片制作的 |
| 1904 | Hallwachs博士发现Cu、$Cu_2O$对光的敏感性 |
| 1930 | 已研发出Cu、$Cu_2O$新型光电电池 |
| 1932 | Audobert和Stora博士发现CdS光电现象 |
| 1940 | PN结理论的研究 |
| 1954 | 发明单晶硅太阳能电池（美国贝尔实验室），发现4.5%转换效率；不久之后，转换效率达到6.0% |
| 1955 | 发明CdS太阳能电池 |
| 1956 | 发明GaAs太阳能电池 |
| 1958 | 在“先驱者1号”通信卫星上应用太阳能电池，能量转换效率为9% |
| 1963 | 日本装设242 W光伏模块阵列太阳能电池及其系统（世界最大） |
| 1972 | 美国制定“新能源开发计划” |
| 1974 | 日本制订太阳能发电发展的“阳光计划” |
| 1976 | Carlson和Wronski博士发明第一个非晶硅(a-Si)太阳能电池 |
| 1978 | 日本推动“月光计划”，继续开展太阳能电池器件及系统研发 |

续表1.3

| 年份 | 成就 |
|---|---|
| 1984 | 美国建成 7 MW 太阳能发电站 |
| 1985 | 日本建成 1 MW 太阳能发电站 |
| 1986 | ARCO Solar 发布 G-4000(世界首例商用薄膜电池)动力组件 |
| 1991 | 世界太阳能电池年产量超过 55.3 MW;瑞士 Gratzel 教授研制纳米电池 |
| 1992 | $TiO_2$ 染料敏化太阳能电池效率达到 7% |
| 1994 | 欧、美、日等各国家和地区,推动为太阳能光电发电系统设置补助奖励 |
| 2000 | 住宅用太阳光发电系统技术规程(日本) |
| 2001 | 开发出可与建筑材料一体化的太阳能电池器件及太阳能光电发电系统(称建材一体化太阳能光电发电系统) |
| 2002 | 伊拉克战争,引发石油售价上升,唤起人类对可再生能源以及太阳能电池研发的重现 |
| 2009 | 日本发表 5 代面板的结晶硅薄膜太阳能电池,效率可达 12%以上 |

20 世纪 70 年代初期,中东地区爆发战争、石油禁运,使得工业国家的石油供应中断,造成能源危机,迫使人们不得不再度重视将太阳能电池应用于电力系统的可行性。

1990 年以后,人们开始将太阳能电池发电与民生用电结合,于是,市电并联型太阳能电池发电系统(Grid-connected Photovoltaic System)开始推广,并与传统的电力系统相连接,如此就可以从这两种方式取得电力,除了减少尖峰用电的负荷外,剩余的电力还可储存或是回售给电力公司。这一发电系统的建立可以舒缓筹建大型发电厂的压力,避免土地征收的困难及对环境的破坏。

图 1.9 所示为国际上主要的太阳能电池研究机构最佳效率的发展情况[2,6]。目前结晶硅太阳能电池的最佳效率为 24.5%,由澳大利亚新南威尔士大学(University of New South Wales,UNSW)在 1998 年得到。在薄膜太阳能电池中,美国可再生能源实验室(National Renewable Energy Laboratory,NREL)所研究的 CIGS 的最佳效率为 19%。表 1.4 列出了国际研究机构预估各主要太阳能电池转换效率的发展目标。当然,对太阳能电池而言,转换效率应越高越好,但效率高并不是使用者的唯一考虑。每瓦的价格是影响终端使用者选用太阳能电池的重要选项。由表 1.4 可知,太阳能电池的研发仍有一条漫长的路要走。

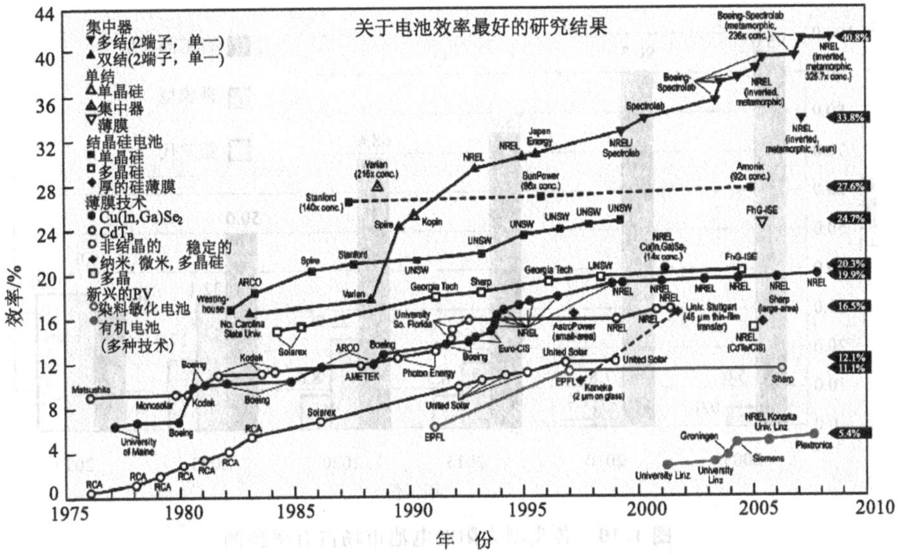


**图 1.9**　国际主要太阳能电池研究机构最佳效率的发展，
其中多结电池技术能获得最高的转换效率

**表 1.4　国际大厂预估各主要太阳能电池转换效率的发展目标**

| 种　类 | 光电转换效率目标/% | | | |
|---|---|---|---|---|
| | 目　前 | 2013 年 | 2020 年 | 2030 年 |
| 结晶硅太阳能电池 | 13～14.8(18.4) | 18(20) | 19(25) | 22(25) |
| 薄膜硅太阳能电池 | 10(14.7) | 12(15) | 14(18) | 18(20) |
| CIS 太阳能电池 | 10～12(18.9) | 13(19) | 18(25) | 22(25) |
| 超高效率太阳能电池 | 聚光(38.9) | 28(40) | 34(45) | 40(50) |
| 染料敏化太阳能电池 | 3(10) | 6(11) | 10(15) | 15(18) |

注：括号外的是模块效率，括号内的是器件效率。

图 1.10 所示为各主要太阳能电池市场占有率预测[8,9]。未来的 10～20 年，硅基晶片型太阳能电池应该仍是市场主流，但就太阳能电池制备成本来说，薄膜型太阳能电池不需要使用大量价格昂贵的半导体材料，可省下许多材料的成本，使厂商投入资金进行研发，朝更普及的方向发展。预计到 2020 年，太阳能电池市场中，利用薄膜技术的太阳能电池占有率将提升至 20%以上，而到 2030 年，硅基晶片型、薄膜型与第三代太阳能电池将有可能平分太阳能电池市场。

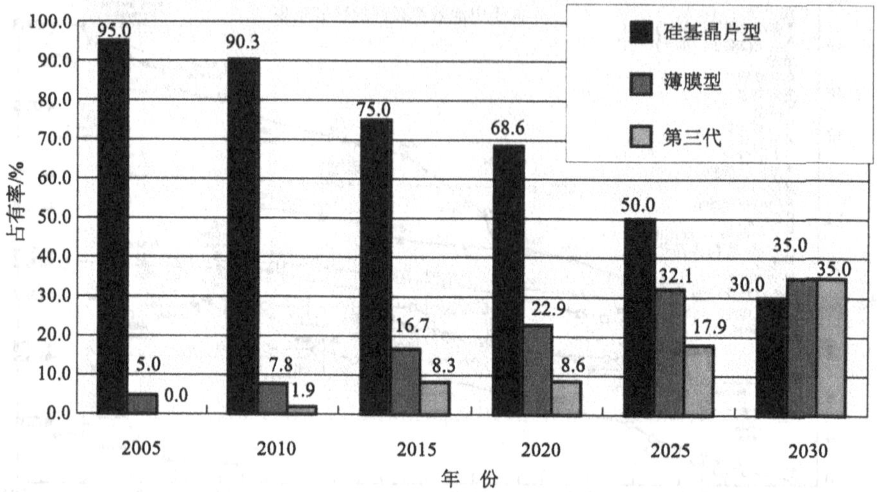


**图 1.10 各类型太阳能电池市场占有率预测**

## 1.7 世界主要国家和地区对太阳能电池的补助政策

由于目前太阳能电池的制备成本仍较高，在未达到每瓦 1 美元以下的目标时，太阳能电池的推广仍需政府的政策协助。美国、欧洲及日本先后制定太阳能发展计划，由政府负责提供部分研究开发资金和相关的产业扶持政策[8,9]。

1973 年，美国政府制定了"阳光发电"计划，之后将太阳能光伏发电列入公共电力计划；1997 年，美国又宣布了"太阳能百万屋顶"计划，即在 2010 年以前，在 100 万座建筑物上安装太阳能发电系统。

日本在 20 世纪 70 年代也制定了"阳光"计划，1993 年将"阳光"计划、"月光"计划和"环境"计划合成"新阳光"计划。

欧洲也早已从事太阳能光伏发电的研究与开发，瑞士在 20 世纪 90 年代提出"能源 2000"计划，目标是实现 50 MW 光伏产量，2000 年又提出后续的"能源瑞士"计划。荷兰能源与环境部在 1994 年制定了"NOZ-PV"计划，希望到 2010 年实现 300 MW，2020 年实现 1400 MW；德国在 1991～1995 年实施了第一个全国性光伏计划——"一千屋顶"计划，1999 年起开始实施"十万屋顶"计划；意大利在 1998 年提出"一万屋顶"计划；西班牙在 1991～2000 年间实行了"可再生能源"方案，目标希望在 2010 年达到安装 135 MW 系统；芬兰的"国家气候变化”项目，计划到 2010 年安装 40 MW 光伏系统。

由此可见，20 世纪 70 年代以来，世界各国和地区都扩大了对太阳能光电研究和开发的投入，纷纷设立快速发展的屋顶计划，制定各种减免税政策、财政补贴政策，重点扶持太阳能光电工业，增加国际竞争力，期望在今后的国际市场中占据更大的分量。

## 1.8 关于太阳能电池的知识

太阳能电池是一门跨领域的知识，图 1.11 所示为太阳能电池知识的关联性，其技术知识领域包含：

(1) 电子：PN 结、器件结构设计与仿真。

(2) 光电：防反射层、透明导电膜、集光器等设计。

(3) 材料：各种半导体、陶瓷、高分子或金属等材料的物理与化学特性。

(4) 制备：镀膜技术与封装技术。

(5) 机械：生产设备、器件的热、应力等设计。

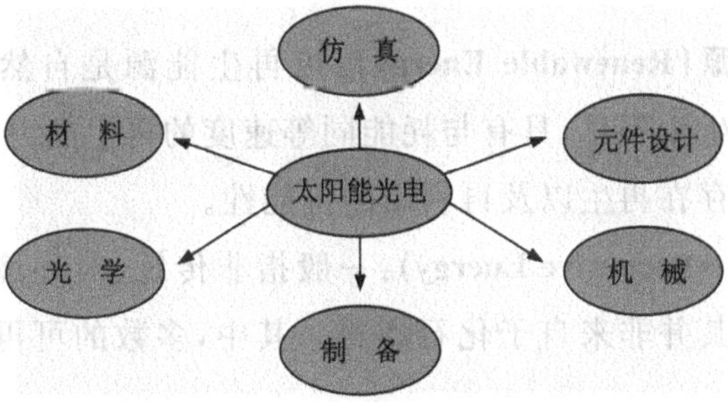


图 1.11　太阳能电池技术知识间的关联性

近年来，由于环保意识的抬头，导致全球太阳能光电市场成长得相当迅速，太阳能电池的研发仍有一条漫长的路要走，因此对太阳能电池研发相关人才的需求非常殷切。

由于许多公司在研发一项新技术后，不见得会发表成论文，但多会先申请专利，因此专利资料包含了世界上 90%～95% 的研发成果，若能充分利用有效的专利资讯，不但可缩短 60% 的研发时间，更可节省将近 40% 的研究经费。在专利文献中，我们可以了解许多优秀的研究学者在太阳能电池领域的最新发明。专利可以为我们提供下一个发明的创意，也可以让我们提早准备迴避设计的空。专利资料在所有技术资料中，是唯一同时结合技术与法律地位的文件。因此，充分利用专利工具可以加快太阳能电池知识的学习。

## 1.9 结 语

随着全球变暖及化石燃料（如石油、煤、天然气）等资源逐渐消耗，可再生能源技术的开发成为当前主要的发展趋势之一。太阳能电池在使用上具有许多优点：太阳能应该是取之不尽、用之不竭的；能源运转无需燃料、无废弃物与污染、无转动器件、无噪声；模块使用寿命可以长达二十年以上；发电规模可依系统而定，大至发电厂、小至一般计算器皆可发电；电池种类众多，外形、尺寸可随意变化，应用广泛；将来更可与建筑物结合。未来，将是太阳能电池发光发热的年代。

## 专有名词

1. **可再生能源（Renewable Energy）**：可再生能源是自然界中已存在的能源，且在自然界中生生不息，具有与耗能同等速度的再生能力的能源，因而不会造成能源的短缺，存在再生以及再利用的可能性。

2. **替代能源（Alternative Energy）**：一般指非传统、对环境影响少的能源及能源储藏技术，且其并非来自于化石燃料。其中，多数的可再生能源都是替代能源的一种。

3. **绿色能源（Green Energy）**：绿色能源具有减缓气候变迁的效用，包括风力、太阳能、地热、潮汐、生物质等。广义来说，绿色能源可以扩展节能能源生产、增加能源效益、减少温室气体排放、减少废弃物与污染，以及节约水资源及其他自然资源。

4. **整厂输出（Turn Key）**：成熟可用且已开发的技术，并可整厂设备输出，包括整厂设备的设计、制作、安装、组合、试车以及实际操作时的技术知识教授，或派遣技术人员提供技术指导，使整厂设备可操作、可运转与可生产。

5. **太阳能电池（Solar Cell）**：指一般太阳能电池器件。通常，一个单结太阳能电池器件的输出电压是0.5～0.9 V。

6. **太阳光发电系统(Photovoltaic System)**:利用太阳光所辐射出来的能量，以及太阳能电池的效应，将光能转换成电能的一种光电发电系统。

7. **太阳能(Solar Energy)**:太阳光所辐射出来的能量。

8. **太阳能系统(Solar Energy System)**:利用太阳的能源及其能量，作为动力源而产生不同功能性运用的一种设备。

9. **光伏电池器件(Photovoltaic Component)**:即所谓的太阳能电池，将光能转为电能的一种器件。

10. **光电效应(Photoelectric Effect)**:可以将光能转换成电能的一种物理现象。

11. **辐射(Radiation)**:一种以波形式来表示的能量。

12. **吸收(Absorption)**:在物理上，意指光能或其他形式的能量，被其他物质包容于其内部，并转换成其内部量子状态的改变，再将其释放出来的光或热辐射的一种效应。

13. **电磁波(Electromagnetic Wave)**:一种具有电场及磁场的行进波，且相互垂直、同相以及交叉地传播行进。电磁波辐射的种类，可以依据其频率分为射频波、微波、红外线、可见光、紫外线以及X射线等。

14. **黑体辐射(Black Body Radiation)**:黑体是一种可吸收所有入射于表面的辐射，并依其温度而放射出辐射的理想物体。

15. **波浪能(Wave Energy)**:当风吹过海洋时产生风波，这种风波在宽广的海面上，风能以自然储存于水中的方式进行能量转移。

16. **单晶硅(Single Crystal Silicon)**:单晶硅的组成原子均按照一定的规则周期性地排列。

17. **多晶硅(Poly Crystal Silicon)**:它是由多种不同排列方向的单晶硅所组成，具有晶界面，缺陷较多，多晶硅以熔融的硅铸造固化制成，因其制备简单，所以成本较低。

18. **非晶硅(Amorphous Silicon)**:非晶硅是指硅原子的排列紊乱，或仅有极短程(＜2 nm)的规则性。

## 本章习题

1. 说明为何需要发展可再生能源?

2. 说明可再生能源的种类及其能量间的转换方式。

3. 说明发展绿色能源的意义。

4. 说明使用太阳能电池的优缺点。

5. 说明太阳能电池的种类及其效率。

6. 说明太阳能电池的上、中、下游产业的分类。

7. 列举硅太阳能电池上、中、下游产业的三个厂商,并通过网站了解该公司太阳能电池的发展历史与策略。

8. 简述目前太阳能电池未来可能的发展趋势及各类型太阳能电池的预期转换效率。

9. 简述目前太阳能光电产业可能面临的问题,并提出你自己对解决该问题的建议。

## 参考文献

[1] 华健,吴怡萱. 再生能源概论. 台湾:五南图书出版公司.

[2] 戴宝通,郑晃忠. 太阳能电池技术手册. 台湾电子材料与组件协会.

[3] 黄惠良,曾百亨. 太阳电池. 台湾:五南图书出版公司.

[4] 林明献. 太阳能电池技术入门. 台湾:全华图书股份有限公司.

[5] 庄嘉琛. 太阳能工程:太阳电池篇. 台湾:全华图书股份有限公司.

[6] 顾鸿涛. 太阳能电池组件导论. 台湾:全威图书股份有限公司.

[7] M. A. Green. 太阳电池工作原理:技术与系统应用. 曹昭阳,狄戴维,李秀文译. 台湾:五南图书出版公司.

[8] 康志坚. 全球太阳光电市场现况与发展趋势. 工业材料杂志,2009,10(274).

[9] 2009年太阳能光电市场与产业技术发展年鉴. 光电科技工业协进会(PIDA),2009.

[10] 节能趋势下之新照明光源及绿色能源发展. 光电科工业协进会(PIDA),2008.

[11] 李雯雯. 薄膜太阳电池发展趋势分析. 工业材料杂志,2008,3(255).

[12] 杨茹媛,苏炎坤,邱宥浦,洪政源,翁敏航. 第三代太阳能电池与其专利分析初探. 电子月刊,2007,6(143).

[13] 杨茹媛,翁敏航,陈皇宇,张育绮. 由专利分析看染料敏化太阳能电池之技术发展趋势. 光

连,2008,3(75).

[14] 杨茹媛,翁敏航,邱宥浦,张育绮.从美国专利看微晶硅薄膜太阳能电池之技术发展.电子月刊,2008,6(158).

[15] 王孟杰.化合物薄膜太阳电池产业现况.工业材料杂志,2009,4(268).

[16] 张学信,黄瑜.太阳能产业近况:日本 CIGS 薄膜太阳能电池的研发与量产.工业材料杂志,2008,12(264).

[17] J. Zhao, A. Wang, M. A. Green , S. R. Wenham. Improvements in silicon solar cell performance. IEEE, 1991, 90: 399-401.

[18] Y. S. Tsuji. Organizational behavior in the R&D process based on patent analysis: Strategic R&D management in a Japanese electronics firm. Technovation , 2002, 22: 417-425.

**部分太阳能电池厂商网站:**

1. SHARP http://sharp-world.com/ 或 http://asia.sharp-solar.com/
2. SANYO http://sanyo.com/solar/
3. KYOCERA http://www.kyocerasolar.com/
4. BP SOLAR http://www.bp.com/
5. SUN POWER http://us.sunpowercorp.com/
6. FIRST SLOAR INC http://www.firstsolar.com/
7. REC http://www.recgroup.com/
8. SOLARWORLD http://www.solarworld.de/
9. Q-CELL http://www.q-cells.com/en/index.html
10. SUNTECH POWER http://www.suntech-power.com/
11. JA SOLAR http://www.jacell.com/
12. YINGLI Solar http://www.yinglisolar.com/
13. MOTECH http://www.motech.com.tw/
14. TRINASOLAR http://www.trinasolar.com/
15. GINTECH http://www.gintechenergy.com/
16. E-TON SOLAR http://www.e-tonsolar.com/
17. NEO http://www.neosolarpower.com/

# 2 章 太阳能电池的半导体物理基础

## 2.1 章节重点与学习目标

虽然太阳能电池种类很多,但都可以看作一个简单的二极管器件。图 2.1 所示为硅基太阳能电池的基本构造图。太阳能电池发电原理是基于光电效应的原理,将太阳光子与材料相互作用所产生的电位势变换成电流输出,形成一个基本电力的供应来源。我们可以看到太阳能电池的结构基本上包含了一个 P 型半导体层与一个 N 型半导体层的接合,此外还有一个上电极与一个下电极。因此学习相关的半导体知识有助于掌握太阳能电池发电原理与提高其效率的组件设计方法。

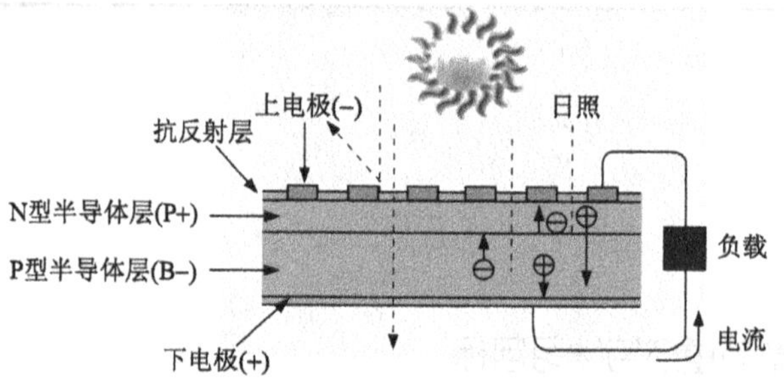


**图 2.1**　太阳能电池的基本构造图

本章将介绍太阳能电池有关的基本半导体知识[1~20]。半导体的种类包括元素半导体、化合物半导体、有机半导体与非晶态半导体四类,接下来介绍半导体的性质,包括晶体结构,能带结构,载流子的产生、复合及传导现象,并介绍本征半导体及非本征半导体。最后,讨论半导体的各种结及其光电特性。读者在读完本章后,应该能回答:

(1) 半导体材料的简单定义和分类。

(2) 半导体材料的晶体结构与其电子能带。

(3) 半导体材料的载流子传输性质。

(4) 半导体材料的电子浓度与费米分布。

(5) 本征半导体中的电性行为及非本征半导体的定义。

(6) 半导体的结包含 PN 结、肖特基结与异质结。

(7) 半导体的光电性质,以及简单的光生电力原理。

## 2.2 半导体材料分类

自然界中的固态材料按照其导电能力的强弱，可分为三类：绝缘体、半导体、导体。图 2.2 示出了一些常见材料的电导率(Conductivity)(下方横轴)标出，上方横轴所表示的是对应的电阻率(Resistivity)[1]。

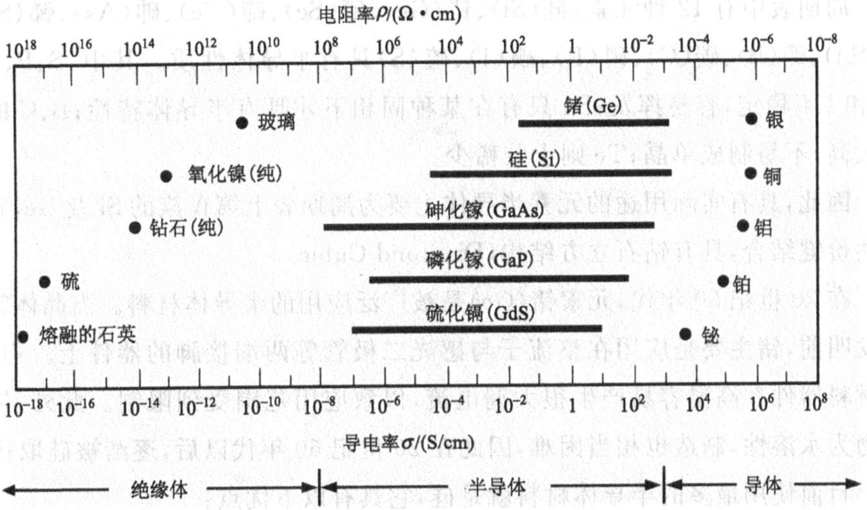


图 2.2 绝缘体、半导体、导体与电阻率的范围

(1) 绝缘体(Insulator)：导电能力弱，或基本上不导电的物体，如橡胶、塑料等，其电阻率在 $10^8 \sim 10^{20}\ \Omega \cdot cm$ 的范围内。

(2) 半导体(Semiconductor)：导电能力介于导体和绝缘体之间的物体，其电阻率为 $10^{-3} \sim 10^8\ \Omega \cdot cm$。

(3) 导体(Conductor)：导电能力强的物体，如银、铜、铝等，其电阻率在 $10^{-8} \sim 10^{-3}\ \Omega \cdot cm$ 的范围内。

半导体的导电能力介于绝缘体与金属之间，其传导性可通过外加杂质、外加电场而改变，所以易于制作成电的开关或放大器等有用的器件。此外，半导体的特殊能带结构，使其还可做成太阳能电池、光侦测器等[12~16]。

半导体材料的种类繁多，大致可分为元素半导体、化合物半导体、有机半导体与非晶态半导体[4~5]。其中以元素半导体应用最广，尤其是硅晶半导体，几乎占有大半以上的半导体市场。化合物半导体中的砷化镓(GaAs)急起直追，在光电、微波与激光半导体上独领风骚，是被看好具有潜力的材料。另外两类半导体材料，虽然目前尚无法像前两类材料大量且广泛地使用，但在某些特定领域中的应用极具开发潜力，是后势看好的先进新材料。以下就这四类材料分别进行介绍。

### 2.2.1 元素半导体

周期表中有 12 种元素：硅(Si)、锗(Ge)、硒(Se)、碲(Te)、砷(As)、锑(Sb)、锡(Sn)、硼(B)、碳(C)、磷(P)、碘(I)、硫(S)具有半导体性质。其中，S、P、As、Sb 和 I 不稳定，容易挥发；Sn 只有在某种固相下才具有半导体特性；B、C 的熔点太高，不易制成单晶；Te 则十分稀少。

因此，具有实际用途的元素半导体主要为周期表上第Ⅳ族的 Si 及 Ge，它们以共价键结合，具有钻石立方结构(Diamond Cubic)。

在 20 世纪 50 年代，元素锗(Ge)是被广泛应用的半导体材料。当晶体管尚未发明前，锗主要是应用在整流子与感光二极管等两端接脚的器件上。但是，锗材料器件在高温容易产生很大漏电流，以致应用范围受到限制。此外，锗氧化物为水溶性，制造也相当困难，因此在 20 世纪 60 年代以后，逐渐被硅取代。

目前使用最多的半导体材料就是硅，它具有以下优点：

(1) 价格便宜，取得容易。

(2) 地球的含量多，硅存在于硅化物与硅烷中，含量占地壳 28.2%，仅比氧略少。

(3) 相较于锗，硅具有较低的漏电流。

(4) 作为电子器件中绝缘层的高质量氧化硅($SiO_2$)，可直接由元素硅加热产生。

(5) 制造极为容易，适合大规模集成电路的制作。

与其他半导体材料相比，硅的价格相对低廉，是目前应用最广泛的半导体材料。其他半导体则依其特性各有不同的用途，如 Ⅲ-Ⅴ 族半导体有优良的发光特性以及快速的电子传导特性，因此在光电产业及通信电子方面就扮演着非常重要的角色。表 2.1 所示为硅的物理性质表[1,2]。

**表 2.1 硅的物理性质表**

| 晶体结构(Crystal Structure) | 钻石立方结构(Diamond cubic) | |
|---|---|---|
| 原子序数(Atomic Number) | 14 | |
| 晶格常数(Lattice Constant) | 5.43Å | |
| 原子量(Atomic Weight) | 28.086 | |
| 密度(Density) | 2.33g/cm$^3$ | |
| 熔点(Melting Point) | 1410℃ | |
| 化合价(Valence) | +4 | |
| 折射率(Refractive Index) | 3.3 | |
| 电阻值(Electrical Resistivity) | 2500 Ω·m | |
| 沸点(Boiling Point) | 2355℃ | |
| 比热容(Specific Heat) | 700J/(kg·K)  16.7×10$^{-2}$Btu/(lbm·℉) | |
| 热膨胀系数 (Coefficient of Thermal Expansion) | 2.5×10$^{-6}$/℃ | |
| 热导率(Thermal Conductivity) | 141W/(m·K) | |
| 带隙(Energy Gap) | 1.1 eV | |
| 杨氏模量(Young's Modulus) | 在<100>方向 | 129 GPa |
| | 在<110>方向 | 168 GPa |
| | 在<111>方向 | 187 GPa |

## 2.2.2 化合物半导体

化合物半导体主要是元素周期表上第Ⅲ族与第Ⅴ族元素形成的Ⅲ-Ⅴ族化合物，以及第Ⅱ族与第Ⅵ族元素形成的Ⅱ-Ⅵ族化合物。大致上分类如下[5]：

(1) Ⅲ-Ⅴ族化合物半导体：主要包括 GaAs、GaP、InSb、InP 等，此类材料具有闪锌矿结构(Zincblende)，键合方式以共价键为主。由于五价原子比三价原子具有更高的电负性，因此有少许离子键成分。正因为如此，Ⅲ-Ⅵ族材料置于电场中，晶格容易被极化，离子位移有助于介电常数的增加(若电场频率在红外线范围内)。GaAs 材料的 N 型半导体中，电子迁移率[$\mu_N$～8500 cm/(s·V)]远大于 Si 的电子迁移率[$\mu_N$～1450 cm/(s·V)]，因此运动速度快，在高速数字集成电路上的应用比 Si 半导体更优越。但是由于 GaAs 材料的集成电路制备极为复杂，成本也较昂贵，且成品的不良率高，单晶缺陷比 Si 多，因此 GaAs 要如 Si 半导体一样普及应用，仍有待研发技术的提高。

（2）Ⅱ-Ⅵ族化合物半导体：主要包括CdS、CdTe、InSb、InP，其结构与Ⅲ-Ⅴ族一样同为闪锌矿结构。其键合方式也主要是共价键，并含有离子键成分。其离子性比Ⅲ-Ⅴ族高。在应用上，以硫化镉（CdS）在光敏电阻中的应用最为知名。此外，上述Ⅱ-Ⅵ族化合物半导体经常作为量子点半导体材料使用。

（3）Ⅳ-Ⅳ族化合物半导体：即由Ⅳ族元素组成的化合物，如 SiC 或 SiGe 等。

（4）Ⅳ-Ⅵ族化合物半导体：主要包含硫化铅（PbS）、硒化物与碲化物，常用于辐射侦测。

（5）Ⅴ-Ⅵ族化合物半导体：如 $AsSe_3$、$AsTe_3$、$AsS_3$、$SbS_3$ 等。

（6）金属氧化物半导体：主要有 $In_2O_3$、$SnO_2$、$PbO_2$ 等。

（7）过渡金属氧化物半导体：有 $TiO_2$、$V_2O_5$、$Cr_2O_3$、$Mn_2O_3$、FeO、CoO、NiO、ZnO 等。

（8）尖晶石型化合物（磁性）半导体：主要有 $CdCr_2S_4$、$CdCr_2Se_4$、$HgCr_2S_4$、$CuCr_2S_3Cl$、$HgCr_2Se_4$。

（9）稀土氧、硫、硒、碲化合物半导体：主要有 EuO、EuS、EuSe、EuTe。

化合物材料的起步较晚，制备技术的困难度较高，虽然目前产能仍无法与硅（Si）元素半导体相提并论，但其优越的光电、激光与微波特性，以及电子高迁移率，都是硅半导体所欠缺的。在可预见的未来，若制备技术得到突破，此类材料前景极被看好。表 2.2 列出了一些常见的元素半导体与化合物半导体[1,2]，这些都是常用于太阳能电池的光吸收层的材料。

**表 2.2　常见的元素半导体与化合物半导体**

| 元　素 | Ⅳ-Ⅳ族 | Ⅲ-Ⅳ族 | Ⅱ-Ⅵ族 | Ⅳ-Ⅵ族 |
|---|---|---|---|---|
| Si | SiC | AlAs | CdS | PbS |
| Ge | SiGe | AlSb | CdSe | PbTe |
| | | BN | CdTe | |
| | | GaAs | ZnS | |
| | | GaP | ZnSe | |
| | | GaSb | ZnTe | |
| | | InAs | | |
| | | InP | | |
| | | InSb | | |

### 2.2.3 有机半导体

有机半导体材料通常可分为：富含 π 电子的分子晶体(π-electron-rich Molecular)、共轭型寡聚体(Conjugated Oligomers)和高分子聚合物(Polymers)[6]。

有机半导体最早从 20 世纪 40 年代晚期开始研究，初期材料为酞菁类及一些多环、稠环化合物，而聚乙炔(Polyacetylene，PA)和聚噻吩(Poly-thiophene，PT)等具有 π 键结构的导电高分子聚合物的提出，开启了有机半导体材料的研究热潮。一些有机半导体材料具有良好的性能，如聚乙烯咔唑(Polyethyl Carbazole)衍生物，光照后电导率可增加两个数量级，肽菁(Phthalocyanines，Pcs)的热稳定性高达 400℃，五环素(Pentacene)则具有优异的场效应迁移率及稳定性；富勒烯(Fullerence，C)是近年来的重大发现之一，导电性比铜好，重量只有铜的六分之一，又可与其他高分子聚合物共轭进而得到更好的光电特性。这些有机半导体可做成有机太阳能的光吸收层，可直接作用在软性基板上，是次世代太阳能电池相当热门且值得投入研究的领域。

### 2.2.4 非晶态半导体

非晶态半导体是一种不具规则晶体结构的非晶体材料。这类材料无长程有序排列，但在短程内，原子排列仍然有些规律性。在目前半导体非晶体材料中，研究较多也最受重视的有下列两类。

1. 四面体键型非晶态半导体

如非晶硅(a-Si)、锗(a-Ge)等。特别是硅烷($SiH_4$)辉光放电分解出的氢化非晶硅薄膜(a-Si:H)，能掺入杂质，形成 PN 结，使得此材料能作为太阳能电池的材料，且十分廉价。此外，氢化非晶硅薄膜还可应用在场效应薄膜晶体管(Thin-Film Transistor)，以及在影像传感器中极为重要的电荷耦合器件(Charge Coupled Device，CCD)上，是一种极具应用潜力的材料。

2. 硫系玻璃半导体

如硫(S)、硒(Se)、碲(Te)等，以及它们与 As、Ge、Si、Sb 等元素形成的二元或多元化合物玻璃。这类材料的应用以复印机上的静电复印感应膜最为有名，最常用的材料就是非晶硒。

# 2.3 晶体结构与能带结构

前一节介绍了自然界中的半导体材料的定义与种类，大部分的半导体材料是固态材料，也就是说具有特定的晶体结构[2,4,5]。了解晶体结构，将有助于了解太阳能电池晶片的制作方法，以及不同半导体材料是否可以形成化合物结构的可能性。

## 2.3.1 晶体结构

结晶性的固体是指原子通过规则性排列所组成的固体。该结晶性的固体不仅因为其有序的排列使得其物理特质容易被理论计算外，更重要的是与非结晶性的固体相比，它更容易被了解。一般日常生活中常见的材料，如玻璃、木材以及骨头等，这些材料都因没有高度规则性的原子排列，因此被视为非结晶性的固体。最近几年才陆陆续续有研究团体进行非结晶性的固体的基本性质的研究。

### 1. 晶体晶格

晶体晶格(Crystal Lattice)是具有规则性排列的原子所形成的空间结构。图 2.3 所示为石墨单晶二维空间示意图。石墨是一种属于六角形排列的晶体结构，该排列在某特定方向呈现出规则重复性的组合，虽说该图形属于二维空间，与实际晶体三维空间的排列相比少了一维空间，但是对于大多数人而言，二维空间的显示比较容易被接受，也比较容易理解。

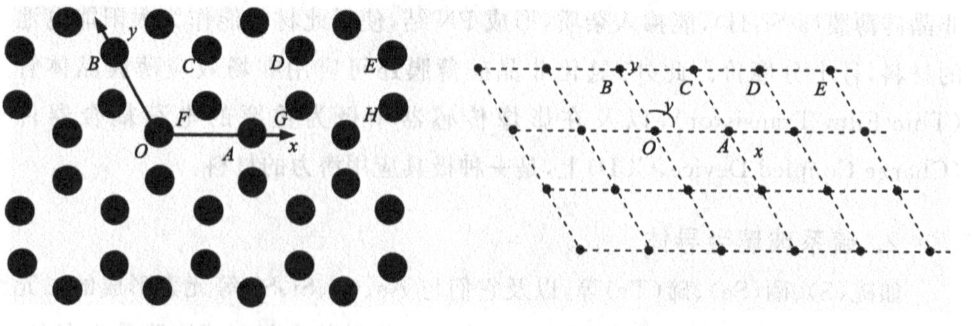


(a) 六角排列规则图　　(b) 根据(a)图寻找出相同环境的原子从而定出晶格点

**图 2.3**　石墨单晶二维空间的示意图

在开始描述石墨二维空间的结构时，通常我们先从坐标轴的确立开始。原则上取任何一个原子所在的位置为坐标原点都是被允许的。假设在图 2.3(a)中，我们取原子 $O$ 所在的位置为原点，接下来的步骤则是寻找下一个原子的位置，其所在的位置相对于环绕四周的原子关系，完全对等于前者我们所选择的原点位置，倘若该原子被定位出来，则将可决定该晶体的重复性。

从图 2.3 可以很容易地说明原子 $A$、$B$、$C$、$D$ 等所在的位置对等于原子 $O$ 所在的位置。然而原子 $F$、$G$、$H$ 等所在的位置则不对等于原子 $O$ 所在的位置。利用上述的方式所作出的相同关系的图形点，称之为晶体晶格(Lattice)。

比较图 2.3(a)与图 2.3(b)，我们可以发现晶格点的形状未必与晶体结构相同，此外在晶格点的图形下，坐标轴的决定只需取任何一点，然后沿着相邻的晶格点取直线便可以将坐标定位。

在图 2.3(b)中，习惯上将 $OA$ 与 $OB$ 的直线定义为 $X$ 轴与 $Y$ 轴，两轴未必是相互垂直，换句话说不一定要符合笛卡儿坐标系。沿着 $X$ 轴以及 $Y$ 轴晶格点的距离和方向，我们以晶格矢量(Lattice Vectors)来表示，其单位长度分别是 $OA$ 以及 $OB$，而这两个轴之间的夹角则以 $\gamma$ 表示。有了晶格矢量同时也知道两晶格矢量的夹角，则该晶格系统便可以很方便地被定义出来。以石墨的晶体为例，其 $X$ 轴与 $Y$ 轴的长度相等，其值为 2.46Å，而其夹角 $\gamma$ 为 120°，由以上这样的定义很快就可以得知石墨的晶格结构属于一种六方晶系的结构。

为了表示晶格点上每一个点的位置，我们可以用下列的方程式加以表达。在一个具有周期性的晶格里，取任一晶格点为原点，而其三个轴则是取与原点相邻最近且不在同一平面的 3 个点为定点。每一个方向的单位长度则以在该方向上点与点之间的距离为准，如图 2.4 所示，分别称之 $a$、$b$、$c$ 轴，而轴与轴之间的夹角分别为 $\alpha$、$\beta$、$\gamma$，这 6 个变量可以说是决定晶格形状最重要的参数，在一个三维空间中每一个晶格点的表示都可利用一个矢量方程式来表达，其矢量方程式如下：

$$\vec{r}=l\vec{a}+m\vec{b}+n\vec{c} \tag{2.1}$$

式中，$l$、$m$ 与 $n$ 为整数。每一个晶格由矢量 $\vec{a}$、$\vec{b}$、$\vec{c}$ 构成的一个小体积，称之为晶胞(Unit Cell)。

除了矢量 $\vec{a}$、$\vec{b}$、$\vec{c}$ 之外，还可通过不同的线性组合得到额外的矢量，该关系式如下表示：

$$\vec{G}=h\vec{a}+k\vec{b}+l\vec{c} \tag{2.2}$$

式中，$h$、$k$ 与 $l$ 为整数，且通过不同的 $\vec{G}$ 可得到另一种晶格。这种晶格称之为倒格子(Reciprocal Lattice)，而 $\vec{G}$ 则称为倒格子矢量。

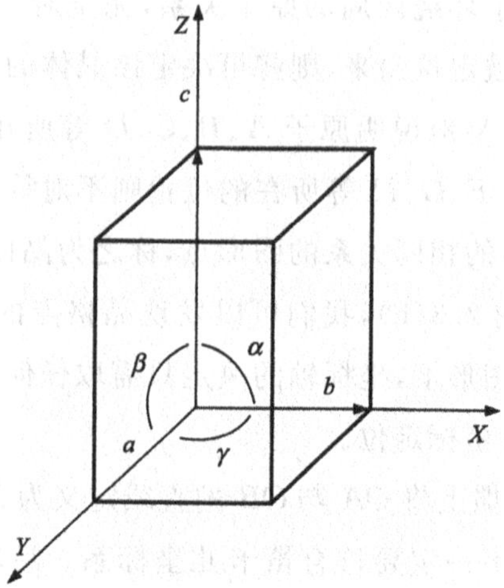


**图 2.4** 单位晶胞的三个轴与其相互的夹角

图 2.5[8]中有 5 个二维空间的晶格点阵，每一个图分别显示其特有的对称关系。图 2.5(a)是一个具有转移对称关系的晶格点阵，只不过其晶格矢量不限于一种取法。至于图 2.5(b)～(e)则是具有高度对称性的晶格点阵。例如，图 2.5(b)是一种长方形晶格点阵(Rectangular Lattice)，其 $a$ 轴与 $b$ 轴的长度并不相等，但是两轴的夹角为 90°。图 2.5(c)是一种菱形晶格点阵(Rhombic Lattice)，假设对此晶格点重新取轴 $a'$ 与 $b'$ 则发现它与长方形的晶格点阵雷同，只是在以 $a'$ 与 $b'$ 所组成的空间包含了两个不同的晶格点。由于菱形晶格点阵具有这样的特性，我们也可称菱形晶格点阵为面心的长方形晶格点阵(Centred Rectangular Lattice)。

2. 原始晶胞

原始晶胞(Primitive Unit Cell)指拥有最小体积的晶胞。而凡是大于原始晶胞面积的晶胞，则一并称之非原始晶胞(Non-primitive Unit Cell)。图 2.5(d)所示为另一种晶格点阵，其 $a$、$b$ 轴长度相同，夹角维持 60°(或是 120°)，这种晶格点阵我们赋予三角晶格(Triangular Lattice)的名称，至于图 2.5(e)则可以看出一个晶格点周围被 6 个晶格点所环绕，其轴的夹角为 90°，该晶格称之为正

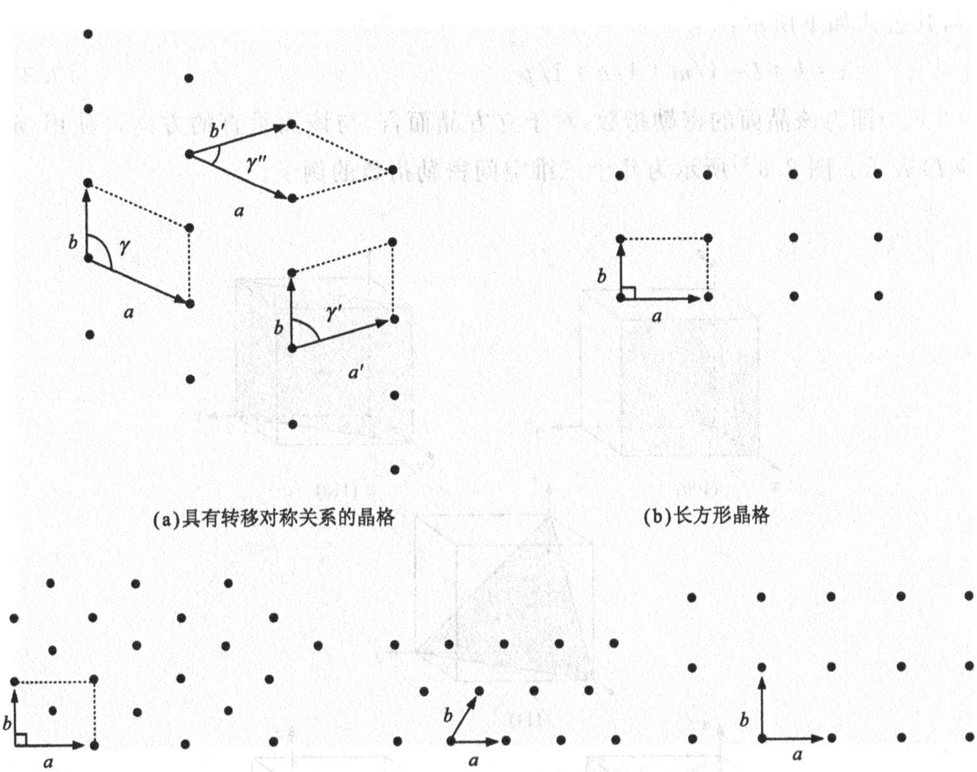


(a)具有转移对称关系的晶格　(b)长方形晶格

(c)菱形晶格　(d)三角晶格　(e)正方晶格

**图 2.5**　二维空间中 5 种可能的晶格形状

方晶格(Square Lattice)。先前的石墨晶格,可以判断其晶格应该属于三角晶格,如图 2.3(d)所示。

3. 晶格平面与密勒指数

在一般晶格中,基于其晶格点的对称与相似的特性,我们很容易可以规划出相同距离的平面组,这也就是所谓的晶格平面。若取不同方向的直线连接晶格点,将会形成不同的晶格平面,这些晶格平面的相互距离会有所不同。为了明确表达这些晶格平面的不同以及快速确定晶格平面的相互距离,我们必须定出一套描述晶格平面的方法。

密勒指数(Miller Indices)用于描述一个晶体的晶格平面及其方向性,其定义如下所述:在一个立方晶格中,若一晶格平面与 $x$、$y$、$z$ 轴分别相交于 $ma$、$na$、$pa$,其中,$a$ 为晶格常数。将 $m$、$n$、$p$ 倒数后,取与该倒数最小整数比 $h$、$k$、

$l$，其公式如下所示：

$$h:k:l=1/m:1/n:1/p \tag{2.3}$$

($h\ k\ l$)即为该晶面的密勒指数，对于立方晶而言，与该面垂直的方向可使用($h\ k\ l$)表示。图 2.6[8]所示为几个三维空间密勒指数的例子。

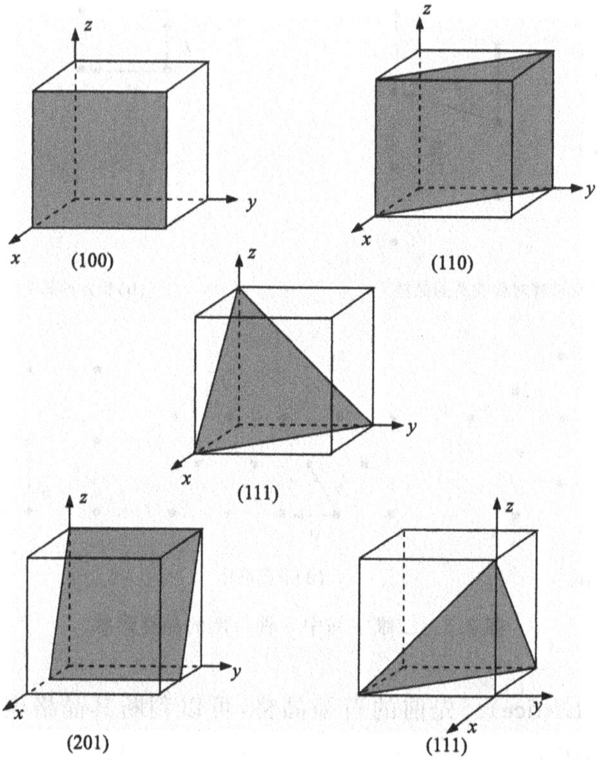


**图 2.6　各种晶格平面以及其对应的密勒指数**

4. 七大晶系

一般来说，晶体可以分为七大晶系，包括三斜晶体(Triclinic)、单斜晶体(Monoclinic)、正交晶体(Orthorhombic)、正方晶体(Tetragonal)、立方晶体(Cubic)、三角晶体(Trigonal)及六角晶体(Hexagonal)。根据原子的排列方式，七大晶系又可细分为 14 种结构，其中立方晶系又可区分为简单立方(Simple Cubic)、体心立方(Body-centered Cubic)及面心立方(Face-centered Cubic)三种结构。对于半导体材料而言，面心立方晶体是重要的结构之一，钻石结构及闪锌矿结构都属于面心立方晶体，如图 2.7 所示[2,8,10]。

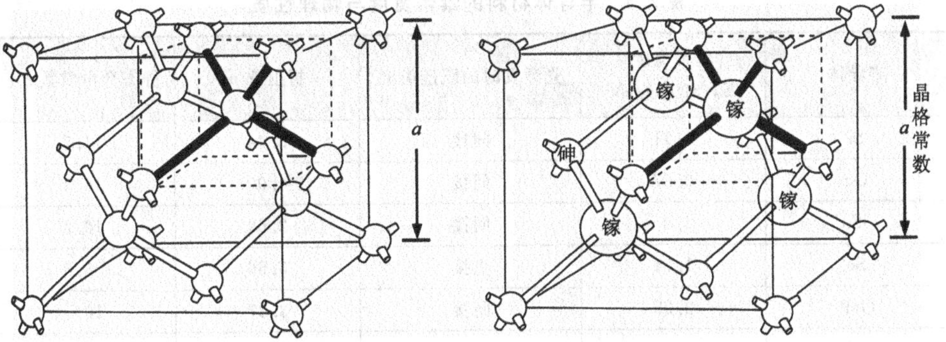


(a)硅(钻石晶格)　　(b)砷化镓(闪锌晶格)的结晶结构

**图 2.7　面心立方晶体**

## 2.3.2 能带结构

晶体的电学性质与光学性质大部分是由其能带结构所决定[1,2,8,10]。因此，可通过能带结构了解一个半导体的特性。太阳能电池的光电转换效率受到能带中禁带宽度的影响，适当地选择不同禁带宽度的半导体材料能得到较高的转换效率。

半导体中的电子所具有的能量被限制在基态(Ground State)与自由电子(Free Electron)之间的几个能带(Energy Band)里，也就是电子所具备的能量为不连续的能级。当电子在基态时，相当于此电子被束缚在原子核附近；而相反地，如果电子具备了自由电子所需要的能量，那么就能完全离开此材料。

每个能带都有数个相对应的量子态(Quantum State)，而这些量子态中，能量较低的都已经被电子所填满。这些已经被电子填满的量子态中，能量最高的能态就被称为价带(Valence Band，$E_v$)，而自由电子所在的最低能态称为导带(Conduction Band，$E_c$)。绝缘体在正常情况下，几乎所有电子都在价带或是其下的量子态里，因此没有自由电子可供导电。

在绝对零度时，固体材料中的所有电子都在价带中，而导带为完全空置。当温度开始上升，高于绝对零度时，有些电子可能会获得能量而进入导带中。导带的位置位于价带之上，而导带和价带之间的差距即是禁带宽度(Energy Bandgap，$E_g$)，$E_g$ 是半导体物理中重要的参数之一，表 2.3 列出了常见的半导体材料的带隙与物理性质[1,9]。通常对半导体而言，禁带宽度的大小为 1～5eV。

表 2.3　半导体材料的禁带宽度与物理性质

| 半导体 | 禁带宽度 $E_g$(300K)/eV | 光激发时的跃迁类型 | 折射率 $n$ | 静态介电常数 $\delta_{1C}$ |
|---|---|---|---|---|
| Si | 1.11 | 间接 | 3.44 | 11.7 |
| Ge | 0.67 | 间接 | 4.00 | 16.3 |
| α-SiC | 2.8～3.2 | 间接 | 2.69 | 10.2 |
| Se | 1.74 | 直接 | 5.56 | 8.5 |
| GaP | 2.25 | 间接 | 3.37 | 10 |
| GaAs | 1.43 | 直接 | 3.4 | 12 |
| GaSb | 0.69 | 直接 | 3.9 | 15 |
| InP | 1.28 | 直接 | 3.37 | 12.1 |
| InAs | 0.36 | 直接 | 3.42 | 12.5 |
| InSb | 0.17 | 直接 | 3.75 | 18 |
| ZnO | 3.2 | 直接 | 2.2 | 7.9 |
| α-ZnS | 3.8 | 直接 | 2.4 | 8.3 |
| ZnSe | 2.58 | 直接 | 2.89 | 8.1 |
| ZnTe | 2.28 | 直接 | 3.56 | 8.7 |
| CdS | 2.43 | 直接 | 2.5 | 8.9 |
| CdSe | 1.74 | 直接 | — | 10.6 |
| CdTe | 1.50 | 直接 | 2.75 | 10.9 |

关于禁带宽度的形成说明如下：电子能量可以确切定义各种能级的能量状态。在气态时，一个孤立的原子其电子只能有分立的能级。但当多个原子互相靠近到发生交互作用时，原本孤立的电子能级将发生量子交互作用，但由于电子相互作用的情况不同，所以能级分裂的情况也不同，所形成的能带宽窄也不一样。

进一步来说，内壳层的电子(Core Electrons)原来处于低能级，与周围原子的电子壳层交叠少，相互作用也少，分裂成的能带也比较窄，称为成键轨道(Bonding Orbital)；外壳层的电子原来处于高能级，特别是价电子，与周围原子的相互作用比较显著，由能级分裂成的能带很宽，称为反键轨道(Antibonding Orbital)。但对于一个确定晶体，其能带宽窄是一定的，由晶体性质决定，与晶体大小(即晶体包含的原子数 $N$)无关。$N$ 增大，能带中能级数的增加只能增加能带中能级的密集程度，不改变能带宽度。由于实际晶体中 $N$ 是很大的数

(一般晶体内的原子密度为$10^{22}\sim10^{23}\,cm^{-3}$),能带能级已很密集,可几乎认为它们是连续的。

图 2.8 所示为能级位置及电子的波函数[2,8]。以下将通过一维晶体结构来描述能带的形成。若每个原子以一个简单的量子阱来描述,当两个相同的量子阱彼此靠近时,原有的一阶能级会因量子阱彼此之间的作用形成两个能级,其能级位置和波函数如图 2.8(b)所示。

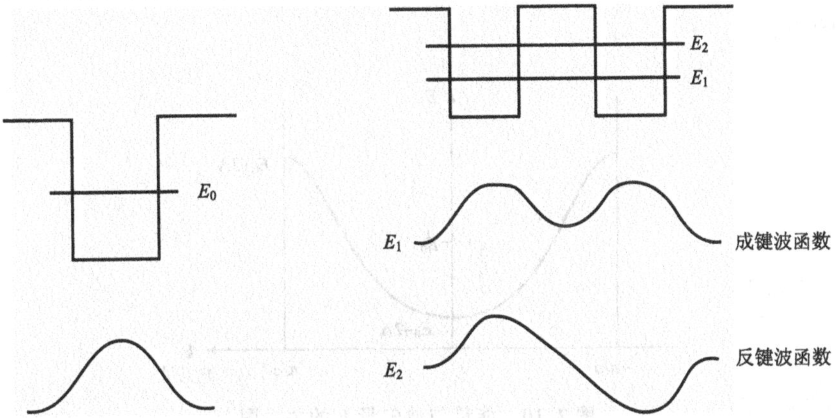


(a)单一能级的能级位置与波函数　　(b)两个能级的线性组合——成键波函数及反键波函数

**图 2.8　能级位置及电子的波函数**

在图 2.9 中,原子与原子间的距离为 $a$,且每个单独量子阱仅有一个能级,其能量为 $E_0$。若假设这个系统中有 $N$ 个量子阱,且这些量子阱首尾相接成一环形,即第 $N+1$ 个量子阱与第一个量子阱是一样的[2,8]。当更多的原子排列聚集在一起时,原有的一阶能级将变成多极的能级。当该多极能级因众多的原子而靠得非常紧密时,在该能级范围内的能量可视为连续。因此,原有的能级即成为能带。

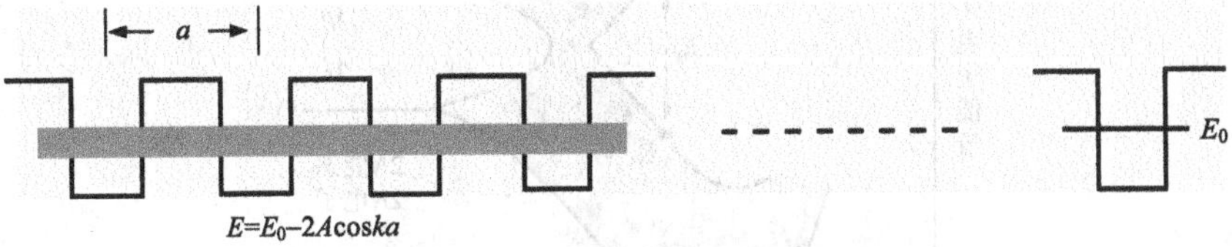


**图 2.9　一维晶体量子阱的能级结构**

电子可视为在具有完美周期性的晶格中运动,考虑电子被局限在一个边长

为 $a$ 的立方体内运动，则电子的波函数是含有传播常数 $k$——又称为波矢量的平面波，图 2.10 所示为能量与波矢量 $k$ 的关系图。所得到的能量对 $k$ 而言，是一个周期性的函数，即 $k$ 可局限在 $\pm\frac{\pi}{a}$ 之间，满足周期性边界波函数有解的条件为 $k=\frac{2\pi}{a}n$，由该关系式可知能量与 $k$ 并非连续。然而，当原子数目很多时，每个 $k$ 与其邻近的 $k$ 值之间间距就变得非常小，在这种情况下的能量可视为连续[2,10]。

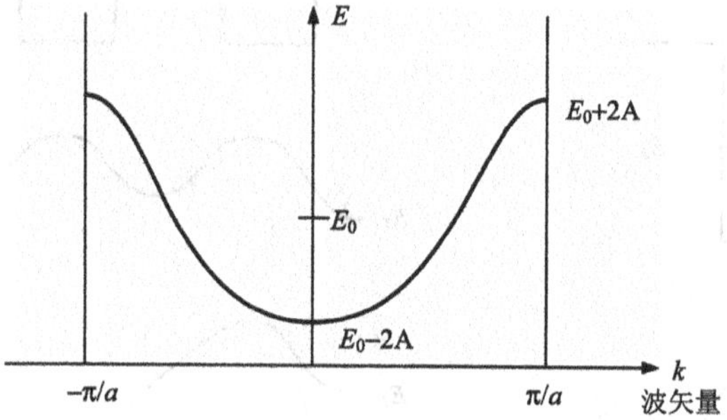


**图 2.10 能量与波矢量 $k$ 的关系图**

举例来说，对于具有钻石结构或闪锌矿结构的半导体而言，每一个晶胞包含两个原子，且每个原子都提供了 4 个价电子，即一个具有 $N$ 个原子的硅半导体，其电子的总数为 $4N$，如图 2.11[2,8,10,14] 所示。因此，若电子都处于最低能量的状态，最下面的 4 个能带是填满的，该能带则被称为价带。反之，在上面的 4 个能带是空的，该能带则被称为导带。其中，导带与价带间的间隙称为带隙。

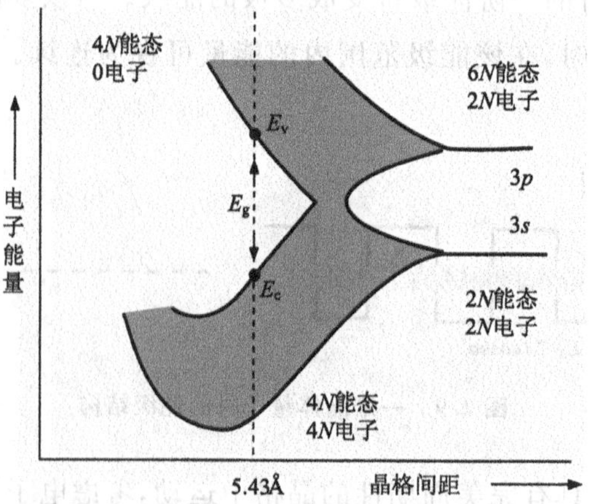


**图 2.11 半导体导带及价带的形成，以硅元素为例，$N$ 个硅原子，可提供 $4N$ 个电子**

在导带中，和电流相关的电子通常称为自由电子。在价带内的电子获得能量后便可跃升到导带，而这便会在价带内留下一个空缺，也就是是所谓的空穴(Electron Hole)。导带中的电子和价带中的空穴都对电流传递有贡献，空穴本身不会移动，但是其他电子可以移动到这个空穴上面，等效于空穴本身向相反方向移动。相对于带负电的电子，空穴的电性为正电。

从化学键合的观点来看，获得足够能量、进入导带的电子也等于有足够能量可以打破电子与固体原子间的共价键(Covalent Bond)，而变成自由电子，进而对电流传导做出贡献[1,2]。图 2.12(a)表示在 *A* 位置的电子吸收足够的能量，跳出共价键的位置，形成导电电子。在图 2.12(a)中我们同时可以看到，电子跳出后在 *A* 还留下了一个空穴，其他共价键的电子，有可能去填充此空穴，如图 2.12(b)中 *B* 位置的电子去填了 *A* 的空位，造成空穴的位置由 *A* 移到 *B*。在没有空穴时，由于原子核的电荷和电子的电荷完全抵消，故不带电，呈电中性；而在空穴附近由于少了一个电子，等效为带了一个基本单位的正电。因此，我们可以将空穴的移动看作一个正电荷的移动，也可以导电。电子与空穴均可导电，都称为载流子(Carrier)。

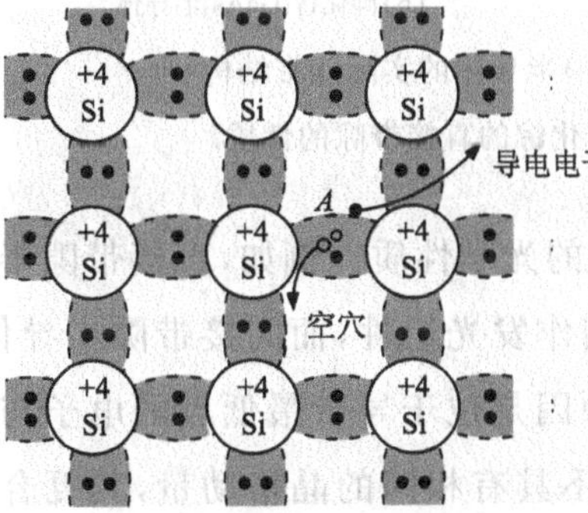


(a)在*A*位置的电子跳出共价键的位置形成导电电子，而*A*位置则多出一个空穴

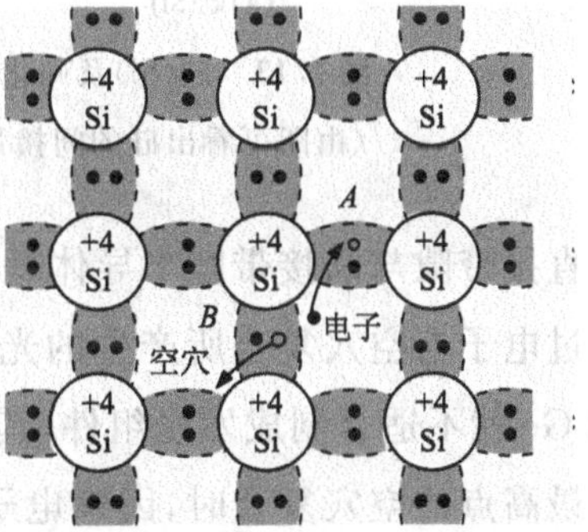


(b)*B*位置的电子去填了*A*的空穴，造成空穴的位置由*A*移到*B*

**图 2.12**

图 2.13 所示为 Si 及 GaAs 的能带图[1,8]。这两种材料价带的能量最高点位于 $\Gamma$ 点，即所谓的第一布里渊区的中心点，并可从该图看出两种材料导带的最低能量点位置不相同。其中，GaAs 是在 $\Gamma$ 点附近的一个圆球，而 Si 则是在靠近 *X* 点附近的椭圆球，其中 *X* 点与 *L* 点则分别表示为[100] 与[111]方向的布里渊区边缘。根据能带的能量与动量关系，半导体材料可分为：

(1) 直接带隙(Direct Bandgap)半导体：GaAs 的导带最低点与价带最高点的位置皆位于 $\Gamma$ 点，也就是说具有相同的晶体动量，当电子由价带最高点跃迁到导带时，只需要能量的转换，不需要动量的交换。

(2) 间接带隙(Indirect Bandgap)半导体：如 Si 和 Ge 的导带最低点和价带最高点不位于同一点，也就是说不具有相同的晶体动量，当电子由价带最高点跃迁到导带时，不仅需要能量的转换，也需要动量的交换。

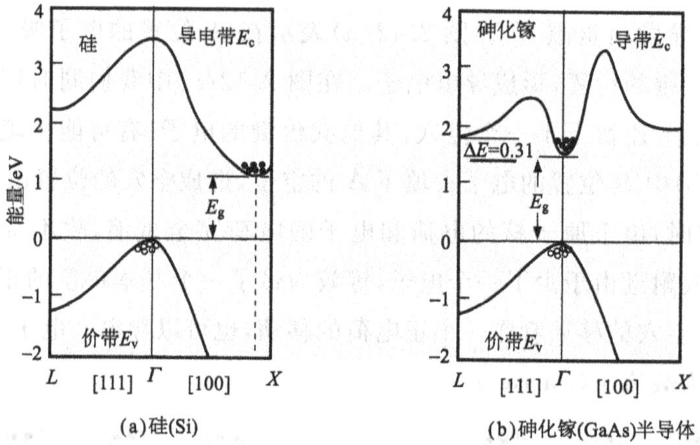


**图 2.13** 硅(Si)及砷化镓(GaAs)半导体的实际能带结构
(由图可看出硅的间接带隙与砷化镓的直接带隙的性质)

直接带隙与间接带隙半导体具有不同的光学性质。例如，直接带隙半导体可通过电子与空穴复合所产生的光子来制作发光组件，而间接带隙半导体，如 Si 和 Ge 就不适合制成发光组件，其主要原因是位于导带最低点的电子与位于价带最高点的空穴复合时，因该电子空穴不具有相同的晶格动量，其复合就必须通过一个声子来满足动量的守恒。上述的问题对直接带隙半导体而言并不存在，因其电子与空穴具有同样的动量，因此可以很容易地复合在一起。

## 2.4 电子传输性质

电子在能带最低点或最高点附近运动时，由于电子与晶格之间的作用，其行为与自由电子并非完全一样，此时电子像是一个具 $m^*$ 质量的质点。

一个半导体的能带结构决定了它的传输性质与光学性质，但电子在半导体中的运动则会因其他杂质或声子的影响而产生散射。在稳定电流下，电子将因电场而产生漂移速度(Drift Velocity)，表示如下：

$$\vec{v}=-\frac{e\tau}{m^*}\vec{\varepsilon}=-\mu\vec{\varepsilon} \tag{2.4}$$

式中，$\tau$ 为平均碰撞时间或平均自由期(Mean Free Time)；$m^*$ 为电子等效质量；$\varepsilon$ 为电场强度。

或

$\mu=\frac{e\tau}{m^*}$，表示载流子迁移率(Mobility)，或写成

$$\mu=\left|\frac{\vec{v}}{\vec{\varepsilon}}\right|[\mathrm{cm^2/(S\cdot V)}] \tag{2.5}$$

迁移率即单位电场下，载流子的移动速度，是衡量半导体材料或器件非常重要的参数。半导体器件可以操作的速度将受到迁移率的直接影响。迁移率越大，则该器件可操作的速度也就越快。由上述公式可知迁移率与平均碰撞时间成正比，而与有效质量成反比。因此，平均碰撞时间越长，或有效质量越小，迁移率也就越高。

电子或空穴在半导体运动时，会遇到数种不同的碰撞机制，如与杂质及声子的碰撞。其中，杂质又可分为中性杂质及带电杂质，而声子也可分为声波声子与光学声子。在室温或较高的温度时，因声子的数目较多，声子的碰撞即成为决定载流子迁移率最重要的因素。反之，在低温时，杂质的碰撞则是决定载流子迁移率最重要的因素。

图 2.14 所示为电子在 GaAs 及 Si 中速度与电场强度的关系图[10]。在低电场时，GaAs 中电子的速度是正比于电场。当电场到达 3 kV/cm 时，电子的速度达到顶点，值约为 $2\times10^7$ cm/s。对 Si 而言，电子的速度是随着电场的强度的增大不断上升。然而，电子在高电场仍趋于饱和的原因是电子与光学声子作用的关系[16~19]。

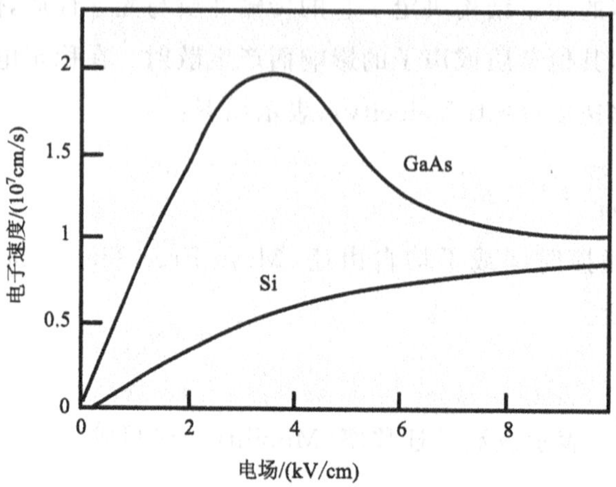


**图 2.14　硅与砷化镓中电子速度与电场强度关系图**

## 2.5 本征半导体及非本征半导体

### 1. 本征半导体

本征半导体(Intrinsic Semiconductor)是指没有任何掺杂的半导体材料。以硅晶体为例,单一的硅原子包含 14 个带正电荷的质子与 14 个带负电荷的电子。图 2.15(a)所示为硅原子的结构,图中说明原子本身的第一层轨道有 2 个电子,第二层有 8 个电子,其余的 4 个电子分布在最外层轨道,所以硅原子有 4 个价电子,是一个 4 价元素[8]。当许多硅原子组成一个规则形态的固体时,便形成硅晶体。硅晶体的形成是利用硅原子间的共价键结合,结合后的硅原子,其价电子被束缚在共价键之中。每一个价电子不只属于某个单一原子,而是与相邻的原子间形成共同拥有。故每一个硅原子最外层的 8 个价电子形成化学性稳定的状态。图 2.15(b)所示为二维空间硅晶体的共价键结构图示,说明了硅原子的电子分布与链接的形态。

在室温下,半导体材料中价带的某些电子仍有足够的热能或接受足够的光能,从而跳过带隙进入空的导带。温度越高或光强越大,受激发通过带隙的电子数就越多。然后这些被提高能量的电子便能自由地从外加电场接受电能穿过晶体。另外,价带里留下的空穴本身也变成载流子。空穴附近的电子可跃入

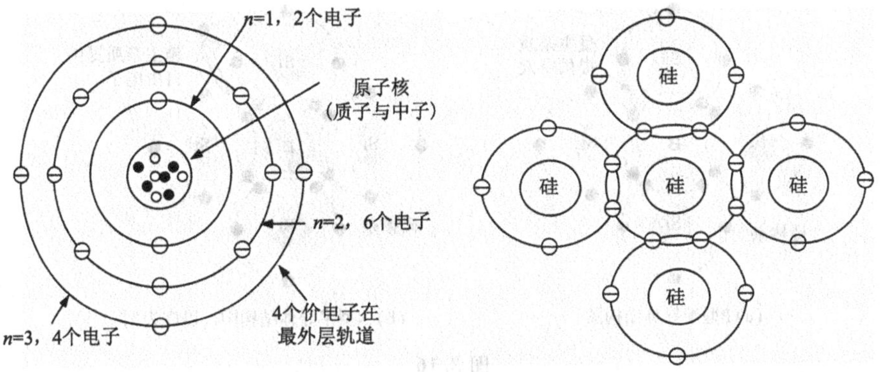


(a)硅原子的结构

(b)二维空间中硅晶体的共价键示意图，可看出硅原子有4个价电子

**图 2.15** 硅原子的结构

填充它，而这个电子原来占据的位置又成为新的空穴，它再被邻近的电子充满。因此，此时的电流实际上是由电子接力式的运动所形成，但把它想象成带正电荷的空穴朝着反方向流动，两者完全等效，所以导电是由电子和空穴共同完成的。当电流的传导仅是由价带激发到导带的电子引起时，该材料就叫做本征半导体[4,5,7]。

在一个本征半导体内可以导电的电子与空穴的数目是相等的，其电子及空穴浓度称之为本征载流子浓度，受温度、光照、压力、电场、磁场及杂质等影响。然而，本征载流子浓度对于一个器件而言，其导电能力太低。因此，一个真正有用的半导体必须加入杂质以提高电子或空穴的浓度。

### 2. 非本征半导体

非本征半导体(Extrinsic Semiconductor)是指在本征半导体中加入其他杂质，依杂质提供的载流子种类，分为P型半导体与N型半导体。

### 3. P型半导体

P型半导体指通过掺杂其他种类(或价数)的原子，形成空穴数目远多于电子数目的半导体材料。图 2.16(a)所示为P型半导体结构图[2]。当Si中加入三价的元素时，如B或Al等，该三价原子会从别处获取一个电子形成共价键，并在别处产生一个空穴。因该三价的原子会接受一个电子，因此被称为受主(Acceptor)，半导体因加入受主杂质而产生空穴，形成P型半导体。

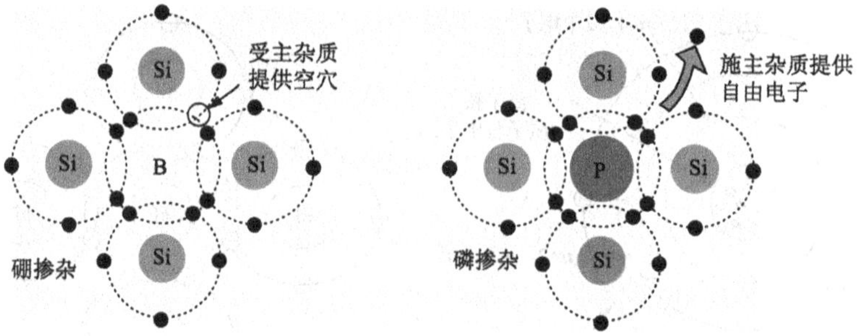


(a) P型半导体结构图 (b) N型半导体结构图，以硅为例

**图 2.16**

4. N 型半导体

N 型半导体指通过掺杂其他种类(或价数)的原子，形成电子数目远多于空穴数目的半导体材料。图 2.16(b)所示为 N 型半导体结构图[2]。在低温下，Si 的价带完全被电子填满而导带呈现空的状态。若在 Si 的晶体中加入五价的元素，如 P 或 As 等，该五价原子将占据 Si 原子的位置，并使邻近的 4 个 Si 原子在形成共价键所需的 4 个电子外又多一个电子，其中，在 Si 中所掺杂的五价元素称为施主(Donor)。从能带的角度来看，所有多余的电子将占据导带，电子在导带中就能自由运动形成自由电子。

在Ⅲ-Ⅴ族半导体中要形成 N 型或 P 型半导体，可以有很多选择。其中，若放入四价元素的杂质时，会有以下两种情形发生：

(1) 取代三价的原子成为施主。

(2) 取代五价的原子成为受主。

这一类的杂质被称为双性杂质(Amphoteric)，至于究竟会成为哪一类型则要看掺杂的方式及条件而定。例如，

(1) 放入二价元素取代三价的原子作为受主。

(2) 放入六价元素取代五价的原子作为施主。

当半导体中加入施主或受主后，将会影响到电子与空穴的浓度以及费米能级的位置。

# 2.6 半导体中的电性行为

一个半导体在低温时，其价带完全被电子填满，而导带是空的。当温度逐渐升高时，有部分电子会从价带跃迁至导带。在价带所遗留下来的空位就称为空穴，空穴就像带正电荷的电子。通过式(2.6)可以求得在温度 $T$ 时，有多少电子存在于导带[1,3,14~17]：

$$n=\int_{E_c}^{E_{top}} D(E)f(E)\mathrm{d}E \tag{2.6}$$

式中，积分范围从导带的最低点 $E_c$ 到导带的最高点 $E_{top}$；而 $n$ 为电子浓度；$D(E)$为单位能量内的状态密度，即可容纳电子的状态；$f(E)$则是在温度 $T$ 时，电子占据在一个能量为 $E$ 的状态概率。

$f(E)$又被称为费米-狄拉克分布函数(Fermi-Dirac Distribution Function)，其公式为

$$f(E)=\frac{1}{\exp\left(\frac{E-E_f}{kT}\right)+1} \tag{2.7}$$

式中，$T$ 为热力学温度；$K$ 为玻尔兹曼常量；$E_f$为费米能级，其值与电子浓度有关，该费米分布函数与温度和能量的关系图如图 2.17 所示[1,8]。

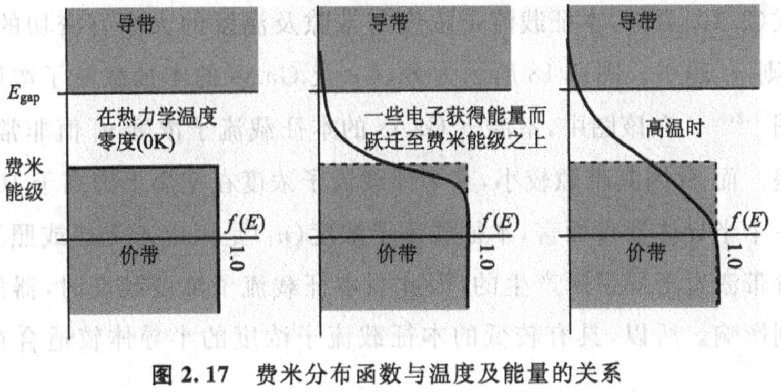


**图 2.17　费米分布函数与温度及能量的关系**

费米分布函数 $f(E)$在不同能量与温度时有不同的概率：

(1) 在能量小于价带能级的状态，其被电子占据的概率为 1。

(2) 当温度较高时，有部分高于费米能级的状态也会被电子所占据，但概率小于1/2。

(3) 在 $T=0$ K,且能量小于 $E_f$ 时,$f(E)$等于 1;而能量大于 $E_f$ 时,$f(E)$ 等于 0。

状态密度 $D(E)$的大小与能带结构有关,电子与空穴聚集的位置分别接近于导带最低点或价带的最高点。

在没有掺杂任何杂质的情况下,半导体内的自由电子与空穴是由热效应所产生。电子因热效应由价带激发至导带,所以电子的数目与空穴的数目是一样的,即[2,9]

$$N_c \exp\left(-\frac{E_c-E_f}{kT}\right)=N_v\left(-\frac{E_f-E_v}{kT}\right) \tag{2.8}$$

式中,$N_c \equiv 2\left(\frac{2\pi m_n^* kT}{h^2}\right)^{\frac{3}{2}}$ 为导带的有效状态密度,$m_n{}^*$ 为电子有效质量;$N_v \equiv 2\left(\frac{2\pi m_p^* kT}{h^2}\right)^{\frac{3}{2}}$ 为价带的有效状态密度;$m_p^*$ 为空穴有效质量。

在本征半导体中,电子与空穴的浓度相等,其浓度称为本征载流子浓度($n_i$),且满足式(2.9):

$$n_i{}^2=np=N_c N_v \exp(-E_g/kT) \tag{2.9}$$

式中,$E_g=E_c-E_v$ 为带隙的大小,所以本征载流子浓度($n_i$)还可表示为:

$$n_i=\sqrt{N_c N_v}\,e^{-E_g/kT} \tag{2.10}$$

由式(2.10)可知,本征载流子浓度与带隙及温度的大小有密切的关系,带隙越大,则 $n_i$ 越小。图 2.18 所示为 Si、Ge 及 GaAs 的本征载流子浓度与温度的关系图[1,2,8]。在该图中,室温下 GaAs 的本征载流子浓度 $n_i$ 值非常低,因此导电性差。而 Si 因其带隙较小,其本征载流子浓度在室温下即高于 $10^{10}\,cm^{-3}$。

对一个半导体器件而言,本征载流子浓度($n_i$)是因电子受热或照光得到能量而由价带激发至导带所产生的,因此当本征载流子浓度越高时,器件的操作就会受到影响。所以,具有较低的本征载流子浓度的半导体较适合在高温下操作。

以加入施主形成 N 型半导体的情形为例,当加入的施主杂质浓度是 $N_D$ 时,有部分杂质会电离产生自由电子,为保持电中性,令

$$n=N_D^+ + p \tag{2.11}$$

式中,$n$ 为自由电子的浓度;$p$ 为自由空穴的浓度;而 $N_D^+$ 为电离的施主浓度。

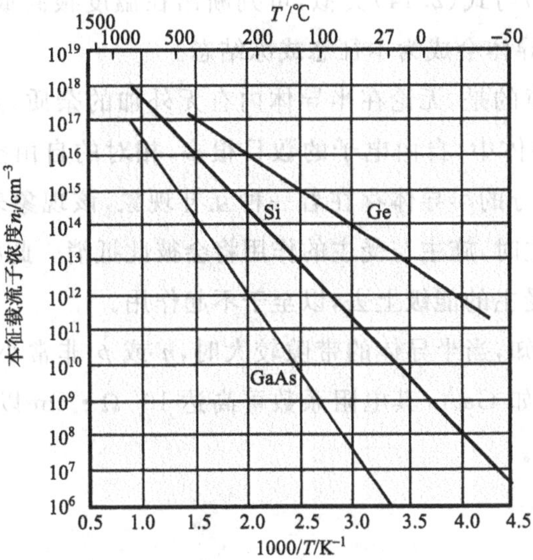


**图 2.18** 本征载流子浓度与温度的关系

对于 Si 及 GaAs 而言，室温下施主杂质可完全电离，因此电子浓度 $n$ 等于施主浓度 $N_D$，经由式(2.12)可计算电子浓度 $n$：

$$n = N_D = N_c \exp\left(-\frac{E_c - E_f}{kT}\right) \tag{2.12}$$

同样，对 P 型半导体而言，有部分杂质会电离产生自由空穴，为保持电中性，适用公式为

$$n + N_A^- = p \tag{2.13}$$

该 P 型半导体处于常温时，电子数目非常少，若再假设所有受主已电离且忽略 $n$，则可计算出空穴浓度 $p$：

$$p = N_A = N_V \exp\left(\frac{E_v - E_f}{kT}\right) \tag{2.14}$$

然而，这种状态在温度很高或很低时并不成立。高温时，由热所造成的自由电子与空穴数目增多，不能再忽略空穴那一项，因为此时的自由电子浓度 $n$ 与自由空穴浓度 $p$ 都等于本征载流子浓度：

$$n = p = n_i = \sqrt{N_c N_v} \exp(-E_g/2kT) \tag{2.15}$$

其浓度与本征半导体类似，而费米能级也趋近带隙的中间，这种高温状态又回到本征态。

由于式(2.12)与式(2.14)类似,可判断出在温度很高或温度很低时,P型半导体与N型半导体会成为本征态或冻结态。

需要特别注意的是,无论在半导体内有无外加的杂质,式(2.10)是永远成立的,在N型半导体中,自由电子的数目很多,相对的自由空穴的数目就非常少。其中,有一部分的半导体存在着一种互补现象,该现象表现为半导体内同时存在施主与受主时,施主与受主的作用将会彼此抵消。此种现象也表示为施主的电子会填到受主的能级上去,以至于不起作用。

由式(2.9)可知,当半导体的带隙较大时,$n$ 或 $p$ 非常小,以至于半导体可以有绝缘的性质,如 GaAs 其电阻系数可高达 $10^7\ \Omega\cdot\text{cm}$ 以上,呈现半绝缘性(Semi-insulating)。

## 2.7 半导体的结

一个有用的半导体器件需利用不同形式的半导体材料形成结。除了半导体之外,半导体与金属或半导体与绝缘体结合,也可取代原半导体与半导体形成的结。然而最常使用的结是由P型半导体与N型半导体所形成的PN结。

### 2.7.1 PN结

图2.19[4]所示为PN二极管的基本结构及热平衡下的能带图[1,2,4,8,19]。将P型半导体与N型半导体结合在一起,即形成一种最简单的整流二极管。其中,PN结可简单地视为P型半导体和N型半导体接在一起所形成,并在两端各以一个金属电极(称为欧姆接点)连接外界电路。该种结构也是各种电子与光电器件(包含太阳能电池)的基本组成。

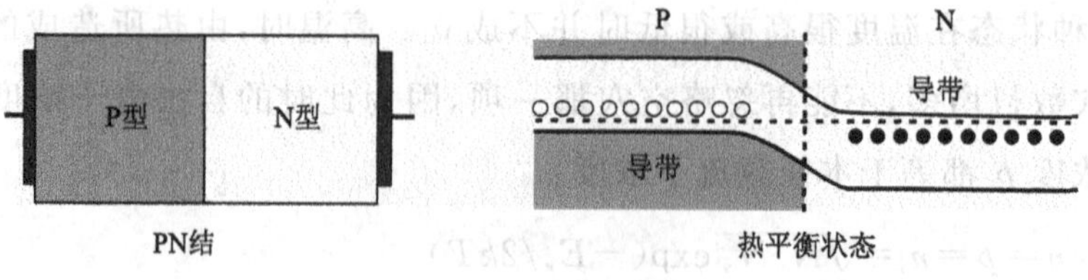


图2.19 PN二极管的基本结构及热平衡下的能带图

## 1. PN 结的行为

(1) 由于P型半导体中自由空穴较多,费米能级将接近价带。

(2) 由于N型半导体中自由电子较多,费米能级则比较接近导带。

(3) 在热平衡的状态下,费米能级在这两种半导体内必须是水平的。

(4) PN 结在形成时,由于空间中的载流子分布不均匀,在P型半导体中的空穴会向N型半导体中扩散。

(5) 同理,在N型半导体中的电子会向P型半导体中扩散。

## 2. 耗尽层形成

图 2.20 介绍了 PN 结的载流子行为[1,2,8]。耗尽层(Depletion Region)的形成是由于N型区的多数电子因浓度梯度扩散进入P型区,但当电子因扩散离开N型区时,会留下带正带的施主原子,形成净正电荷区,同理P型区的多数空穴因浓度梯度扩散进入N型区,但当空穴因扩散离开P型区时,会留下带负电荷的受主原子,形成净负电荷区,净正负电荷区称为空间电荷区(Space Charge Region),因载流子无法独立存在于此区,因此又称为耗尽层。内部的

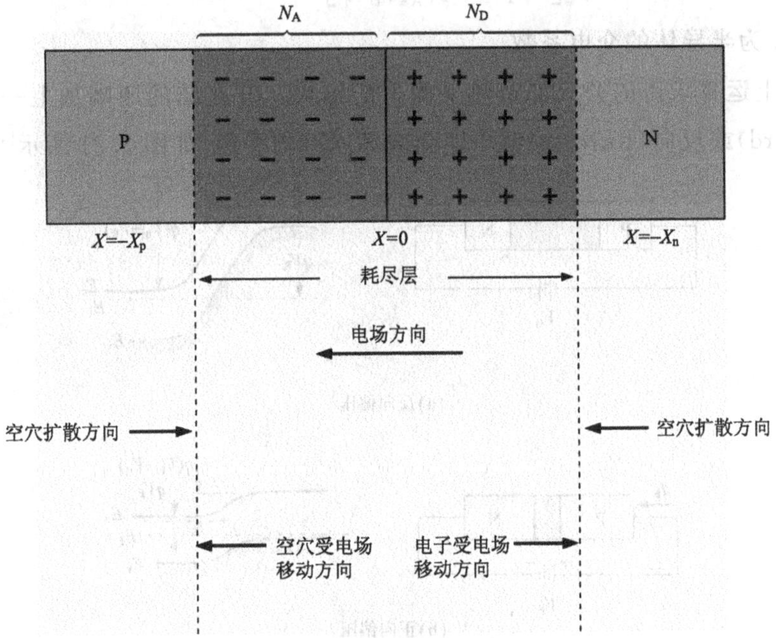


**图 2.20** PN 结形成的耗尽层

电场分布可以利用泊松方程式(Poisson Equation)求得[9]：

$$\frac{\mathrm{d}E}{\mathrm{d}x}=\frac{\rho}{\varepsilon},\text{其中 }\rho=\begin{cases}-qN_A & \text{当}-x_p<x<0\\ qN_D & \text{当 }0<x<x_n\end{cases}\tag{2.16}$$

该区域的范围为$-x_p\sim x_n$，且在界面($x=0$)时，电场应为连续的，所以

$$N_A x_p=N_D x_n\tag{2.17}$$

由上述公式可知掺杂浓度越高的一方，耗尽层宽度也相对较小。而因电场的关系，位能在耗尽层也将急剧地变化。

### 3. 内建电势

由于P型区的电势较高，而N型区的电势较低，两者之间的电位差称为内建电势，其大小为[9]：

$$qV_{bi}=kT\ln\left(\frac{N_D N_A}{n_i^2}\right)\tag{2.18}$$

耗尽层的宽度与$V_{bi}$的关系如下所示：

$$W=X_n+X_p=\left[\frac{2\varepsilon_s V_{bi}}{q}\left(\frac{N_A+N_p}{N_A N_D}\right)\right]^{\frac{1}{2}}\tag{2.19}$$

其中，$\varepsilon_s$为半导体的介电系数。

以上运算求得的公式都是热平衡下的结果。若在结的两端加上一个正向(Forward)或反向(Reverse)偏压即会破坏原有的平衡，如图 2.21 所示[1,2,8]。

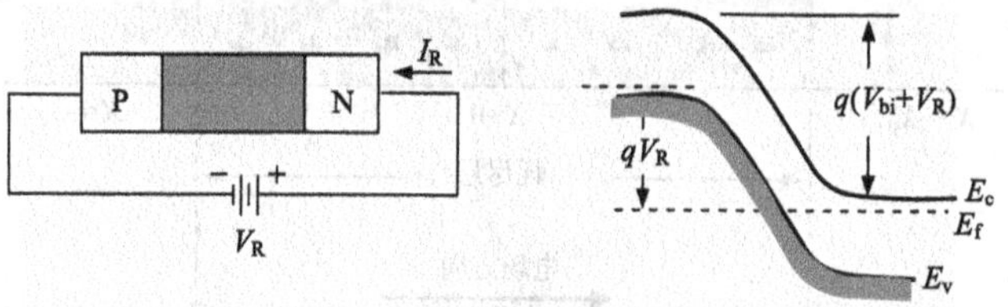


(a)反向偏压

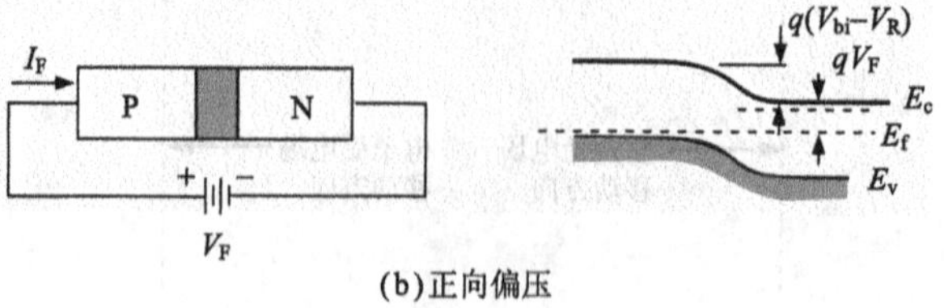


(b)正向偏压

**图 2.21　反向偏压与正向偏压的能带图**

若正向外加的偏压电压为 $V$，因耗尽层的电阻远大于两边中性区的电阻，所以电压将大部分落于耗尽层内，而两边的费米能级因为外加电压而分开。内建电势因而降低至

$$V_b = V_{bi} - V \tag{2.20}$$

由于两边的费米能级不一样高，电子将由 N 往 P 流，而空穴由 P 往 N 流。

在 P 型半导体内，电子会借着与空穴的复合而回复平衡状态。其中，电子密度的大小可由连续性方程(Continuity Equation)得到：

$$D_n \frac{d^2 n_p}{dx^2} - \frac{n_p - n_{p0}}{\tau_n} = 0 \tag{2.21}$$

而式(2.21)的解如下所示：

$$n_p(x) = n_{p0} + n_{p0}(e^{\frac{qV}{kT}} - 1)\exp\left(\frac{X + X_p}{L_n}\right) \tag{2.22}$$

式中，$n_{p0}$ 为电子在 P 型半导体内热平衡时的平衡温度；$L_n = \sqrt{D_n \tau_n}$ 为电子的扩散长度(Diffusion Length)，电子的寿命 $\tau_n$ 越长，其电子扩散长度越长。

同理，在 N 型半导体内，空穴对位置的分布如下所示：

$$p_n(x) = p_{n0} + p_{p0}(e^{\frac{qV}{kT}} - 1)\exp\left[\frac{(X - X_n)}{L_p}\right] \tag{2.23}$$

式中，$pn_0$ 为空穴在 N 型半导体内热平衡时的平衡浓度，而 $L_p = \sqrt{D_p \tau_p}$ 为空穴的扩散长度。空穴的寿命 $\tau_p$ 越长，其空穴扩散长度也越长。需注意，电子与空穴的扩散长度对芯片型太阳能电池(如第 4 章)的芯片材料来说是很重要的一项指标。

4. PN 结的总电流

因载流子浓度随空穴位置的变化产生扩散电流，因此，N 型半导体内由空穴产生的扩散电流 $J_{pD}$ 为：

$$J_{pD}(x_n) = qD_p \left.\frac{dP_n}{dx}\right|_{x_n} = \frac{qD_p p_{n0}}{L_p}(e^{\frac{qV}{n}} - 1) \tag{2.24}$$

同理，P 型半导体内由电子所产生的扩散电流 $J_{nD}$ 为：

$$J_{nD} = qD_n \left.\frac{dn_p}{dx}\right|_{-x_p} = \frac{qD_n p_{p0}}{L_n}(e^{\frac{qV}{n}} - 1) \tag{2.25}$$

假设空穴与电子在耗尽层内没有任何的复合，则通过整个器件的电流为定

值。因此，该PN结的总电流可写为

$$J=J_{pD}+J_{nD}=J_s(e^{\frac{qV}{kT}}-1) \tag{2.26}$$

其中

$$J_s=\frac{qD_p p_{n0}}{L_p}+\frac{qD_n n_{p0}}{L_n}$$

$J_s$ 称之为反向饱和电流密度，而式(2.26)称为理想二极管方程式(Ideal Diode Equation)。由式(2.26)可以得到PN二极管的电流与电压的关系，如图2.22所示[1,2,4,8]。反向饱和电流密度对太阳能电池而言，就是其未照光时的暗电流密度。

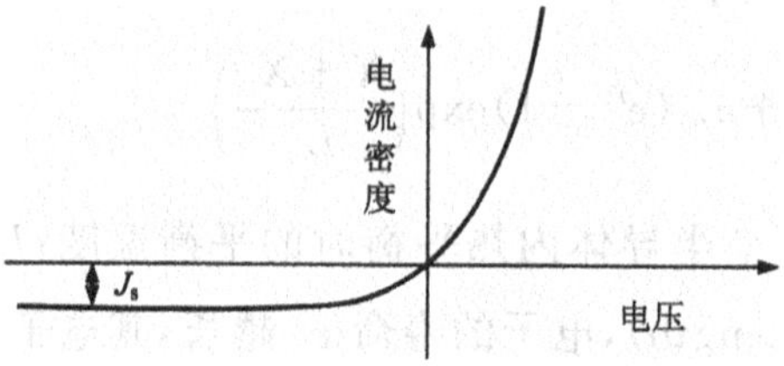


图2.22　PN二极管的电流与电压曲线图

## 2.7.2　肖特基结

肖特基结(Schottky Junction)是指一个半导体材料与金属材料接触形成的结。

当一个电子需由导带激发离开半导体时，其所需能量称为电子亲和能(Electron Affinity)，而真空能级[电子在无限远处时的能量(Vacuum Level)]与费米能级的能量差则称为功函数(Work Function)。当金属的功函数($E_m$)与半导体的功函数($E_n$)不同时，为使二者接触时仍能保持一致的真空能级，得到如图2.23所示的能带图[1,8]。从该图中可看出因界面势垒 $q\varphi_B$ 的关系，使半导体形成一个界面耗尽层，而耗尽层的宽度则取决于势垒的高低和半导体掺杂浓度的大小。

对金属中的电子而言，$q\varphi_B$ 大小的势垒称为肖特基势垒(Schottky Barrier)，表示电子试图由金属进入半导体所遇到的障碍。同理，对于半导体内的电子而言，其所遇到的则是 $qV_{bi}$ 大小的势垒。在金属半导体的界面除了具有半导体流向金属的热发射电子流，还有从金属流向半导体的热发射电子流。

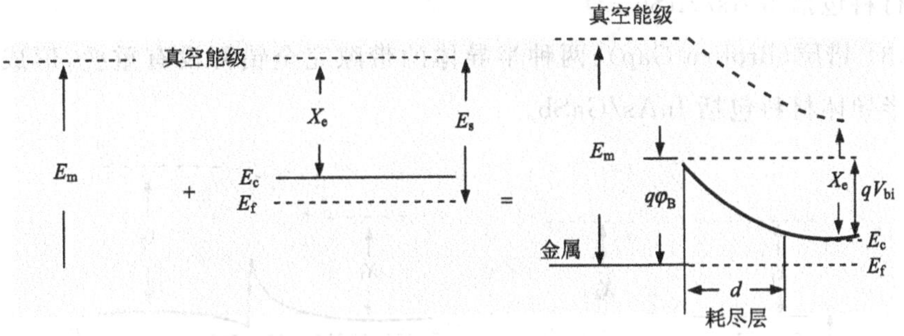


图 2.23 真空能级比较图

当半导体含有施主浓度为 $N_D$ 时，该耗尽层的宽度如下所示：

$$d=\sqrt{\frac{2\varepsilon_s V_{bi}}{qN_D}} \tag{2.27}$$

当一个肖特基二极管（金属与半导体相结合）外加正向偏压($V$)时，其势垒将变为

$$qV_b=qV_{bi}-qV \tag{2.28}$$

## 2.7.3 异质结

异质结(Hetero Junction)是两种不一样的半导体接触在一起所形成[1,8]。在许多半导体中，常有相同的晶体结构和类似的晶格常数，当两种不同的半导体接触在一起时，形成所谓的异质结。异质结器件在Ⅲ-Ⅴ族半导体器件中非常常见，其利用磊晶结合的方式，将两种不同材料的半导体结合在一起。由于半导体的物理性质并不一样，在界面的部分产生许多值得探讨的现象。

图 2.24 所示为两个具有不同带隙的 N 型半导体的异质结能带图[1,2,8]。其中，左侧半导体的带隙较大为 $E_{g1}$，而右侧半导体的带隙较小为 $E_{g2}$，且二者的亲和能分别是 $X_1$ 及 $X_2$，在结合后仍需满足以下两个条件：

(1) 真空能结(Vacuum Level)必须连续。

(2) 平衡状态下的费米能级必须一致。

异质结的类型主要分为以下三种，如图 2.25 所示[8,10~14]：

(1) 跨骑(Straddling)：两种半导体带隙中，其中一个的半导体带隙完全在另一个半导体的禁止带隙内，形成这样结的半导体材料包括 GaAs/AlGaAs。

(2) 交错(Staggered)：两种半导体的带隙仅有部分重叠，形成这样结的半

导体材料包括 InAs/AlSb。

(3) 错层(Broken Gap)：两种半导体的带隙完全错开没有重叠，形成这样结的半导体材料包括 InAs/GaSb。

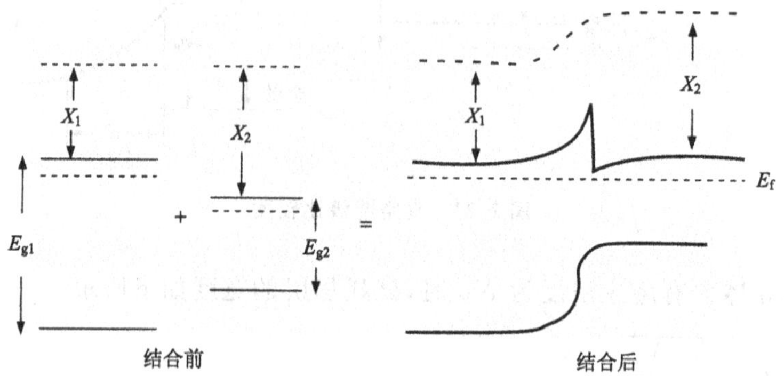


图 2.24 两个具有不同带隙的 N 型半导体结合后形成异质结能带图

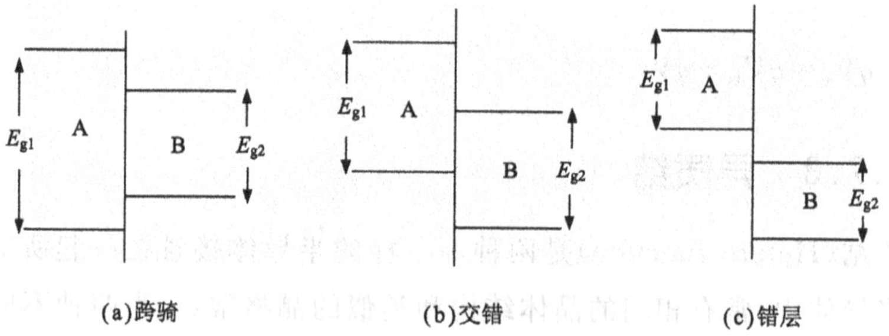


图 2.25 异质结的类型

## 2.8 半导体中的复合过程

式(2.9)提及载流子平衡时的关系，当外加一个热源或光源时，会产生超量的非平衡载流子。若除去热源或切断光源，非平衡的载流子将逐渐达到平衡的载流子浓度。这个衰减过程是通过载流子不断的复合所形成。复合现象依电子/空穴结合的方式可分为：

(1) 直接复合(Direct Recombination)：导带电子与价带空穴直接复合，又称带至带复合。

(2) 间接复合(Indirect Recombination):电子和空穴通过带隙中的复合中心进行复合,复合中心包含深能级(Deep Level,DL)及缺陷(Defect)。

复合可以发生在半导体体内,也可以发生在表面。载流子复合时,一定要释放出多余的能量,依能量释放的方法可分成:

(1) 辐射复合(Radiative Recombination):复合过程中以辐射光子作为能量的释放形式,常发生在直接带隙半导体材料中。

(2) 非辐射复合(Nonradiative Recombination):复合过程中能量以声子的形式传递给晶格产生热从而释放,常发生在间接带隙半导体材料中。

(3) 俄歇复合(Auger Recombination):复合过程中将能量或动量先转移至其他载流子,得到能量的载流子以热形式回到原能量态。

图 2.26 是进一步说明各种复合机制的示意图。

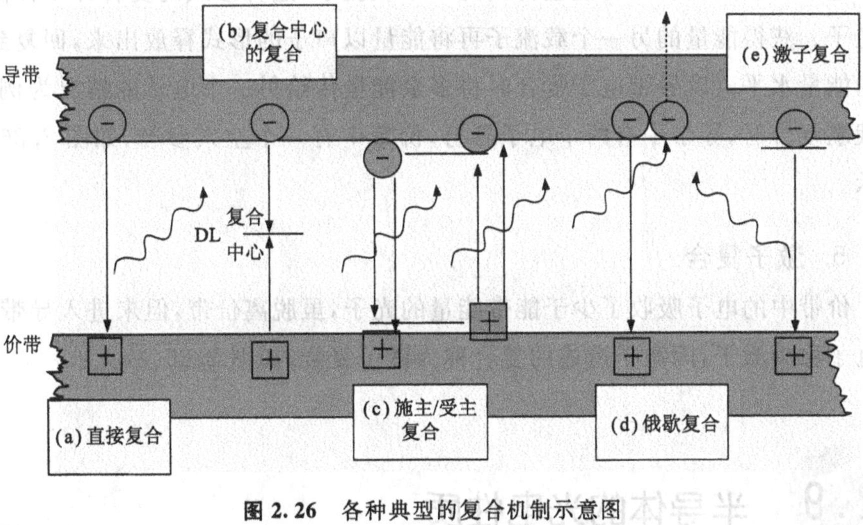


图 2.26 各种典型的复合机制示意图

### 1. 辐射复合

辐射复合是光吸收的逆反应。导带中的过剩电子跃迁回到价带,与价带中的过剩空穴复合消失;而两种能态间全部或大部分的能量差则以光的形式释放出去。直接带隙半导体较间接带隙半导体更容易发生辐射复合,如图 2.26(a)所示。

2. 复合中心的复合

半导体中的杂质或缺陷能在禁带中形成特定的能级。其中,有些能级既可以接受导带电子,又可以接受价带空穴,因此,它们促进了非平衡载流子的复合,这类杂质和缺陷所形成的能级称为复合中心,包括过渡金属或重金属杂质形成的深能级,以及制备造成的微结构缺陷,如晶界、位错、空位等。这种复合多为非辐射复合,如图 2.26(b)所示。

3. 施主/受主复合

施主/受主复合是指载流子(电子或空穴)通过施主或受主能级进行复合,如图 2.26(c)所示。

4. 俄歇复合

电子和空穴复合后将能量传给另一个载流子,这种形式的复合并不伴随发射光子。获得能量的另一个载流子再将能量以声子的形式释放出来,回复到原来的能量水平。以导带电子复合时将多余能量传给另一个电子的情况为例,进行俄歇复合时,导带中有两个电子参与,价带中有一个空穴参与,如图 2.26(d)所示。

5. 激子复合

价带中的电子吸收了少于能带能量的光子,虽脱离价带,但未进入导带,这种电子称为激子,因激子造成的复合称为激子复合,如图 2.26(e)所示。

## 2.9 半导体的光电性质

光电效应(Photovoltaic Effect)是在 1887 年由 Heinrich Hertzy 发现的,是指通过转换入射光子的能量形成输出电压。然而,这样的定义并不是很精确。其中,半导体的登贝(Dember)效应[亦称为光扩散(Photodiffusion)效应]也能将入射光子的能量转换为输出电压。但就一般情况而言,半导体的登贝效应并不是很显著,若是金属接触非良好的欧姆接触(Ohmic Contact),则金属-半导体形成的光电效应会超过纯粹半导体的登贝效应[1,10]。

1905 年,爱因斯坦使用光子(Photon)的概念在理论上成功地解释了光电效应。光电效应是描述光子照射到金属表面,使金属内的电子吸收足够的光子能量离开金属,形成真空中的自由电子。因此,当电子吸收足够的光子能量至高能级时,电子与电子之间的碰撞就会提高整个金属电子的化学势(Chemical Potential)与温度,形成有光照与无光照金属之间的电压差[12]。

太阳能电池发电便是基于光电效应的原理,将太阳光子与材料相互作用所产生的电位势转换成电流输出,形成基本电力的供应来源[10~18]。

图 2.27 所示为光照后与未光照太阳能电池的电流-电压示意图。在太阳能电池不照光时,其就像一般的 PN 结二极管一样,会因内部载流子浓度的变化而产生电流,称之为暗电流(Dark Current)。

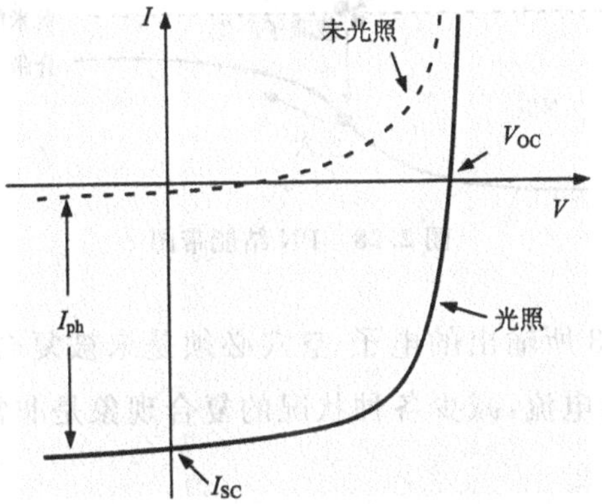


**图 2.27** 光照后与未光照太阳能电池的电流-电压示意图

当适当波长的入射光照射太阳能电池时,在 PN 结处会产生电子-空穴对,且该电子-空穴对因内建电场的影响将产生从 N 区至 P 区的漂移电流,即称为光电流(Photocurrent)。其中,光子在 PN 二极管的准中性(Quasineutral)区域,也能贡献光电流。在准中性区域的光电流属于扩散电流,而扩散电流则是由少数载流子所决定的。因此,PN 二极管光电效应中的光电流主要来自于三个物理机制:漂移电流、N 型及 P 型区的少数载流子的扩散电流[19,20]。其中,太阳辐射的光谱主要是以 0.3 μm 的紫外线到数微米的红外线为主,若换算成光子的能量,则在 0.4～4 eV 之间。如图 2.28[3] 所示,当光子的能量小于半导体的带隙时,光子将不被半导体吸收;当光子的带量大于半导体的带隙时,光子将被半导体吸收,产生电子-空穴对,其余的能量则以热的形式消耗掉。因此,必须仔细地选择制作太阳能电池材料的带隙,才能有效地产生电子-空穴对。

当光子入射到具有PN结的太阳能电池后，电子向N极输出，空穴向P极输出，因此，太阳能电池器件的运作必须具有以下三个必要条件：

(1) 入射光子被吸收以产生电子-空穴对。

(2) 电子-空穴对在复合前被分开。

(3) 分开的电子和空穴分别传输至外部电路。

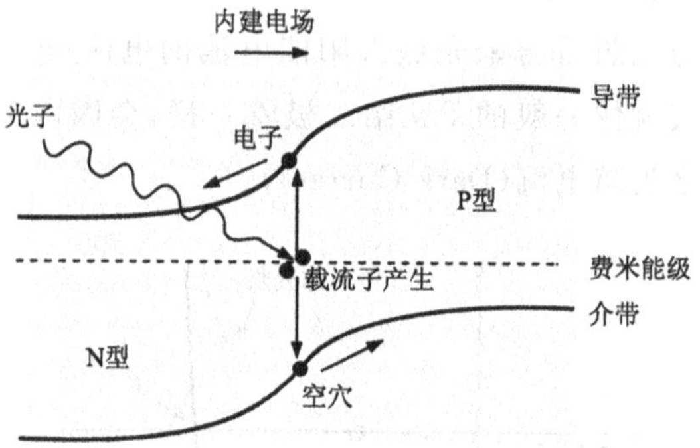


**图 2.28**　PN结能带图

由此可知，条件3所输出的电子-空穴必须是未被复合的电子-空穴。为提高太阳能电池的输出电流，减少各种状况的复合现象是非常重要的。

## 2.10　结　语

发展更高效率的太阳能电池器件有赖于对光电的产生、复合、传导过程与机制有充分的了解，才能从材料特性及器件结构着手，从根本上提升太阳能电池的光电转换效率。因此，希望通过本章的介绍能让读者对太阳能电池的相关半导体物理知识及工作原理有基本的了解与认识。

## 专有名词

1. **光电效应(Photovoltaic Effect)**：当外来的光能量照射于N型半导体以及P型半导体结合处的耗尽层内，通过激发而产生光衍生性的电子-空穴对，这些电子-空穴对将因内部的电场效应，促使电荷向两端移动，当外加电路连接于两端时,即可利用电池内所衍生的电力。这种将光能转换成电能的现象,称为“光电效应”。

2. **欧姆接触(Ohmic Contact)**:在金属与半导体之间,可以产生双向传输特性的低电阻金属与半导体接触。

3. **单晶硅(Single Crystal Si)**:倘若硅材料的结晶体是由单个晶粒所组成的结晶性材料,而且有规则性以及周期性的排列,则称之为单晶硅。

4. **多晶硅(Polycrystal Si)**:倘若硅材料的结晶体是由两个或两个以上晶粒所组成的结晶性材料,则称之为多晶硅。

5. **非晶硅(Amorphous Silicon)**:硅的原子排列没有规则或仅具有极短程(<2 nm)规则性,称之为非晶硅。

6. **掺杂(Doping)**:将特定的原子加入半导体的结构中,使半导体的电性产生变化的一种制备技术。

7. **肖特基势垒(Schottky Barrier)**:在金属与半导体结处,由金属传输至半导体所形成的电位势垒,称为肖特基势垒。

8. **光电流(Photocurrent)**:因为光波的照射而衍生出来的电流,称为光电流。

9. **耗尽层(Depletion Region)**:在结附近,由于电荷密度分布不均匀,而产生内部的电场效应,并驱使电子及空穴移动至N型及P型半导体,进而促使结附近没有电子及空穴,此区域即为耗尽层或空间电荷区(Space Charge Region)。

10. **载流子(Carrier)**:载有电荷的粒子,意指电子或空穴。就半导体而言,电子(Electron)是导带中的电子态,其行为模式在电场中,就如同负电荷载子。空穴(Hole)是价带中的电子态,其行为模式在电场中,就如同正电荷载子。

11. **电荷载流子复合(Charge Carrier Recombination)**:电子转移至价带的空缺位置,使得电子-空穴对消失的一种现象。

12. **费米能级(Fermi Level)**:就材料而言,在绝对零度时,价电带最高填满电子能态的能量,称为费米能级。

13. **自由电子(Free Electron)**:电子激发至高于费米能级,并进入导电带能态,从而可以参与导电效应。

14. **本征半导体(Intrinsic Semiconductor)**:当半导体中的杂质远小于由热

效应产生的电子空穴时，这种半导体称为本征半导体。此类型半导体的物理特性(电导率)取决于温度以及其带隙能量大小，与所掺杂的物质无关。

15. **非本征半导体(Extrinsic Semiconductor)**：当半导体掺入杂质时，本征半导体变成非本征半导体，而且引入杂质能级。此类型半导体的物理特性取决于所掺杂的物质。

16. **PN 结(P-N Junction)**：在 PN 结合型半导体组件内，P 型与 N 型区域之间所相交的界面。

17. **电子态(Electron State)**：在原子的电子结构之中，一组不连续性而量化的各个能量或能级，每一个电子态是由 4 个量子数来描述其所在的能阶位置。

18. **电子能带(Electron Energy Band)**：一系列电子态所构成的连续性能带。

19. **导带(Conduction Band)**：一种不完全填满电子的最低电子能带，而且此状态下的电子处于激发态。

20. **价带(Valence Band)**：含有价电子的电子能带状态。价电子(Valence Electron)则是位于电子轨域的最外层电子，并且是参与原子间键合的激发态电子。

## 本章习题

1. 说明半导体材料的简单定义及其材料的分类。
2. 说明半导体材料的晶体结构与其电子能带的关系。
3. 说明能带形成的原因。
4. 说明直接带隙半导体与间接带隙半导体的差异。
5. 说明半导体材料的载流子传输性质。
6. 说明费米能级的意义。
7. 说明半导体材料的电子浓度与费米分布的关系。
8. 说明非本征半导体的定义与形成方法。
9. 说明半导体的 PN 结形成的原因与耗尽层的宽度。
10. 说明半导体的肖特基结的形成原因。
11. 说明半导体材料中的复合现象与种类。
12. 说明半导体材料中的直接复合与间接复合的差异。

13. 说明复合中心的复合现象。

14. 说明俄歇复合现象。

15. 说明半导体的光电性质,以及简单的光生电力的原理。

## 参考文献


[1] 施敏,黄调元译. 半导体组件物理与制作技术. 台湾交通大学出版社.

[2] 吴孟奇. 洪胜富. 连振炘. 龚正等译. 半导体组件. 台湾:东华书局.

[3] 林明献. 太阳能电池技术入门. 台湾:全华图书股份有限公司.

[4] 黄惠良,曾百享主编. 太阳电池. 台湾:五南图书出版股份有限公司.

[5] 杨德仁,太阳能电池材料. 台湾:五南图书出版股份有限公司.

[6] 张正华,李陵岚,叶楚平,杨平华. 有机与塑料太阳能电池. 台湾:五南图书出版股份有限公司.

[7] 顾鸿涛. 太阳能电池组件导论. 台湾:全威图书有限公司.

[8] 杨赐麟译. 半导体物理及组件. 台湾:沧海书局.

[9] S. M. Sze. Physics of Semiconductor Devices. 2nd Edition. John Wiley & Sons, New York, 1981.

[10] A. Luque, S. Hegedus. Handbook of Photovoltaic Science and Engineering. John Wiley & Sons, England, 2003.

[11] A. S. Grove. Physics and Technology of Semiconductor Devices. John Wiley, New York, 1967.

[12] J. Pankove. Optical Processes in Semiconductors. Dover Publications, New York, 1971.

[13] A. Goetzberger, J. Knobloch, B. Vob. Crystalline Silicon Solar Cells. John Wiley & Sons, England, 1998.

[14] T. Markvart, L. Castafier. Practical Handbook of Photovoltaics: Fundamentals and Applications. Elsevier Science Ltd., Oxford, 2003.

[15] M. Green. Solar Cell: Operating Principles, Technology, and System Applications. Prentice Hall, Englewood Cliffs, NJ, 1982.

[16] J. Singh. Physics of Semiconductors and Their Heterostructures. McGraw-Hill, New York, 1993.

[17] J. Singh. Electronic and Optoelectronic Properties of Semiconductor Structures. Cambridge, New York, 2003.

[18] A. Goetzberger and V. U. Hoffmann. Photovoltaic Solar Energy Generation. Springer, Berlin, 2005.

[19] S. Chandra, S. L. Singh, N. Khare. A Theoretical model of a photoelectrochemical solar cell. J. Appl. Phys., 1986, 59: 1570.

[20] S. N. Mohammed, S. T. H. Abidi. Theory of saturation photocurrent and photovoltage in P-N junction solar cells. J. Appl. Phys., 1987, 61: 4909.

# 3 章

# 太阳能电池的基本原理、损失与测定

## 3.1 章节重点与学习目标

基本上，太阳能电池是一种将太阳光能转换成电能的光电半导体器件。了解各种太阳能电池之前，我们应该先知道太阳能电池发电的基本原理，以及目前太阳能电池转换效率不高的原因，并提出改善效率的方法。此外，了解太阳能电池的转换效率图以及等效电路中的各种电性参数，也有助于提出改善效率的方法。本章最后将说明太阳能电池的测试环境与光源。读完本章，读者应能了解以下内容：

(1) 太阳能电池发电的基本原理。

(2) 太阳能电池效率损失的原因。

(3) 提升太阳能电池转换效率的方法。

(4) 包含串联电阻与并联电阻的太阳能电池等效电路图中各参数的意义。

(5) 串联电阻与并联电阻的物理来源，以及其对太阳能电池转换效率的影响。

(6) 检测太阳能电池的环境以及光源的要求。

## 3.2 太阳能电池的基本原理

### 3.2.1 太阳光谱的基本特性

基本上，太阳辐射光就是一种电磁波。图 3.1 所示为太阳辐射光谱，主要能量的波长从深紫外线(约 200 nm)到远红外线(约 2500 nm)。在太阳辐射光谱中，长波长的太阳能光波是由于太阳黑子活动所造成的，其热力学温度约 6000 K，而地表是以接近 5700 K 温度的黑体辐射光谱来表示。以太阳能表面所释放出来的能量来说，换算成电力大约为 $3.8\times10^{23}$ kW[1~5]。

太阳辐射能量在太空经过 1.5 亿 km 距离传送到达地球的大气层时，其辐射密度约为 1.4 kW/m$^2$，这就是所谓的太阳常数(Solar Constant)。该数值是使用外层空间人造卫星所测得的实际值。然而，实际上抵达地球表面上的太阳光线，随着照射面的纬度、环境位置、时间、气象状况与季节的不同而改变。

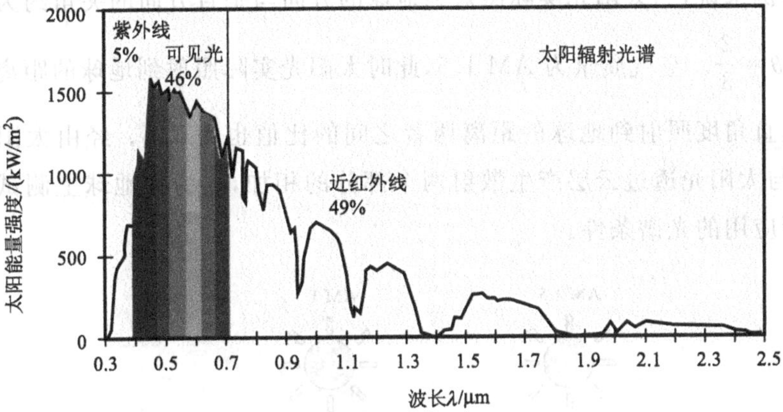


**图 3.1** 太阳光谱图

空气质量(Air Mass,AM)是指通过大气层的空气质量,如图 3.2 所示,其基准是以大气层外光线没有透过的空气质量作为 AM 0;而天顶垂直入射的透过空气量为 AM 1。定义空气质量数值如下:

$$空气质量(AM)数值=1/\cos\theta \tag{3.1}$$

式中,$\theta$ 为太阳光照射到地球的方向与太阳光以垂直方向照射到地球所成的夹

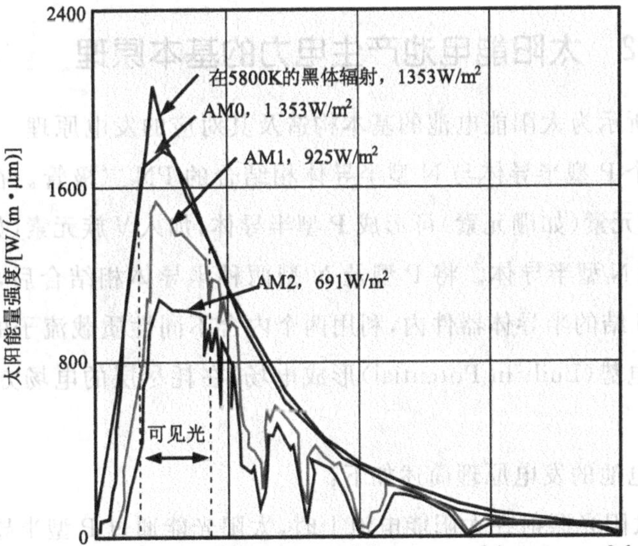


**图 3.2** 不同条件下的空气质量图

角。举例来说，当太阳光实际照射到地球的方向与垂直方向的夹角约为 48.19°时，$\cos\theta=\frac{2}{3}$。空气质量为 AM 1.5，此时太阳光实际照射到地球的距离和太阳光以垂直角度照射到地球的距离两者之间的比值也达 1.5。经由太阳光直接照射，与太阳光透过云层产生散射两个部分的相加，作为在地球上测试太阳能电池所应用的光谱条件。

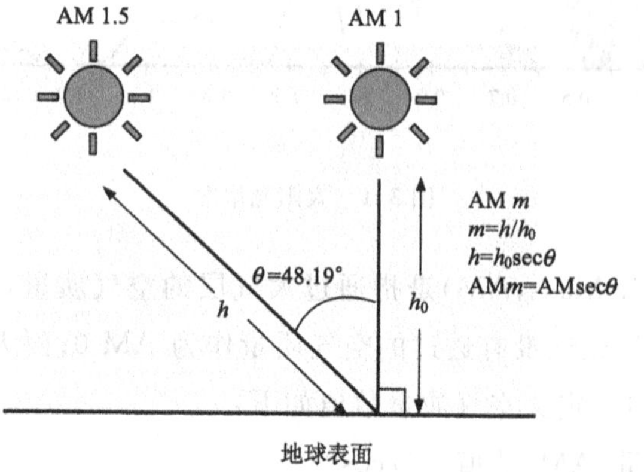


**图 3.3**　AM 数值的示意图，以 AM1.5 的入射角为例

### 3.2.2　太阳能电池产生电力的基本原理

图 3.4 所示为太阳能电池的基本构造及其对应的发电原理。基本上，太阳能电池是一个 P 型半导体与 N 型半导体相结合的 PN 二极管。在第 2 章已提及，加入Ⅲ族元素(如硼元素)可形成 P 型半导体，加入Ⅴ族元素(如磷元素或砷元素)可形成 N 型半导体。将 P 型及 N 型两种半导体相结合后，形成 PN 结。在这个有 PN 结的半导体器件内，利用两个内含不同性质载流子的物质的结所产生的内建电势(Built in Potential)形成电场，在耗尽层的电场方向是由 N 区指向 P 区。

太阳能电池的发电原理简述如下：

(1) 当太阳光照射在太阳能电池上时，太阳光能通过 P 型半导体及 N 型半导体产生自由电子(负极)及空穴(正极)。

(2) 由于没有外加电源，因此所产生的自由电子及空穴受到 PN 结上的内建电场影响而分离并移动，其中自由电子移向 N 区的电极，而空穴移向 P 区的

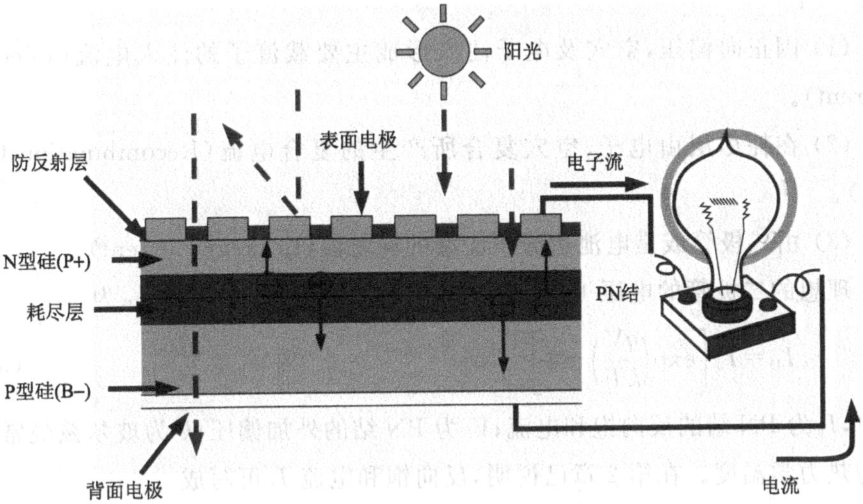


**图 3.4** 太阳能电池发电原理(以硅晶片型太阳能电池为例,其中耗尽层的内建电场方向是由 N 区指向 P 区)

电极。

(3) 移向 N 区电极的自由电子流向负载(灯泡)而形成电流,移向 P 区电极的空穴流向负载(灯泡)而形成电流。

由于太阳能电池基本上就是一个 P 型及 N 型两种半导体相结合的 PN 二极管,在未光照情况下,其理想的电压-电流曲线如图 3.5 所示。

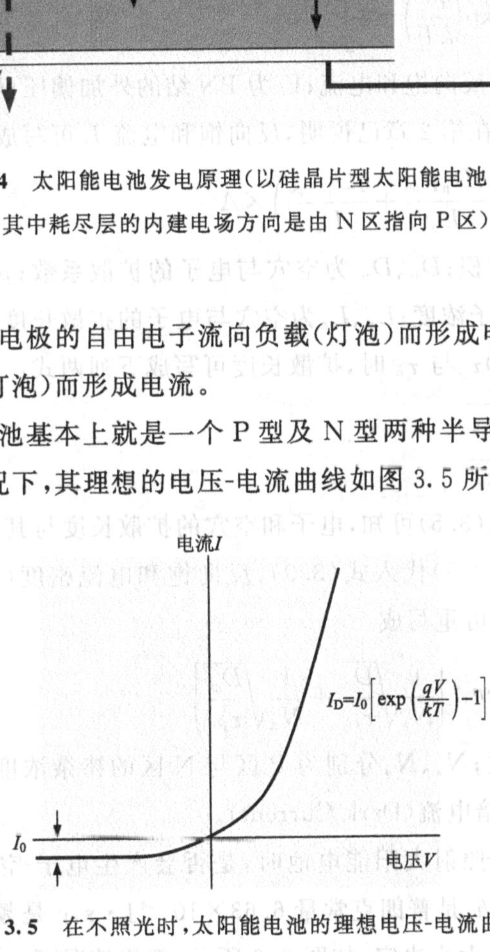


**图 3.5** 在不照光时,太阳能电池的理想电压-电流曲线

## 3.2.3 太阳能电池的暗特性

太阳能电池未受光照时的电流在不同偏压条件下,可以分为以下三

部分[1,4]：

(1) 因正向偏压，空穴及电子注入形成主要载流子的注入电流(Injection Current)。

(2) 在耗尽层由电子、空穴复合所产生的复合电流(Recombination Current)。

(3) 由二极管或是电池边缘所泄漏的漏电流(Leakage Current)。

理想的二极管的电压-电流曲线中，PN结正向偏压的电流 $I_D$ 为

$$I_{\mathrm{D}}=I_0\left[\exp\left(\frac{qV}{kT}\right)-1\right] \tag{3.2}$$

式中，$I_0$ 为PN结的反向饱和电流；$V$ 为PN结的外加偏压；$k$ 为玻尔兹曼常量；$T$ 为热力学温度。在第2章已说明，反向饱和电流 $I_0$ 可写成

$$I_0=J_{\mathrm{s}}\times A=\left(\frac{qD_{\mathrm{p}}p_{\mathrm{n0}}}{L_{\mathrm{p}}}+\frac{qD_{\mathrm{p}}n_{\mathrm{p0}}}{L_{\mathrm{n}}}\right)\times A \tag{3.3}$$

式中，$A$ 为PN结面积；$D_{\mathrm{p}}$、$D_{\mathrm{n}}$ 为空穴与电子的扩散系数；$p_{\mathrm{n0}}$、$n_{\mathrm{p0}}$ 分别为在N区与P区的少数载子浓度；$L_{\mathrm{p}}$、$L_{\mathrm{n}}$ 为空穴与电子的扩散长度。考虑到空穴与电子的寿命(Lifetime)$\tau_{\mathrm{p}}$ 与 $\tau_{\mathrm{n}}$ 时，扩散长度可写成下列两式：

$$L_{\mathrm{n}}=\sqrt{D_{\mathrm{n}}\tau_{\mathrm{n}}} \tag{3.4}$$

$$L_{\mathrm{p}}=\sqrt{D_{\mathrm{p}}\tau_{\mathrm{p}}} \tag{3.5}$$

由式(3.4)与式(3.5)可知，电子和空穴的扩散长度与其寿命的平方根成正比。将式(3.4)、式(3.5)代入式(3.3)，反向饱和电流密度(Reverse Saturation Current Density)$J_{\mathrm{s}}$ 可重写成

$$J_{\mathrm{s}}=\frac{I_0}{A}=qn_{\mathrm{i}}^{2}\left(\frac{1}{N_{\mathrm{a}}}\sqrt{\frac{D_{\mathrm{n}}}{\tau_{\mathrm{n0}}}}+\frac{1}{N_{\mathrm{d}}}\sqrt{\frac{D_{\mathrm{p}}}{\tau_{\mathrm{p0}}}}\right) \tag{3.6}$$

式中，$n_{\mathrm{i}}$ 为本征浓度；$N_{\mathrm{a}}$、$N_{\mathrm{d}}$ 分别为P区与N区的掺杂浓度。在未光照时，该反向饱和电流就是暗电流(Dark Current)。

事实上，太阳光照射太阳能电池时，是否会产生电子-空穴对，是由太阳光子的能量 $E_\gamma$(=$h\nu$，$h$ 是普朗克常量 $6.63\times10^{-34}$ J·s，$\nu$ 是频率)与半导体材料带隙 $E_{\mathrm{g}}$(eV)的相对大小决定，如图3.6所示，理想情况下，

(1) 当 $E_\gamma=h\nu<E_{\mathrm{g}}$，光子将直接穿透半导体材料而不产生电子-空穴对。

(2) 当 $E_\gamma=h\nu\geqslant E_{\mathrm{g}}$，半导体材料中的电子-空穴将吸收足够的能量而分离产生。

(3) 比带隙多出的光子能量差($E_\gamma - E_g$)将以声子(Phonon),也就是热的方式释放掉。

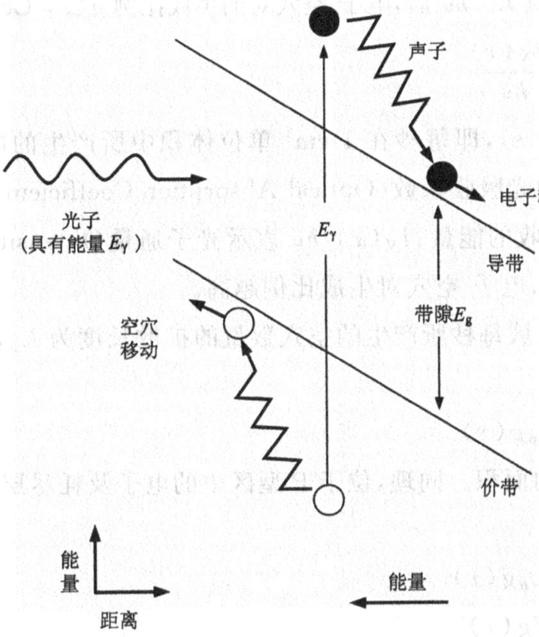


**图 3.6**　光子能量与半导体材料的带隙作用

由于电磁波长λ(nm)与能量(eV)满足 $\lambda = \frac{1240\ \text{nm}}{E}$ 的关系,举例来说,典型结晶硅的带隙在 1.1 eV,换算其吸收波长约为 1100 nm(1240 nm/1.1)的光子,因此波长大于 1100 nm 的光子(红外线部分)直接穿透半导体材料而不产生电子-空穴对。然而,波长短于 1100 nm 的光子虽然被吸收,但短波部分,如 600 nm(光子能量约 2 eV)的光子提供 1.1 eV 的能量给结晶硅材料,而将多余的 0.9 eV 能量以热能形式散失掉。散失掉的热能可能还会造成结晶硅材料温度的上升而导致其带隙下降,进而影响到转换效率。

## 3.2.4　太阳能电池的光特性

前面提及,在 PN 结上,即使结为零偏压时,仍有耗尽层,存在内建电势及电场。参考图 3.6,在吸收光子能量($E_\gamma = h\nu \geq E_g$)时,电子由价带跃迁到导带而产生电子-空穴对。电子-空穴受到电场的牵引,空穴向电场方向移动至 P 区的电极，电子则朝电场反方向移动至 N 区的电极，并产生光电流(Photo Current) $I_{ph}$[3]。

半导体吸收能量 $E=h\nu$ 后，电子-空穴对的生成比例 $g(x)$(Generation Rate)为

$$g(x)=\frac{\alpha I_V(x)}{h\nu} \tag{3.7}$$

其单位为 $1/(cm^3 \cdot s)$，即每秒在 $1\ cm^3$ 单位体积中所产生的电子-空穴对数。其中，$\alpha$ 为半导体的光吸收系数(Optical Absorption Coefficient)；$I_V(x)$为每秒在 $1\ cm^3$ 体积所吸收的能量；$I_V(x)/h\nu$ 表示光子通量(Intensity)。式(3.7)说明光吸收系数越大，电子-空穴对生成比例越高。

假设在 N 型区域每秒所产生的空穴数量的扩散长度为 $L_p$，则 N 型区域内所产生的光电流为

$$I_{ph}=qAL_pg(x) \tag{3.8}$$

式中，$A$ 为 PN 结的面积。同理，位于 P 型区中的电子及耗尽层 $W$ 中的载流子所产生的光电流为

$$I_{ph}=qAL_ng(x) \tag{3.9}$$

$$I_{ph}=qAWg(x) \tag{3.10}$$

由式(3.8)～式(3.10)可知，接收到光子的 PN 结所产生的总光电流为

$$I_{ph}=qAg(x)(L_p+L_n+W) \tag{3.11}$$

太阳能电池是一个 P 型及 N 型两种半导体相结合的 PN 二极管。在光照条件下，太阳能电池产生了一个反向的光电流 $I_{ph}$，其电压-电流曲线如图 3.7 所示。该反向的光电流 $I_{ph}$通过外部负载形成一个偏压，而该偏压会对太阳能电池产生正向偏压，因此其电压-电流曲线类似暗态的电压-电流曲线。

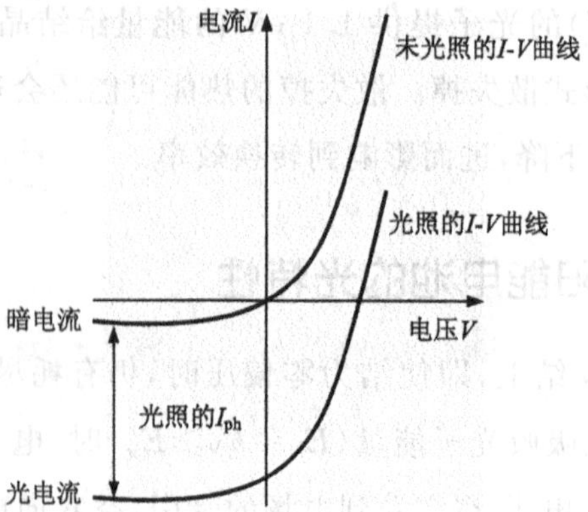


**图 3.7** 光照条件下，太阳能电池所产生光电流的电压-电流曲线

# 3.3 太阳能电池的效率损失

表 3.1 大致说明了目前典型的太阳能电池的理论限制效率，以及研究阶段的实验效率值与商业量产的模块效率值[3]。如表 3.1 所示，目前实验级效率及理论效率都有改善的空间。要想知道如何提升太阳能电池的转换效率，应先了解太阳能电池的效率为何有一定的限制，才能尽量减少太阳能的损失。

**表 3.1　典型太阳能电池材料的转换效率**

| 太阳能电池材料 | 转换效率/% | | |
|---|---|---|---|
| | 理论限制效率 | 实验级 | 商业级 |
| 单晶硅 | 28 | 17 | 14～17 |
| 多晶硅 | 20 | 14 | 11～18 |
| 非晶硅 | 15 | 7～10 | 5～7 |
| Ⅲ-Ⅴ族(GaAs、InP 等) | 35 | 25～35 | 22 |
| Ⅱ-Ⅵ族(CdS、CdTe 等) | 17～18 | 15.8 | 10～12 |

## 3.3.1 太阳能电池效率的损失原因

图 3.8 大致说明了太阳能电池效率的损失原因。假设入射到太阳能电池的光有 100%，该损失来源可分为以下 5 种[3,4]。

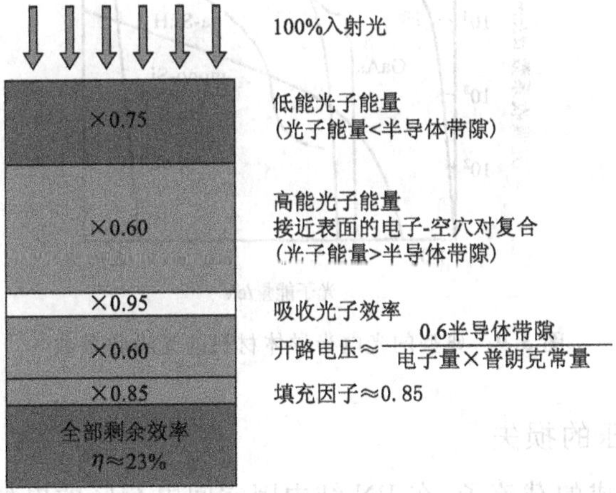


**图 3.8**　太阳能电池效率损失的来源

1. 低能光子能量的损失

当光子能量 $E_\gamma = h\nu$ 小于半导体的带隙 $E_g$ 时，光子将直接穿透半导体材料，不被吸收也不产生电子-空穴对，该部分光的能量约损失了 26%。

2. 高能光子能量的损失

当光子能量 $E_\gamma = h\nu$ 大于或等于半导体的带隙 $E_g$ 时，光子将被半导体材料吸收，而光子大于半导体带隙的能量 $(E_\gamma - E_g)$ 将以热的形式释放出来，该部分光的能量约损失了 40%。

3. 吸收效率与反射的损失

并非所有的半导体材料对光都有相同的吸收能力，图 3.9 所示为典型的光电半导体材料的光吸收系数。光吸收系数较大的半导体材料以较薄的厚度所吸收到的光子量与光吸收系数较小的半导体材料以较厚的厚度所吸收到的光子量相同。入射的光子虽属于有效光，但却因表面反射造成反射损失(Reflection Loss)。表面反射的原因是：

(1) 所在电极表面的直接反射。

(2) 因半导体材料与空气折射率不同造成的反射。

该部分光的能量损失了 5%～7%。

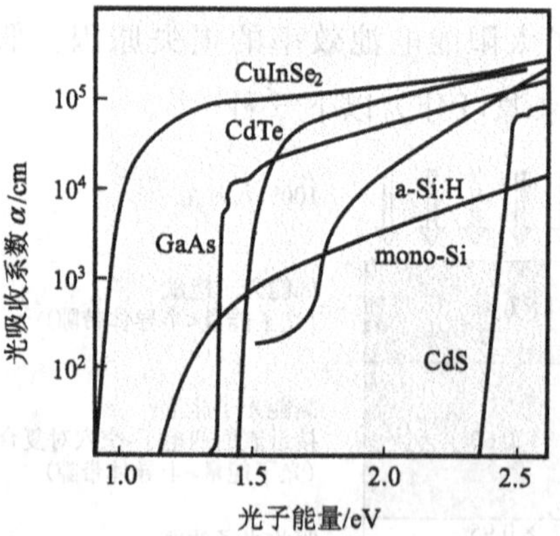


**图 3.9**　典型的光电半导体材料的光吸收系数

4. 开路电压的损失

因光线所生成的载流子，在 PN 结中因空间电荷区的电场而移动，使得电荷两极化，并产生电压。在 PN 结中，由掺杂不纯物浓度确定的扩散电势所释放的电力无法被取出，这个损失称为电压因子损失，约为40%。

5. 填充因子的损失

这部分损失包括：

(1) 由光生成的电子-空穴对，在太阳能电池表面或背面电极的边界的悬键所造成的表面复合损失(Surface Recombination Loss)。

(2) 在太阳能电池材料内部的电子-空穴对复合损失(Bulk Recombination Loss)。

(3) 太阳能电池给外部负载供电时，当电流流过半导体、材料结合面或电极的电阻时所产生的以焦耳热形式释放的串联电阻损失(Series Resistance Loss)。这部分的能量约损失15%。

对于不同半导体材料与结构的太阳能电池，上述5种损失的比例不完全相同，但是其趋势是大致相同的。将以上5种损失去除，将每个阶段的光子能量相乘便可以知道一个典型太阳能电池的理论限制效率(Theoretical Efficiency Limit)。

## 3.3.2 减少太阳能电池效率损失的方法

理解太阳能电池效率的损失原因，通过减少这些损失来提高转换效率是太阳能电池技术的研发重点。由图3.8可知[4]，造成目前太阳能电池转换效率不高的主要原因在于“低能光子能量”与“高能光子能量”的损失，两者将太阳能电池的理论限制效率限制到40%左右。以下简单说明针对各损失机制的改善方法。

1. 降低低能光子能量损失

采用低带隙的光电半导体材料，举例来说，典型结晶硅的带隙是1.1 eV，因此仅能吸收波长短于1100 nm的光子。

2. 降低高能光子能量损失

采用高带隙的光电半导体材料。综合前两点，采用多带隙半导体材料的组合可以有效提高不同能量光子的使用率。例如，采用非晶硅(1.8 eV)与结晶硅(1.1 eV)的叠层组合，可分段吸收更多的光子。

3. 降低吸收效率与反射损失

(1) 可尽量使用高光吸收系数的半导体材料。

(2) 减少金属电极面积，用透明导电电极来取代部分金属电极。

(3) 增加材料的表面粗糙程度，使用防反射层材料来降低表面反射所造成的反射损失。

4. 降低开路电压损失

调整掺杂不纯物的浓度与原材料的费米能级位置。

5. 降低填充因子损失

(1) 在太阳能电池表面或背面电极的边界使用表面钝化层(Passivation Layer)来减少悬键。

(2) 使用高纯度(低杂质)的太阳能电池材料与较佳的制备工艺来减少器件内部的体复合。

(3) 使用良好导体作为电极，并采用较好的电极结构设计，降低串联电阻。

### 3.3.3 量子效率

对许多光电转换器件(如发光二极管或太阳能电池)来说，量子效率(Quantum Efficiency)用来衡量电子/空穴能量转换为光子或光子能量转换成电子/空穴的效率。量子效率可分为外部量子效率(External Quantum Efficiency，EQE)及内部量子效率(Internal Quantum Efficiency，IQE)[6]。

1. 外部量子效率

外部量子效率定义为在给定波长光线照射条件下，器件所能收集并输出的光电流的最大电子数目与入射光子数目的比值，如式(3.12)所示。该式反映出波长函数对应到光子的损耗，以及载流子复合损失的效应。

$$
\begin{aligned}
\mathrm{EQE}(\lambda) &= \frac{\text{最大可收集的电子数目}}{\text{给定波长的入射光子数目}} \\
&= \frac{\text{最大可产生的光电流/电子电荷}}{\text{给定波长入射光子功率/光子能量}} \\
&= \frac{I_{sc}(\lambda)/q}{P_{inc}(\lambda)/E_{ph}(\lambda)} \qquad (3.12)
\end{aligned}
$$

2. 内部量子效率

内部量子效率定义为在给定波长光线照射条件下，器件所能收集并输出的光电流的最大电子数目与所吸收光子数目的比值，如式(3.13)所示。该式反映出载流子复合损失的效应。

$$\begin{aligned}\mathrm{IQE}(\lambda)&=\frac{\text{最大可收集的电子数目}}{\text{给定波长的吸收光子数目}}\\&=\frac{\text{最大可产生的光电流/电子电荷}}{\text{给定波长吸收率}\times\text{给定波长入射光子功率/光子能量}}\\&=\frac{I_{sc}(\lambda)/q}{\mathrm{Abs}(\lambda)P_{inc}(\lambda)/E_{ph}(\lambda)}\\&=\frac{\mathrm{EQE}(\lambda)}{1-R(\lambda)-T(\lambda)}\end{aligned}\tag{3.13}$$

式中，Abs(λ)、$R(\lambda)$、T(λ)分别表示给定波长吸收率、反射率及透过率。

通过本节的说明了解到，影响太阳能电池转换效率的主因在于光吸收层的半导体材料的选择。因为半导体材料的吸收光谱特性与带隙大小均不相同，在选择半导体材料时，其转换效率的最高理论值便已经大致决定，而不是最佳化的制备与结构设计又进一步降低了器件的转换效率。

## 3.4 太阳能电池的电性参数

第 3.2.4 节提到，由于太阳能电池基本上就是一个 P 型及 N 型半导体相结合的 PN 二极管。在光照条件下，太阳能电池产生了一个反向的大光电流 $I_{ph}$，如图 3.7 所示。图 3.10 说明了太阳能电池在未光照及光照条件下的电压-电流特性，及其对应的电性参数[2]。

### 3.4.1 短路电流

在没有外加偏压时，光电流流向 PN 结的反向偏压方向，而太阳能电池的净电流也流向反向偏压方向。在未加负载，即负载电阻为零时，太阳能电池处于短路状态，这种情况下的电流 $I$ 称为短路电流（Short Circuit Current, $I_{sc}$），即

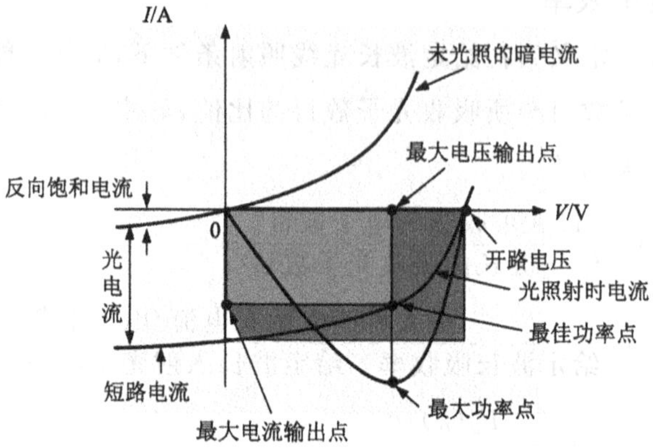


**图 3.10** 太阳能电池在未光照与光照条件下的电压-电流特性及其对应的电性参数

$$I=I_{sc}=I_{ph} \tag{3.14}$$

$I_{sc}$即为短路光电流，另一种常见的写法是将 $I_{sc}$ 除以器件的面积得到短路光电流密度 $J_{sc}$，以去除面积因素。

### 3.4.2 开路电压

加上负载后，即负载电阻不为零时，电流对负载器件施加电压，该电压同时对太阳能电池产生正向偏压作用，此时空间电荷区的电场强度会下降，但不会为零或是改变方向。此时，电池输出电流 $I$ 等于光电流 $I_{ph}$ 减去电池正偏电流 $I_D$，即

$$I=I_{ph}-I_D$$

当负载电阻无限大，其净电流为零时，所产生的电压即为开路电压(Open Circuit Voltage, $V_{oc}$)：

$$I=0=I_{sc}-I_0\left[\exp\left(\frac{eV_{oc}}{kT}\right)-1\right] \tag{3.15}$$

式中，$I_0$为 PN 结的反向饱和电流；$k$ 为玻尔兹曼常量；$T$ 为热力学温度。

由式(3.15)可知，开路电压 $V_{oc}$ 可表示成：

$$V_{oc}=\frac{kT}{q}\ln\left(\frac{I_{ph}}{I_0}+1\right) \tag{3.16}$$

由式(3.16)可以理解，一个好的太阳能电池的光吸收层需具备很好的光/暗电流比值($I_{ph}/I_0$)以得到其应有的开路电压。当光吸收层材料有许多缺陷

或杂质时，常会造成其光/暗电流比值降低而无法得到适当的开路电压值。

### 3.4.3 填充因子与转换效率

参考图 3.10，最大功率点 $P_{max}$ 定义为最大电压输出点($V_{max}$)与最大电流输出点($I_{max}$)的乘积。两点所围成的面积为

$$P_{max}=V_{max}\times I_{max}=V_{max}\times\left\{I_{sc}-I_0\left[\exp\left(\frac{eV}{kT}\right)-1\right]\right\} \tag{3.17}$$

要找到最大功率点 $P_{max}$，可以电压 $V_{max}$ 为变量，将式(3.17)微分得到

$$\frac{dP}{dV}=0=I_{sc}-I_0\left[\exp\left(\frac{eV_{max}}{kT}\right)-1\right]-I_0V_{max}\left(\frac{e}{kT}\right)\exp\left(\frac{eV_{max}}{kT}\right) \tag{3.18}$$

令式(3.17)的值为零，可以得到最大输出电流 $I_{max}$ 为

$$I_{max}=\frac{(I_{sc}+I_0)\left(\frac{eV_{max}}{kT}\right)}{1+\frac{eV_{max}}{kT}} \tag{3.19}$$

且最大电压为

$$V_{max}=\left(1+\frac{eV_{max}}{kT}\right)\exp\left(\frac{eV_{max}}{kT}\right) \tag{3.20}$$

在得到最大电压输出点($V_{max}$)与最大电流输出点($I_{max}$)后，可以定义一个新的参数——填充因子(Fill Factor，FF)，该参数用来表示最大功率点 $P_{max}$ 与 $V_{oc}\cdot I_{sc}$ 的比值：

$$FF=\frac{P_{max}}{V_{oc}\cdot I_{sc}}=\frac{V_{max}\cdot I_{max}}{V_{oc}\cdot I_{sc}} \tag{3.21}$$

填充因子 FF 的数值会因太阳能电池种类的不同而不同，但一般为 0.5～0.85。这个参数的意义说明：当太阳能电池的电压-电流曲线越接近理想的二极管，即电压-电流曲线越接近直角时，FF 的值越高。

求得最大负荷点 $P_{max}$、$V_{oc}$、$I_{sc}$ 及 FF 就可得到太阳能电池的能源转换效率 $\eta_e$(Energy Conversion Efficiency)。按照国际电力规格委员会的规定，对于地面上采用的太阳能电池效率用 $\eta_e$ 表示，其定义为太阳辐射的空气质量在 AM 1.5 及 25℃时，此时入射光强度 $P_{in}$ 为 100 mW/cm$^2$，改变负荷条件所得到的最大输出功率的比值：

$$\eta_e = \frac{V_{max} \times I_{max}}{P_{in}} \times 100\% = \frac{V_{oc} \cdot J_{sc} \cdot FF}{100} \times 100\% \tag{3.22}$$

从式(3.22)来看，要想提高太阳能电池的转换效率就必须设法提高太阳能电池的开路电压 $V_{oc}$、短路电流 $I_{sc}$ 及填充因子 FF。而 $V_{oc}$、$I_{sc}$ 及 FF 的值反映出太阳能电池的半导体材料、电池结构与工艺是否最佳化。

虽然实际的太阳能电池的电压-电流特性在第Ⅳ象限，但为了方便观看，在测量时，太阳能电池的电压-电流特性会反转在第Ⅰ象限，如图 3.11 所示。

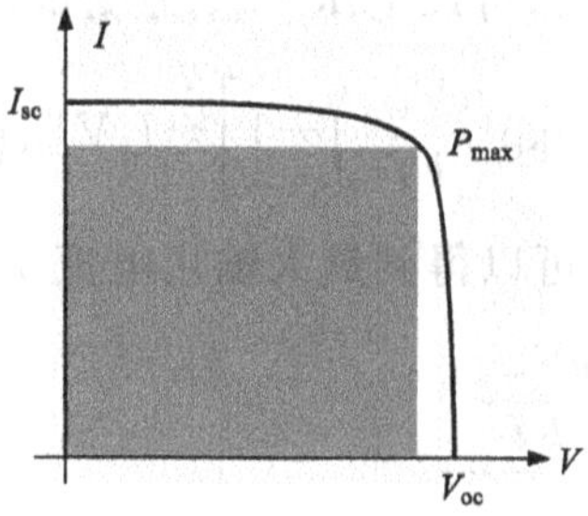


**图 3.11**　太阳能电池测量时显示的电压-电流特性

## 3.5　太阳能电池的等效电路

设计电子电路时，器件模型(Model)的建立是非常重要的。太阳能电池作为一个光电转换器件，并输出功率在负载上，所以必须考虑其等效电路。可以通过模型事先仿真在不同操作状况下太阳能电池的输出特性。

### 3.5.1　理想太阳能电池的等效电路

理想 PN 结太阳能电池的等效电路如图 3.12 所示[3]。在该电路中，太阳能电池用理想 PN 结的二极管来表示，这个二极管的电压-电流操作特性如式(3.2)所示。由于只要光照射到太阳能电池，该电池就会源源不断地产生电流，因此，光照产生的电流用一个电流源 $I_{ph}$ 来表示，该电流源的输出并非定值，而是受到光照条件与器件特性影响。外部不论接上多少负载，都用 $R_L$ 表示。当外部接上负载时，该电路形成一个电流回路。在太阳照射条件下，太阳能电池所产生的电流为外加负载提供电流，其中 $I_{ph}$ 为太阳光照射产生的电流；$I_D$ 为 PN 结太阳能电池的正向注入电流；$V_D$ 为偏压在太阳能电池上的电压；而 $V$ 与 $I$ 分别表示作用在负载的电压与电流。

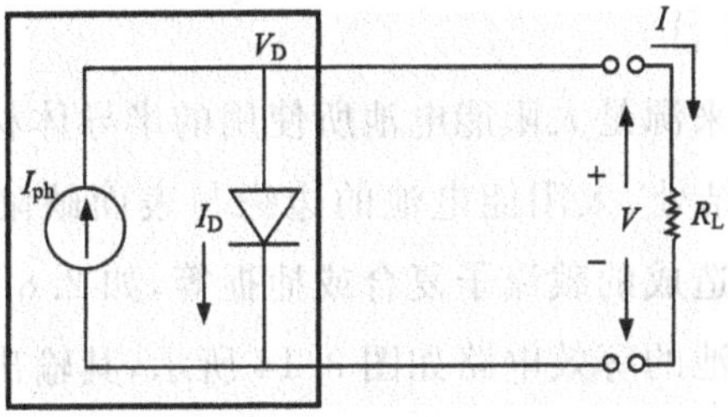


**图 3.12** 理想 PN 结太阳能电池的等效电路图

## 3.5.2 考虑到串联电阻及并联电阻的等效电路

实际上太阳能电池内尚有串联电阻（Series Resistance）$R_s$ 及并联电阻（Shunt Resistance）$R_{sh}$ 的效应必须考虑[8]。

1. 串联电阻（$R_s$）

参考图 3.13，串联电阻（$R_s$）的组成包含：

(1)$R_1+R_3$：金属与半导体的接触电阻。

(2)$R_2$：半导体层电阻。

(3)$R_4+R_5$：正面输出到外部的导电电极电阻。

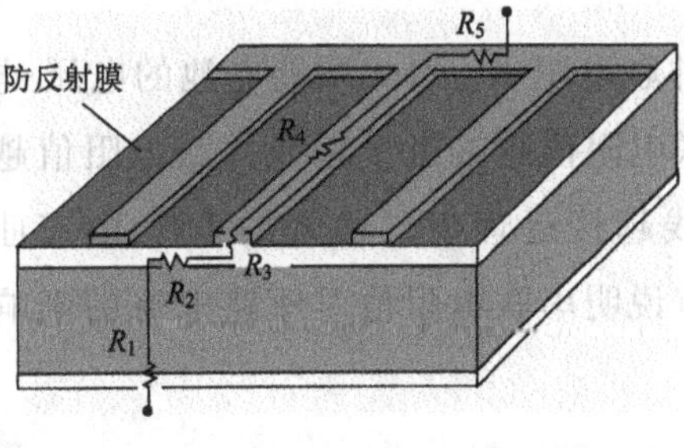


**图 3.13** 太阳能电池结构中串联电阻的来源

因此，要想降低串联电阻，必须设法降低串联电阻的每一个组成成分。例如，采用高导电率的金属导体材料可以有效地降低 $R_4$ 与 $R_5$ 值。通常，金属导体材料是通过印刷或镀膜的方式制作在器件表面，因此制备条件也会影响到金属导体材料的导电性。例如，烧结温度为最佳化时，金属导体材料浆料未被完全去除，则会增加导体电极的整体电阻率。一般而言，一个可用的太阳能电池的串联电阻约为 0.5 Ω。

2. 并联电阻($R_{sh}$)

并联电阻的主要来源是太阳能电池所使用的半导体材料及其组成结构，包括太阳能电池的 PN 结处、太阳能电池的边缘与表面缺陷、掺杂不纯物的浓度以及因材料的缺陷等造成的载流子复合或捕捉等，如 2.8 节所述。

故实际太阳能电池的等效电路如图 3.14 所示，其输出的电流 $I$ 表示为

$$\begin{aligned} I &= I_{ph} - I_D - \frac{V+IR_s}{R_{sh}} \\ &= I_{ph} - I_0\left\{\exp\left[\frac{q(V+IR_s)}{nKT}\right]-1\right\} - \frac{V+IR_s}{R_{sh}} \quad (n\text{ 通常为 }1) \end{aligned} \tag{3.23}$$

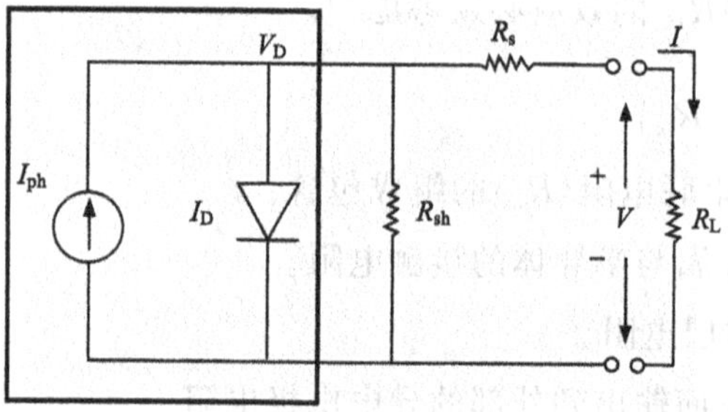


**图 3.14 考虑器件其他影响因素的太阳能电池的等效电路图**

串联电阻 $R_s$ 与并联电阻 $R_{sh}$ 对太阳能电池的电压-电流曲线会产生影响，如图 3.15 所示。串联电阻值越接近于零或并联电阻值越接近无限大，太阳能电池的电压-电流曲线越接近理想二极管的电压-电流曲线，即 FF 值越接近 100%。接下来两小节说明串联电阻值对短路电流的影响，以及并联电阻值对开路电压的影响。

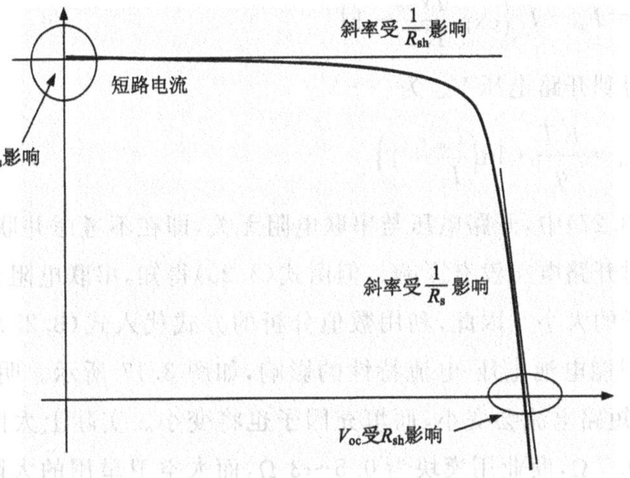


**图 3.15** 串联电阻 $R_s$ 与并联电阻 $R_{sh}$ 对太阳能电池的电压-电流曲线的影响

## 3.5.3 串联电阻($R_s$)对电性的影响

假设并联电阻 $R_{sh}$ 大到可以忽略，仅考虑串联电阻 $R_s$，如图 3.16 所示。太阳能电池输出的电流 $I$ 可以表示为

$$I = I_{ph} - I_0\left\{\exp\left[\frac{q(V+IR_s)}{nKT}\right]-1\right\} \tag{3.24}$$

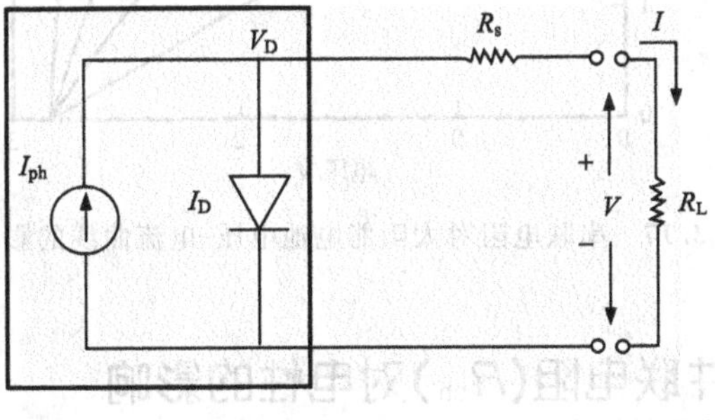


**图 3.16** 不考虑并联电阻，只考虑串联电阻的太阳能电池的等效电路图

(1) 令 $V=0$，短路电流 $I_{sc}$ 为

$$I_{sc} = I_{ph} - I_D = I_{ph} - I_0\left(\exp\frac{qR_sI}{KT}-1\right) \tag{3.25}$$

(2) 令 $I=0$，则式(3.24)写成

$$0 = I_{ph} - I_0\left(\exp\frac{qV_{oc}}{KT} - 1\right) \tag{3.26}$$

因此得到开路电压 $V_{oc}$ 为

$$V_{oc} = \frac{KT}{q}\cdot\ln\left(\frac{I_{ph}}{I_0} + 1\right) \tag{3.27}$$

在式(3.27)中，开路电压与串联电阻无关，即在不考虑并联电阻时，串联电阻的大小对开路电压没有影响。但由式(3.25)得知，串联电阻会影响短路电流及填充因子的大小。因此，利用数值分析的方式代入式(3.25)，可描绘出串联电阻对太阳能电池电压-电流特性的影响，如图 3.17 所示。明显地，当串联电阻增大时，短路电流会变小，而填充因子也将变小。实际上太阳能电池的串联电阻约在 0.5 Ω，商业用模块为 0.5～3 Ω，而太空卫星用的太阳能电池的串联电阻多在 0.01 Ω 以下，也就是说，串联电阻对太空卫星用的太阳能电池影响很小，除非太阳光照射强度很大，如在聚光型太阳能电池中，才会有明显的影响[7,8]。

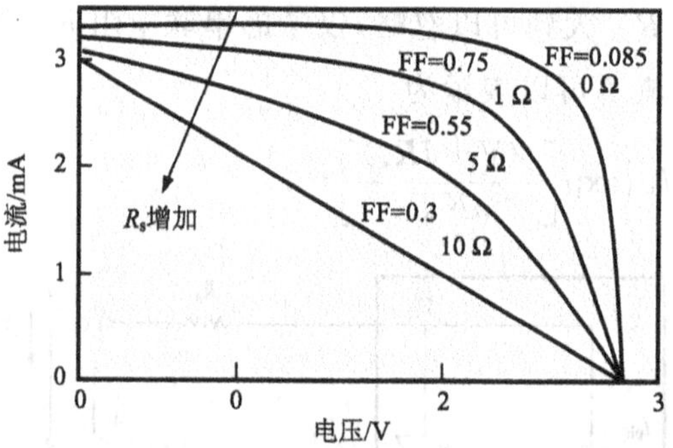


**图 3.17　串联电阻对太阳能电池电压-电流曲线的影响**

### 3.5.4　并联电阻($R_{sh}$)对电性的影响

假设串联电阻 $R_s$ 小到可以忽略，仅考虑并联电阻，如图 3.18 所示。太阳能电池输出的电流 $I$ 可以表示为

$$I = I_{ph} - I_0\left[\exp\left(\frac{qV}{KT}\right) - 1\right] - \frac{V}{R_{sh}} \tag{3.28}$$

(1) 令 $V=0$，短路电流 $I_{sc}$ 为

$$I_{sc} = I_{ph} \tag{3.29}$$

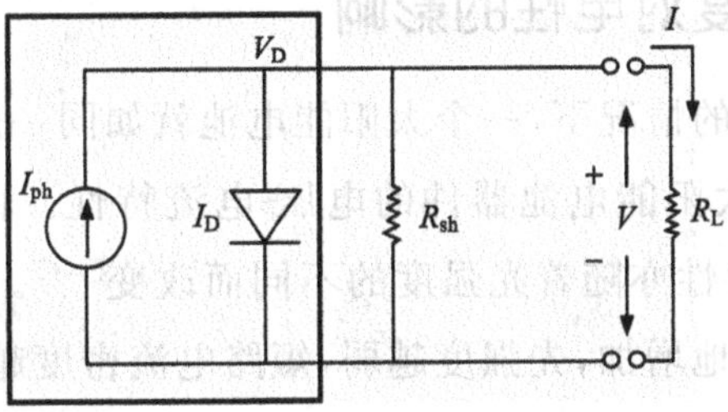


**图 3.18** 不考虑串联电阻，只考虑并联电阻的太阳能电池的等效电路图

(2) 令 $I=0$，则式(3.28)可写成

$$0=I_{ph}-I_0\left(\exp\frac{qV_{oc}}{KT}-1\right)-\frac{V}{R_{sh}} \tag{3.30}$$

因此得到开路电压 $V_{oc}$ 为

$$V_{oc}=\frac{kT}{q}\ln\left(\frac{I_{ph}}{I_0}-\frac{V_{oc}}{I_0R_{sh}}+1\right) \tag{3.31}$$

在式(3.29)中，短路电流与并联电阻无关，即在不考虑串联电阻时，并联电阻的大小对短路电流没有影响。但由式(3.31)得知，并联电阻会影响开路电压及填充因子的大小。因此，利用数值分析的方式代入式(3.31)，可描绘出并联电阻对太阳能电池电压-电流特性的影响，如图 3.19 所示。明显地，当并联电阻减少时，开路电压会变小，而填充因子也将变小。实际上，并联电阻必须小于 500 Ω 以下才会有明显的影响。正常情形下，并联电阻多半大于 1 kΩ，一般可视为无限大[7,8]。

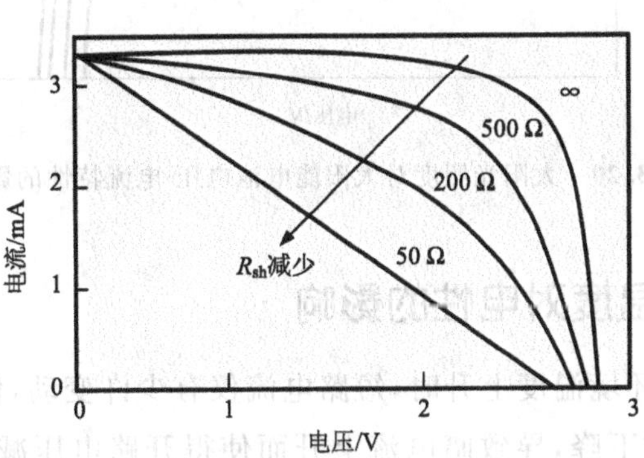


**图 3.19** 并联电阻对太阳能电池电压-电流的影响

### 3.5.5 照度对电性的影响

在完全没有光照的情况下，一个太阳能电池就如同一般的二极管。太阳光的照度大小，将影响太阳能电池器件的电压-电流特性。由图 3.20 可知，太阳能电池的电压-电流特性亦随着光强度的不同而改变[3,4]。随着光强度的变化，短路电流密度也明显地增加，光强度越弱，短路电流密度越小。一般而言，太阳能电池器件的效率必须在一个标准的阳光下(1 sun)测试，其日照量是 100 mW/cm$^2$(1 kW/m$^2$)。太阳能电池组件也是在一个阳光下(1 sun)使用，而特殊的太阳能电池组件通过反射镜组的设计，可以达到 100 个阳光的日照量，如聚光型太阳能电池模块可能在 100 个阳光，甚至 500 个阳光的日照量下照射。

通常日照量的最大程度是 100 mW/cm$^2$(1 kW/m$^2$)，因此，在进行真实测量时，一个太阳(1 sun)的光强度矫正在 100 mW/cm$^2$ 左右。太阳能电池对光电流的响应必须是线性的，这样才能够校正，若为非线性的情况，则无法校正，因此校正多使用短路电流密度的校正法。

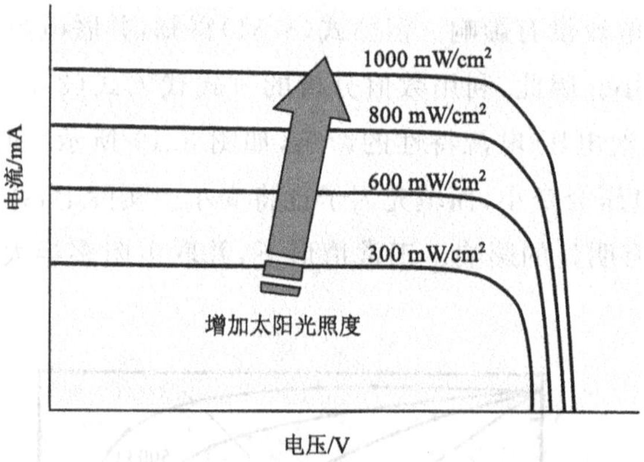


**图 3.20** 太阳光照度对太阳能电池电压-电流特性的影响

### 3.5.6 温度对电性的影响

一般而言，当环境温度上升时，短路电流仅有少许变动，但温度上升将造成半导体材料的带隙下降，导致暗电流上升而使得开路电压减少，进而影响到太阳能电池的转换效率，如图 3.21 所示。因此，若入射光的能量不能顺利地转换成电能时，它将会转换成热能，而使得太阳能电池内部的温度上升。若要预防能量转移效率的降低，则所产生的热能必须充分地使其释放出去。此外，根据温度规范为 25℃，受测的太阳能电池必须维持在 25℃±1℃，避免温度不会随着光照时间的增加而造成测量不准确的困扰[8]。

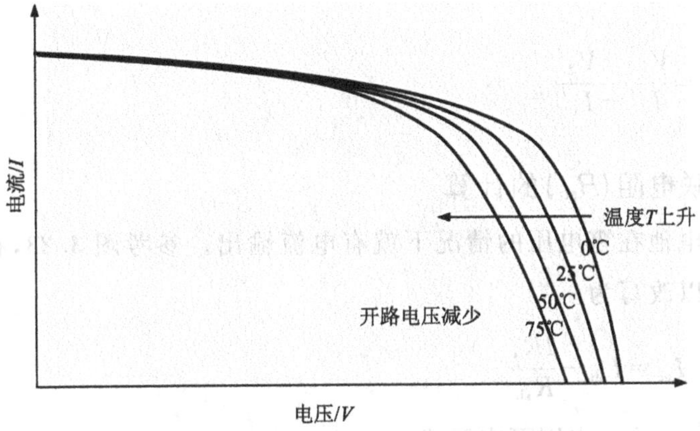


**图 3.21** 组件温度对太阳能电池电压-电流特性的影响

图 3.22 是非晶硅薄膜太阳能电池的输出特性随温度变化的一个实际例子。随着温度的上升，短路电流稍有上升，开路电压明显下降，整体的转换效率降低。

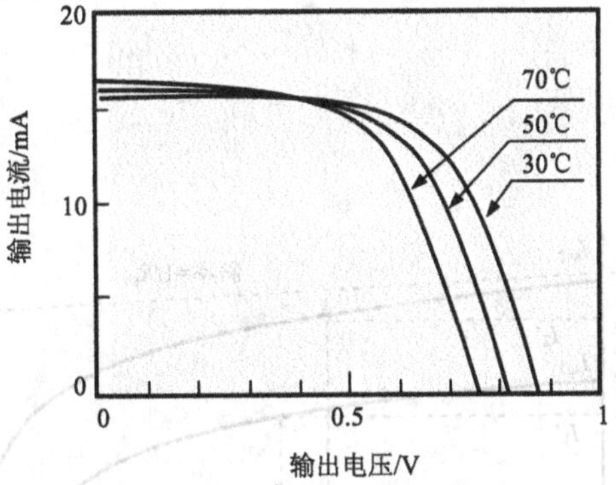


**图 3.22** 不同测试温度时，单结非晶硅薄膜太阳能电池的电压-电流特性

## 3.5.7 串联电阻($R_s$)与并联电阻($R_{sh}$)的计算

1. 串联电阻($R_s$)的计算

$R_s$ 的计算可根据两组不同光强度照射所得到的 $I$-$V$ 曲线求得，如图 3.23 所示。在两条曲线与 $I_{sc}$ 相同差距 $\delta I(\delta I = I_{sc1}I_1' = I_{sc2}I_2')$ 处各取一点，其对

应的值分别为$(V_1', I_1')$、$(V_2', I_2')$。由于一般制备良好的太阳能电池漏电流很小（$R_{sh}$ 值大，并联电阻可以被忽略），将 $\delta I$ 代回式(3.32)可得串联电阻 $R_s$[4,6]：

$$R_s = \frac{V_1' - V_2'}{I_2' - I_1'} \tag{3.32}$$

### 2. 并联电阻($R_{sh}$)的计算

太阳能电池在零电压的情况下就有电流输出。参考图 3.23，在 $V=0$ 时，式(3.23)可以改写为

$$I = I_{sc} = I_{ph} - \frac{IR_s}{R_{sh}} \tag{3.33}$$

临近 $V=0$ 的一点则可表示成：

$$I + \Delta I = I_{ph} - \frac{\Delta V + (I + \Delta I)R_s}{R_{sh}} \tag{3.34}$$

且
$$\Delta I = \frac{\Delta V + \Delta I R_s}{R_{sh}}$$

由于太阳能电池特性在 $V \sim 0$ 处 $\Delta IR_s \ll \Delta V$，所以 $R_{sh}$ 可表示为特性斜率的倒数[4,6]：

$$R_{sh} = \frac{\Delta V}{\Delta I} \tag{3.35}$$

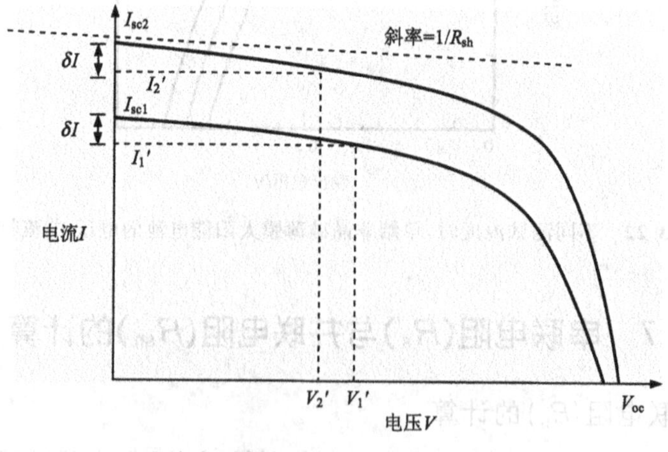


**图 3.23　使用斜率测定法得到 $R_s$ 与 $R_{sh}$**

# 3.6 太阳能电池的测定环境

根据 IEC(International Electrotechnical Commission)的检测规范，太阳能电池器件或组件的测试环境为倾斜角度与水平成 48.19°、总照射光 1000 W/m² (或 100 mW/cm²)、周围温度 25℃、风速 1 m/s。表 3.2 为用于太阳能电池的光源。理论上，测定太阳能电池需利用太阳光来进行。然而自然的太阳光受地理环境、天气条件、季节及太阳出现位置等因素影响，使得入射角度与照度有所而不同，无法利用太阳光来做标准的测试光源。为达到一致标准，目前评估太阳能电池效率多使用模拟太阳光的太阳光模拟器(Solar Simulator)[4]。但是太阳光模拟器的光谱对使用电路的性质、温度及照度特性也很敏感。因此本节介绍太阳光模拟器的种类，同时介绍其温度及照度的相关特性。

表 3.2　用于太阳能电池的光源

| | | |
|---|---|---|
| 自然光<br>(太阳光) | AM 0<br>AM 1<br>AM 1.5<br><br>其他 | 大气层(地球平均公转轨道上的太阳光)<br>太阳正中(太阳在南面正中赤道海平面上时的垂直日照)<br>一定的天顶角(设正中为 0°，太阳光的入射角为 48°时的日照)<br>AM 2(天顶角 60°时的日照)等 |
| 人工光源 | 荧光灯<br>白炽灯<br>各种放电灯 | 日光色、白色等<br>普通白炽灯、卤钨灯、A-D 光源等<br>水银灯、钠灯、氙灯等 |

## 3.6.1 太阳光模拟器

模拟太阳光源(或称太阳光模拟器)可以使用类似氙灯(Xe 灯)及滤光镜这类的组合，包括短弧氙灯、反射镜、空气质量滤光器、积分器、石英透镜等装置，其工作原理如下[4,6]：

(1) 由氙灯发出的光经过反射镜(蒸镀铝的凹面镜)而聚焦。

(2) 通过空气质量滤光镜除去氙灯在 800～1000 nm 的特有光谱，并使整个光谱接近于 AM 1 或 AM 1.5 的太阳光。

(3) 利用积分器和石英透镜形成面分布均匀的平行光，使得在测量平面上的太阳能电池受到均匀模拟太阳光的照射。

但是，由于模拟太阳光不可能得到与AM 1或AM 1.5一样严格的光谱，所以要准确地测量，必须对光谱灵敏度进行控制。此外，在太阳光下进行测量时，强光照射引起太阳能电池本身的温度上升以及大的输出电流时，电路的串联电阻影响会比较明显，需要进行校正。

测量用光源——太阳光模拟器，其光的强度用勒克司(lx)来表示。勒克司不是描述光的能量强度的单位，而是描述人眼感觉的亮度单位，所以不能直接代入计算公式求出转换效率，可以用与太阳光测量时一样的方法，用功率计来测量光的光能。要准确测量较低的光能是困难的，此时计算转换效率较无意义，而应该在一定照度与单位面积下测量太阳能电池的最大输出功率。

测量室内照明灯光下的太阳能电池特性时，需要注意的事项包含：杂散光和测量仪器(电压表)的内阻。

(1) 杂散光是指测量用光源以外的光，准确的测量必须在暗室，使杂散光的影响减到最小的情况下进行。

(2) 电压表的内阻。由于测量时输出电流很小，如果测量仪器的内阻小，则有较多的电流消耗在测量仪器的内部，这在测量时也要注意。

因为太阳光模拟器虽接近自然太阳光的光源但不完全符合，因此必须通过光学系统及光谱补正滤波器来矫正，使其与地面上太阳光的基准光谱可以互相比较。根据太阳光模拟器的偏差值、照射强度的均匀性与稳定性，可将其分为A到C级，见表3.3。

**表3.3 人工光源特性要求与对应的等级**

| 性能 | 等级 | | |
|---|---|---|---|
| | Class A | Class B | Class C |
| 与基准光谱的偏差 | ±25% | ±40% | ±60% |
| 照射强度的均匀性 | ±2% | ±5% | ±10% |
| 照射强度的稳定性 | ±2% | ±5% | ±10% |

1. 定型光源(连续光源)太阳光模拟器

如今常用的定型太阳光模拟器，主要以短弧氙灯泡作为光源，其特征包括[4]：

(1) 其色温度为6000 K，与太阳表面温度(5762 K)非常接近。

(2) 亮度高，适用于光学装置，即可得到平行性很好的光束。

但是氙灯也有不足之处，主要是在近红外线色域(800～1000 nm)存在着较强的发光线，为了要抑制它，必须使用补正过滤器。

使用色温度与太阳温度相似的短弧氙灯是为了要得到与自然太阳光靠近的分光放线分布，如图 3.24 所示。除了要使用能够抑制近红外线的亮线的过滤器外，同时也需要有大气的透过特性的等价过滤器。

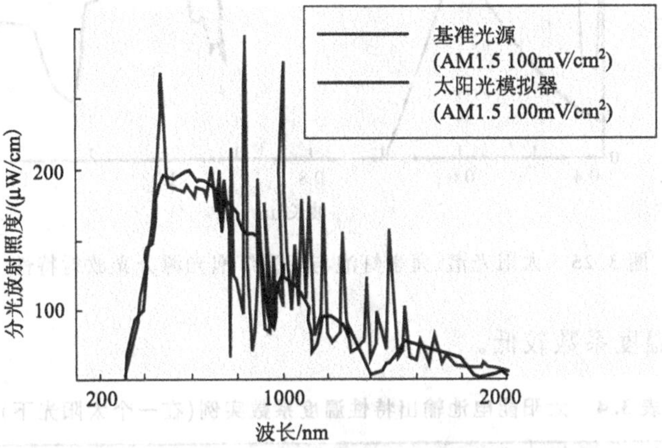


**图 3.24** AM1.5 太阳光源及太阳光模拟器分光放射特性

## 2. 氙灯泡以外的太阳光模拟器

卤素-钨丝灯泡可作为氙灯泡以外的太阳光模拟器。将溴(Br)或碘(I)等元素注入钨丝灯泡内以得到高温放射，其最高温度仅能达到 3000～3400 K，比太阳温度还要低，因此其光谱分布偏向于长波长，如图 3.25 所示。但是，这类光源不适合作为测试用的人工光源，通过将卤素灯泡挂上适当的 Dichroic 镜或是将卤化金属封入电灯内来调整发光光谱，可使卤素灯泡的分光放射特性能够更接近太阳光源。

## 3.6.2 温度测定

表 3.4 列出了单晶硅、多晶硅和非晶硅太阳能电池输出特性的温度系数[6]。由表 3.4 得知，随着温度变化，开路电压明显变小而短路电流略微增大，导致太阳能电池整体转换效率降低。因为单晶硅与多晶硅的带隙相似，为 1.1～1.2 eV，其转换效率的温度系数几乎相同。非晶硅的带隙较大，为 1.7～

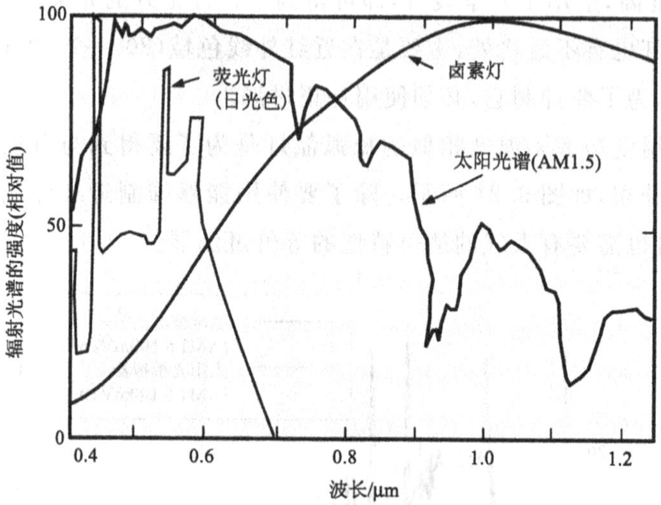


**图 3.25　太阳光谱、卤素灯泡与荧光灯泡光源分光放射特性**

1.8 eV,因而温度系数较低。

**表 3.4　太阳能电池输出特性温度系数实例(在一个太阳光下)**

| 种类 | $V_{oc}$ | $I_{sc}$ | FF | $\eta_e$ |
|---|---|---|---|---|
| 单晶硅太阳能电池 | −0.32 | 0.09 | −0.10 | −0.33 |
| 多晶硅太阳能电池 | −0.30 | 0.07 | −0.10 | −0.33 |
| 非晶硅太阳能电池 | −0.36 | 0.10 | 0.03 | −0.23 |

注:表中的数值表示温度变化1℃的变化率(%/℃)。

在太阳能电池实际应用中,必须考虑到它的输出受到温度的影响。特别是室外使用的太阳能电池,由于阳光的作用,太阳能电池在使用过程中温度可能会变得较高。在这方面,带隙大的材料做成的太阳能电池的温度效应就小于带隙窄的材料,如图 3.26 所示。因砷化镓(GaAs)太阳能电池的温度效应较小,有利于做成高聚光型太阳能电池。

## 3.6.3　组件测定

1970 年之后,以国际电气标准协会 IEC 的 IECEE(IEC System for Con Conformity Testing to Standards for Safe of Electrical Equipment)制定的标准规范作为太阳能电池组件测试的标准在国际间已有共识[9,10]。各国实验室都会依据相同的标准进行检测实验,此标准规范可以让各单位的检测结果相互承

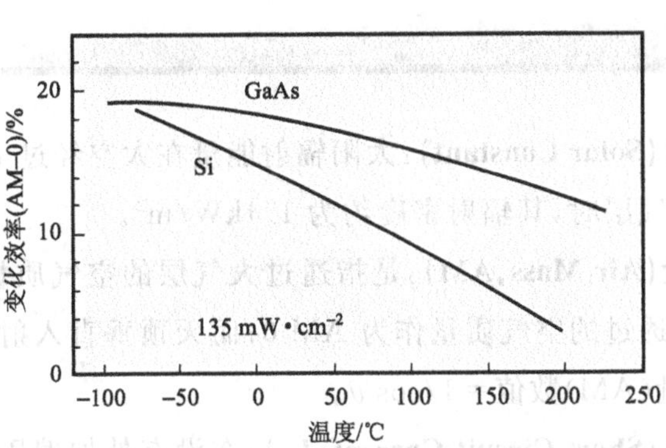


**图 3.26 砷化镓与硅基太阳能电池在不同温度时的效率变化**

认，组件生产厂只需要通过其标准检验认证过后即可获得全球的承认。因此，组件生产厂必须要让产品通过检测验证，将来才能够把产品销往全球各地。相反地，没有通过验证的组件产品，将无法被市场认可。

例如，检测硅晶片陆上太阳能光电组件的设计的 IEC 61215 包含以下检测项目：目视检查、最大功率的测定、绝缘测试、温度系数的测量、标称工作电池温度的测量、在标准测试环境下的性能、在低照射光下的性能、室外暴露测试、热斑耐久试验、紫外线(UV)前处理测试、热循环测试、湿冷冻测试、湿热测试、引线端强度测试、湿漏电流测试、机械负荷测试、冰雹测试及旁路二极管热测试。

## 3.7 结 语

太阳能电池组件测试需要有一定的标准。各国实验室都会依据相同的标准进行检测实验，让各单位的检测结果可以相互承认。

只有了解太阳能电池的发电原理，我们才能知道如何设计太阳能电池的结构。也只有知道太阳能电池的效率损失机制，才能提出改善方法。并且只有了解太阳能电池的转换效率图以及等效电路中的各种电性参数，才能针对测量后效率误差提出下一步的改善方法。

因此，本章说明了太阳能电池的基本原理、效率损失机制与其改善方法。为了理解太阳能电池测试的数据意义，本章还说明了太阳能电池的电性参数，其等效电路与测定方法。

## 专有名词

1. **太阳常数(Solar Constant)**：太阳辐射能量在太空经过1.5亿km距离传送到达地球的大气层时，其辐射密度约为$1.4kW/m^2$。

2. **空气质量(Air Mass，AM)**：是指通过大气层的空气质量，其单位是以大气层外光线没有透过的空气质量作为AM 0；而天顶垂直入射的透过空气量为AM 1。空气质量(AM)数值$=1/\cos\theta$。

3. **短路电流(Short Circuit Current，$I_{sc}$)**：在没有外加偏压，未加负载时，太阳能电池处于短路状态的最大电流。

4. **开路电压(Open Circuit Voltage，$V_{oc}$)**：当太阳能电池的外部负载电阻为无限大，其净电流为零时，所产生的电压即为开路电压。

5. **填充因子(Fill Factor，FF)**：该参数用来表示最大功率点$P_{max}$与$V_{oc}\times I_{sc}$的比值。

$$FF=\frac{P_{max}}{V_{oc}\times I_{sc}}=\frac{V_{max}\times I_{max}}{V_{oc}\times I_{sc}}$$

6. **能源转换效率(Energy Conversion Efficiency)$\eta_e$**：求得最大负荷点$P_{max}$、$V_{oc}$、$I_{sc}$及FF就可得到$\eta_e$，其定义为太阳辐射的空气质量透过条件为AM1.5及入射光强度$P_{in}$为$100\ mW/cm^2$时，改变负荷条件所得到的最大输出功率的比值：

$$\eta_e=\frac{V_{max}\times I_{max}}{P_{in}A}\times 100\%=\frac{V_{oc}\times J_{sc}\times FF}{100}\times 100\%$$

7. **理论限制效率(Theoretical Efficiency Limit)**：去除低能光子能量、高能光子能量、吸收效率与反射、开路电压以及填充因子等5项损失，太阳能电池所能得到的最大转换效率。

## 本章习题

1. 说明空气质量(Air Mass，AM)的意义。

2. 说明太阳能电池的基本发电原理。

3. 暗电流是太阳能电池在未光照下的电流，说明有哪三种状态会形成暗电流。

4. 说明太阳能电池效率的损失来源。

5. 由太阳能电池效率的损失来源，说明提升太阳能电池转换效率的改善方法。

6. 绘出太阳能电池的转换效率图，并写出最大功率点($P_{max}$)及能源转换效率($\eta_c$)两个方程式。

7. 绘出包含串联电阻与并联电阻的太阳能电池等效电路图，并说明各参数的意义。

8. 说明串联电阻与并联电阻的物理来源。

9. 说明串联电阻对太阳能电池电压-电流曲线的影响。

10. 说明并联电阻对太阳能电池电压-电流曲线的影响。

11. 说明检测太阳能电池的标准环境。

12. 说明检测太阳能电池的光源的要求。

13. 在标准测试下，若测得 $J_{sc}=20\ mA/cm^2$、$V_{oc}=0.7\ V$、$FF=0.75$，试估算太阳能电池的转换效应？

14. 若太阳能电池使用一段时间后，其短路电流减少，可能是什么原因造成的？

## 参考文献

[1] 黄惠良，曾百亨. 太阳电池. 台湾：五南图书出版公司.

[2] 林明献. 太阳能电池技术入门. 台湾：全华图书股份有限公司.

[3] 戴宝通，郑晃忠. 太阳能电池技术手册. 台湾电子材料与组件协会发行出版.

[4] 庄嘉琛. 太阳能工程：太阳电池篇. 台湾：全华图书股份有限公司.

[5] 顾鸿涛. 太阳能电池组件导论. 台湾：全威图书股份有限公司.

[6] 沈辉，曾祖勤主编. 太阳能光电技术. 台湾：五南图书出版公司.

[7] 叶文昌，连水养. 量产型单晶太阳电池制作. 台湾：云林科技大学硕士论文，2003 年.

[8] 黄家华，杨钧凯. 太阳能电池之效率量测系统与组件表现参数之分析. 台湾：东华大学硕士论文，2005 年.

[9] 林敬杰，叶芳耀，黄振隆. 硅晶太阳电池模块检测国际标准. 工业材料杂志，2006，231(3).

[10] 黄政隆，叶芳耀. 太阳光电模块之构造、应用与封装制程. 工业材料杂志，2004. 203(2).

# 第4章 结晶硅太阳能电池器件与制造

# 4.1 章节重点与学习目标

晶硅太阳能电池是目前太阳能电池产业的主流产品，约占整个产业八成以上的产值。尽管其他薄膜型或次世代太阳能电池的开发如火如荼，晶硅太阳能电池作为太阳能电池产业主流产品的地位在未来十年应该不会受到影响。晶硅太阳能电池的技术受惠于半导体工业的高度发展，加上目前自动化技术的创新，使得晶硅太阳能电池的效率与产量也逐年提升。图 4.1 所示为硅砂、硅片、太阳能电池及其组件的产业链。各个大厂通过垂直整合或水平分工的方式来扩大产品的市场占有率。在产业链的每一个环节，每一种技术都可以形成独立的次产业。本章将介绍这些次产业技术的发展情况。晶硅太阳能电池的最上游是硅砂的纯化，用多晶硅原料（PolySilicon）制成单晶硅/多晶硅晶圆。通过类似半导体组件的制备技术形成 PN 结，并配合电极制作等步骤制成太阳能电池，接着串/并联组合个别的晶硅太阳能电池单元以得到所需要的电压或电流要求的组件。过去国际晶硅太阳能电池大厂多在日本、德国，其国内系统市场大，皆是从上游做到下游，从硅片做到组件。

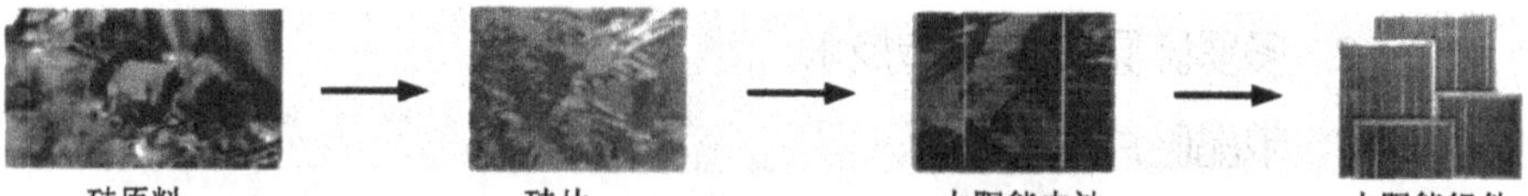


**图 4.1** 硅砂、硅片、太阳能电池及其组件的产业链

如图 4.2 所示，将硅材料以纯度划分，可以分为冶金级硅（Metallurgical Grade Silicon，MG-S）和半导体硅；若以结晶形态划分，可以分为非晶硅、多晶硅和单晶硅。其中，单晶硅又可以分成区熔单晶硅和直拉单晶硅；多晶硅又可以分成高纯度多晶硅、薄膜多晶硅、带状多晶硅和铸造（Casting）多晶硅。从成本或特性的角度来看，它们各有优缺点，且已经广泛应用于太阳能电池产业。为了节省成本，太阳能电池使用太阳能级（Solar Grade，SOG）的硅，其纯度较电子级的硅低，因为它省略了一些制造步骤。过去用于太阳能电池的多晶硅主要来自于电子级硅（Electronic Grade Silicon，EGS）的次级品、单晶硅棒的头尾料、硅晶圆回收料等，需求量很小。但随着太阳能光电产业的迅速发展，对多晶硅的需求量迅速增长。以太阳能光电产业年成长率超过 30% 的情形来看，未来

太阳能级硅的需求量势必超过电子级硅。

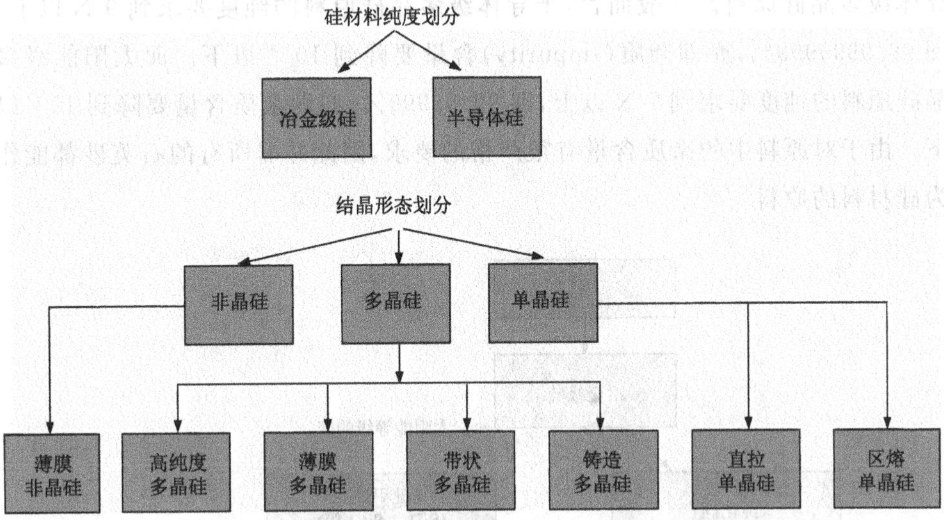


**图 4.2 依照材料纯度与结晶形态划分的硅材料**

本章首先介绍冶金级硅材料、高纯度多晶硅、单晶硅的制备技术。接着介绍典型的晶硅太阳能电池的制技术与相关设备，最后略述最新制备技术及低成本技术的展望[1~6]。读者在阅读过本章后，应能了解到：

(1) 多晶硅原料的各种制备技术。

(2) 太阳能级单晶硅片制备技术。

(3) 多晶硅块材的生长方法及其原理。

(4) 晶圆的加工成形步骤。

(5) 晶硅太阳能电池的制备技术。

(6) 目前太阳能电池的前瞻性制造技术

(7) 目前太阳能电池产业降低成本的技术趋势。

## 4.2 多晶硅原料的制造技术

图 4.3 说明由硅砂变成多晶硅原料再到单/多晶硅芯片的制作过程。制造多晶硅的原料来自硅砂，或称为石英砂($SiO_2$)。冶金级硅(Metallurgical Grade Silicon，MGS)原料的纯度约在 98.5%。在每年数百吨的硅原料中，只有约 1%

的原料被用来转换为高纯度的电子级硅(Electronic Grode Silicon,EGS)或半导体级多晶硅原料。一般而言,半导体级多晶硅原料的纯度要求到 9 N 以上,即 99.9999999%,亦即杂质(Impurity)含量要降到 $10^{-9}$ 以下。而太阳能级多晶硅原料的纯度要求到 7 N 以上,即 99.99999%,亦即杂质含量要降到 $10^{-7}$ 以下。由于对原料中的杂质含量有很严格的要求,因此并非所有的石英砂都能作为硅材料的原料[7~10]。

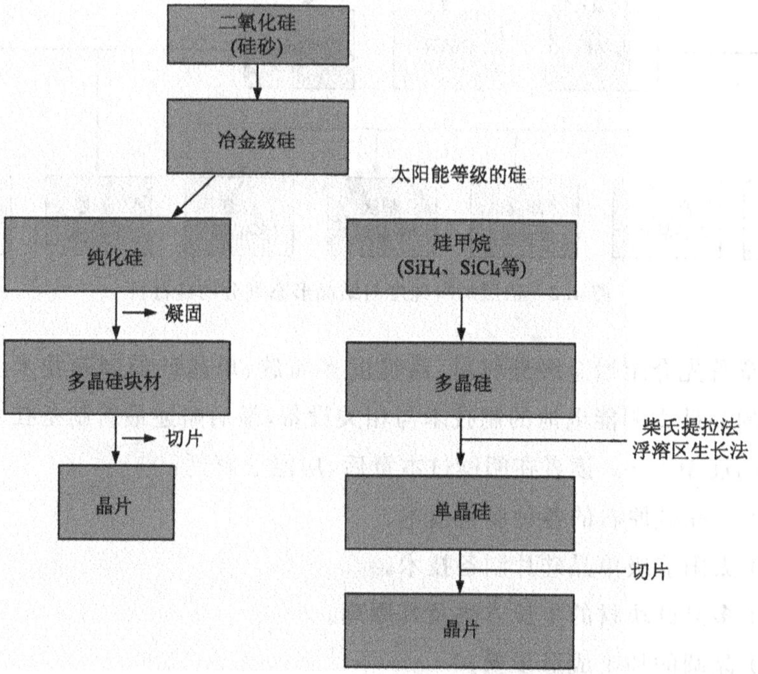


图 4.3 由硅砂到单/多晶硅片的制作过程

制作高纯度多晶硅原料主要以碳热还原制备(Carbothermic Reduction Process)为主[7],步骤说明如下:

(1) 硅砂还原:是将纯度 99%以上的石英砂与含碳的物质原料混合,并置于石墨电弧的加热还原炉中,如图 4.4 所示。含碳的物质如焦炭(Coke)、煤(Cal)、木屑(Wood)及其他形态,是用来当做还原剂使用。该加热还原炉中以 2000℃左右的温度进行还原反应,可以生成液态多晶硅,简单化学方程式如式(4.1):

$$SiO_2 + 3C \longrightarrow SiC + 2CO \tag{4.1(a)}$$

$$2SiC + SiO_2 \longrightarrow 3Si + 2CO \tag{4.1(b)}$$

其中所产生的一氧化碳气体会与氧气反应产生二氧化碳，如式(4.2)，之后才排到空气中。

$$2CO + O_2 \longrightarrow 2CO_2 \tag{4.2}$$

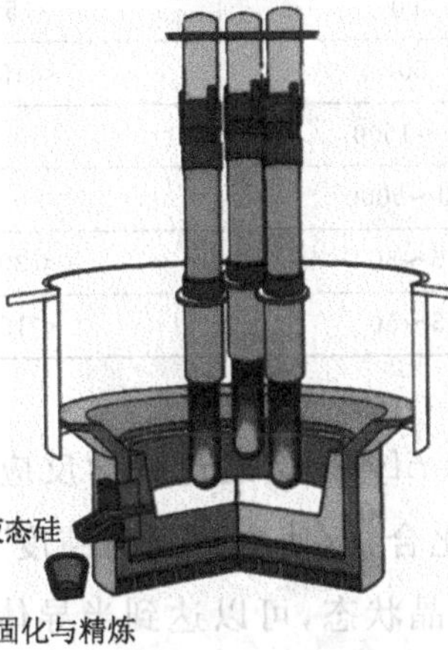


**图 4.4** 冶金级硅原料加热还原炉示意图，采用碳热还原制备

(2) 冶金级硅形成：产生液态多晶硅后，其内含有1%～3%的杂质，如铁、铝、钙、钛、碳等。要减少这些杂质的含量，可在凝固之前加入氧化性气体，使得活性比硅强的元素被氧化而移除。凝固之后的多晶硅纯度为95%～99%，称为金属级硅或冶金级硅。此时，多晶硅尚含有如碳、硼、磷等非金属杂质和铁、铝等金属杂质。

(3) 冶金级硅再纯化：冶金硅中含有过多金属与非金属杂质的硅材料，只能作为冶金工业中的添加剂。在半导体级或是太阳能级硅产业的应用，必须采用化学方法或物理方法对冶金级硅作进一步的再纯化，或称精炼过程(Refining Process)。经过化学纯化的半导体级高纯度多晶硅，其硼浓度小于$0.05\times10^{-9}$，磷浓度小于$0.15\times10^{-9}$，碳浓度小于$0.1\times10^{-9}$，金属杂质的浓度小于$1.0\times10^{-9}$。表4.1比较了各种多晶硅材料的化学组成，主要金属杂质为铁、铝、钙、钛。

表 4.1　冶金级、高级冶金级和太阳能级多晶硅的杂质含量（单位：ppm）

| 杂质 | 冶金级 | 高级冶金级 | 太阳能级 |
|---|---|---|---|
| 铁 | 2000 | $<150$ | $<10$ |
| 铝 | 100～5000 | $<50$ | $<2$ |
| 钙 | 20～2000 | $<500$ | $<2$ |
| 钛 | 200 | $<5$ | 1 |
| 铬 | 50 | $<15$ | 1 |
| 碳 | 50～1500 | — | $<4$ |
| 氧 | 100～5000 | — | $<5$ |
| 硼 | 15～50 | $<30$ | $<1$ |
| 磷 | 15～50 | $<15$ | $<5$ |

化学纯化(Chemical Purify)是指通过化学反应，将硅转为中间化合物，再利用精馏等技术提纯中间化合物，使之达到高纯度[8]；然后再将中间化合物还原成硅，此时的高纯硅为多晶状态，可以达到半导体工业的要求。以下介绍几种在工业应用中的技术，常见的有三氯硅烷($SiHCl_3$)法；硅烷热分解法；四氯化硅还原法。

## 4.2.1　三氯硅烷的制造与提纯

三氯硅烷还原法用于生产块状多晶硅原料，其中间原料为三氯硅烷，主要是利用金属硅与氯化氢(HCl)反应，生成中间化合物三氯硅烷，反应式为[4]：

$$Si(s)+3HCl(g) \longrightarrow SiHCl_3(g)+H_2(g) \tag{4.3(a)}$$

$$Si(s)+4HCl(g) \longrightarrow SiHCl_4(g)+2H_2(g) \tag{4.3(b)}$$

该化学反应的生成比例与反应温度有关。反应温度越高，$SiHCl_3$ 的生成比例越低。一般可以产生约 90% 的 $SiHCl_3$。需注意的是，反应除了生成中间产物 $SiHCl_3$ 外，还有附加的化合物，如 $SiCl_4$、$SiH_2Cl_2$ 气体，以及 $FeCl_3$、$BCl_3$、$PCl_3$ 等氯化物杂质。经过粗馏与精馏两道技术，可使得三氯硅烷中间化合物的杂质含量降低到 $10^{-10}$～$10^{-7}$ 数量级。而附加的化合物 $SiCl_4$ 也可利用以下两种方法将其转换为 $SiHCl_3$：

(1) 添加 Cu 触媒。$SiCl_4$ 可以进一步转换成 $SiHCl_3$，反应式如下：

$$Si(s)+3SiCl_4(g)+2H_2(g) \longrightarrow 4SiHCl_3(g) \tag{4.4}$$

(2) 直接 $H_2$ 反应加热。在 1000～1200℃温度下，将 $SiCl_4$ 直接与 $H_2$ 反应，生成 $SiHCl_3$，反应式如下：

$$SiCl_4(g)+H_2(g)\longrightarrow SiHCl_3(g)+HCl(g) \quad (4.5(a))$$

三氯硅烷还原法的氢氯化反应环境如图 4.5 所示。当生成 $SiHCl_3$ 气体后，将置于反应器内的硅晶种垂直固定在电极上，通电加热至 1100℃以上，通入高纯度的氢气充当 $SiHCl_3$ 的运输气体(Carrier Gas)，开始还原反应。氢气的使用量为实际反应量的 10～20 倍。

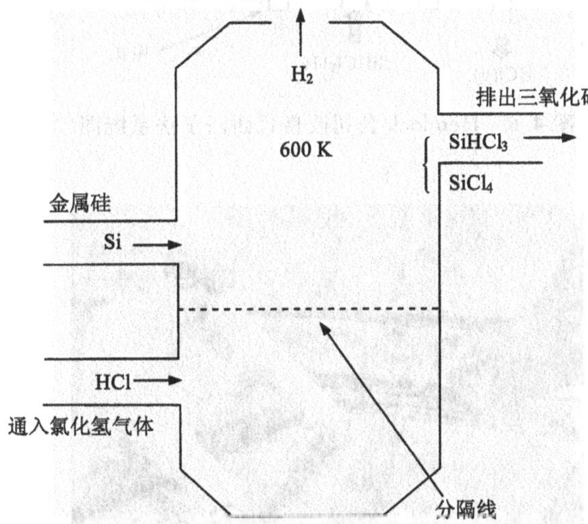


**图 4.5** 三氯硅烷还原法的氢氯化反应

三氯硅烷还原法是德国西门子(SIEMENS)公司于 1954 年发明的，又称为西门子法，是目前国际主要大公司制造高纯度多晶硅的制备方法。依反应炉的不同，三氯硅烷法可分为钟罩式(Bell Jar)和流体化床(Fluidized-Bed)两类。Hemlock 公司进一步改良西门子法的系统，如图 4.6 所示[7]。

反应后使得生成的硅慢慢沉积于硅细棒，成长至直径 150～200 mm 的∏字形高纯度多晶硅棒，如图 4.7 所示，其反应式为

$$SiHCl_3(g)+2H(g)\longrightarrow Si(s)+3HCl(g) \quad (4.5(b))$$

需提及的是，该制造方式的操作温度约在 1100℃，每小时消耗数千立方英尺的气体与数百万瓦的能量，每次可生产数千公斤的多晶硅原料。由于 90%以上的电力会被水冷式的炉壁所消耗，该方式需要消耗相当大的电力，也因此使得硅基太阳能电池的能源回收期(Energy Pay-Back time)高居不下。

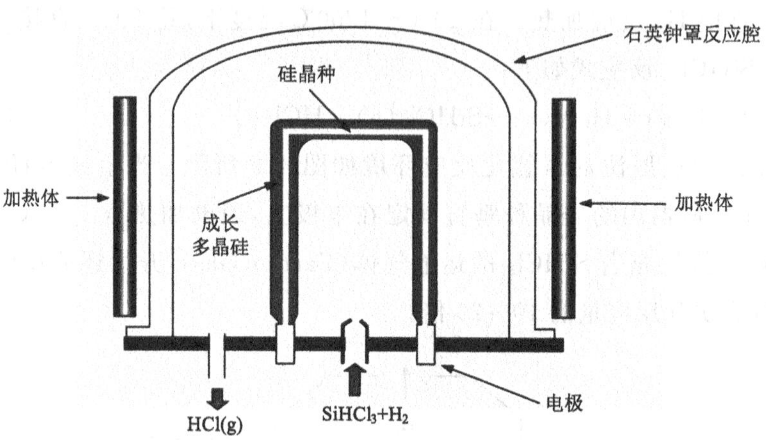


**图 4.6**　Hemlock 公司改良式西门子法系统图

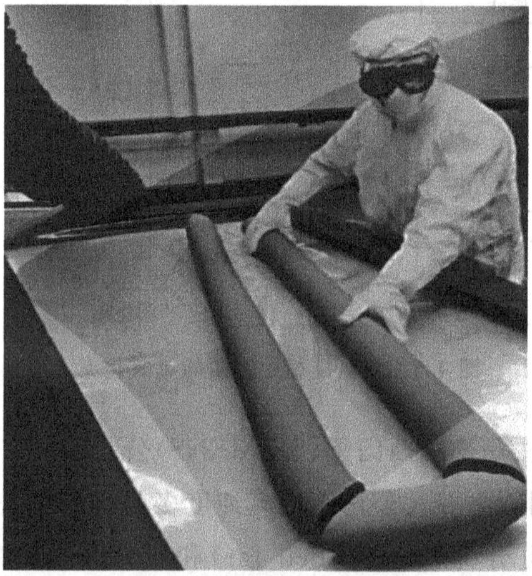

**图 4.7**　西门子式反应炉沉积的多晶硅外观
(http://w1.siemens.com/answers/tw/zh/)

## 4.2.2　硅烷热分解法

硅烷($SiH_4$)热分解法也可用于生产块状多晶硅原料，在 20 世纪 60 年代由 ASiMi(Advanced Silicon Materials Inc.)公司所提出。该方法主要将 $SiH_4$ 加热至高温，使之分解产生 Si 与 $H_2$，产生的硅同样沉积在晶种上形成高纯度的多晶硅棒。由于西门子法制备多晶硅原料消耗的电力太高，因此采用 $SiH_4$ 作为中间化合物的优点包括：

(1) 可以在较低的温度沉积产生纯度更高的多晶硅原料，节省电力。

(2) 硅烷易于纯化，硅中的金属杂质在硅烷的制备过程中，不易形成挥发性的金属氢化物气体。当硅烷形成后，其剩余的杂质只剩下硼和磷等非金属，因此较容易去除。

以下进一步介绍三种常见的 $SiH_4$ 原料制造技术。

1. Union Carbide 方法

该法利用 $SiH_4$ 与金属硅反应生成 $SiHCl_3$，$SiHCl_3$ 进一步裂解反应生成 $SiH_2Cl_2$，$SiH_2Cl_2$ 再一次裂解反应生成 $SiH_4$，主要反应式为

$$Si(s)+2H_2(g)+3SiCl_3(g) \longrightarrow 4SiHCl_3(g) \quad (4.6(a))$$

$$2SiHCl_3(g) \longrightarrow SiH_2Cl_2(g)+SiCl_4(g) \quad (4.6(b))$$

$$3SiH_2Cl_2(g) \longrightarrow SiH_4(g)+2SiHCl_3(g) \quad (4.6(c))$$

目前世界上规模较大的硅烷热分解法厂商是美国联合碳化合物公司(Union Carbide)。根据反应炉的形式，硅烷法也可分为钟罩式和流体化床两类[11]。

目前采用钟罩式的硅烷热分解法的厂商以 REC Silicon 公司为主。钟罩式利用四氯化硅和金属硅反应，生成三氯氢硅，再使其进行裂解反应生成硅烷，然后将硅烷气纯化后，在钟罩式热分解炉中生产纯度较高的棒状多晶硅，流程如图 4.8 所示[7]。

利用流体化床反应器来纯化多晶硅的技术以四氟化硅(Silicon Tetrafluoride)为原料，采用无氯化技术生产硅烷，经过纯化的高纯硅烷以液体的形式被储存在储槽内。然后将硅烷及氢气按一定比例通入流体化床热分解反应器，如图 4.9 所示[11]，硅烷在流体化床上的硅晶周围进行热分解反应，此时硅晶颗粒将逐渐长大到平均尺寸 1000 μm 左右为止。

2. Ethyl 方法

Ethyl 方法用于生产粒状多晶硅的原料。该方法使用磷酸盐肥料的副产品氢氟硅酸($H_2SiF_6$)，配合与浓硫酸的反应来生成 $SiH_4$，接着在温度 250℃下，进一步利用 LiH 将 $SiF_4$ 还原成 $SiH_4$，其反应式为

$$H_2SiF_6+H_2SO_4 \longrightarrow SiF_4+2HF+\text{副产物} \quad (4.7(a))$$

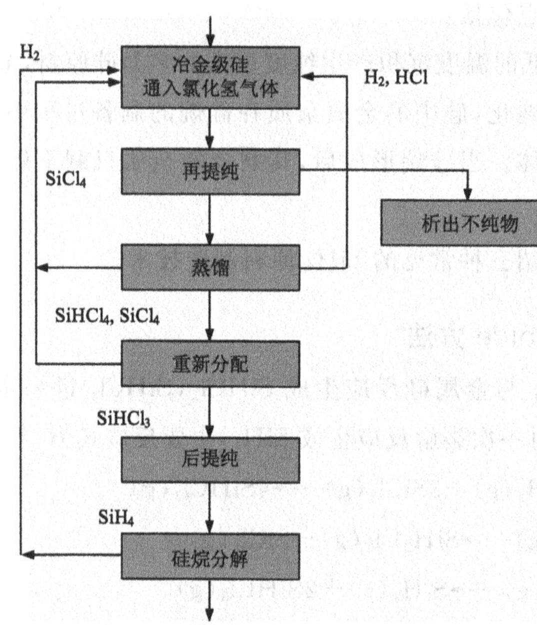


**图 4.8　钟罩式硅烷法生产多晶硅流程**

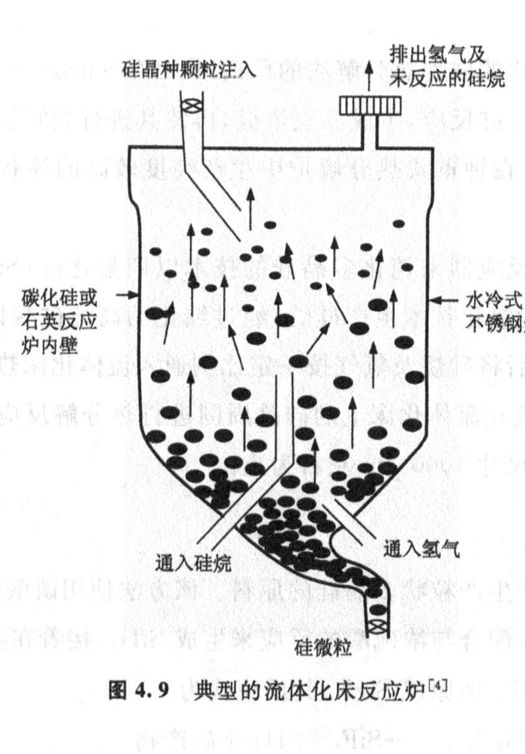


**图 4.9　典型的流体化床反应炉**[4]

$$4LiH + SiF_4 \longrightarrow SiH_4 + 4LiF \quad (250℃) \tag{4.7(b)}$$

3. Johnson's 方法

该方法由日本小松(Komatsu)公司所发明,在500℃的氢气中,使硅粉与镁反应生成硅化镁($Mg_2Si$),进一步与氯化铵($NH_4Cl$)在0℃以下反应,其反应式为

$$Mg_2Si + 4NH_4Cl \longrightarrow 2MgCl_2 + 4NH_3 + SiH_4 \tag{4.8}$$

### 4.2.3 四氯化硅还原法

四氯化硅还原法现在比较少使用,主要原因是材料的利用率低且能量损耗大。该方法利用硅和氯气反应,生成中间合成物四氯化硅,利用精馏技术,即利用高纯度的氢气在1100~1200℃还原达到纯化并生成多晶硅,其反应式为

$$Si + 2Cl_2 \longrightarrow SiCl_4 \tag{4.9(a)}$$

$$SiCl_4 + 2H_2 \longrightarrow Si + 4HCl (1100\sim1200℃) \tag{4.9(b)}$$

## 4.3 单晶硅片制造技术

目前生长硅晶圆(Silicon Wafer)晶体的方式主要有[3]:

(1) 柴式提拉法(Czochralski Pulling Technique,CZ)。

(2) 浮熔区生长法(Floating Zone Technique,FZ)。

虽然使用浮熔区生长法长晶的质量较佳,但柴式提拉法具有低制造成本及较强的机械强度,且较容易生产大尺寸晶体,目前在硅晶太阳能电池应用上多采用柴式提拉法来生产太阳能电池级硅晶圆。以下介绍其关键设备与相应技术。

### 4.3.1 单晶生长的关键设备及制备

1. 石英坩埚

硅晶圆生长时用来盛装原料的坩埚是由玻璃质(Vitreous)二氧化硅制成。传统的坩埚是用天然纯度较高的硅砂所制成。其制备流程如下:

(1) 高纯度的二氧化硅可由四氯化硅与水气反应生成,如下式:

$$SiCl_4 + 2H_2O \longrightarrow SiO_2 + 4HCl \tag{4.10}$$

(2) 浮选筛检后的硅砂，置于水冷式的坩埚型金属模内壁上，模具慢速旋转以刮出适当的硅砂层厚度及高度，然后送入电弧炉中。

(3) 电弧由模具中心放出，坩埚内壁因高温融化之后又快速冷却，从而形成透明的非结晶质二氧化硅。

(4) 外壁因接触水冷金属模壁部分，硅砂未完全融化，因而形成非透明且含气泡的白色层。

(5) 坩埚再经由高温等离子体处理，使碱金属扩散而离开坩埚内壁，从而降低碱金属含量。

(6) 再浸镀一层可与二氧化硅在高温下形成玻璃陶瓷(Glass Ceramic)的氧化物，以增强坩埚抗热潜变特性，及降低二氧化硅结晶成白硅石(Cristobalite、石英的同素异形体，在1470～1710℃为稳定态)从坩埚内壁表面脱落的可能。

一般而言，坩埚的寿命受坩埚气孔大小、热传性质、内壁表面白硅石结晶化速率的影响。该制作方式成本较为昂贵，且有高含量的-OH键，并不适于大型坩埚的制作。

2. 长晶炉及生长环境

图4.10是长晶炉示意图。长晶炉内电阻式石墨加热器与水冷双层炉壁间有石墨制的低密度热保温材料。长晶炉分为上炉室与下炉室，以隔离阀为界。上炉室用于冷却生长完成的单晶硅棒，下炉室的关键零件是上述的石英坩埚。为避免石英坩埚受热而造成破裂，石英坩埚被两片(或三片)组合式石墨坩埚托着。石墨坩埚的材质、热传系数及其形状会决定长晶炉的热场(Thermal Field)分布状况，进而影响长晶制备条件及质量。

## 4.3.2 柴式生长法

1. 柴式生长法(CZ法)的发展历史

该法由Czochralski在1918年发明，通过提拉的方式生长出低熔点的金属材料(如Pb、Zn等)，可生长的晶体直径大约在0.2mm、0.5mm及1 mm。当时熔体生长方面并不被重视，因此该法不受人注意。直到1950年贝尔实验室(Bell Lab)的Teal和Little利用这种方法生长出Ge及Si，改变了半导体器件

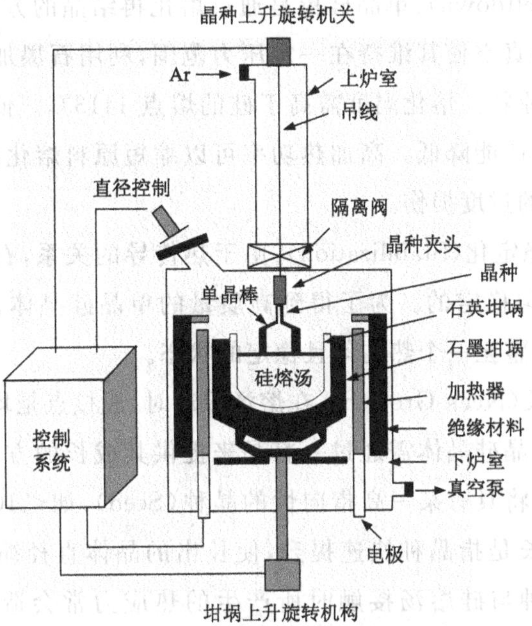


**图 4.10　典型长晶炉示意图**[1]

产业后，该法才开始受到重视。

2. 柴式生长法的原理

柴式生长法是熔液生长法(Melting Growth)的一种，其原理与固体及液体的相转变有关。在固定的条件下，熔液是以定向凝固的方式来生长，通过固液界面的移动方式逐渐形成有规则的原子堆积，从而得到高质量的单晶。长晶时，为了维持晶核的生长，固液接口必须处于过冷的环境，而熔体其他部分则处于过热的环境，因此结晶所释放出的潜热(Latent Heat)会经由晶体的传导及表面热辐射带走热量。

3. 柴式生长法的制备流程

柴式生长法的制备可以分为下列七个步骤[3]：

(1) 起始物加料(Stacking Charge)：起始物加料是指将前述高纯度的多晶硅原料和掺杂物(Dopant)置入石英坩埚内的步骤。加入掺杂物的目的是为了改变所生长单晶硅棒的电性。依不同掺杂物的种类使得硅单晶成为 N 型或 P 型晶体。例如，加入Ⅲ族(如硼)则形成 P 型晶体；加入Ⅴ族(如磷)，则形成 N 型晶体。

(2) 熔化(Meltdown):单晶硅棒是通过熔化再结晶的方式形成。步骤(1)之后,长晶炉将抽真空使其维持在一定压力范围,利用石墨加热器提供加热功率以熔化多晶硅原料。熔化温度需高于硅的熔点 1413℃。低加热功率将使整个熔化时间过长,产能降低。高加热功率可以缩短原料熔化的时间,但却可能造成石英坩埚壁的过度损伤。

(3) 均匀与稳定化(Stabilization):由于热传导的关系,石英坩埚的内外一开始受热不是均匀稳定的。为了得到高质量的单晶硅晶体,当熔汤完全熔化后,熔汤温度需调整至一个热均匀且稳定的状态。

(4) 晶颈生长(Neck Growth):在熔汤冷却时,成核点是均匀的。为了得到某一个方向性,单晶硅晶体需通过一籽晶来提供其成长的方向指示。因此,当熔汤温度稳定后,将具有某一高指向性的晶种(Seed),如＜100＞方向,浸入硅熔汤中。晶颈生长是指晶种快速提升,使长出的晶体直径缩小到一定的大小(3～6 mm)。晶种与硅熔汤接触时所产生的热应力常会造成晶种产生位错(Dislocations),这些位错可利用足够长的晶颈生长来消除。

(5) 晶冠生长(Crown Growth):晶冠生长是指完成晶颈生长后,需降低拉晶速度(约 1.5 mm/h)与生长温度(约 0.1℃/6 min)。经过晶冠生长,晶体的直径将可达到所需的大小。在该步骤有两个互为因果的参数需注意:

① 晶体直径的增加速率。若增加速率过快,会影响到晶棒头端的固液界面形状,产生热应力进而产生位错,使得晶体失去单晶的特性。

② 生长(冷却)温度的控制。若降温速率太快,液面呈现过冷的状态,晶冠的形状会因直径快速增大而变成方形。

(6) 晶身生长(Body Growth):晶身生长是指通过调整拉速与温度来控制晶棒的直径在一定范围,该段固定直径称为晶身。有两个重要的因素会影响晶体硅的无位错生长:

① 晶体在直径方向的热应力。该热应力来自坩埚边缘和坩埚中央存在的温度差,如果热应力超过了位错形成的临界应力,就会形成新的位错。

② 单晶炉内的细小颗粒。来自晶体硅表面挥发的 $SiO_2$ 气体,在炉体的壁上冷却形成 $SiO_2$ 颗粒,若不能及时排出炉体而掉入硅熔体,将会破坏晶体晶格的周期性生长,而导致位错的产生。

(7) 尾部生长(Tail Growth):尾部生长是指晶体硅生长结束时,其生长速度与硅熔体的温度需再次提升，以使晶体硅的直径缩小成一个圆锥形，最终离开液面。长完的晶棒被升至上炉室，如图4.11所示，冷却一段时间后取出。

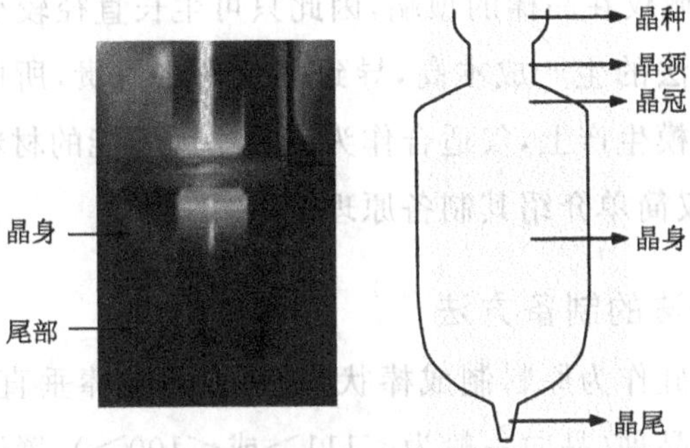


图4.11　柴式生长法的硅单晶制造与示意图
http://www.q-cells.com/en/index.html

4. 柴式生长法的较佳化参数

原料加入坩埚以加热方式熔解成液态，上方为放置晶种的地方，进行旋转及拉伸的动作。在晶种与液面间让原子缓慢地堆积，可生长出单晶。决定该生长法质量的关键是晶体生长时的温度环境与转速及拉速参数。

(1) 当拉速过快时，晶体生长快，但内部会存在较多的缺陷，因此其晶体质量会较差。

(2) 当拉速过慢时，晶体可以缓慢结晶，但所耗的时间较多，造成较高的制备成本。

(3) 当转速太快时，液体供给的能量大于晶体释放的能量，晶体生长的直径会较小。

(4) 当转速慢时，液体供给的能量小于晶体释放的能量，晶体生长的直径会较大。

上述仅是一种定性说法，每一种材料适合的生长条件不同，必须结合本身材料的特性，才能找出最适合的长晶条件。

## 4.3.3 浮区生长法

浮区生长法(FZ法)的优点是可生长高纯度且无缺陷的单晶硅，其氧、碳和其他过渡金属的含量可小于$10^{11}/cm^3$，电阻率可轻易达到300 Ω·m[7]。

然而浮区生长法所生长的硅晶体也有以下缺点：

(1) 虽然浮区生长法所生长的硅晶体缺陷密度较低，但其寿命也仅为0.5 ms，主要原因是高纯度的硅晶在生长和冷却过程中产生很多微观缺陷。

(2) 由于熔区域仅在晶棒的顶端，因此只可生长直径较小的晶体。

(3) 浮区生长法的生产成本高，导致晶片价格昂贵，所以并不适合应用在太阳能电池的大规模生产上，仅适合作为高效率太阳能的材料。

因此，本小节仅简单介绍其制备原理。

1. 浮区生长法的制备方法

以高纯度多晶硅作为原料制成棒状，并将多晶硅棒垂直固定；在多晶硅棒的下端放置硅单晶晶种(晶向一般为＜111＞或＜100＞)，置于无痕的多晶硅晶棒下方，多晶硅晶棒受到高频感应线圈加热而使得温度逐渐升高，当其底部开始熔化时，下降原料棒及射频(RF)加热线圈使得熔区内的掺杂物分布均匀，同时以缓慢的速度向上拉引，使多晶硅逐步转换成单晶硅。

2. 浮区生长法的关键技术

浮区生长法的关键技术是精准控制硅熔区，通过高频感应线圈的设计，利用辅助线圈，来达到控制熔区形状和温度梯度的目的。但是，由于熔区的表面张力是有限的，浮熔单晶硅的直径增大，熔区上端的多晶硅棒的重量增加，熔区也会增大，最终熔区的表面张力将不能支撑熔区上端的多晶硅棒，导致多晶硅棒的跌落和晶体生长的失败。

## 4.3.4　单晶硅晶圆的加工成型

单晶硅晶圆加工成型是指将单晶硅棒制成硅晶圆片的过程。各个晶圆生产厂商的晶圆成形制备步骤不见得相同。典型晶圆加工成型制备步骤主要包括：结晶定位(Orientation)、修边(Ingot Squaring)、切片(Slicing)、晶面研磨(Lapping)、化学蚀刻(Etching)、去疵法(Gettering)以及各步骤间所需的洁净制程(Cleaning Process)。以下仅就重要的步骤进行说明。

由于常用的柴式生长法所生长的单晶棒为圆柱形，所以早期用在太阳能电池的硅晶片也是圆形的。然而，圆形硅晶片在铺设模块时面积上无法达到最大利用，如图4.12所示，因此，现在的晶圆是将柴式生长法单晶棒切片与修边成近似四方柱形(Quasi Square)。图4.13说明了硅晶棒的切割过程。而被修边下来的边缘部分，可以回收利用作为拉晶时的原料。

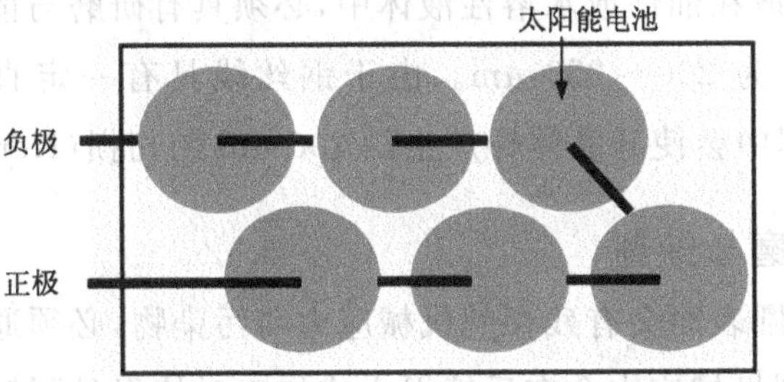


图 4.12　早期圆形硅晶片太阳能电池铺设成模块示意图

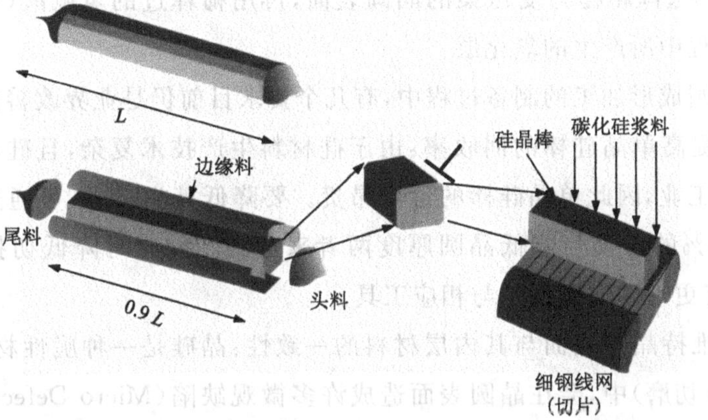


图 4.13　硅晶棒修边与切片过程(其中头尾料与边缘料皆可回收作为硅原料)

1. 修　边

切片前，先用金刚石砂轮磨削晶体硅的表面，使得整根单晶硅的直径统一，而且能达到所需直径。方形硅片则需要在切断晶体硅后，进行切片处理。沿着晶体棒的纵向方向(即晶体的生长方向)，利用外圆切割机将晶体硅锭切成一定尺寸的长方形，其截面为正方形，通常尺寸为 100 mm×100 mm、125 mm×125 mm 以及 150 mm×150 mm。

2. 切　片

传统的切片处理是使用线切割机的细钢线对硅晶体棒进行切片。而近几年来都是使用多线切割机，它的设计是在固定架上放置 100 km 长的钢丝卷线装置，加入滚动的研磨液体，帮助减少切割所造成的损伤。切片时，钢丝线会涂上具有切削能力的滚动研磨浆料。常见的研磨浆料是将微米级(10～30 μm)的碳化硅颗粒分散在油性或水溶性液体中,必须具有研磨与散热作用。目前所切出的晶片厚度为200～250 μm。由于钢丝线具有一定直径(约100～200 μm),在切片过程中会使硅晶体棒产生约200 μm的切损(Kerf Loss)。

3. 晶面研磨与蚀刻

切片后的晶圆表面会有残存的机械应力与污染物,必须通过研磨与进一步的清洗去除,否则机械应力会在后续退火或加工时使得晶圆破裂,而污染物(特别是金属杂质)会对晶圆的电性造成影响。常用的清洗是指化学蚀刻,通过硝酸($HNO_3$)去除粗糙与受污染的晶圆表面,再用稀释过的氢氟酸(HF)去除硝酸清洗过程中所产生的氧化层。

在晶圆成形加工的制备过程中,有几个要求目前仍是业界改善的重点:

(1) 提高单晶硅棒的回收率:由于硅材料生产技术复杂,且硅晶片广泛用于半导体工业,因此单晶硅棒的价格昂贵。要降低其生产本,可通过降低单晶硅材料20%的切损与降低晶圆厚度两者来达到。欲同时降低切损与晶圆厚度,需要有更好的切割技术与相应工具。

(2) 维持晶圆表面与其内层材料的一致性:晶硅是一种脆性材料,在加工制备过程(切磨)中,会在晶圆表面造成许多微观缺陷(Micro Defect),如位错、微裂缝(Micro-Crack)、应力(Stress)。这些晶体上的缺陷会影响半导体中载子的行为,因此可能会造成晶圆表面与其内层材料在结晶、化学与电性等方面的不一致性。

### 4.3.5 单晶硅中的杂质

目前,太阳能电池用的单晶硅中,主要的杂质是氧、碳和金属杂质。这些杂质会产生复合中心,降低并联电阻 $R_{sh}$ 的阻值,进而降低转换效率,因此单晶硅中的杂质要精确控制。该杂质的来源简单来说有以下两个[3,5]:

(1) 由于太阳能电池的附加价值比半导体组件低很多,过去为了降低成本,用于太阳能电池的晶体生长技术的控制要求相对较低,生长设备相对简单,且晶体生长速度快,会引起较多的杂质。

(2) 由于生长太阳能电池用的直拉单晶硅的原料来源复杂,有电子级高纯多晶硅的废、次料,又有电子级直拉单晶硅的头尾料、埚底料,甚至有太阳能电池用直拉单晶硅的头尾料，导致较多杂质的引入。

很明显地，太阳能电池用直拉单晶硅比集成电路用直拉单晶硅具有更多的杂质。以下进一步说明杂质氧、碳和金属杂质的成因及相对影响。

1. 单晶硅中的氧

(1) 成因：氧是直拉单晶硅中的主要杂质，来自于晶体生长过程中石英坩埚的污染，属于直拉单晶硅中不可避免的轻元素杂质。由于单晶硅的生长需要利用高纯的石英坩埚，虽然石英的熔点必须高于硅材料的熔点(1 413℃)，但是在如此的高温过程中，熔融的液态硅会侵蚀石英坩埚，导致少量的氧进入熔硅，最终进入直拉单晶硅。此外，为了节约成本，太阳能电池用直拉单晶硅时常使用质量相对较差的石英坩埚，更加导致氧的进入。直拉单晶硅中的氧浓度一般在 $5\times10^{17}\sim2\times10^{18}/cm^3$，以过饱和间隙状态存在于晶体硅中，它与周围的两个硅原子以共价键结合，所以间隙态的氧原子在硅中是中性的。

为了减少熔融的液态硅与石英坩埚发生反应，工业界经常在石英坩埚内壁涂上 SiN 层，以阻碍熔硅与石英坩埚的直接作用，从而降低铸造多晶硅中的氧浓度。氧浓度表现为头部高、尾部低，从头部开始到尾部逐渐降低，在收尾处氧浓度有所上升，然而其头高尾低的趋势是不变的。

(2) 影响：氧可以与空位结合，形成微缺陷，也可以团聚形成氧团簇，而产生不可预期的电性；还可以形成氧沉淀从而诱发缺陷。这些缺陷可能对最后产品的硅太阳能电池的性能产生影响。过去利用氧的沉淀性质所设计的内吸杂技术，可以吸除直拉单晶硅中的金属杂质。但是，太阳能电池并不像集成电路，其组件工作区域是硅片的整个横截面，而不是仅在硅表面。因此，太阳能电池不能利用所谓的内吸杂技术。幸运的是，太阳能电池用直拉单晶硅的生长速度快，太阳能电池制备技术经历的热过程时间短，因此，氧沉淀和相关缺陷形成的机会和数量都较少，对太阳能电池性能的影响也小。

2. 单晶硅中的碳

(1) 成因：碳是直拉单晶硅中的另一种重要杂质。由于碳是四价元素，在硅中会取代硅造成替代位置，但不会引入具有电性的缺陷，也不会影响单晶硅的载流子浓度。但是，碳可以与氧作用，也可以与间隙硅原子或空穴结合而存在于晶体中。

(2) 影响：碳浓度在直拉单晶硅研究和生产的早期阶段较高。目前碳杂质的浓度已经能被控制在 $5\times10^{15}/cm^3$ 以下，对组件性能的影响几乎可以忽略。但是，对于太阳能电池用直拉单晶硅通常碳浓度较高，因而可能对氧沉淀以及硅太阳能电池的性能产生影响。

3. 单晶硅中的金属杂质

(1) 成因：金属(特别是过渡金属)是硅材料中重要的杂质。对于太阳能电池用直拉单晶硅，金属杂质的成因是由于：

① 最初多晶硅原料来源复杂，本身可能含有一定量的金属杂质。

② 在硅晶片加工或组件制备过程中，硅材料直接与金属加工工具接触。

③ 在硅片清洗或湿化学抛光过程中，使用不够纯的化学试剂或使用不锈钢等金属设备。

(2) 影响：金属杂质不论以何种形式(间隙态、替位态、复合体或沉淀)存在于硅中，它们都很可能会导致硅组件的性能降低，甚至失效。因此对于太阳能电池用直拉单晶硅，金属杂质的影响就不能轻易地忽略了。它们存在的形式主要取决于硅中过渡族金属的固溶度、扩散速率等基本的物理性质和材料或组件的热处理过程，特别是热处理温度和冷却方式。

当金属原子以单个形式存在于晶体硅中时，它们具有电学的活性，同时也是深能级复合中心，所以原子态的金属从两方面影响硅材料和组件的性能：

① 影响载流子的浓度。

② 影响少数载流子的寿命。

就金属原子具有电活性而言，当其浓度很高时，就会与晶体中的掺杂剂发生补偿作用，影响总载流子浓度。原子态的金属对组件性能的影响在于造成硅产生深能级复合中心。金属杂质浓度对少数载流子寿命，或称生命周期的影响为：

$$\tau_0=1/\nu\sigma N \tag{4.11}$$

式中，$\tau_0$ 为少数载流子寿命；$\nu$ 为载流子的热扩散速率；$\sigma$ 为少数载流子的俘获截面；$N$ 为金属杂质浓度。室温时，P 型晶体硅中电子的热扩散速率为 $2\times10^7$ cm/s，N 型晶体硅中空穴的扩散速率为 $1.6\times10^7$ cm/s。式(4.11)清楚说明硅中少数载流子的寿命与金属杂质的浓度成反比。原子态的金属对硅中少数载流子有较大的捕获截面，因此导致少数载流子寿命大幅度降低，并且金属杂质浓度越高，其影响越大。

## 4.4 多晶硅片制造技术

以目前的情况来说，由于单晶硅晶圆在量产化可行性、晶片质量及成型速度等关键问题上迟迟无法有所突破，因此采用铸造成型、切片、抛光等程序制造的多晶硅片几乎占了目前八成以上的太阳能电池市场。鉴于过去几年，多晶硅材料曾发生严重短缺的情况，目前各大晶片厂商除了纷纷扩产和新建厂房外，全球相关产学研机构也致力于研发低成本与低耗能的太阳能级硅材料技术，如提高多晶硅锭的制作尺寸。尽管如此，铸造成型的多晶硅片仍然存在许多降低成本的改善空间，如加快成型速度、降低切片厚度等。

在 2000 年之后，因硅原料短缺，多晶硅材料生长技术发展出定向凝固法及浇铸法，可降低晶硅太阳能电池的成本。图 4.14 所示为典型多晶硅制造示意图[1,3,5]。降低成本一直是太阳能产业所面临的挑战之一。铸造多晶硅锭的优点在于它可以直接铸造出长方体形的硅锭，不像圆柱形的硅单晶棒需先将外径切方再研磨成长方体，因此材料的损耗可以比较小，但缺点是效率比单晶硅太阳能电池稍低。

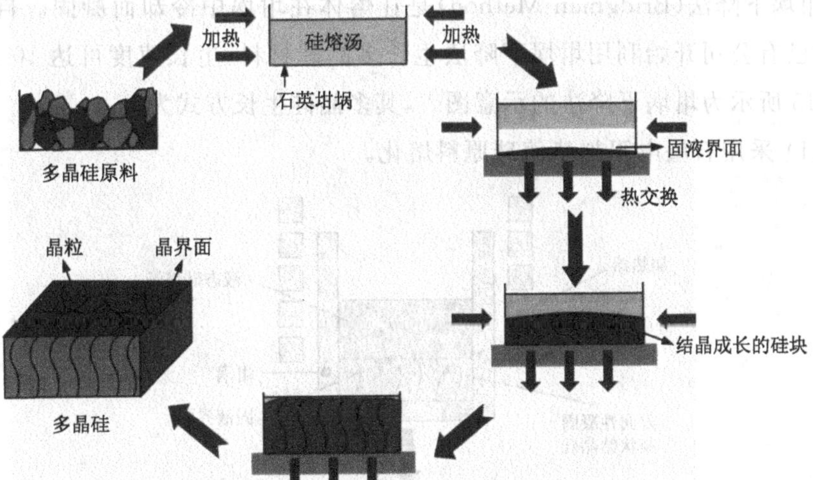


**图 4.14　多晶硅原料到多晶硅片的制造流程图**
（参考资料：Renewable Energy Corporation AS）

常见的多晶硅材料生长方法包括：

(1) 方向性凝固技术。

(2) 坩埚下降法。

(3) 浇铸法。

(4) 热交换法。

(5) 京都陶瓷磁浮铸造法。

## 4.4.1 多晶硅材料

### 1. 方向性凝固技术

方向性凝固技术(Directional Solidification, DS)是一种最早被用来制作多晶(柱状晶)铸锭的方法。该方法除了可以控制铸锭的质量外，更可实现硅纯化的效果。制备过程是使用上下双腔体(Double Chamber)、上下加热方式进行。上腔体进行多晶硅原料的熔炼，通常腔体的加热可使用感应或电阻式加热，其耗电率为 8～15 kW·h/kg，经由上腔体下方的浇口注入下腔体进行缓慢的由下而上的方向凝固过程。典型的凝固速度为 0.06 mm/min、铸锭产率为 4.3 kg/h。

### 2. 坩埚下降法

坩埚下降法(Bridgman Method)是让熔体在坩埚中冷却而凝固。自 2004 年起，已有公司开始利用坩埚下降法生长多晶硅材料，生长速度可达 10 kg/h。图 4.15 所示为坩埚下降法的示意图[3]，其多晶硅生长方式为：

(1) 采用石墨电阻加热使硅原料熔化。

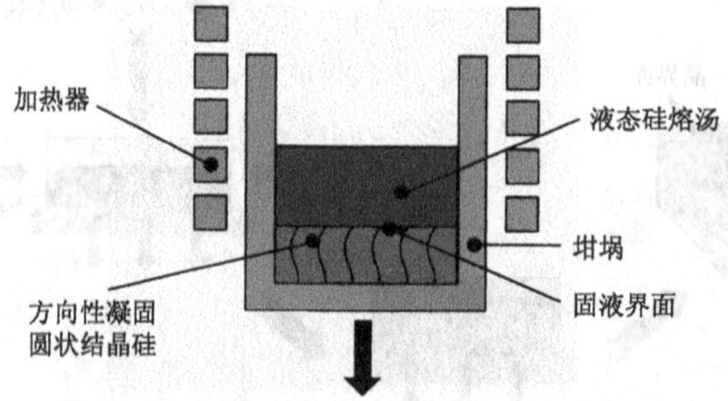


图 4.15 坩埚下降法示意图，典型的石英坩埚大小约为 70 cm×70 cm，界面的移动方式则是移动坩埚或移动加热线区均可(http://www.mindomo.com/)

(2) 移动坩埚或加热线圈，让坩埚底部通过较高温度梯度的区域。

(3) 凝固过程是由坩埚的底端开始逐渐扩展到整个熔体。

硅在结晶固化的过程中，体积会膨胀而使多晶硅锭与坩埚之间出现黏着现象，甚至造成多晶硅锭的破裂损伤。一般可通过在坩埚内壁镀上一层氮化硅($Si_3N_4$)薄膜来减少这种现象。

坩埚下降法的优点是制备过程简单，但其缺点是反应较耗时，完成一次铸造的时间较长，产率也比浇铸法低。典型的凝固速率约 1 cm/h。

另一个改良的方法是电磁铸造法(Electromagnetic Casting Method)，其技术包含在美国专利 U. S Patent 4572812 号中。图 4.16 所示为电磁铸造法示意图。其与坩埚下降法的差异是该方法通过电磁感应控制电流的方式加热，而非使用一般电阻加热器。

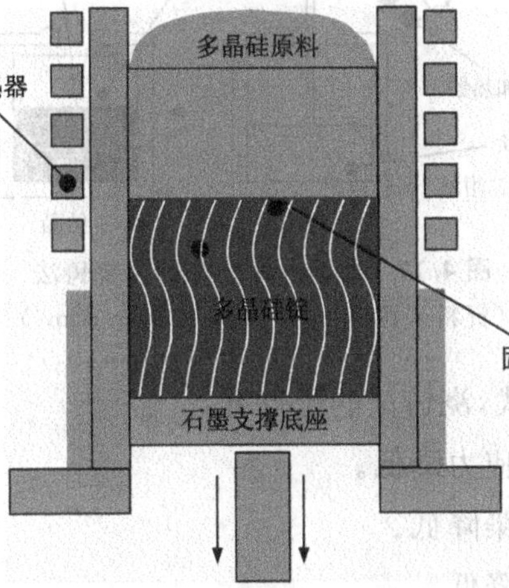


**图 4.16**　电磁铸造法示意图

(U. S Patent 4572812，1986)

3. 浇铸法

浇铸法(Casting Method)是由德国拜耳(Bayer)公司于 1985 年提出并申请专利，其主要特点在于通过精确控制温度，改良传统的单方向凝固铸造技术，将高纯度硅的熔炼(Melting)过程与凝固(Solidification)过程分开处理，如图 4.17 所示[7]。浇铸法与坩埚下降法的制备过程概念大致相同，皆是方向性的凝固，可形成柱状式的晶体生长。主要的差别在于：

(1) 坩埚下降法的原料与结晶过程都在同一石英坩埚内进行；而浇铸法的

熔料过程在第一个坩埚进行，结晶则在第二个坩埚进行。浇铸法的硅原料是在第一个未镀膜的石英坩埚内熔化，再将硅熔汤倒入内壁镀有氮化硅(SiN)薄膜的第二个石英坩埚中，使硅熔汤结晶。

(2) 坩埚下降法是将含有硅熔汤的坩埚通过加热线圈加热，而浇铸法则是通过调整加热线圈功率来控制温度。

(3) 结晶过程中，浇铸法的坩埚本身不需要移动，由于固液界面在熔液底下，因此温度波动与机械的不稳定性所造成的影响可降到最低。

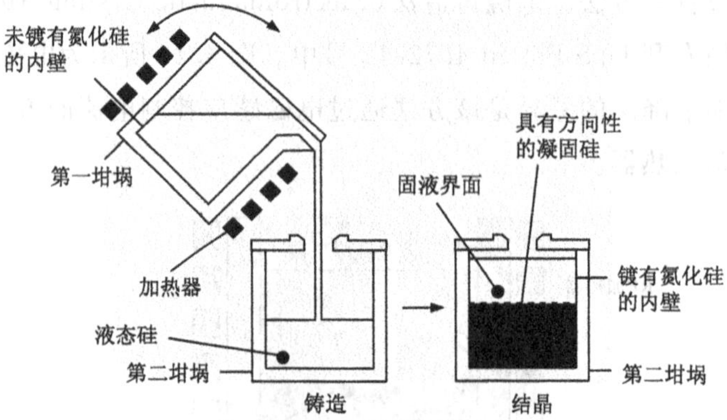


**图 4.17** 德国拜耳 SOPLIN 浇铸法

(资料来源：http://www.bayer.com/)

因此，比起其他方式，浇铸法的优点有：

(1) 铸造过程中热应力降低。

(2) 坩埚引起的污染降低。

(3) 生产成本大幅降低。

多晶硅太阳能电池铸锭经过后续的钻石线锯切块、切片、清洗后，即可得到方形的多晶硅片，可制作出转换速率超过 15% 的多晶硅太阳能电池。

4. 热交换法

热交换法(Heat Exchange Method，HEM)由美国 Crystal System 公司研发，自 20 世纪 70 年代末期起开始使用在多晶硅铸锭的制备过程中。该方法主要特征是：

(1) 材料在熔融状态时的固液界面可被精确控制，且无需移动坩埚、加热器或铸锭材料本身。

(2) 在凝固过程中，通过控制加热器温度缓慢移动固液界面，可同时将凝固区域的温度保持在凝固点温度以下，以便进行炉内的直接原位退火(in Situ Annealing)。

目前热交换法典型的铸造速度为0.08～0.1 mm/min、铸锭产率约为5 kg/h。

5. 京都陶瓷磁浮铸造法

京都陶瓷磁浮铸造法可避免铸造时坩埚直接与熔融硅接触造成杂质的污染和坩埚耗损问题。如图4.18所示，该方法的特征在于可进行凝固铸造时固液界面平整度与温度分布的控制，并避免熔融硅与模壁直接接触[7]。目前其典型的铸造速度为5 mm/min，大量生产时，估计其铸造成本只有其他铸锭制备过程的一半。

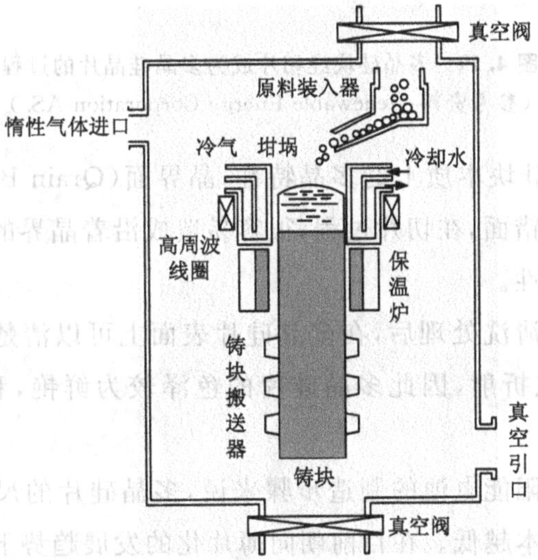


**图 4.18** 京都陶瓷磁浮铸造法示意图

## 4.4.2 多晶硅片加工成型

多晶硅晶圆加工成型是指将多晶硅块制造成多晶硅晶圆片的制程。图4.19所示为多晶硅块经切片成为多晶硅片的过程示意图，多晶硅晶圆加工成型的制备过程和单晶硅晶圆技术大致相同，必须依据规格将其切成不同大小的长方体，主要差别是：

(1) 多晶硅块多为长方体，因此不需要有单晶硅棒的修边步骤。

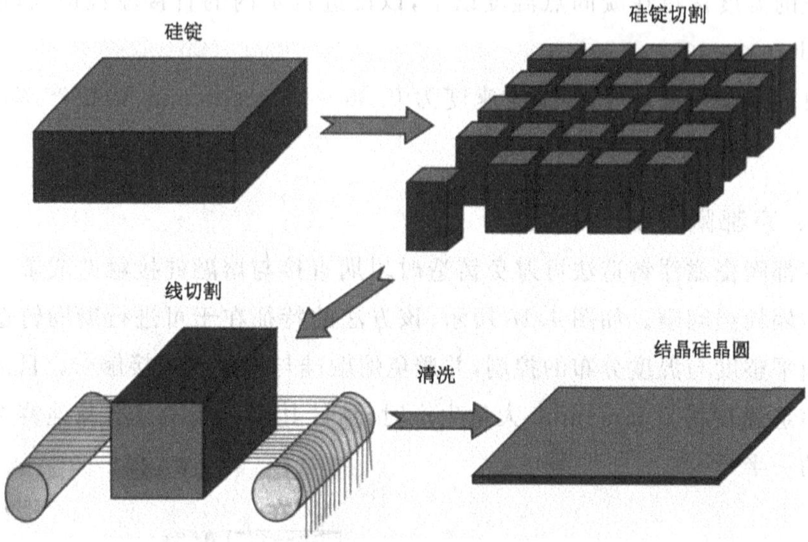


**图 4.19** 多晶硅块经切片成为多晶硅晶片的过程
(参考资料:Renewable Energy Corporation AS.)

(2) 由于多晶硅块本质上的多晶特性,晶界面(Qrain Boundary)具有许多未完全的键合或位错面,在切片过程,很容易造成沿着晶界的破裂,即比单晶硅片的加工更具困难性。

(3) 经过蚀刻清洗处理后,在多晶硅片表面上可以清楚看到晶界结构,晶界面会对光线造成折射,因此多晶硅片的色泽较为鲜艳,和单晶硅片有明显不同。

对于相同的太阳能电池的制造步骤来说,多晶硅片的尺寸越大,则其电池单位面积的制造成本越低。在目前朝向薄片化的发展趋势下,过大的尺寸会在电池的制造过程中增加破片率,因此反而会增加电池单位面积的制造成本。目前常见的多晶硅片的尺寸为 150 mm×150 mm 或 210 mm×210 mm 等。

### 4.4.3 多晶硅片

在目前太阳能电池的效率未提高之前,降低生产成本一直是太阳能电池产业发展的驱动力。要降低生产成本,降低晶圆的厚度是较为直接的做法。举例来说,早期的晶片所切出的厚度约在 500 μm,而目前所切出的厚度为 200～250 μm,在硅材料的使用上便节省了接近一半的成本。因此,除了上述对铸造多晶硅块进行切片得到的多晶硅片外,国际上的晶圆大厂也在积极开发由高纯度多

晶硅原料直接制成薄板(片)型(Silicon Ribbon/Foil)多晶硅片的技术。多晶硅薄板成型技术可大致分为:

(1) 垂直提拉式成型法。

(2) 水平提拉式成型法。

1. 垂直提拉式成型法

垂直提拉式成型法(Vertical Pulling)制备概念上类似传统用于单晶硅棒的柴式提拉法,是将高纯度的多晶硅原料在坩埚中加热至熔融状态,再加入晶种从而生成多晶硅片(图 4.20)。

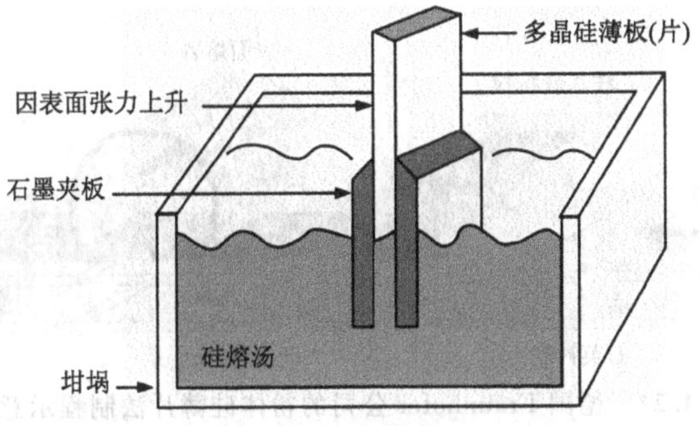


图 4.20 多晶硅块经切片形成多晶硅片的过程

典型的垂直提拉式的成型法有[3,4]:

(1) 定边喂膜生长法(Edge-defined Film-fed Growth,EFG):发展历史最久、技术最成熟,同时也已开始进行商业化的生产。其特点是通入类似片形的晶种,利用向上提拉的夹板,硅熔汤因表面张力上升在夹板之间生成多晶硅片。

(2) 树枝网状法(Dendritic Web):其概念与定边喂膜生长法类似,特点是不需要向上提拉的夹板,而是将晶种放入过冷的硅熔汤中形成树枝状结构晶体,多晶硅片便沿着树枝状结构的晶体生长。

(3) 线卷带法(String Ribbon):其特点是使用相对向上提拉的两条纤维线,让硅熔汤沿两条纤维线向上冷却从而生成多晶硅片。

垂直提位法生长速度较慢,目前为 1～2 cm/min,制作的多晶硅片质量较高,但成本也较贵。未来在结晶质量与生长速度方面仍有进一步发展的空间。

2. 水平提拉式成型法

水平提拉式成型法(Horizontal Pulling)是将熔融状态的液态硅涂布在事

先准备好的衬底(Substrate)上,冷却后,多晶硅片即可成型。成型后硅晶片的晶粒生长模式与衬底的表面性质、材质及纯度有关。

典型的水平提拉式成型法有:

(1) 卷式成长法(Ribbon Grown on Substrate,RGS):由德国拜耳公司研发,其成型速度约为 6 m/min。

(2) 硅薄片法(Silicon Sheet from Powder,SSP):德国 Fraunhofer 公司提出的来自粉体的硅薄片法。如图 4.21 所示,该技术是将粒径在 10~300 μm 的冶金级硅粉末调制成糊状物,涂布于石英衬底上,在惰性气氛下烧结成多晶硅薄片。

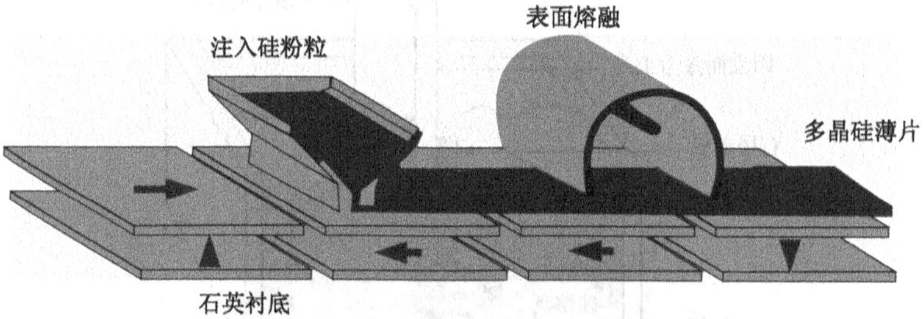


图 4.21 德国 Fraunhofer 公司的粉体硅薄片法制程示意图
(资料来源:http://www.ise.fhg.de/)

## 4.4.4 多晶硅中的杂质

由于铸造多晶硅的晶体制备方法与直拉单晶硅不同,因此晶体中含有的杂质和缺陷的结构、形态和性质也与直拉单晶硅不尽相同。但由于铸造多晶硅的制备技术相对较简单,控制杂质和缺陷的能力也较弱,因此与直拉单晶硅相比,铸造多晶硅含有相对较多的杂质和缺陷,这些杂质与多晶硅本身的晶界或位错造成复合中心,进而降低了并联电阻 $R_{sh}$ 的阻值,使得使用铸造多晶硅制备的太阳能电池的效率始终低于使用直拉单晶硅制备的太阳能电池的效率。

在铸造多晶硅中,有氧、碳、氮、氢和金属等杂质,但主要还是以氧、碳和金属杂质为主。

### 1. 多晶硅中的氧

氧是铸造多晶硅的主要杂质之一,其浓度范围为 $1\times10^{17}\sim1\times10^{18}/cm^3$,成因大致为[3,6]:

(1) 来自于原料：因为铸造多晶硅的原料经常是微电子工业中的头尾料与埚底料等，本身就含有一定量的氧杂质。

(2) 来自于结晶体生长过程：熔硅和石英坩埚的作用，其原理与直拉单晶硅中熔硅与氧的作用很相似。

氧在铸造多晶硅中也有一个浓度分布，与直拉单晶硅相同，即先凝固部分的氧浓度高，后凝固部分的氧浓度低。也就是说，氧浓度从先凝固的晶锭底部到最后凝固的晶锭上部逐渐降低。其氧浓度在晶锭底部约为 $1.3\times10^{18}/cm^3$，而在上部的氧浓度降低至 $3\times10^{17}/cm^3$ 左右。

### 2. 多晶硅中的碳

碳是铸造多晶硅中的一种重要杂质，其基本性质(包括分凝系数、固溶度、扩散速率、测量等)与直拉单晶硅中相同，其成因大致为：

(1) 来自于原料：由于铸造多晶硅原料的来源比较复杂，其原料中的碳含量可能比较高。

(2) 来自于结晶体生长过程：由于石墨加热器的蒸发，造成碳杂质会污染到铸造多晶硅。

碳的分凝系数为 0.07，远小于 1。在铸造多晶硅时，从底部首先凝固的部分到上部最后凝固的部分，碳浓度逐渐增加。在晶体硅的上部接近表面处，碳浓度约超过 $1\times10^{17}/cm^3$，甚至可以超过碳在硅中的固溶度($4\times10^{17}/cm^3$)。

### 3. 多晶硅中的金属杂质

金属杂质(特别是过渡金属杂质)在原生铸造多晶硅中的浓度一般都低于 $1\times10^{15}/cm^3$，甚至更小，即使使用两次离子质谱仪都很难探测到。它们是以单个原子形式，或者以沉淀形式出现。特别是铸造多晶硅中含有晶界、位错等大量缺陷，使得金属杂质易于在这些缺陷处形成金属沉淀，对太阳能电池效率的衰退产生重要影响。

## 4.5 结晶硅太阳能电池的种类与结构

结晶硅太阳能电池早在 1973 年的石油危机时就有商业产品。比起其他直接带隙(如第 8 章的一些化合物半导体)的光吸收材料，结晶硅材料属于间接带隙，因此在太阳光谱主要吸收范围内，其光吸收系数相当小，只有 $10^3$/cm，如图 4.22 所示。为了提高光子的吸收数目，结晶硅材料需要具有一定厚度，目前所需要的厚度约为 200 μm。

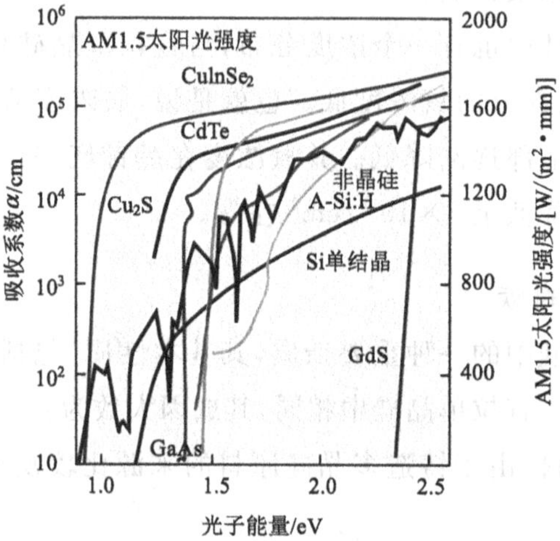


**图 4.22　各种光吸收材料在不同光子能量下的吸收系数**

## 4.5.1　结晶硅太阳能电池的种类

结晶硅太阳能电池可以分为单晶硅(Single Crystalline Silicon)太阳能电池与多晶硅(Polysilicon)太阳能电池[9]。

1．单晶硅太阳能电池

图 4.23 所示为单晶硅太阳能电池。虽然单晶硅太阳能电池的理论极限效率可达 28%左右，但扣除一些非理想的制备与结构因素，如第 3 章所提及的反射、串并联电阻造成的损失(图 4.24)[1]，目前市面上单晶硅太阳能电池的效率

**图 4.23　单晶硅太阳能电池**
(图片来源：http://www.solarworld-usa.com/)

可达到16%～18%。

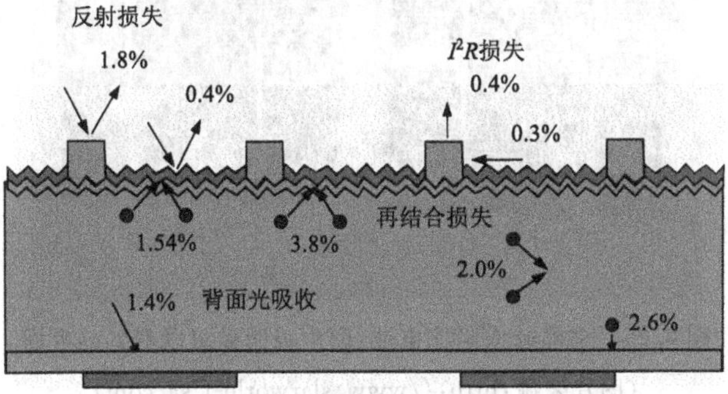


**图4.24** 晶硅太阳能电池非理想的制备与结构因素造成的效率损失示意图

单晶硅太阳能电池特点如下：

(1) 完整的结晶可让单晶硅太阳能电池达到较高效率。

(2) 因为键合较为完全，不易受入射光子破坏而产生悬挂键(Dangling Bond)，因此光电转换效率不容易随时间光致衰退，这就是单晶硅太阳能电池最大的优点。

(3) 单晶硅太阳能电池的发电特性非常稳定，约有20年的耐久性，因此可广泛地应用于商业与民生，甚至发电厂等。

(4) 硅原料藏量丰富，且硅工业的制造技术成熟度高。

(5) 虽然硅的密度低，材料也轻，但是承受应力强，即使厚度50 μm以下的硅薄板也有足够的强度。

## 2. 多晶硅太阳能电池

图4.25所示为多晶硅太阳能电池，目前市面上多晶硅太阳能电池的效率可达到13%～16%。经历了50多年的发展历程，美国再生能源实验室提出4 $cm^2$的多晶硅太阳能电池的转换效率可达17%以上。单晶硅太阳能电池虽有较好的优势，但因为价格昂贵，使得单晶硅太阳能电池在低价市场上的发展较为不易。而多晶硅太阳能电池则是以降低成本为优先考虑，其次才是考虑效率。由于多晶硅太阳能电池在原硅材料纯度与结晶化的程度两方面比单晶硅低，因此能够有效地降低成本。此外多晶硅太阳能电池的效率已经逐渐逼近单晶硅太阳能电池，故多晶硅太阳能电池是目前业界制造的主流产品，在硅基太阳能电池的市场占有率超过50%以上。

**图 4.25 多晶硅太阳能电池，图中很明显可以看到晶界面**

（图片来源：http://www.slarworld-Usa.com）

比起单晶硅太阳能电池，多晶硅太阳能电池结晶构造效率较差的主要原因有[10,11]：

（1）晶粒与晶粒间存在晶粒边界（Grain Boundary），该边界上有许多的悬挂键会形成载流子复合中心（Carrier Recombination Center），会减少自由电子数量从而降低电流。因此，理论上多晶硅太阳能电池结晶颗粒愈大，则效率与单晶硅太阳能电池越接近。

（2）晶界的硅原子键合较差，易受紫外线破坏而产生更多的悬挂键。且随着使用时间的增加，悬挂键的数目也会随着增加，造成光电转换效率劣化。

（3）本身含有杂质比单晶硅材料多，且多半聚集在晶粒边界，杂质的存在使得自由电子与空穴不易移动。

## 4.5.2 结晶硅太阳能电池的结构

结晶硅太阳能电池的结构如图 4.26 所示。简单来说，其结构就是一个具有 PN 结的光电器件。包括硅衬底、PN 结结构、支构面（Texture）、防反射层（Anti-Reflection Coating，ARC）、导电电极与背面电极[12,13]。以下分别简单说明各部分的功能。

### 1. 衬　底

衬底的功用是作为太阳能电池的承载。硅太阳能电池是以硅半导体材料为底材衬底，典型衬底的厚度约 200 $\mu$m，是面积为 12.5×12.5 $cm^2$ 的 P 型衬底。未来的衬底厚度将有机会降低至 150$\mu$m 以下，由此可减少材料重量与成本及因吸收红外线所导致的温度上升。其实，衬底也可以是 N 型，但由于 P 型

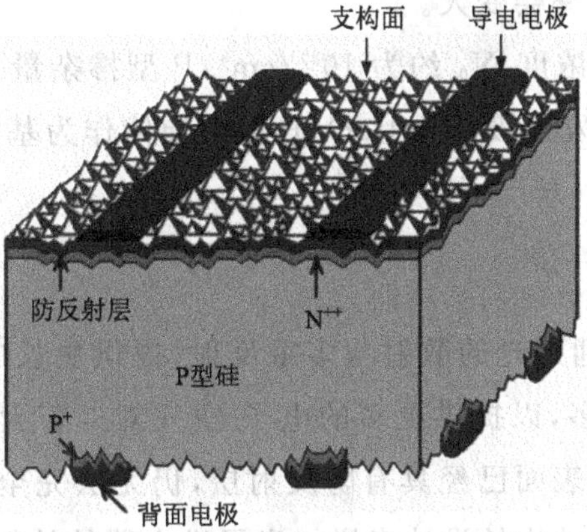


图 4.26 结晶硅太阳能电池结构示意图

衬底中的少数载流子是电子，其扩散系数与扩散距离比 N 型中的少数载流子空穴要长，如表 4.2 所示[2]，因此一般使用 P 型衬底可以得到较佳的光电流。

表 4.2 单晶硅材料的载流子物理参数

| | N 型 | P 型 |
|---|---|---|
| 少数载流子 | 空穴 | 电子 |
| 扩散系数($cm^{-2}$/S-V) | ~1.5 | ~35 |
| 生命周期($\mu s$) | ~1 | ~350 |
| 扩散长度($\mu m$) | ~12 | ~1000 |

2. PN 结结构

$N^+$/P 结的功用是形成一个最简单的半导体器件。第 2 章与第 3 章提及，在光照条件下，电子/空穴的形成与移动与该 $N^+$/P 结的特性有极大关系。高能量(即短波长)的光对硅半导体材料有比较大的光吸收系数，因此可以在器件的表面被吸收而生成电子-空穴对。但若表面的再结合速率大，则生成的电子-空穴对将被消灭。因此要增大光电流，需要降低结深度在 0.3 $\mu m$ 以内，并尽量使表面再结合速率小。$N^+$ 与 P 层的掺杂量是很重要的器件设计参数：

(1) $N^+$ 与 P 层的掺杂量会决定耗尽层的大小及其电场强度。

(2) 若 $N^+$ 与 P 层的掺杂量小，则表面再结合速率可以减小，但与电极的接触电阻会变大从而增加串联电阻。

(3) 若 $N^+$ 与 P 层的掺杂量大，与电极的接触电阻会变小从而降低串联电阻值，但表面再结合速率会变大。

典型的 N 型掺杂浓度 $N_0$ 约为 $10^{20}/cm^3$，P 型掺杂量 $N_A$ 约为 $10^{15}/cm^3$。因此 N 型半导体作为发射极(Emitter)，P 型半导体作为基极(Base)，且耗尽层多在 P 型区域。

3. 支构面

支构面的功用是通过光的散射与多重反射，提供更长的光路径。因此，光子的吸收数目可以增多，以提供更多的电子-空穴对。若太阳能电池的光入射面是平坦的镜面，即使表面已经具有防反射层，仍无法完全避免光的反射。因此，需配合表面支构化结构的设计来增加光子进入器件的数目。支构化通常通过在硅表面以化学侵蚀液形成(111)面微小四面体金字塔来构成组织构造。如图 4.27 所示，因光的行程变长，相当于使用较厚的硅晶片来实现更多的光子吸收。

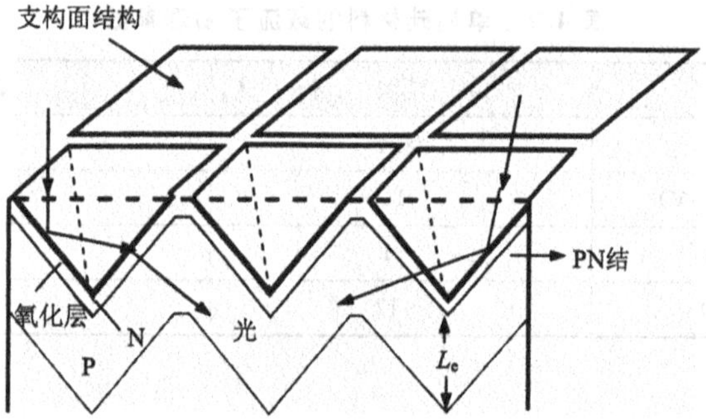


**图 4.27**　通过光的散射，支构面结构提供更长的光路径

(其中氧化层为二氧化硅，用于表面纯化，以减少载流子的表面复合)

4. 防反射层

防反射层的功能是减少入射的可见光在硅器件的表面反射。光在不同折射率的界面上，通常都会有反射现象，且折射率相差越大的界面，其反射率也越大。需要防反射层的原因是由于硅材料在可见光到红外线波段 400～1100 nm 的区域内有相对于空气较大的折射率 3.5～6.00。也就是说，在可见光区域有接近 50%，红外线区域内有 30% 的反射损失。如图 4.28 所示，在三层物质的界面的电磁波反射系数 $R$ 为[2]：

$$R=\frac{(n^2-n_0\cdot n_{Si})^2}{(n^2+n_0\cdot n_{Si})^2} \tag{4.12}$$

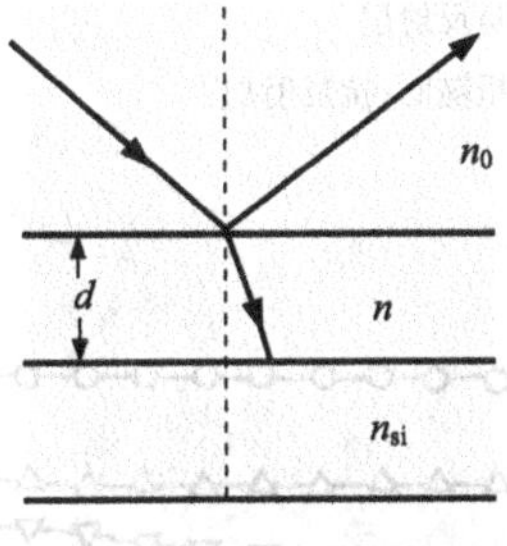


图 4.28 三层物质界面的电磁波反射现象

因此，通过在空气与硅表面间置入一个特定折射率的介电层作为防反射层，能有效降低界面反射损失。防反射层的最佳折射率 $n$ 及厚度 $d$ 应满足：

$$n=\sqrt{n_{Si}n_0} \tag{4.13(a)}$$

$$\lambda=4nd, \tag{4.13(b)}$$

即 $d=\lambda/4n$，其中，$n$ 为硅的折射率；$n_0$ 为环境的折射率。

由于空气的折射率 $n_0=1$，而硅的折射率 $n_{Si}=3.5\sim6$，因此适当的防反射层的折射率 $n$ 为 1.8～2.5。而所需厚度与拟防反射的光的波长有关，由于光的强度在 500 nm 最强，因此可将入射光选为 500 nm，其厚度即可得知。需注意的是，该防反射层仅是针对某一光波长进行防反射处理，即它是一个窄频带的防反射匹配。若要得到宽频带的防反射匹配，一般可通过多层不同防反射层或周期性结构来达到，但该法会增加制备上的难度。常见的防反射层多半是绝缘性的介电材料，如氮化硅（SiN，$n=2.1$）、二氧化钛（$TiO_2$，$n=2.3$）、氧化铝（$Al_2O_3$，$n=1.86$）、二氧化硅（$SiO_2$，$n=1.44$）等[1,4]。

图 4.29 说明了单晶硅太阳能电池在不同入射角与不同防反射材质条件下的光反射率。一般而言，入射角在 70°以内，反射率多为定值。仅在硅表面沉积防反射层，光的反射率一般在 10%左右。在表面经过支构化处理得到组织化构造后，若再增加折射率为 2.25 的防反射层，则太阳能电池的光反射率一般可降至 5%以下。

5. 上电极

上电极的功用是将移动至表面的电子/空穴取出，以形成外部电流，提供给外部负载。由于电极与硅材料接触，为了降低串联电阻，电极与硅材料必须是

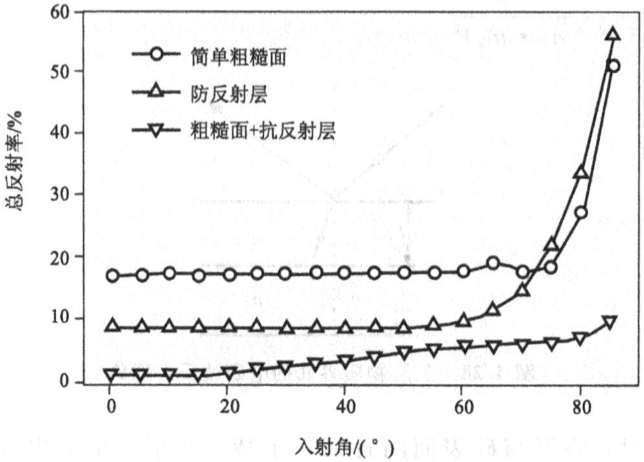


**图 4.29** 单晶硅太阳能电池在不同入射角与不同防反射材质条件下的光反射率(波长为 633 nm)

良好的欧姆性接触,即是电压与电流的线性关系。此外,电极在硅材料表面必须有高接触强度与良好的焊接性,以避免当组件受到光照时,电极因为热胀冷缩而与硅材料表面剥离造成串联电阻增加。

在上表面,光照面的电极多由数条主要的主栅(Busbar)所组成。设计电极有两个考虑是互相冲突的:

(1) 为了让移动至表面的电子/空穴容易到达电极端,以减少电子/空穴在表面再复合的几率,理论上电极面积需较大。

(2) 为了避免典型金属电极阻挡光的入射并造成光的反射,电极所占面积应越小越好。

为了将电极设计最佳化,典型做法是在主栅电极附近,增加多条次电极线作为副栅。其形状样式与面积,由最小的光损失及串联电阻双重因素来决定。一般而言,电极占光照表面面积的5%～7%。目前,典型的硅基太阳能电池的大小约10 cm×10 cm,其主栅电极大致上是两宽度1～2 mm的银线。

6. 背面电极

背面电极(或称下电极或底电极)的主要功能是将移动至下表面的电子/空穴取出,以形成外部电流提供给外部负载。背面电极的另一个功能是提供背向表面电场(Back Surface Filed,BSF)。由于背面电极多为铝金属,在烧结过程中,铝原子会进入到硅材料中作为掺杂,因此造成硅材料在接面处为重掺杂结构，其能带图分布如图 4.30 所示。由图可知，在 $P^+$ 区形成的高势垒将防止方向错误的电子进入到底电极，因此可提高开路电压 $V_{oc}$。

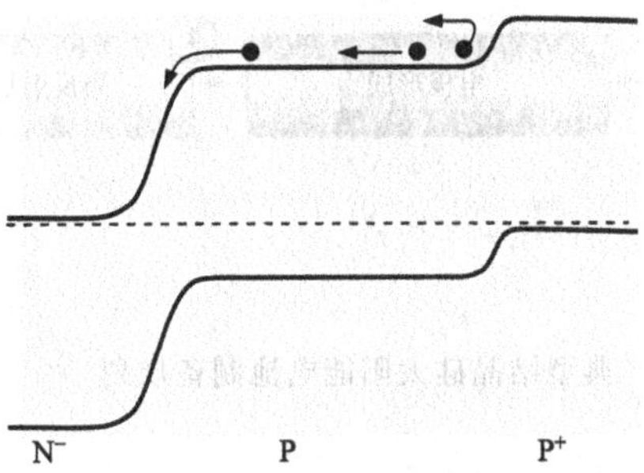


图 4.30 具有背向表面电场的结晶硅太阳能电池的能带示意图

# 4.6 结晶硅太阳能电池制造技术

太阳能电池的制造可分为前段的器件制备与后段的封装技术。这两个技术可以是分别的产业，以供应链的方式互相支持。太阳能电池也可以在同一家制造厂直接进行封装，以太阳能电池模块的方式输出。

## 4.6.1 前段器件制备

晶片（不论是单晶硅或多晶硅）经过切片与蚀刻后，便可以进行太阳能电池器件的制备，制备过程可以简单分为 7 个步骤，每一个步骤都需精确掌握，以避免降低转换效率，如图 4.31 所示[1~4]：

(1) 清洗/支构面蚀刻：用去离子水把晶圆表面的杂质污染物去除；通过在硅表面以化学侵蚀液形成(111)面微小四面体金字塔所构成的组织构造来增加光子进入器件的数目。

(2) 扩散/射极形成：利用V价元素的高温热扩散处理，在 P 型的衬底上形成一层薄的 N 型半导体层，并通过高温活化处理形成 PN 结。

(3) 磷玻璃去除：使用氢氟酸（Hydrofluoric Acid，HA）去除磷扩散过程中加热所造成的磷玻璃。

(4) 防反射层形成：利用等离子体制备沉积适当厚度的氮化硅层作为防反

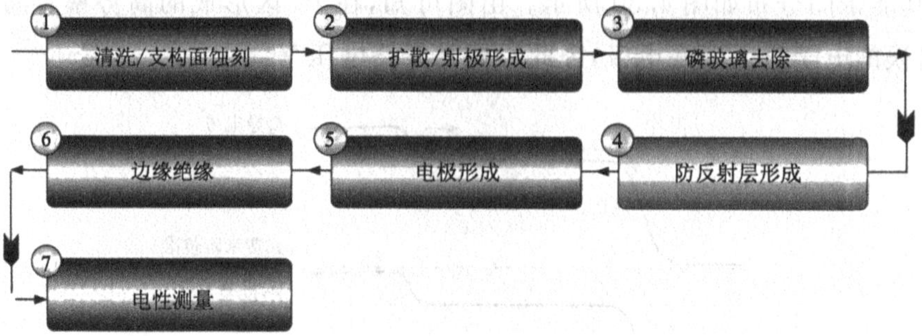


**图 4.31　典型结晶硅太阳能电池制备规划**

射层。

(5) 电极形成：将完成 PN 结的晶圆，用网版印刷银胶或是用蒸镀银的方法，在晶圆的表面形成适当尺寸的银导体；经过高温烧结的过程，银金属与硅材料接触形成导电电极。

(6) 边缘绝缘：使用机械或激光在整个衬底上将 N 层绝缘，防止短路。

(7) 电性测量：测量电池的开路电压、短路电流、填充因子与转换效率等电池特性参数。

需要注意的是，各家厂商的制备过程会因其设备的自动化程度而略有差异，图 4.31 中的步骤 6 边缘绝缘也可在步骤 4 防反射层形成之前完成。如图 4.32 所示为另一种制备规划，是将边缘绝缘的步骤在磷玻璃去除后进行。以下更进一步说明各步骤的关键细节。

### 1．清洗处理(cleaning)

该步骤的参数为清洗溶液的浓度、溶液加热温度和反应时间。而所使用的容器、外加的氮气泡都会影响晶片的清洗结果。由于暴露于大气中的硅晶圆表面会和空气中的氧气或是水气反应生成原生氧化层(Native Oxide)，处理安置晶片的过程也可能会影响晶片的清洗结果。

### 2．支构化刻蚀(texturing)

晶片清洗后，其表面要做支构化处理以降低入射光的反射率。这个步骤可使用各向异性刻蚀(Anisotropic Etching)来完成。常用的 NaOH 加异丙醇(Isopropyl Alcohol，IPA)溶液，对硅晶片(100)表面产生具有 54.74°的各向异性刻蚀，如式(4.14)，从而产生大小不一的金字塔形状表面，如图 4.27 所示。

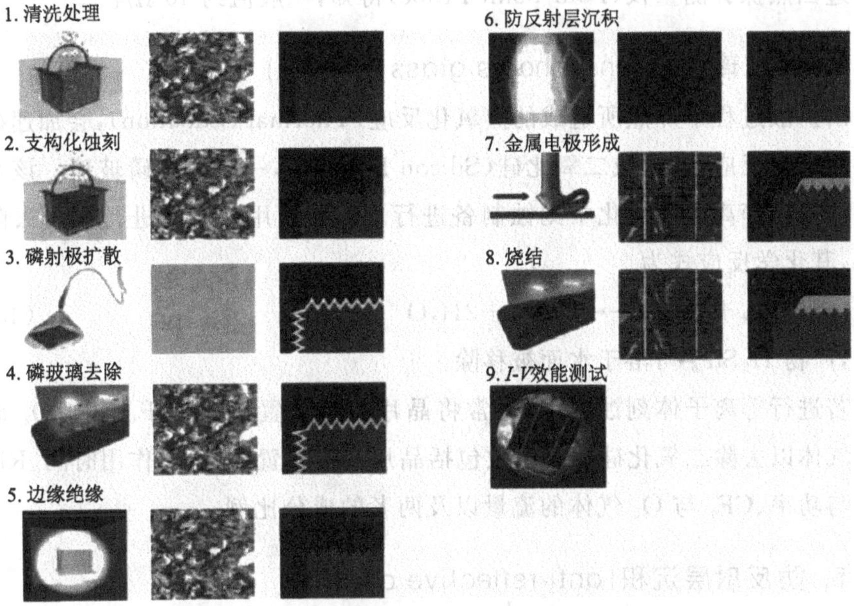


**图 4.32　典型结晶硅太阳能电池制备示意图**

该步骤的参数包括一开始晶片的洁净程度、NaOH 和 IPA 的浓度及其比例、溶液温度和反应时间。而所使用的容器、IPA 挥发程度、残余的硅酸钠都会影响到表面支构化的结果。

$$Si + 2OH^- + 4H_2O \longrightarrow Si(OH)^{2+} + 2H_2 + 4OH^- \tag{4.14}$$

3. 磷扩散(diffusion, forming the P-N junction)

磷扩散是指用扩散法在晶片上形成 PN 结。由于考虑到少数载流子的扩散长度，通常使用空穴较多的 P 型硅晶片，进行 N 型磷扩散，形成光电转换效应所需的 PN 结。在高温扩散炉管中，一般是使用 $POCl_3$ 加上氧气与氮气进行扩散反应，反应温度一般在 900℃左右，扩散 20～50 min，其反应式为

$$4POCl_3 + 3O_2 \longrightarrow 2P_2O_5 + 6Cl_2 \tag{4.15(a)}$$

$$2P_2O_5 + 5Si \longrightarrow 4P + 5SiO_2 \tag{4.15(b)}$$

其中，式(4.15(b))产生的磷原子以高温扩散方式进入到硅晶格内，其扩散浓度为 $1\times10^{19}\sim2\times10^{20}/cm^3$，而扩散深度为 0.3～0.5 μm。该步骤的参数包括磷的浓度、氧气和氮气的流量、炉管中对时间的温度曲线等。而扩散结果决定扩散结的深度、扩散面的方块电阻(Sheet Resistance)等，其中扩散面的方块电阻

可通过四点探针测量仪(Four-point Probe)得知，一般值约 40 Ω/□。

4. 磷玻璃刻蚀(phosphorus glass etching)

磷扩散过程中加热所造成的热氧化反应(Thermal Oxidation)，会加速硅晶圆表面氧化反应，并形成二氧化硅(Silicon Dioxide)，一般称为磷玻璃。该步骤也可以使用等离子体或化学刻蚀制备进行。一般使用氢氟酸进行酸洗去除磷玻璃，其化学反应式为

$$SiO_2 + 6HF \longrightarrow H_2SiF_6 + 2H_2O \tag{4.16}$$

其中，产物 $H_2SiF_6$ 可溶于水而被移除。

若进行等离子体刻蚀处理，通常将晶片交错放置，使用 $CF_4$ 加上 $O_2$ 形成刻蚀气体以去除二氧化硅。其参数包括晶片交错放置的方式、作用时间、RF 的频率与功率、$CF_4$ 与 $O_2$ 气体的流量以及两者的成分比例。

5. 防反射层沉积(anti-reflective coating)

理论上，作为防反射层的材料可以有许多选择，如 4.5.2 节所述，但目前仍常用氮化硅(Silicon Nitride，SiN)作为防反射层材料，其原因为[6]：

(1) 氮化硅与硅材料互为制备相容的材料。

(2) 氮化硅的制备气体来源中的氢气具有修复或钝化(Passivation)硅材料表面悬挂键的功能，可适度减少表面复合的现象，如图 4.33 所示。

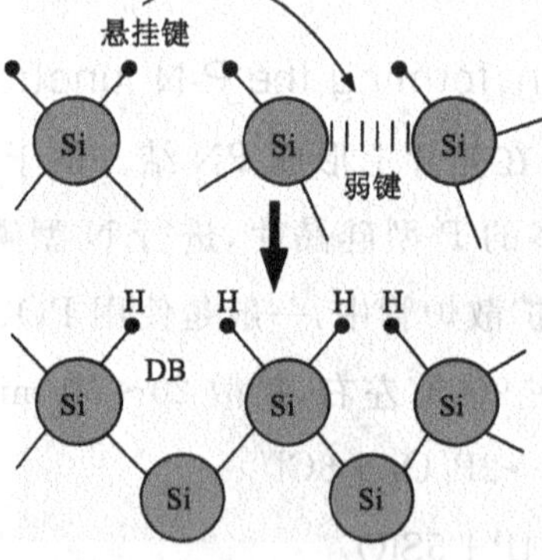


图 4.33　氢气具有修复硅材料表面悬挂键的功能

为了降低结晶硅太阳能电池的制造成本，制备过程尽量不采用真空设备。然而，为了氮化硅作为防反射层，一般常用等离子体增强化学气相沉积(Plasma Enhanced Chemical Vapor Deposition，PECVD)的方法，在硅晶片上沉积一层

氮化硅。如图 4.34 所示，制备设备为连续式腔体，晶片经由预热区进入制备腔体，腔体中通入气体是硅烷（Silane，$SiH_4$）和氨气（Ammonia，$NH_3$），其化学反应式为

$$SiH_4 + NH_3 \xrightarrow{\sim 300\ ℃} SiN:H + 3H_2 \tag{4.17(a)}$$

也可使用 $SiH_4$ 和 $N_2$，其化学反应可表示为

$$2SiH_4 + N_2 \xrightarrow{300\ ℃} 2SiN:H + 3H_2 \tag{4.17(b)}$$

其中，等离子体增强化学气相沉积的 SiN 实际上是一种富含氢的非晶结构，一般表示为 a-SiN：H，其颜色以蓝色为主。若镀层厚度不同，也可能呈蓝紫色或浅蓝色，如表 4.3 所示[9]。

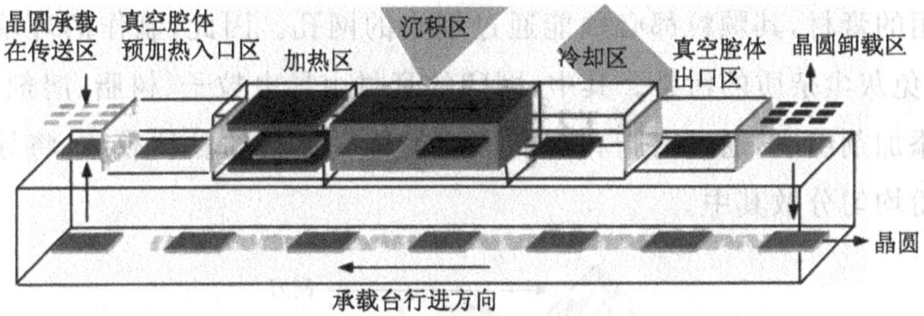


图 4.34 等离子体增强化学气相沉积方法制备氮化硅的设备示意图

表 4.3 结晶硅太阳能电池不同氧化硅(防反射层)厚度的颜色

| 厚 度/nm | 颜 色 |
|---|---|
| ~400 | 绿 |
| ~200 | 红 |
| ~150 | 金 |
| ~80 | 蓝 |

该步骤的制备参数包括镀膜腔体工作压力、工作功率、腔体电极的形状、反应时间、衬底温度、气体流量及其成分比例等因素。该制备结果决定所镀膜的成分组成、硅/氮比例、氢含量、光学带隙、密度、折射系数、介电常数、介电强度、方块电阻和应力。

6. 金属电极

太阳能电池在晶片正反面具有粗细电极。虽然导电电极可以用丝网印刷或蒸镀方法来制作，但为了节约成本及满足大量生产的制备需求，丝网印刷银导体是目前较合理的技术。

图 4.35 所示为丝网印刷(Screen Printing)的过程，可分为接触式(Contact Mode)与无接触式(Off-Contact Mode)两种。目前较常使用的网印技术，其分辨率大约可以达到 50 μm，相当于一根头发的宽度。网印技术是使用刮刀将膏材(Paste)刷过具有电路图形的丝网或金属板，在衬底表面形成所需的图示。经过烘烤将其中的高分子载剂(Vehicle)除去。常见的丝网是用不锈钢丝制成的网布，在膏材可以通过的情形下，网布上的孔必须尽可能的密集。网印过程中所使用的膏材，其颗粒都必须能通过细小的网孔。因此，制作的环境需加以管制，以免灰尘杂质的污染。其中，网印的膏材由导电粒子、树脂、溶剂、黏结剂及微量添加剂组成，通过树脂和溶剂形成类似麦芽糖的黏稠载体，将导电粒子及玻璃粉均匀分散其中。

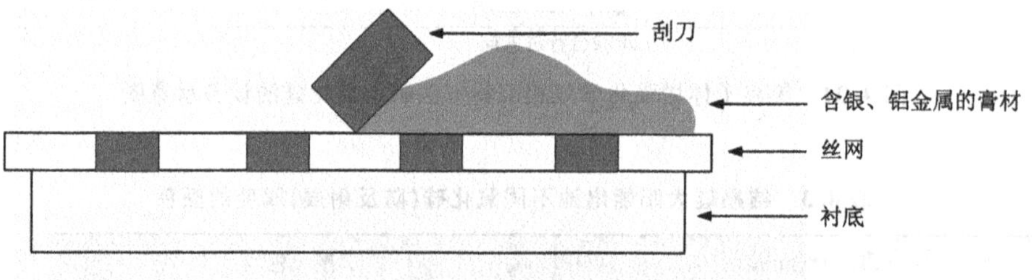


(a) 接触式网印

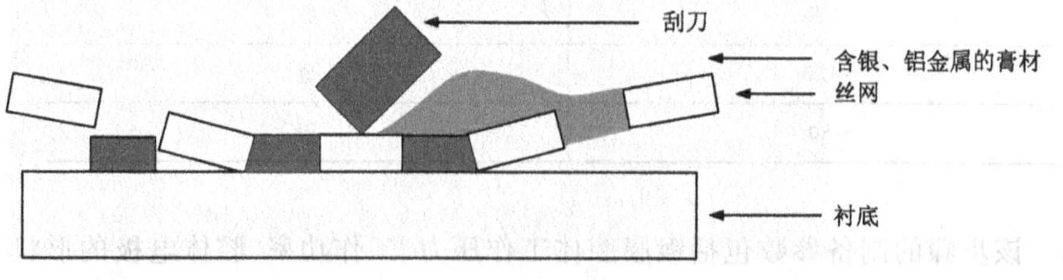


(b) 无接触式网印

**图 4.35　丝网印刷的过程**

电极制作是使用网印将金属膏印制在晶片上，其中金属膏的成分一般使用含银、铝的浆料。如图 4.36 所示[9]，该制备分三段进行，第一段印制正面的上电极，第二段印制背面粗电极，第三段则以铝浆印满反面其余面积。各段之间均需经过烘干炉将金属膏硬化，并使用光学检测系统确保定位准确。

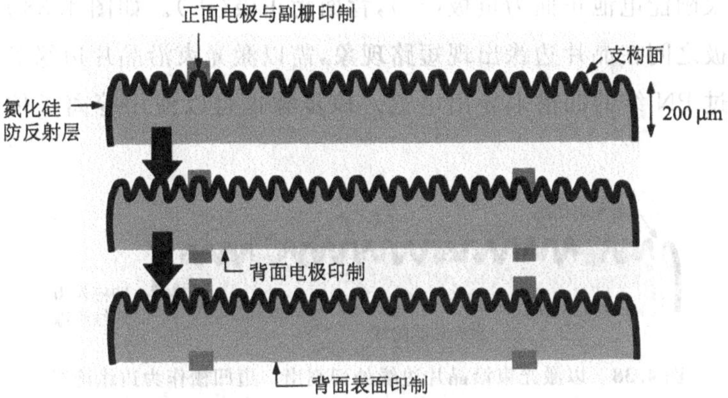


图 4.36 正反面粗细电极的形成

7. 烧结(firing,metallization)

如图 4.37 所示，金属浆料经过网印、烘干后，需经过高温烧结过程才能穿透正面氮化硅镀层，并渗入硅晶片表层形成金属间的欧姆接触(Ohmic Contact)，以紧密结合将电子/空穴所产生的光电流导出。金属膏烧结过程中，温度的控制是影响欧姆接触效果最重要的一个因素。此外，烧结时晶片放置方式与传送速率，对于产品效率以及粗电极可焊性、焊接强度都有影响。

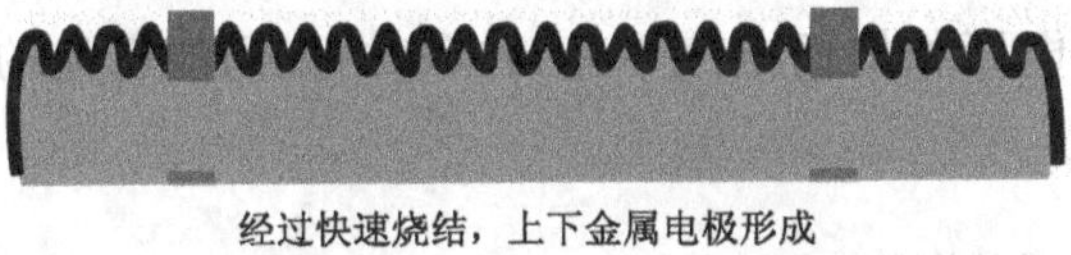


图 4.37 经过高温烧结，金属膏才能穿透正面氮化硅镀层并渗入硅晶片表层，上下电极得以形成

烧结的主要目的除去金属膏中的有机成分，并将其中的无机粉体烧结成坚固且致密的结构。在烧结的过程中，溶剂会挥发，存留下的少许玻璃会将导电粒子彼此黏结形成导电通路。在经过 500℃的烧结后，银金属依旧能保有良好的导电性。烧结步骤虽然简单，但若烧结条件(包含烧结温度、持温时间与降温速率)未掌握好，会导致电极阻值上升，增加串联电阻 $R_s$ 的阻值，从而降低短路电流密度与转换效率。

8. 晶片边缘绝缘(edge isolation)

在扩散制程后,整个P型晶片就会被一层N型杂质层包覆。以P型硅晶片制作的太阳能电池正面为负极(－),背面为正极(＋)。如图4.38所示,为避免正负两极之间在晶片边缘出现短路现象,需以激光束沿晶片边缘处切割出一道深度超过PN结的凹槽来导出电流。该步骤也可以使用等离子体或化学刻蚀进行。

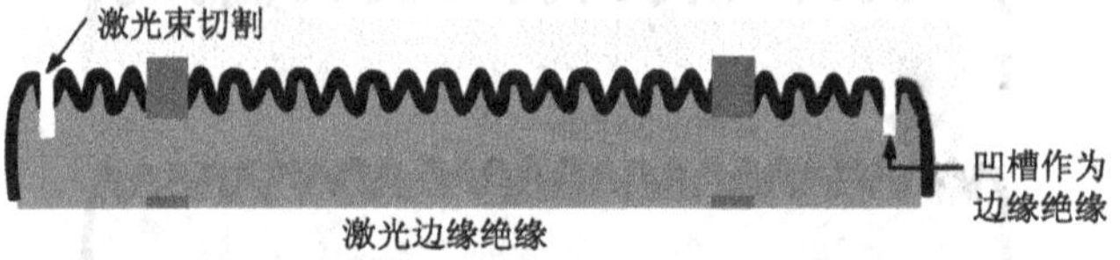


图4.38　以激光束沿晶片边缘处切割出一道凹槽作为边缘绝缘

9. 效能测试分类(testing and sorting)

生产线上的太阳能电池完成后,需以自动化设备检测正反面外观,测量光电转换效率等电性数据,再依据各公司设定的产品分类定义进行筛选分类。

### 4.6.2 后段封装与模块

硅基太阳能电池的典型输出电压为0.6～0.7 V,输出电流密度为20～35 $mA/cm^2$。如图4.39所示,为了得到特定的高电压或高电流模块,太阳能电池需依据各公司设定的产品规格进行串联或并联的组合以形成特定模块。串联时,太阳能电池的电压相加而电流不变;并联时,太阳能电池的电流相加而电压不变。

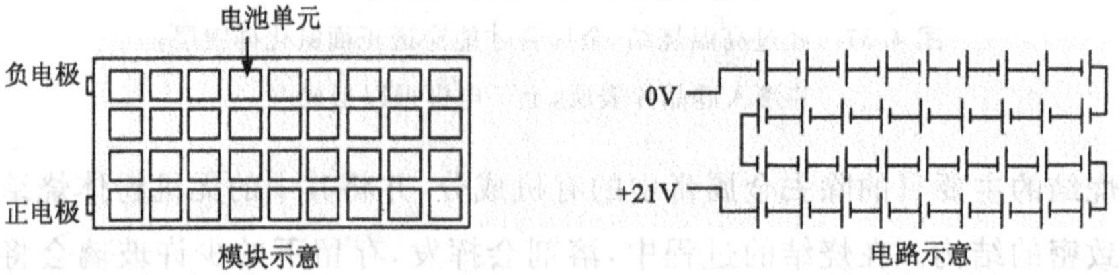


图4.39　太阳能电池模块的串联以得到大电压输出示意图

如图4.40所示,太阳能电池模块的制造过程主要有以下几个步骤:铜箔接线→层压→固化→装边框→接端子线盒→性能测试[4,12]。

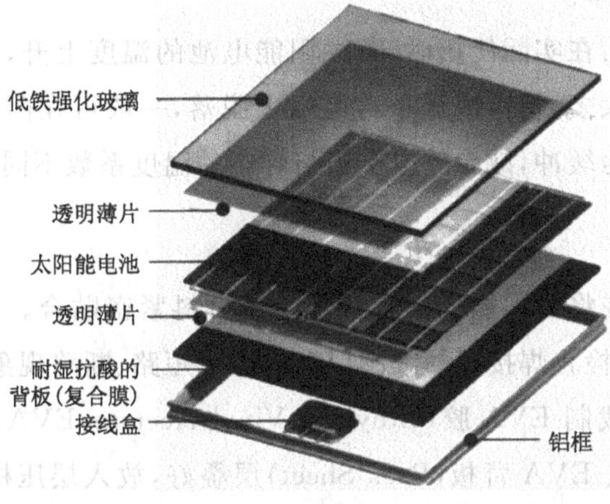


图 4.40 结晶硅太阳能电池模块中的次组成结构

1. 铜箔接线

太阳能电池在串并联时,需要将模块连接起来。串联时,是将第一个电池的负极接到第二个电池的正极,如图 4.41 所示。接线方法就是利用焊条(Ribbon)将需要的太阳能模块串联好,最后汇出一条正电极与一条负电极。

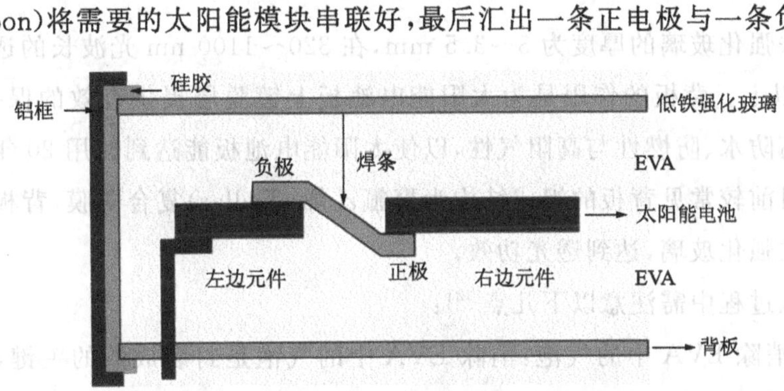


图 4.41 结晶硅太阳能电池模块的串联连接示意图

为了符合环保规范 RoHS,焊条选用包覆的无铅锡料,将太阳能板所产生的电力由端电极传导至接线盒(Junction Box),以供利用。接线时需注意以下几点:

(1)电流匹配:太阳能电池串联后,总电流与最小电池模块产生的电流需一致,因此每块太阳能电池的质量也需一致。

(2)良好的焊点强度:焊接时需把握好焊点接触时间,尽量一次焊成。若反复焊接,模块上的电极容易脱落。此外,焊点表面若不平整会影响后续电池封装，提高封装失败率。

(3)温度匹配：在实际使用时，若太阳能电池的温度上升，导电电极与焊条的温度系数相差太多，将造成焊条自电极上脱落，一般可在两者之间使用导电高分子材料来作为缓冲，减少导电电极与焊条的温度系数不同的影响。

2. 层　压

层压的作用在将太阳能电池与背部封装材料紧密贴合。电池模块焊接好后，层压前一般先检查焊接好的太阳能电池有无短路、断路现象，然后按照比玻璃面积大的尺寸裁制 EVA 胶(Ethylene Vinyl Acetate, EVA)，依序将低铁强化玻璃-EVA-电池-EVA-背板(Back Sheet)层叠好，放入层压机层压。EVA 是乙烯和醋酸乙烯酯的共聚物，由于分子链上加了乙酸乙烯单体，可降低共聚物的结晶度，提高其透明度与密封性。固化后的 EVA 胶的透光率需大于 90%，与玻璃的剥离强度需大于 30 N/cm。其供应厂商有 Mitsui(日本)、Bridgestone(美国)、Krempel(德国)、Coveme(意大利)等，可依胶合强度、硬化时间等进行选择。

低铁强化玻璃的厚度为 3～3.5 mm，在 320～1100 nm 光波长的透光率达到 90%以上。背板的作用是为太阳能电池板上镀膜层提供有效的保护，其特性要求高防水、防燃性与高阻气性，以使太阳能电池板能达到使用 20 年以上的目标。目前较常见背板的组成结构为聚氟乙烯(Tedlar)复合薄膜，背板也可以使用低铁强化玻璃，达到透光功效。

层压过程中需注意以下几点[12]：

(1)消除 EVA 中的气泡：消除 EVA 中的气泡是封装成败的关键，层叠时进入的空气与 EVA 互相反应产生的氧气是形成气泡的主要原因，应该重新设置工作抽气与层压时间。

(2)避免 EVA 的高温老化：EVA 是有机高分子材料，在高温中易加速其老化，应在 EVA 可以良好封装的条件下层过，避免工作温度过高。

3. 固　化

从层压机取出的太阳能电池的 EVA 与玻璃附着度不佳，需通过烘箱进行固化。固化条件主要包括烘箱温度(135～145℃)与固化时间(15～30 min)。部分层压机设备可以让 EVA 在层压机内直接固化。

4. 模块系统化

太阳能电池模块在组成一个系统时，各模块之间必须并联一个旁路(Bypass)二极管，如图 4.42 所示。若系统中有某模块无法发电或断路时，电流将由旁路二极管流过，而不至于造成系统的温度上升，影响整个系统的使用。

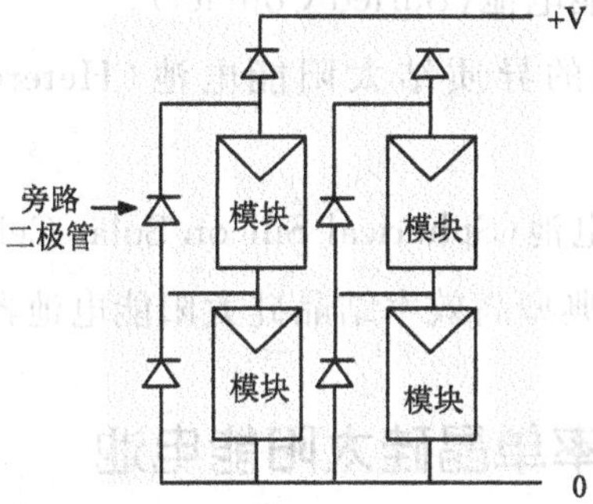


**图 4.42 并联旁路二极管的太阳能电池系统**

## 4.7 前瞻性制造技术

虽然结晶硅太阳能电池已经量产数十年，但提升太阳能电池的转换效率仍是产学研界一直努力的目标，许多建议方向如下：

(1) 将金属电极埋入衬底中或将金属电极做成手指状，以减少串联电阻并增加入射光的面积。

(2) 将表面制成周期性组织结构，并加入多层防反射层，以减少光的反射量。

(3) 在金属与硅的接合处加入保护层(典型为薄二氧化硅)，降低金属与硅接合处的缺陷，可有效减少表面复合现象。

为了提升太阳能电池的转换效率，提出了许多前瞻的制备方法，以及对构造的改良，常见如下[13~27]：

(1) 钝化发射极太阳能电池(Passivated Emitter Solar Cell，PESC)。

(2) 微沟槽钝化发射极太阳能电池(Micro Grooved Passicated Emitter Solar Cell，μg-PESC)。

(3) 钝化发射极背面全扩散太阳能电池(Passivated Emitter，Rear Totally

Diffused, PERT)。

(4) 钝化发射极背面局部扩散太阳能电池(Passivated Emitter Rear Locallly Diffused, PERL)。

(5) 点接触式太阳能电池(Point Contact Cells)。

(6) 埋栅电极太阳能电池(Buried Contact)。

(7) 具有本征薄膜的异质结太阳能电池(Heterojunction with Intrinsic Thin Layer, HIT)。

(8) 球状硅太阳能电池(Spherical Silicon Solar Cell)。

以下简单说明几种典型高效率结晶硅太阳能电池器件的结构与效能。

### 4.7.1 高效率单晶硅太阳能电池

高效率硅基太阳能电池多采用单晶硅作为衬底，早期将射极钝化以提高效率，如射极保护型器件，在未使用逆金字塔结构的设计时，该电池结构简单，制备容易，且效率可达到20%左右。点接触式太阳能电池将电极做在同一面，这样可增加入射光的面积，且易于焊线。

埋栅电极太阳能电池如图4.43所示。其特点是利用激光在金属电极接触位置刻蚀出20～50 μm深的沟槽结构，将金属电极利用电镀方式埋入沟槽之中以减少金属电极的遮蔽效应，从而降低串联电阻，效率可达21.3%，其大面积模块效率可达17.5%～18%。

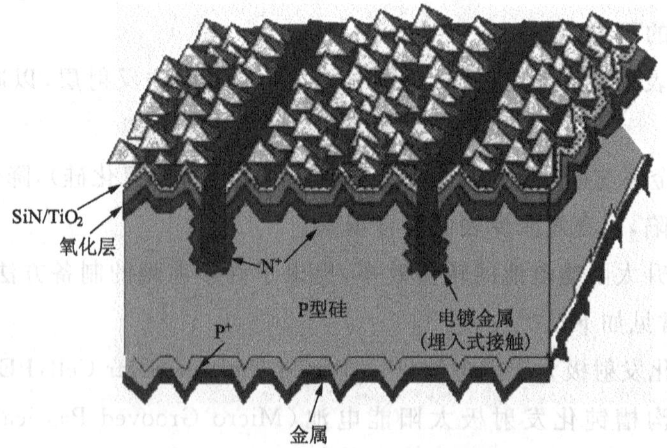


图4.43　埋栅电极式太阳能电池结构

钝化发射极背面全扩散太阳能电池。(PERT)结构开发已久,至今仍有研究探讨的价值,与 PERL 结构不同,PERT 结构在背部的表面电场为全部扩散,此项结构的缺点是多数载流子在边界上会有复合的问题,如图 4.44 所示,在经过局部及全部双重扩散后,有明显改善。利用浮区生长法制造的硅晶片制成的硅基太阳能电池效率可达到 24.2%[14,15]。

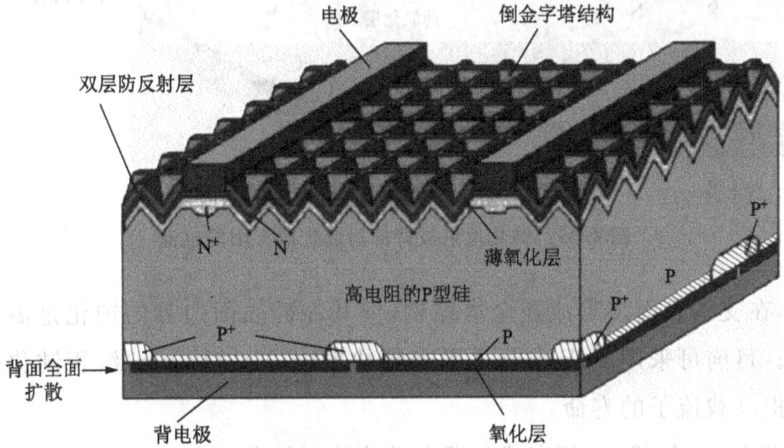


**图 4.44** 钝化发射极背面全扩散太阳能电池

高效率单晶硅太阳能电池以澳洲新南威尔士大学(University of New South Wales,UNSW)所开发的钝化发射极背部局部扩散太阳能电池最著名,其结构如图 4.45 所示[6,14,15]。

与传统硅基太阳能电池相比,其特征如下:

(1) 该结构采用逆金字塔构造(Inverted Pyramids Texture)来增加吸收光线,搭配氟化镁($MgF_2$, $n=1.38$)与硫化锌(ZnS, $n=2.4$)双重防反射层的涂布来增加光线吸收,可增加 3%的电流。

(2) 利用热氧化钝化硅表面边界,以避免移动载流子在边界复合。背部局部扩散的设计形成了后表面电场(图 4.30),反弹少数载流子并增加多数载流子。

(3) 在接触位置使用硼掺杂以降低接触电阻,但早期的固体掺杂使得载流子的寿命下降,所以使用 BBr3 液态源掺杂,采用局部扩散的设计,避免了多数载流子在边界上的复合。

逆金字塔结构在接近 90°的光线反射率,远低于其他各种结构。接近 90°的

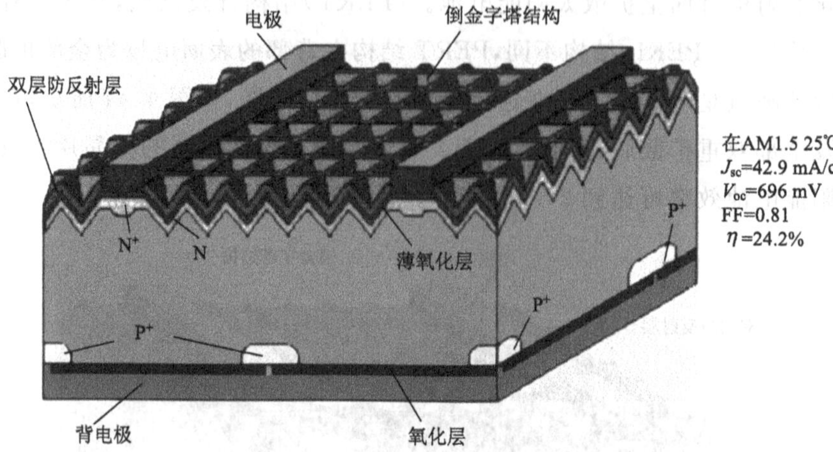


图 4.45　钝化反射极背部局部扩散太阳能电池

入射光，在支构表面多形成逆金塔结构，但其在硅表面边界的钝化是需要克服的难题。目前可采用 KrF 准分子激光脉冲系统（λ＝248 nm）沉积钝化的抗反射层以提高载流子的寿命。

20 世纪 90 年代后，新南威尔斯大学持续对钝化反射极背部局部扩散太阳能电池以下的研究与改良：

(1) 氢原子钝化（Atomic Hydrogen Passivation），以避免移动载流子在硅表面边界复合，采用铝与二氧化硅中的氢原子，进行 370℃的热退火处理。

(2) 改变线宽以提供低的遮光比例，也减少了接触所造成的复合情形，并且提供高的开路电压。

(3) 使用 PBr3 进行射极端的扩散，提升开路电压。

(4) 改善副栅的配置位置，以减少侧面电阻。

目前实验室制造的超高效率硅基太阳能电池，其器件与模块的转换效率几乎都可以超过目前量产的器件与模块效率 15%～16%。然而，这些前瞻结构的制造过程多半过于复杂，量产不易，因此仍有待降低其制造成本。

### 4.7.2　具有本征薄膜的异质结太阳能电池

图 4.46 所示为日本三洋电机开发出的非晶硅/单晶硅异质结太阳能电池，其具有单晶硅的稳定性与高效率，更具备了全程以低温制作（＜250℃）的优点[25]。

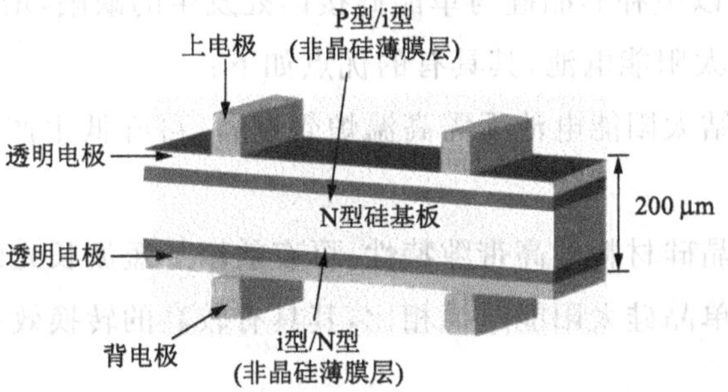


图 4.46 具有本征薄膜的异质结(非晶硅/单晶硅)太阳能电池

电池结构与制备流程如图 4.47 所示。

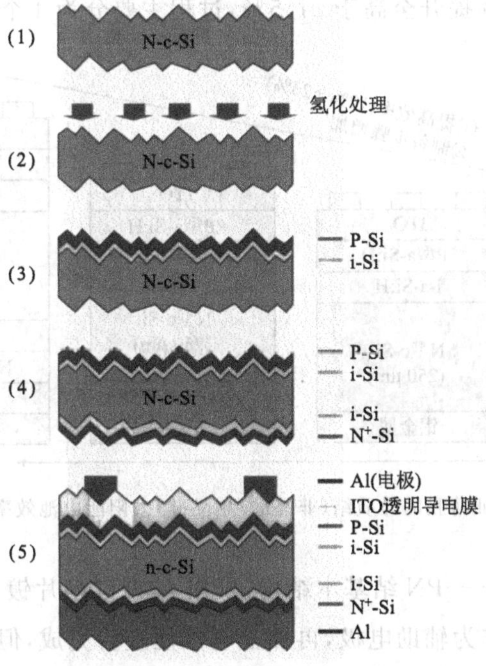


图 4.47 具有本征薄膜的异质结(非晶硅/单晶硅)太阳能电池结构

(1) 与传统制备流程不同的是,以 PECVD 制备取代高温掺杂制备来制作 PN 结。

(2) 利用表面有金字塔构造的柴式法晶片,以等离子体辅助化学气相沉积在正面制作一层 i 层与重掺杂 P 层以形成 PiN 结。

(3) 在背面生长一层 i 层与重掺杂 $N^+$ 层,形成后表面电场的效果。

其中，i 层可以填补非晶硅与单晶硅接面处发生的缺陷，增加转换效率。相较于传统单晶硅太阳能电池，其具有的优点如下：

(1) 硅异质结太阳能电池无需高温炉管制备，可降低生产耗能并缩短制备时间。

(2) 借助非晶硅材料的高带隙特性，可有效增加短波长光的利用。

(3) 与传统单晶硅太阳能电池相比，其具有较高的转换效率。

1. 效率改善趋势

硅异质结太阳能电池开发至今，结构经过数次修正，图 4.48 所示为具有本征薄膜的异质结(非晶硅/单晶硅)太阳能电池效率改善的发展过程，由左至右演进，效率由 12.3%提升至高于 21.5%，过程主要分为 4 个阶段：

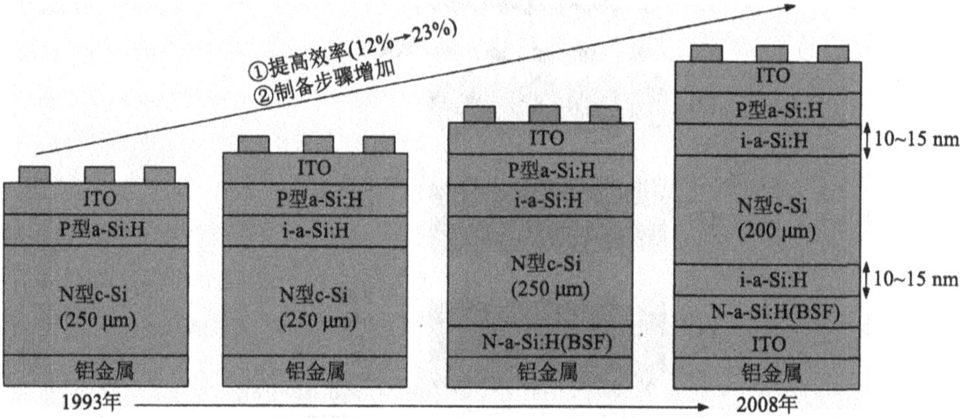


**图 4.48** 具有本征薄膜的异质结(非晶硅/单晶硅)太阳能电池效率改善的发展过程

(1) 第一阶段——PN 结基本结构：仅用 N 型硅晶片镀上 P 型非晶硅膜形成 PN 结，以 ITO 作为辅助电极，再加上电极便宣告完成，但因为此结构的非晶硅膜与单晶硅接面的缺陷过多，导致器件效率不佳。

(2) 第二阶段——非晶硅本征层的引入：将一层薄 i 层安插在单晶硅与非晶硅层之间，由此减少接口处的缺陷，可使器件效率改善至 14.8%，但该阶段器件尚无晶片表面支构化。

(3) 第三阶段——双面非晶硅本征层的引入：除了正面薄 i 层的引入外，还在器件背面镀上一层 $N^+$ 层作为背面表面电场(BSF)，并且晶片的表面经过湿刻蚀形成表面粗糙的光捕捉结构，如此可将效率提升至 19.5%。

(4) 第四阶段——背面透明导电层的引入：除了正面有 i 层，背面的 BSF 与硅晶片之间也有 i 层作为缓冲，并且在背面也镀上一层 ITO 作为碱金属扩散势垒层，如此可将效率再更进一步提升至 21.5%。

2. 关键技术

将效率由原本的 12.3%提高至 23.0%，其关键在于采取了以下措施：

(1) 改善制备条件，从而降低单晶硅电池形成非晶硅薄膜时的损伤，以减少载流子的再复合，开路电压($V_{oc}$)可从原来的 0.725 V 提高到 0.729V。

(2) 抑制非晶硅薄膜和透明导电膜各自的光吸收，减少了光吸收损失，短路电流密度($J_{sc}$)从原来的 39.2 mA/cm$^2$ 提高到 39.5 mA/cm$^2$。

(3) 降低电极材料的电阻，以减少电阻损耗，填充因子从原来的 0.791 提高到了 0.80。

到目前为止，日本三洋电机在具有本征薄膜的异质结(非晶硅/单晶硅)太阳能电池方面申请了 13 项以上的美国专利以巩固其商业价值。日本三洋电机提出使具有本征薄膜的异质结(非晶硅/单晶硅)太阳能电池具有竞争力的策略包括：

(1) 延伸现有的技术，在微结硅膜中掺入微量的锗，或结合量子点及波长转换材料等新一代技术，将电池单元转换效率提高至 24%。

(2) 提高量产能力方面，开发了局部存在的等离子体法，提高原料气体的浓度，并让均匀的高密度等离子体存在于大型衬底附近，进而将镀率提高到 4nm/s。

(3) 降低晶片厚度，从目前约 180 μm 持续减至 150 μm 以下。

(4) 采用多晶硅晶圆，制作成本更低的具有多晶本征薄膜的异质结(非晶硅/单晶硅)太阳能电池。

(5) 增加投资与扩大业务规模，至 2010 年累计投资 400 亿日元以上，并将该公司的太阳能电池业务规模扩大至目前的 3 倍以上。

### 4.7.3 球状硅基太阳能电池

由于硅晶圆材料占据整个硅基太阳能电池模块成本结构约 45%，且多晶硅原料有发生短缺的风险，解决的办法就是减少硅晶圆材料的使用。因此通过减少硅晶圆的厚度来降低硅晶圆材料的成本被视为一项重要研发，其中球状硅基太阳能电池便是以这个动力出发的次世代硅基太阳能电池技术。若进一步提升其转换效率，该技术应可达到实用化。

图 4.49 所示为球状硅基太阳能电池的结构[26]。典型与新型球状硅基太阳能电池都主要包含有 P 型球状硅、PN 结、一对 P 电极与 N 电极。而新型球状硅基太阳能电池还包含一组高倍率聚光反射镜(Concentration Reflector)。该结构与传统硅基太阳能电池类似，差异即在于非平面的球状硅基接面，其特点是[4]：

(1) 球状硅基太阳能电池使用的硅材料量大约为硅晶圆材料的 1/5。

(2) 新式的球状硅基太阳能电池加上反射镜(Reflector Cup)，硅材料使用量可进一步降低到 1/10。

(3) Ritsumeikan University 模拟指出，在无防反射层条件下，附有四倍聚光反射镜的球状硅基太阳能电池经理论计算：开路电压 $V_{oc}=709$ mV，短路电流密度 $J_{sc}=40.9$ mA/cm$^2$，填充因子 FF 达到 82.7%，效率约为 12.4%，如图 4.50 所示。

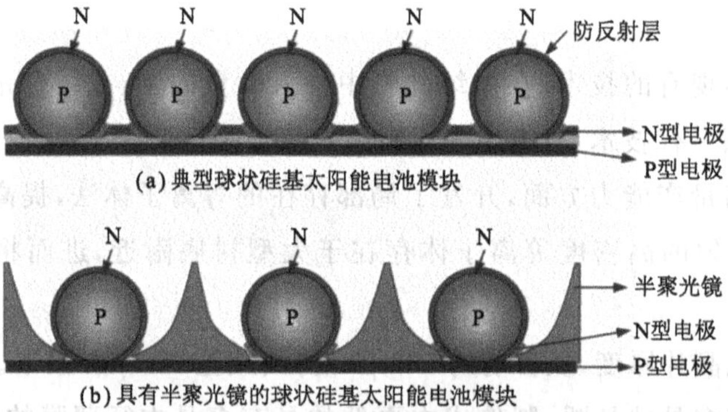


**图 4.49 典型与新型球状硅基太阳能电池结构**

球状硅基太阳能电池典型制作流程与步骤如图 4.51 所示[4,26]：

(1) P 型硅球的制作：主要是将 P 型硅晶粒加热到 1420～1450℃使其熔融，并通入 Ar 气体进行约 120 kPa 压力加压，经由一自由落体塔(Free-Fall Tower)的喷嘴(Dropping Nozzle，直径为 0.3～0.4 mm)落到软性铝板上(Flexible Alumina Sheet)，冷却形成直径约 1 mm 的硅球。

(2) PN 结的制作：在约 900℃将 $POCl_3$ 气体扩散至硅球表面以形成 N 型半导体。

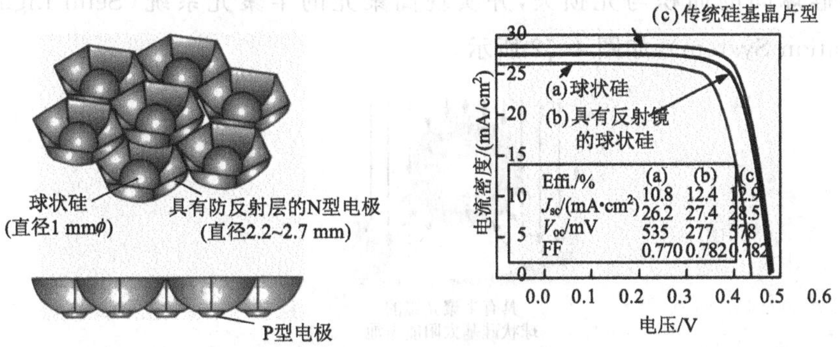


(a)理论计算所使用的球状硅基太阳能电池结构 (b)理论计算所得的球状硅基太阳能电池的电流-电压曲线

图 4.50

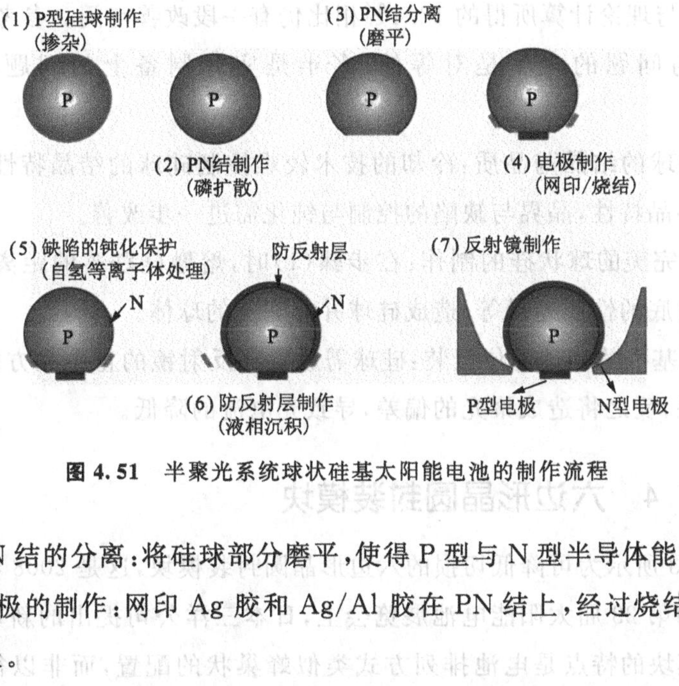


图 4.51 半聚光系统球状硅基太阳能电池的制作流程

(3) PN 结的分离：将硅球部分磨平，使得 P 型与 N 型半导体能分离。

(4) 电极的制作：网印 Ag 胶和 Ag/Al 胶在 PN 结上，经过烧结形成 N 电极与 P 电极。

(5) 缺陷的钝化保护：典型的是利用氢等离子体进行硅表面悬挂键的钝化，可以降低电子-空穴对在表面再复合的概率。

(6) 防反射层的制作：可通过物理气相沉积、化学气相沉积或液相沉积(Liquid Phase Deposition，LPD)方法实现。典型常用于球状硅的防反射层为 CdS、ZnO 与 $SnO_2$。

(7) 反射镜的制作：在使用铝板电镀银做成的反射镜中放入硅球，可以减少硅球与硅球间的面积与光损失，并实现高聚光的半聚光系统（Semi-Light-Concentration System)，如图 4.52 所示。

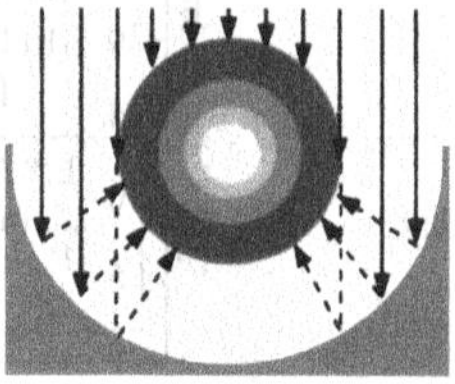


**图 4.52** 球状硅基太阳能电池要得到高聚光的示意图

即使镀上防反射层，目前实际所制造的球状硅基太阳能电池的效率为 10.4%，与理论计算所得的 12.4%相比仍有一段改善空间。参考图 4.52，问题的改善与问题的产生是对等的，多半是实际制备上的问题，简单说明如下[26]：

(1) 硅球的结晶与品质：冷却的技术较难控制硅球的结晶特性，此外形成的硅球为多晶特性，晶界与缺陷的控制与钝化需进一步改善。

(2) 更完美的球状硅的制作：在步骤(1)时，熔融硅跌落的距离、加压压力与接触的衬底的性质差异等，造成硅球并非完美的球体。

(3) 更基准的硅球定位组装：硅球需放置在反射镜的正中央方能得到理想的聚光效果，反之将造成聚光的偏差，导致光电流的降低。

## 4.7.4 六边形晶圆封装模块

图 4.53 所示为可降低切损的六边形晶圆封装模块，这是 2008 年 9 月在西班牙举办的第 23 届太阳能电池展览会上，日本三洋公司提出的新单晶封装模块[9]。该模块的特点是电池排列方式类似蜂巢状的配置，而非以往常见的矩阵，其具有以下优点：

(1) 较高的封装密度：再次参考图 4.12 所示的单晶硅圆形硅晶片铺设成模块示意图。传统单晶硅太阳能电池多是圆形结构，在模块上排列的电池也是圆形，因此封装的密度太低。而六边形晶圆封装模块几乎填满整个模块面积，因此更能减少应用太阳能电池时所需要的面积。

(2) 较少的切损：目前多数硅基太阳能电池的硅晶片都是切成四边后使

图 4.53 可降低切损的六边形晶圆封装模块

用，虽然可以填满整个模块，但切边造成的损失比例仍较高。而六边形晶圆需要切下的晶圆面积比例大幅降低。

(3) 更高的效率：此外，由于可以使用圆形单晶圆，因此该模块技术适用于利用单晶片具有本征薄膜的异质结太阳能电池，效率将高于一般标准模块。

## 4.8 结 语

虽然硅基太阳能电池已量产多年，但生产成本仍有很大的降幅空间。从产业链的观点来看，每一个环节都有降低成本的做法。

1. 在晶圆制造端

(1) 持续降低硅晶圆厚度：由 250 μm 降至 120 μm，但也必须注意到后续制成过薄晶片的翘曲与破片的问题。

(2) 切割技术的提升与切损的降低：将切损由 200 μm 降至 130 μm。

(3) 增加硅晶圆尺寸：由 5 英寸增至 8 英寸，并提升晶片生产速率与制备良率等。

(4) 结晶生长技术的改良：多晶硅晶片微结构控制与缺陷改善，降低杂质含量、位错密度、增大晶粒尺寸以提升转换效率。

(5) 大型铸锭的量产：降低铸锭生产的循环时间。

(6) 建立太阳能电池级高纯度硅原料的制造线：将太阳能电池级与半导体

级高纯度硅原料的制造线脱钩，增加生产来源的弹性。

2. 在组件制造端

(1) 改善制备技术并提升制备良率：工厂高度的自动化与稳定化将有助于制备良率的提升。

(2) 提高电池的转换效率：效率由17%增至21%。以一个面积为10×10 $cm^2$且转换效率为16%的器件举例来说，在标准照度下约有1.6 W的发电量，若转换效率提高到17%，则有1.7 W的发电量，即发电增量率高达7%(0.1/1.6)。

(3) 提高工厂产能：如由200 MW/a增至500 MW/a，也是降低整体成本的做法。

3. 在模块端

(1) 提升模块的使用期限：将模块的使用期限由20年继续提高，使用期限越久，所产生的发电量越多，亦即每瓦的成本可以降低。

(2) 上中游的产业与产商形成策略联盟：上中游的产业与产商形成策略联盟，将有助于稳定整个模块的下游自动化生产，以降低生产成本。

太阳能电池生产成本往往深受生产规模影响，目前以太阳能电池占地面积来估算，模块效率12.5%的结晶硅产生1 kW需要10$m^2$(125 W/$m^2$)的面积，将工厂产能由200 MW/a增至500 MW/a将有助降低量产成本。

## 专有名词

1. **晶粒边界(Grain Boundary)**：材料在结晶时，晶体会有线缺陷或者破裂面，使得电子传输时产生损耗，影响光电流效率。

2. **悬挂键(Dangling Bond)**：一种未键合的化学键，并具有相当的活性值，容易与其他原子产生键合作用。

3. **冶金级硅(Metallurgical Hrade Silicon,MGS)**：一般冶金制备部分所制作的硅材，其纯度大约是99.9%，不适用于半导体及电子级产业。

4. **电子级硅(Electronic Grade Silicon,EGS)**：将纯度99.9%的冶金级硅材经过再精炼处理，而获得超高纯度的硅材，其纯度大约是99.9999999%，极适用于半导体及电子级产业。

5. **精炼过程(Refining Process)**:一种将纯度不高的材料,经由化学方法去除杂质,而获得较高纯度与超纯度材料的制备方法。

6. **西门子法(Siemens Process)**:一种制作冶金级硅材的方法,由德国西门子公司提出,是目前用于生产太阳能电池用的硅晶圆片的主要制备技术。

7. **光电转换效率(Photo-electron Conversion Efficiency)**:太阳能电池的最大输出功率以及其输入功率的比值,称为光电转换效率。

8. **掺杂(Dopant)**:在衬底材料中添加施主或受主等杂质,通过所添加的量来控制其电性的一种方法,称为掺杂。

9. **位错(Dislocation)**:一种线性的晶体结构缺陷,围绕这一缺陷附近的原子是不对齐性的,当施加剪应力时产生的塑性变形。

10. **各向异性刻蚀(Anisotropic Etching)**:在制备刻蚀时,若刻蚀方向为单一方向,则为等向刻蚀(如干刻蚀);在无特定刻蚀方向时,则为非等向刻蚀(如湿刻蚀)。

11. **支构化(Texture)**:在太阳能电池表面使用酸碱溶液使表面产生非平坦形态,使入射光照射表面时,经由折射或反射使光能够再次被吸收。

12. **方块电阻(Sheet Resistance)**:方块电阻值=电阻率/厚度(ohm/单位面积),可利用四点探针仪器测得。

13. **自然氧化层(Native Oxide)**:硅原子非常容易在含氧气及水的环境下氧化,所形成的原生氧化物称为原生氧化层。

14. **热氧化反应(Thermal Oxidation)**:将硅表面暴露于氧化剂下,升温生成二氧化硅的过程。

15. **丝网印刷(Screen Printing)**:利用印刷技术制备电极或其他结构的一种方法。

16. **欧姆接触(Ohmic Contact)**:一种低电阻形态的金属与半导体接触,在金属以及半导体之间可以产生双向性的导通状态。

17. **激光芯片边绝缘(Laser Edge Isolation)**:以P型硅晶片制作的太阳能电池为例,正面为负极(—),背面为正极(+),为避免正负两极之间在芯片边缘有短路的现象,需以激光束沿芯片边缘处切割出一道深度超过PN结的凹槽,如此电流才能正确导出。

18. **钝化发射极太阳能电池(Passivated Emitter Solar Cell,PESC)**:一种提

升光进入的方法及其构造的改良形态。

19. **点接触式太阳能电池(Point Contact Cell)**:将电极均做在同一面,可增加入射光的面积,且易于焊线。

20. **逆金字塔构造(Inverted Pyramids Texture)**:利用逆金字塔构造增加光吸收率。

21. **后表面电场(Back Surface Field,BSF)**:在太阳能电池器件结构体的背面植入高浓度掺杂物而形成电位差,进而造成电场的一种效应。

## 本章习题

1. 试简单说明多晶硅原料制造技术的分类以及过程。
2. 试简单说明太阳能级硅单晶片制造技术。
3. 叙述多晶硅块材的生长方法及其原理。
4. 叙述多晶硅薄片的生长方法及其原理。
5. 简单说明单晶硅太阳能电池的结构与特点。
6. 说明依照材料纯度与结晶状态对硅材料的分类。
7. 叙述以柴式法制作单晶棒的主要流程。
8. 影响单晶棒拉晶过程中质量的主要因素有哪些?
9. 叙述晶圆的加工成型步骤。
10. 简单叙述目前太阳能电池的前瞻性制造技术。
11. 叙述目前结晶硅太阳能电池产业降低成本的技术趋势。
12. 说明结晶硅太阳能电池的模块制备。
13. 若结晶硅太阳能电池的转换效率由16%改善到17%,则其功率增加的比例有多大?
14. 请估算一下,在正常的生活作息中,一个人每天的用电量大概需要多少瓦数? $10m^2$ 的太阳能电池模块(以15%来计算)够用吗?
15. 有一个家庭需要8 kW的用电量,若要使用结晶硅太阳能电池模块(效率为15%),估算该模块需要多大面积?需要多少装设成本(只计模块费用)?

# 参考文献

[1] 戴宝通,郑晃忠.太阳能电池技术手册.台湾电子材料与组件协会发行出版.

[2] 黄惠良,曾百亨.太阳能电池.台湾.五南图书出版公司.

[3] 林明献.太阳能电池技术入门.台湾:全华图书股份有限公司.

[4] 顾鸿涛.太阳能电池组件导论.台湾:全威图书股份有限公司.

[5] 庄嘉琛.太阳能工程:太阳电池篇.台湾:全华图书股份有限公司.

[6] M. A. Green 著.太阳电池工作原理,技术与系统应用.曹昭阳,狄戴维,李秀文译.台湾:五南图书出版公司.

[7] 林明献.硅晶圆半导体材料技术.台湾:全华图书股份有限公司.

[8] 晁成虎.太阳能多晶硅的化学纯化技术发展.电子月刊,2008,5(154).

[9] 郭华轩.硅晶太阳能电池设计与应用.电子月刊,2009,4(145).

[10] C. HaBier, W. Koch, W. Krumbe, S. Thurm. Multicrystalline baysix silicon for hign-efficient solar cells from the new freiberg production facility. znd world conference and exhibition on photo vltaic solar energy conrersion.

[11] 李显光.太阳能电池多晶硅材料及密闭回路连续式流体化床制程.工业材料杂志,2009,6(270).

[12] 沈辉,曾祖勤主编.太阳能光电技术.台湾:五南图书出版公司.

[13] 叶文昌,连水养.量产型单晶太阳能电池制作.台湾:云林科技大学硕士论文,2003年.

[14] J. Zhao, A. Wang, M. A. Green. 24% efficient PERL structure silicon solar cells. IEEE, 1990, 91:333-335.

[15] J. Zhao, A. Wang, M. A. Green. 24.5% efficiency PERT silicon solar cells on SEH MCZ substrates and cell performance on other SEH CZ and FZ substrates. Solar Energy Material and solar cells, 2001, 66:27-36.

[16] J. Zhao, A. Wang, R. Wenham , M. A. Green. 24% efficient PERL silicon solar cell: Recent improvements in high efficiency silicon cell research. Solar Energy Material and solar cells, 1996, 41/42:87-99.

[17] M. A. Green, J. Zhao. 24% efficiency silicon solar cells. Appl. Phys, 1990, 57:602-604.

[18] L. M. Doeswijk, H. H. C. de Moor, D. H. A. Blank, H. Rogalla. Passivating $TiO_2$ coating for silicon solar cells by pulsed laser deposition phys, 1999:409-411.

[19] C. T. Sah. Reduction of Solar Cell Efficiency Across the Back surface Field Junction. Solid State Electronics, 1984, 31:451-457.

[20] M. A. Green, Prog. Photovolt: Res. Appl. 2000, 8:127.

[21] M. A. Green. Prog. Photovolt: Res. Appl. 2000, 8:443.

[22] T. Minemoto et al. Proc. Rewnewable Energy. Chiba, 2006.

[23] J. Zhao, A. Wang, M. A. Green , S. R. Wenham. mprovements in silicon solar cell performance. IEEE, 1991, 90:399-401.

[24] 陈兴华,李文锦. 太阳光聚光器于绿色照明之应用与发展. 工业材料杂志,2008,10(262).

[25] 武东星. 高效率硅异质接面太阳能电池之技术发展. 电子月刊,2008,12(161).

[26] 吴建树,翁得期,陈麒麟. 球状硅及硅薄膜太阳能电池未来发展方向. 工业材料杂志,2007,1(241).

[27] 硅基太阳能光电产业低成本化技术展望. 光电工业科技协进会(PIDA),2009.

# 第5章 非晶硅薄膜太阳能电池

# 5.1 章节重点与学习目标

在本章中，我们将依次对非晶硅薄膜太阳能电池的发展背景、非晶硅材料特性与其光致衰退现象进行说明，接着介绍非晶硅薄膜太阳能电池的结构、制备与模块，并提供目前非晶硅薄膜太阳能电池的激光切割技术及其在未来的解决方式，最后对目前非晶硅薄膜太阳能电池的发展趋势进行简单说明[1~5]。

通过本章的介绍，读者能对非晶硅薄膜太阳能电池的操作原理、器件结构及未来的发展趋势有初步的认识。读者在读完本章后应该可以理解：

(1) 发展非晶硅薄膜太阳能电池的背景。

(2) 非晶硅薄膜太阳能电池的光致衰退效应。

(3) 非晶硅薄膜太阳能电池的结构与工作原理。

(4) 非晶硅薄膜太阳能电池的模块化制备。

(5) 大面积非晶硅薄膜太阳能电池的发展趋势。

# 5.2 非晶硅薄膜太阳能电池的发展背景

非晶硅薄膜太阳能电池于 1976 年即被卡尔松(D. E. Carlson)等人提出，其通过射频辉光放电(Glow Discharge)沉积出的非晶硅薄膜太阳能电池的转换效率为 2.4%；在 1978 年，非晶硅薄膜太阳能电池的转换效率即可达到 4%[2]。接下来的几十年间，虽然非晶硅薄膜太阳能电池的相关研究一直没有中断过，但由于非晶硅薄膜先天的光致衰退现象，造成这种电池的效率在 6%左右，始终无法实现大幅突破。在 20 世纪末，结晶硅太阳能电池的前景被看好，但上游提供的硅源材料供货不足导致硅晶片价格飞涨。尽管近年来硅晶片价格已下降并回稳，然而在结晶硅太阳能电池之外再找一条出路的想法应该已经在产学研界里成形。

简单地归类非晶硅薄膜太阳能电池及其模块的优点[6,7]如下：

(1) 材料的用料少：传统结晶硅太阳能电池所使用的硅晶片厚度为 200～250 μm，且切割过程中会消耗 40%以上的原料。而典型的非晶硅薄膜太阳能电池的硅材料厚度约 0.5 μm，即硅用量仅为传统硅基太阳能电池的 1/50。

(2) 较少的能源回收期(Energy Payback Time,EPT):能源回收期=生产单位瓦数电池模块所浪费的能量/单位瓦数电池模块每年所生产的瓦数。

由于传统硅基太阳能电池的多晶硅源材料在纯化过程中,需要规模庞大的厂房及耗费大量的电力。因此,对于同样 30 MW 的模块来说,非晶硅薄膜太阳能电池只要约 1.5 年即可回收,但传统结晶硅太阳能电池约 2.5 年方可回收。

(3) 电池与组件一体成型:相较于传统结晶硅太阳能电池的电池制备与组件制备分属两个独立产业,非晶硅薄膜太阳能电池的电池与组件在镀膜与切割制备中一体成型,一次完成。但此项优点也表示非晶硅薄膜太阳能电池的硅薄膜必须具有极高的均匀度,否则所得到的各电池单元输出电流便无法一致。一般要求厚度的均匀度必须在 10%以内。

(4) 客制化模块:非晶硅薄膜太阳能电池除了可与建筑物进行整合外,其基材更可以使用大面积且便宜的材质,如不锈钢、塑料材料等,所搭配的制备主要采取卷一卷沉积(Roll-to-Roll)。

(5) 外表美观与透光性:做在玻璃上的非晶硅薄膜太阳能电池具有光穿透性,因此可以和建筑物整合成为光伏建筑一体化(Building Integrated Photovoltaics,BIPV)。

(6) 较多的全年发电量:在同一瓦数的模块中,非晶硅薄膜太阳能电池全年的发电量比结晶硅太阳能电池高出 6%~8%,如图 5.1 所示。即使与其他薄膜太阳能电池相比,非晶硅薄膜太阳能电池的全年发电量仍有较佳表现[3~6]。这个优点使得非晶硅薄膜太阳能电池比其他薄膜太阳能电池更有竞争力。

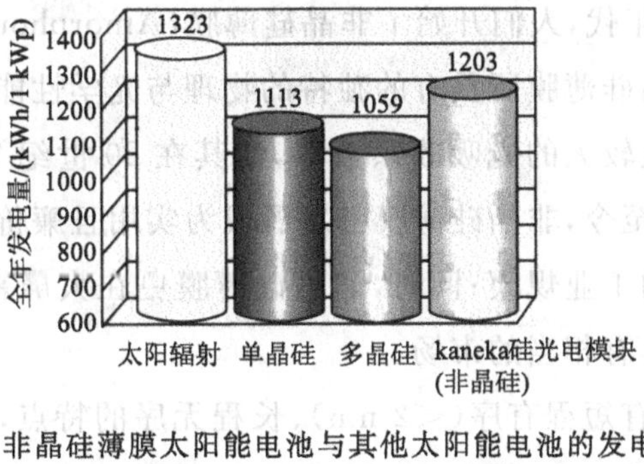


**图 5.1**　非晶硅薄膜太阳能电池与其他太阳能电池的发电量比较

相较于结晶硅太阳能电池,非晶硅薄膜太阳能电池拥有较多全年发电量的原因如下:

(1) 非晶硅薄膜带隙在 1.7 eV,在可见光区的光吸收系数(约 $10^5$/cm)比结晶硅太阳能电池的光吸收系数(约 $10^3$/cm)高,也就是说,非晶硅薄膜在有光(即使弱光、晨昏光、阴雨天)的地方就能发电,并不像结晶硅太阳能电池需在阳光充足的状况下发电。

(2) 非晶硅薄膜带隙的温度系数约为 0.25%,比结晶硅太阳能电池带隙的温度系数约小 0.5%。若带隙降低,则暗电流上升,开路电压下降,进而转换效率降低。如图 5.2 所示,在因光照而造成模块温度上升时,非晶硅薄膜太阳能电池模块的效率降低会比结晶硅太阳能电池模块小[2]。

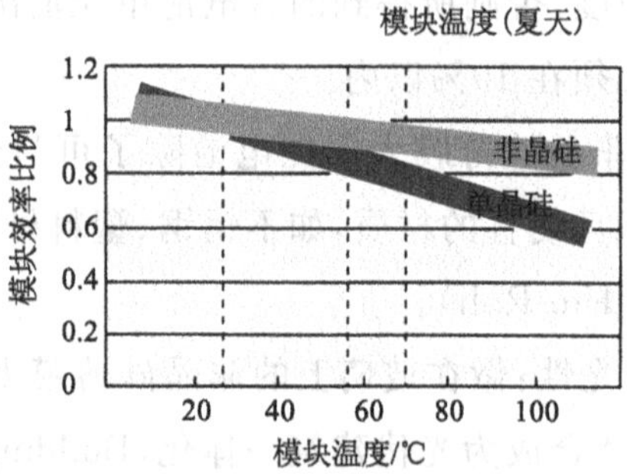


**图 5.2** 结晶硅与非晶硅薄膜太阳能电池模块的效率受温度的影响图

## 5.3 非晶硅材料的结构与特性

在 20 世纪 60 年代,人们开始了非晶硅薄膜(Amorphous Silicon,a-Si)的基础研究。其中,非晶硅薄膜所具有的独特的物理与光学性能,例如,可大面积加工、可低温制备以及较大的光吸收系数等,使其在 20 世纪 70 年代开始就用作太阳能光电材料。至今,非晶硅薄膜已发展成为实用且廉价的太阳能电池种类之一,且具有相当的工业规模;同时,非晶硅薄膜更在大屏幕液晶显示器、传感器、摄影机等领域具有相当的市场。

非晶硅材料具有短程有序(<2 nm)、长程无序的特点,是一种共价无序的网络原子结构。对于一个单独的硅原子而言,其由 4 个硅原子所组成的共价键,邻近的原子可视为规则排列;但对于较远的硅原子而言,排列呈现没有规律的排列特性。

由于非晶硅的原子排列方式与晶体硅不同，两者能带结构亦不太相同。关于非晶硅材料的能带理论，多年来人们已经做了相当多的研究，但仍然存在争议。2003 年，由学者 Mott 所提出的 Mott-CFO 模型指出：非晶硅材料的原子短程有序，即表示在一个原子的最邻近处，原子依然排列整齐，与结晶硅材料相同；这也意味着，可以应用结晶硅材料的能带理论来解释非晶硅材料的短程有序的结构；反之，在次邻近与稍远处，由于原子排列有所差异，可以表示为晶格混乱对晶体能带中电子态密度的一种微扰，进而使得能带出现带尾(Band Tail)结构，其示意图如图 5.3(a)所示[3]。

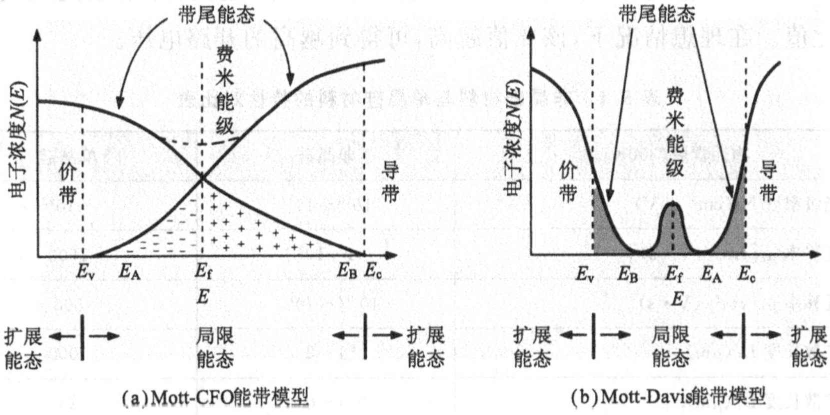


**图 5.3**　非晶硅材料[3]

然而，当非晶硅材料有掺杂时，Mott-CFO 能带模型是无效的。其原因如下：在 Mott-CFO 模型中，由于非晶硅材料的带隙内是由晶格混乱和晶格缺陷所引起的较高的态密度，进而使得费米能级被固定住；即表示为费米能级无法随掺杂原子、缺陷类型与浓度的变化而有所改变。

为了克服这个缺陷，学者 Mott 等人修正了 Mott-CFO 模型，提出了 Mott-Davis 能带模型，其示意图如图 5.3(b)所示。在该理论模型中，非晶硅材料的带尾被认为很窄，无法形成任何交叠结构，即表示带尾并未延伸到带隙的内部。然而，由于大量的晶格缺陷存在于非晶硅材料中，因此，在带隙的中间需引入一个缺陷局域态(Localized States)，电子-空穴对无法自由移动。而在扩展态中，电子-空穴对的波函数未被局限，因此可以自由移动传导。

表 5.1 所示为非晶硅材料与单晶硅材料的特性对比表[3]。非晶硅材料虽具有较高的能级密度、较差的电性以及较小的载流子迁移率，但以对光的敏感

性、光吸收性及光吸收系数而言，非晶硅材料均优于单晶硅材料。此外，非晶硅材料更具有以下优点：

(1) 成本低廉，硅蕴藏量丰富，非晶硅制备温度低(～250℃)。

(2) 可大面积化，形状可任意设计。

(3) 可成长在不同衬底上，如玻璃、陶瓷、金属、高分子膜等。

(4) 对光感应灵敏，光/暗导电度比值高，光响应时间短。

(5) 对光的吸收范围接近人眼可视范围，且吸收系数高。

(6) 热稳定性高，受温度影响变化小。

其中，光/暗导电度比值是指该薄膜在光照前/后所产生的光/暗电流或其导电度的比值。在理想情况下，该比值越高，可得到越高的开路电压。

**表 5.1　非晶硅材料与单晶硅材料的特性对比表**

| 物性常数(300K) | 非晶硅 | 单晶硅 |
|---|---|---|
| 局域能级密度 Ns($cm^3 \cdot eV$) | $10^{16}$～$10^{17}$ | ～$10^{12}$ |
| 电子迁移率 $\mu_e$[$cm^2/(V \cdot s)$] | 1～$10^2$ | 1500 |
| 空穴迁移率 $\mu_p$[$cm^2/(V \cdot s)$] | $10^{-2}$～$10^{-1}$ | 500 |
| 电子扩散长度 $L_n$($\mu m$) | 1～2 | 1000 |
| 空穴扩散长度 $L_p$($\mu m$) | 0.1～0.5 | 20 |
| 电子寿命时间 $\tau_e$(s) | ～$10^{-5}$ | $3.5\times10^{-4}$ |
| 空穴寿命时间 $\tau_p$[$/(\Omega \cdot cm)$] | ～$10^{-6}$ | ～$10^{-5}$～$10^{-6}$ |
| 暗电导率(P、N层)$\sigma_d$[$/(\Omega \cdot cm)$] | 1～10 | $10^3$～$10^4$ |
| 暗电导率(i层)$\sigma_d$[$/(\Omega \cdot cm)$] | $10^{-8}$～$10^{-10}$ | $4\times10^{-5}$ |
| 光电导率 $\sigma_{ph}$[$/(\Omega \cdot cm)$] | $10^{-3}$～$10^{-4}$ | ～$10^0$ |
| 光学能带隙 Eopl(eV) | 1.5～1.8 | 1.1 |
| 光吸收系数 α(/cm) | $10^4$～$10^5$ | $5\times10^3$ |

非晶硅材料主要是由键合的硅原子、氢原子和一些没有键合的硅原子所构成。一般而言，通过硅烷分解所得到的非晶硅薄膜，其内部含有大量的结构缺陷，主要可分为两大类：

(1) 硅的悬挂键(Dangling Bond)。

(2) 硅-硅间的弱键(Weaken Bond)。

非晶硅材料中产生过多的悬挂键会造成极高的缺陷密度，使其电特性变差。硅的悬挂键具有电学活性，即可于在非晶硅材料的带隙中引入较高密度的深能级，进而影响材料的电特性；另一方面，由于硅的悬挂键非常不稳定，使其在后续处理中造成密度与结构的改变，促使非晶硅材料具有不易控制的电特性。

为了解决上述问题，目前常使用掺氢的技术，使得非晶硅中的硅悬挂键钝化，如图 5.4 所示。在非晶硅材料中，氢原子扮演着很重要的角色，钝化后的硅材料缺陷密度会降低，并改善电特性。

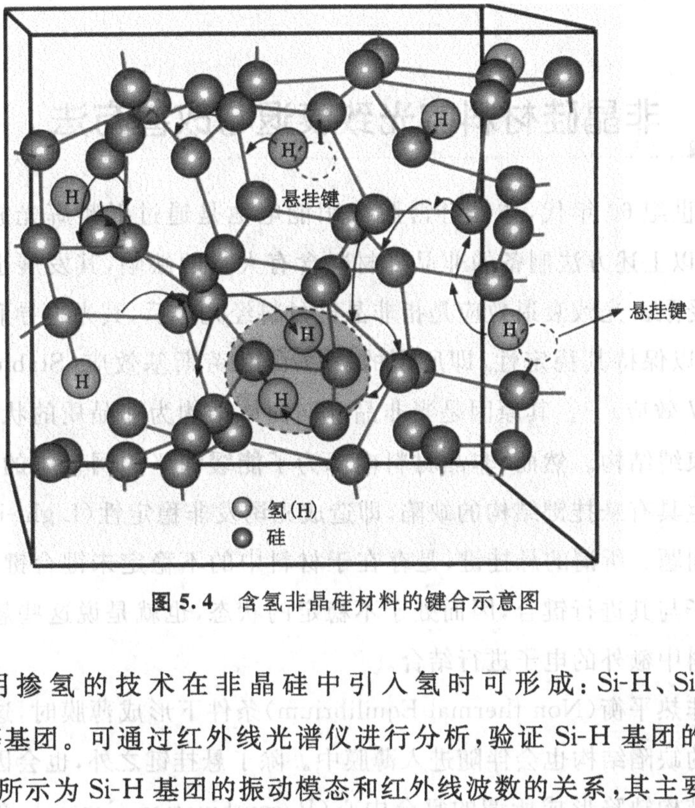


**图 5.4 含氢非晶硅材料的键合示意图**

当利用掺氢的技术在非晶硅中引入氢时可形成：Si-H、$SiH_2$、$SiH_3$、$(SiH_2)_n$ 等基团。可通过红外线光谱仪进行分析，验证 Si-H 基团的存在。其中，表 5.2 所示为 Si-H 基团的振动模态和红外线波数的关系，其主要的振动吸收模态位于 600～2200 cm。$(SiH_2)_n$ 基团是粉尘的来源，一般要求 $(SiH_2)_n$ 占非晶硅薄膜结构的比例要尽量少于 10%。

**表 5.2 Si-H 基团的振动模态和红外线波数**

| 键的类型 | 振动模态 | 波数/cm | 键的类型 | 振动模态 | 波数/cm |
|---|---|---|---|---|---|
| SiH | 伸缩<br>变角 | 2000<br>630 | $SiH_3$ | 对称<br>横向摆动 | 862<br>630 |

续表5.2

| 键的类型 | 振动模态 | 波数/cm | 键的类型 | 振动模态 | 波数/cm |
|---|---|---|---|---|---|
| $SiH_2$ | 伸缩<br>变角剪切<br>横向摆动 | 2090<br>880<br>630 | $(SiH_2)_n$ | 伸缩<br>变角剪切<br>纵向摆动<br>横向摆动 | 2090～2100<br>890<br>845<br>630 |
| $SiH_3$ | 伸缩<br>衰减 | 2140<br>907 | | | |

## 5.4 非晶硅材料的光致衰退与改善方法

在20世纪60年代，非晶硅薄膜太阳能电池是通过射频辉光放电制成[8]的。然而，以上述方法制备的非晶硅材料含有大量的缺陷，其发展也因光致衰退效应而受限。光致衰退效应是指非晶硅材料经光照后，其光电导和暗电导值同时下降，以保持其稳定性，即所谓的史塔伯勒-劳斯基效应（Stabler-Wronski Effect，S-W效应）[1]。其原因是当非晶硅四面体结构为非晶质的状态时，会呈现过剩的束缚结构。然而，非晶材料内部为了能缓和坚固网目中的内应力，将会诱发产生具有悬挂键结构的缺陷，即造成光诱发非稳定性（Light-induced Instability）问题。所谓的悬挂键，是存在于材料中的不稳定未键合键，这些键因无任何电子与其进行键合，因而处于不稳定的状态，也就是说这些悬挂键非常容易与材料中额外的电子进行结合。

当在非热平衡（Non-thermal Equilibrium）条件下形成薄膜时，这些因悬挂键所造成的缺陷结构也会伴随进入薄膜中。除了悬挂键之外，也会因热力学上所生成的结构缺陷形成所谓的复合中心（Recombination Center），在带隙中的禁带（Forbidden Gap）中形成局部能级，阻碍载流子的移动。当复合中心出现在材料结构中时，会结合部分移动中的自由载流子，使部分自由载流子无法顺利加以利用进而转换成电能，因而降低了原有的理论效能。

经过150～200℃的热处理后，非晶硅材料的电特性即可恢复原来的状态。受限于所谓的S-W效应引发的非稳定性问题，使用非晶硅材料的薄膜太阳能电池经100h光照之后，其转换效率便会降低至初始效率的70%～80%，最后达到稳定的效率[10~12]。

1974 年，Lewis 等人首先证实了氢原子可以填入硅的悬挂键位置，且当非晶硅材料中有 10%～20%的氢气时，氢原子除了可直接填入非晶硅的悬挂键中，还可降低平均配位数，图 5.4 所示为含氢非晶硅材料的键合示意图。图 5.5 所示为非晶硅内部所出现的复合中心及封存中心，由图可知利用氢原子修补硅的悬挂键时，将使得非晶硅中的复合中心减少，进而降低自由载流子被复合掉的机会，改善非晶硅的缺陷结构。

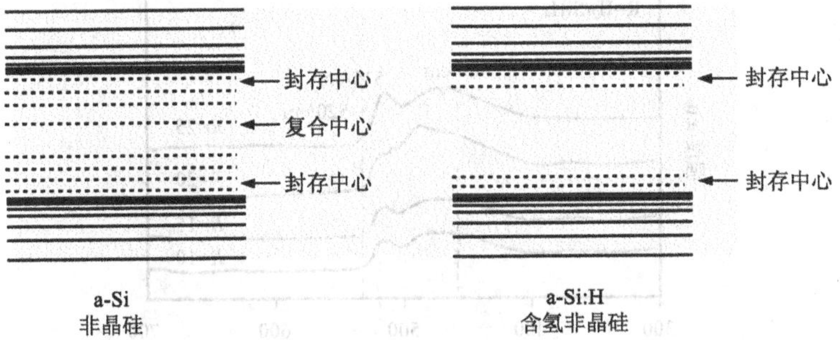


图 5.5 非晶硅结构中的复合中心与封存中心

然而，也有研究指出，若能有效地将非晶硅材料中的氢含量降低至 10%以下，也能有助于降低非晶硅材料的光致衰退效应。其原理是通过减小非晶硅材料中氢的浓度以及缺陷态密度，使得形成的 Si-Si 键和 Si-H 键能够稳定存在。

以不同机器制备的非晶硅材料将具有不同的氢含量，例如，以等离子体增强式化学气相沉积(Plasma Enhanced Chemical Vapor Deposition，PECVD)技术制备的非晶硅薄膜，含有约 10%的氢含量；而用化学退火法制备的非晶硅薄膜，含有小于 9%的氢含量；以热丝法制备的非晶硅薄膜，所具有的氢含量只有 1%～2%。在上述制备方法中，更可搭配氢等离子体化学退火法、$H_2$、He 稀释法，或者掺入氟等惰性气体，进一步降低非晶硅材料的氢含量，进而减弱光致衰退效应[12]。

在上述的制备技术中，通过 $H_2$ 的稀释改变非晶硅材料的结构，进而增强非晶硅材料抗光致衰退的能力，效率的衰退率可从 25%以上降至 20%以下。

图 5.6 所示为射频功率 600W，以感应式耦合等离子体化学气象沉积(Inductively Coupled Plasma Chemical Vapour Deposition，ICPCVD)系统搭配不同氢气稀释比例的非晶硅薄膜拉曼分析图。该拉曼分析图证明非晶硅薄膜内

含有大量的非晶硅与较少量的结晶硅成分，且其结晶度为 30%～40%。由分析结果证实，过量的 $H_2$ 稀释的确可以改变等离子体内的基团团聚，进而钝化位于衬底表面的硅悬挂键。因此，使得成核的原子能够有足够的时间在衬底表面寻找适合的位置，并通过改变成核的过程，形成所谓的非晶硅微晶化，由此有效地改善非晶硅的光致衰退效应。

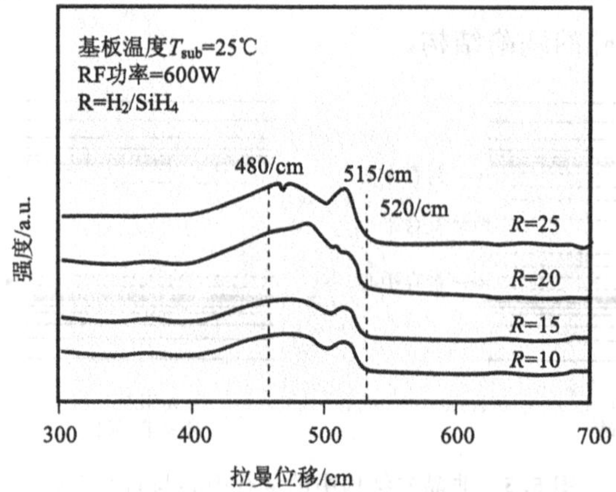


**图 5.6** 以不同氢气稀释比例沉积的非晶硅薄膜拉曼分析图[10]，当 $H_2$ 稀释量增加时，结晶的比例明显上升

## 5.5 非晶硅薄膜太阳能电池结构

1．基本的结构

图 5.7 所示为基本的单结非晶硅薄膜太阳能电池结构，主要包括玻璃、透明导电膜、P-i-N 结，背电极。一般而言，PN 结即可形成基本的非晶硅薄膜太阳能电池结构，然而其效率偏低。为了保持输出电压，一般需要采用 P-i-N 结构，让内建电场位于整个本征层(Intrinsic，i layer)区域。其能带结构如图 5.8 所示[3]。

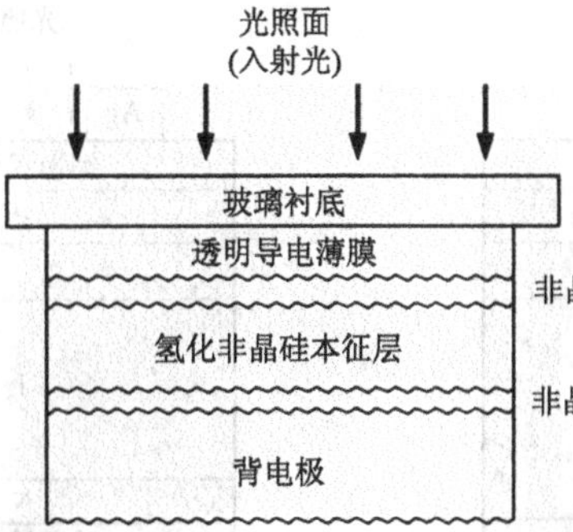


**图 5.7** 典型的非晶硅薄膜太阳能电池结构

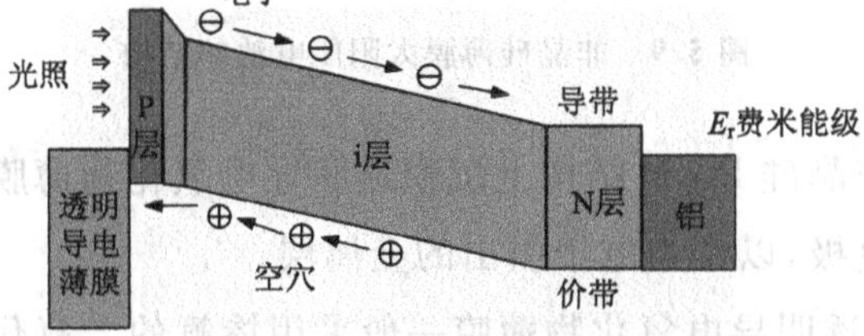


**图 5.8** 非晶硅薄膜太阳能电池的能带结构，整个本征层都位于耗尽层的内建电场内，其载流子传导主要是漂移电流

2. 电流产生的机制

传统结晶硅太阳能电池的电流主要是 P 区或 N 区的少数载流子扩散电流。然而，在非晶硅薄膜太阳能电池的 P-i-N 结构中，由于本征区域没有掺杂，因此其电场由两端 P 区与 N 区的掺杂浓度来决定，整个本征区皆位于一个内建电场之中，因此其电流主要是本征区中所产生的电子/空穴对的漂移电流。

3. 非晶硅薄膜太阳能电池结构的种类

此外，非晶硅薄膜太阳能电池结构可分为两种制作方式，一种是顶结构(Superstratc)，另一种是底(Substratc)结构[2]。

顶结构的示意图如图 5.9(a)所示，而其制作流程简述如下：

(1) 采用具有透明导电氧化物(Transparent Conductive Oxide，TCO)薄膜的玻璃，并以此玻璃为作照光面。

(2) 沉积非晶硅薄膜，并依序以 P-i-N 结构形式层叠在透明导电氧化物薄膜之上。

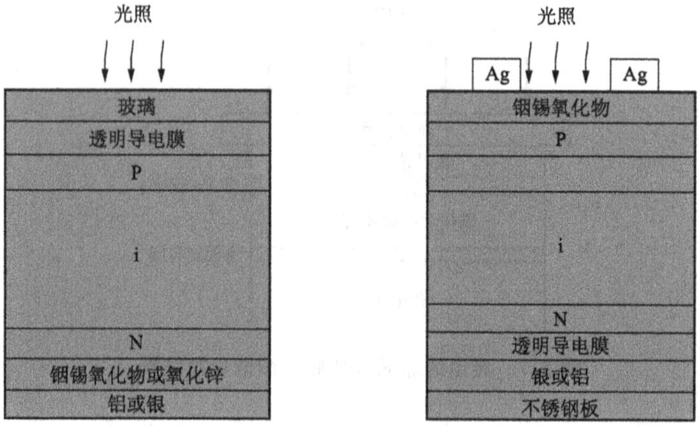


(a)顶结构：衬底面为光照入射面　　(b)衬底结构：衬底位于光照的另一面

**图 5.9** 非晶硅薄膜太阳能电池的结构

(3) 再次在非晶硅 P-i-N 结构上沉积透明导电氧化物薄膜。

(4) 沉积背电极，以作为电子引出的金属层。

在顶结构中，透明导电氧化物薄膜一般采用掺氟的二氧化锡($SnO_2$:F)、铟锡氧化物($In_2O_3$:Sn，简称 ITO)以及掺铝的氧化锌(ZnO:Al)，且可通过增加其表面粗糙度，使太阳光能有效地散射至 P-i-N 中，以达到有效的光使用率。

底结构的示意图如图 5.9(b)所示，其制作流程如下[13,14]：

(1) 以不锈钢板或镀上金属膜的聚合物薄膜作为背电极，用来承载非晶硅薄膜太阳能电池。

(2) 沉积粗糙的金属膜或透明导电氧化物薄膜，作为被反射层，并同时提升光的反射率，从而增加光的使用率。

(3) 沉积非晶硅薄膜，并依序以 N-i-P 结构形式层叠在透明导电氧化物薄膜之上。

(4) 沉积上电极，以透明导电氧化物薄膜与金属膜构成。

需注意的是，顶结构与底结构最大的不同之处在于顶结构以玻璃衬底作为透光层，而底结构则是以披覆在 P-i-N 结构上的透明导电膜作为透光层。为了增加防反射的效果，底结构所使用的透明导电膜的厚度必须控制在 70～80 nm。此外，顶结构与底结构所使用的透明导电膜都必须具有低的电阻值，降低接触电阻，进一步降低串联电阻 $R_s$。同时，为了不使已沉积完成的 P-i-N 结构非晶硅层受到影响，透明导电薄膜的制备温度需低于 P-i-N 结构的制备温度。

为了提高内建电场,降低接触电阻,N层部分可改用微晶结构。当N层改为微晶结构时,需在i-N结构中,插入额外的缓冲层,用来缓和i-N结构间的带隙变化。

目前的非晶硅薄膜太阳能电池是以顶结构为主,因顶结构太阳能电池只需背面封装,除了可节省封装材料之外,更可简化封装程序。此外,还因光线是由玻璃端射入,无需担心封装材料因阳光长时间的照射而发生变质,造成透过率降低。

4. 大厂的范例

以量产非晶硅薄膜太阳能电池为主的日本Kaneka公司为例,其所生产的非晶硅薄膜太阳能电池采用顶结构,且效率可达到稳定的7%。图5.10所示即为Kaneka公司所提出的非晶硅薄膜太阳能电池结构示意图[13]。

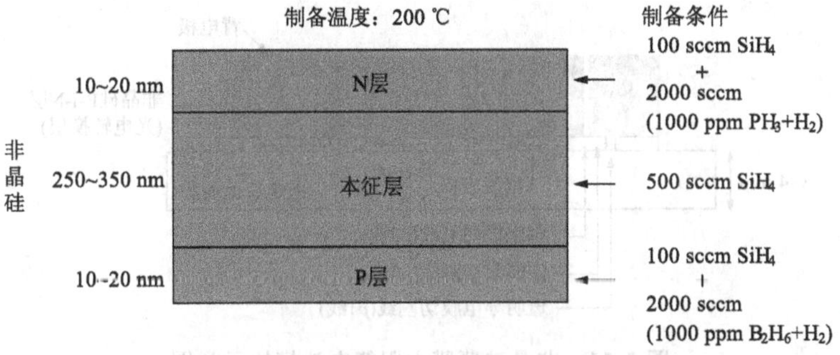


**图 5.10** Kaneka公司提出的非晶硅薄膜太阳能电池

为了提高内建电场以及电流匹配的功效,日本Kaneka公司所提出的P-i-N结构厚度分别为10～20 nm、250～350 nm以及10～20 nm,按此厚度完成的非晶硅薄膜太阳电池模块,在标准光源AM 1.5的照射下,开路电压可达43.1 V,短路电流可达1240 mA,填充因子可达0.68,其最大的输出功率可达36.3 W。

制作条件是制备温度为200℃,功率为500 W,腔体压力为0.5 torr,通入500 sccm的$SiH_4$以沉积i层100 sccm的$SiH_4$以及腔体压力为1 torr的情况下,分别通入2000 sccm的$PH_3$以及2000 sccm的$B_2H_6$,分别制作N层以及P层。注意,在通入$PH_3$以及$B_2H_6$气体的过程中,需要通入氢气稀释成1000 ppm的浓度。

# 5.6 非晶硅薄膜太阳能电池制备

## 5.6.1 非晶硅薄膜太阳能电池的模块化

在非晶硅薄膜太阳能电池中，由于单一电池的电压很小，因此需将单一电池串联成模块，以增大工作电压。在串联过程中，每一个电池的负端接到下一个电池的正端，完成电流传导路径的建立。图 5.11 所示为非晶硅薄膜太阳能电池模块示意图[14~16]，主要是由玻璃衬底、透明导电膜、P-i-N 半导体层与金属层所形成的光电转换层及背电极四个部分所组成，并通过制备过程中的三道激光切割进行内部串联(Interconnection)动作。

下面利用图 5.12 说明非晶硅薄膜太阳能电池的制备过程[1~5]：

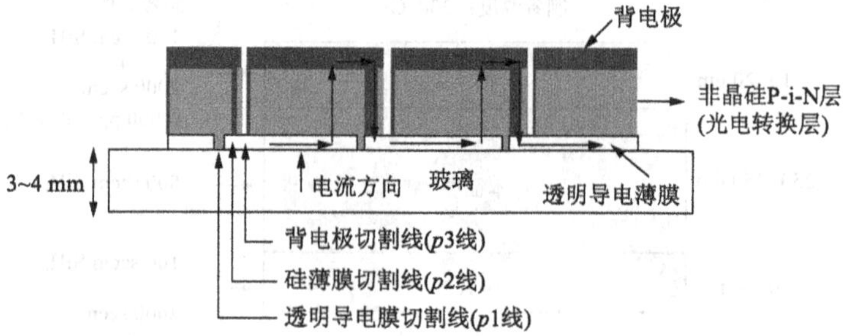


**图 5.11** 非晶硅薄膜太阳能电池模块示意图

(1) 玻璃清洗。

(2) 在 3～4 mm 的玻璃上沉积具有支构面的透明导电膜。

(3) 使用 1064 nm 的红外线激光切割断路线。

(4) 依序沉积 P-i-N 的单结非晶硅层。

(5) 使用 532 nm 的绿光激光切割非晶硅 P-i-N 层的短路线。

(6) 借由溅镀系统所溅镀出的透明导电膜及高折射率的金属构成背电极。

(7) 使用 532 nm 的绿光激光切割背电极到非晶硅 P-i-N 层的断路线，形成单一的电池。

(8)～(12) 经由铜线连接，用 EVA 胶与背板层压方法接上接线盒完成非晶硅薄膜太阳能电池的模块化制备。

由上述过程可知，制作非晶硅薄膜太阳能电池模块的过程有三个主要关键

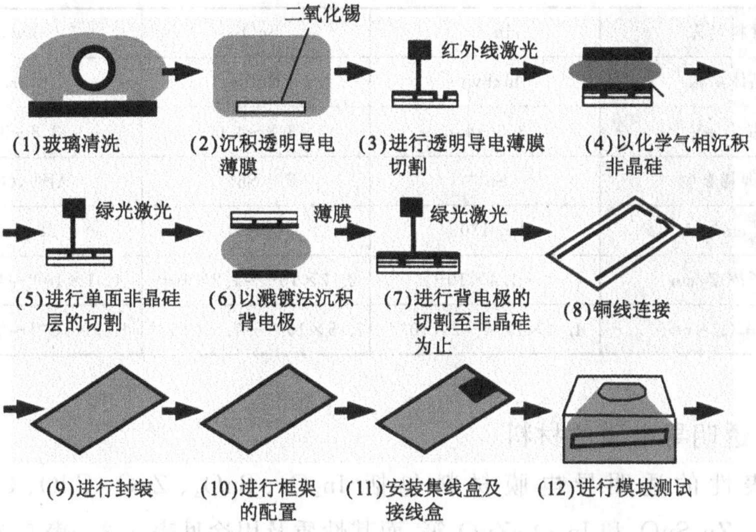


图 5.12 非晶硅薄膜太阳能电池模块的制备过程图解说明

技术,分别是透明导电膜、非晶硅薄膜、激光切割技术。以下将分别说明这些关键技术及其常用的制备方式。

## 5.6.2 透明导电膜技术

### 1. 透明导电膜的要求

对应用于非晶硅薄膜太阳能电池的透明导电膜而言,其所拥有的电性、耐久性、透光性与陷光结构(Light Trapping),将直接影响非晶硅薄膜太阳能电池的转换效率和使用寿命。此外,透明导电膜的电阻与串联电阻的损失更是直接相关。表 5.3 所示为常见的应用于太阳能电池的透明导电膜。应用于太阳能电池时,其所需的基本规格为[17]:

(1) 电性:低电阻率 $10^{-3}\sim10^{-4}\ \Omega\cdot cm$。

(2) 透光性:在可见光区(380～780 nm)穿透率达 85%以上。

(3) 对玻璃衬底的附着力强,且有耐高温、化学等稳定性。

(4) 表面粗糙度要达 10%左右的雾度(Haze)。

表 5.3　常见应用于太阳能电池的透明导电膜

| 材料名称 | $In_2O_3$ | $SnO_2$ | ZnO |
|---|---|---|---|
| 晶体结构 | bixbyite | Rutile | wurtz |
| 带隙/eV | 3.5～4.0 | 3.8～4.0 | 3.3～3.6 |
| 主要掺杂物 | $Sn^{4+}$ | $F^-$，$Sb^{5+}$ | $Al^{3+}$，$Ga^{3+}$ |
| 迁移率/[$cm^2$/(V·s)] | ～130 | 18～31 | 28～120 |
| 载流子浓度/$cm^{-3}$ | $\sim1.4\times10^{21}$ | $2.7\times10^{20}\sim1.2\times10^{21}$ | $1.1\times10^{20}\sim1.5\times10^{21}$ |
| 电阻率(Ω·cm) | $4.4\times10^{-5}\sim2\times10^{-4}$ | $7.5\times10^{-5}\sim7.5\times10^{-4}$ | $1.9\times10^{-4}\sim5.1\times10^{-4}$ |

2. 透明导电膜的材料

代表性的透明导电膜材料包括 $In_2O_3$、$SnO_2$、ZnO、CdO、$CdIn_2O_4$、$Cd_2SnO_4$、$Zn_2SnO_4$和 $In_2O_3$-ZnO 等，而其性质及用途见表 5.3。表 5.3 所列的氧化物半导体薄膜，其带隙值皆在 3 eV 以上，波长 400 nm(紫外线)以下的光可使价带的电子激发到导带，并可在能带间迁移的过程中，形成光吸收效应。

3. 透明导电膜的制备

透明导电膜制备可分为物理沉积以及化学法两种方式[2,5,19]。

(1) 物理沉积：热蒸发(Thermal Evaporation)、电子束蒸发(E-beam Evaporation)、直流溅发( DC Sputtering )、射频溅发(RF Sputtering)。

(2) 化学法：喷雾热分解法(Spray Pyrolysis)、浸染法(Dip Coating)、溶胶凝胶法(Sol-gel)、涂覆法(Spin Coating)、化学气相沉积法(Chemical Vapor Deposition，CVD)等。

物理气相沉积法所得的透明导电薄膜具有较好的均匀性及光电特性。以下将简述几种物理沉积以及化学法的制备方式。

1) 溅镀法

溅镀法是最常用的物理沉积制备方式。图 5.13 所示为溅镀机腔体示意图，利用一组直流电源供应器提供能量，并在镀膜前先将腔体抽真空至背景压力。通常背景压力为 10 Torr 左右。当达到背景压力时，即可开始进行镀膜。

溅镀法主要是利用气体的溅击来进行沉积的动作，主要的制备气体为氩气。当通入氩气时，Ar 离子受电场的影响，溅击靶材，而受溅击的金属原子则沉积在衬底上，从而完成薄膜沉积的动作。当靶材材料是低导电性或绝缘材料

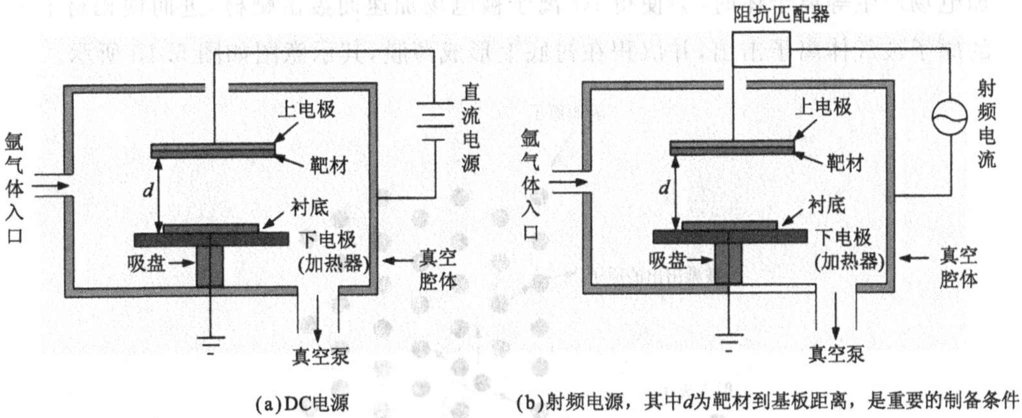


图 5.13　溅镀机腔体示意图

时，需要通过交流放电系统进行薄膜沉积，即射频(Radio Frequency)法。常用的射频产生器的频率为 13.56 MHz。与直流溅镀机最大的不同是射频溅镀机必须要有阻抗匹配器(Impedance Matching Network)置于腔体与射频产生器之间，以达到射频阻抗匹配的功用[17]。

溅镀具有所谓的低压放电现象，可大致分成暗放电(Dark Discharge)区、辉光放电(Glow Discharge)区及电弧放电(Arc Discharge)区。在辉光放电区，主要是进行薄膜溅镀沉积，其低压放电现象如图 5.14 所示。其中，镀膜的来源靶材放在阴极，而用以成膜的衬底则是放在阳极。当利用氩气作为制备气体且施

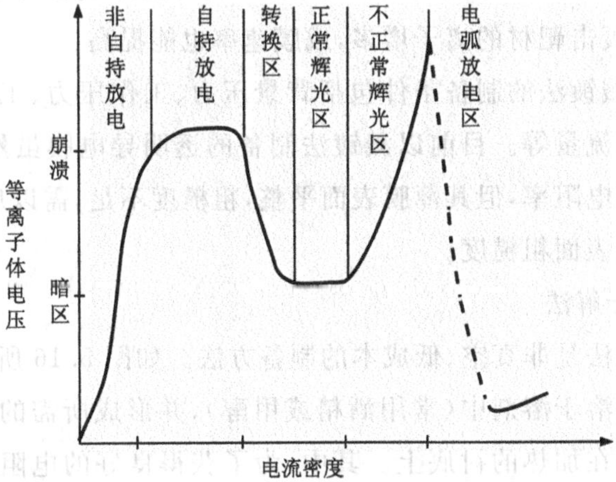


图 5.14　直流低压放电现象

加电场产生等离子体时，会使得 Ar 离子被电场加速而轰击靶材，进而使靶材上的原子被气体离子击出，并沉积在衬底上形成薄膜，其示意图如图 5.15 所示。

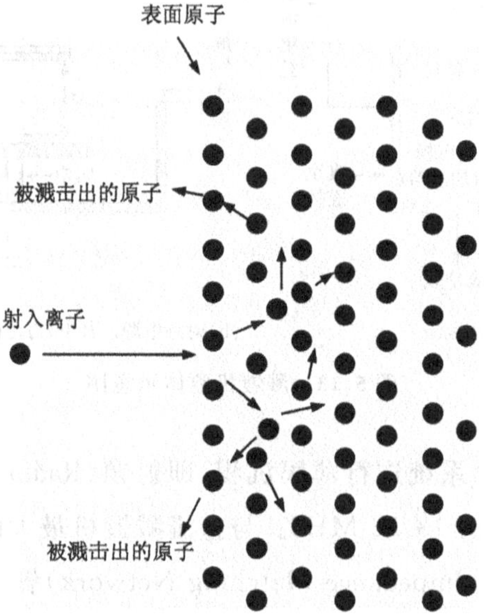


图 5.15 溅镀过程中靶材受到离子轰击的示意图

当射频溅镀放电产生自偏压(Self Bias)现象时，由于靶材的电位大部分时间都处于负值状态，进而使得溅镀过程中的离子轰击(Ion Bombardment)持续不断，从而形成与直流放电一样的效果。此外，为了增加气体离化率及提高等离子体密度，可于靶材下方安装磁铁，其所形成的磁力线会将电子局限在靶材表面空间，使得轰击靶材的离子增多，成膜速率也能提高。

综上所述，溅镀法的制备条件包括背景压力、工作压力、工作功率(密度)、衬底温度和气体流量等。目前以溅镀法制备的透明导电膜虽然可以得到良好的光透过率与低电阻率，但其薄膜表面平整，粗糙度不足，需以后续的湿式刻蚀法来提高薄膜的表面粗糙度。

2) 喷雾热分解法

喷雾热分解法是非真空、低成本的制备方法。如图 5.16 所示，将制备透明导电膜的材料先溶于溶剂中(常用酒精或甲醇)，并形成所需的浓度，再经由适当压力的喷嘴喷在加热的衬底上。其中，为了获得良好的电阻率及光透过率，需要适当地控制喷出量及衬底的温度，衬底温度变化太大会影响到导电膜的特性。此外，以高温裂解喷涂法制备的透明导电膜在良好控制下，得到的电阻率

约为 $10^{-4}\ \Omega\cdot cm$。

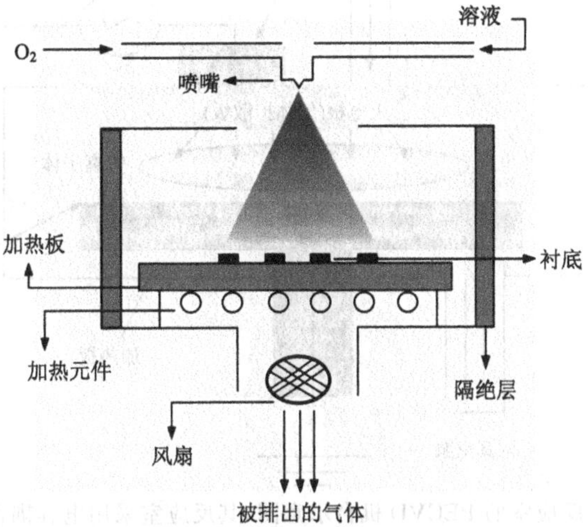


**图 5.16** 喷雾热分解法示意图

## 5.6.3 非晶硅薄膜制备技术

1. 等离子体增强型化学气相沉积

等离子体增强型化学气相沉积法(Plasma-Enhanced Chemical Vapor Deposition,PECVD)最大的优点是可在低温下沉积非晶硅薄膜,其机台示意图如图 5.17 所示。常用的射频产生器的频率为 13.56 MHz,但也可以是 27.12 MHz、40.68 MHz 或 68 MHz 等。因此也需要有能快速反应的阻抗匹配器来实现等离子体阻抗与射频产生器阻抗间的匹配,以避免功率自反应室反射。

图 5.17 所示为单反应室,在沉积 P-i-N 层会有掺杂污染的状况发生。解决方法是沉积 P 层后清洗反应室;或是使用连续但分离的三个反应室。此外,上电极(包含射频电极与气体扩散板)与下电极(加热器)的设计都会影响到等离子体的均匀度,进一步影响到薄膜的均匀度。

等离子体增强型化学气相沉积原理简述如下[17,19]:

(1) 气体或气相源材料引进反应腔体内。

(2) 源材料扩散穿过边界层并接触衬底表面。

(3) 源材料吸附在衬底表面上。

(4) 吸附的源材料在衬底表面上移动。

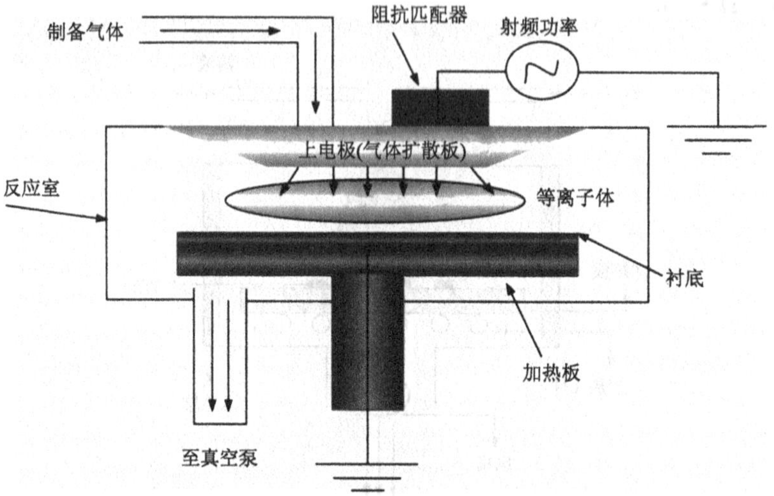


**图 5.17** 单反应室的 PECVD 机台示意图,其反应室采用电容耦合等离子体。在沉积 P 层后,必须先清洗再沉积 i 层,以避免 B 掺杂污染

(5) 在衬底表面上开始化学反应

(6) 固体产物在衬底表面上形成晶核。

(7) 晶核生长成岛状物。

(8) 岛状物合并成连续薄膜。

(9) 其他气体副产品从衬底表面上脱附释出。

(10) 气体副产品扩散过边界层。

(11) 气体副产品流出反应腔体。

由上述的沉积原理可知,化学气相沉积法的制备条件包括工作压力、工作功率(密度)、衬底温度和气体流量等。而控制以上因素,是为了得到高沉积速率与良好的厚度均匀度。为了获得高沉积速率与更有效的制备气体使用率,需要:

(1) 高密度等离子体。

(2) 低的电子温度。

等离子体增强型化学气相沉积法中,在制备操作压力为 $10^{-1}$～$10^{-6}$Torr,温度在 100～400℃的情况下,可有效地将硅烷($SiH_4$)气体通过加热离化成硅原子与氢原子。若通入大量氢气,可通过改变硅烷气体与氢气的流量稀释比例,使薄膜内的非晶结构转化成微晶结构,进而降低光致衰退效应。

2. 滚轮式镀膜机台

非晶硅薄膜也可以用溅镀法进行沉积，但以溅镀法制备的非晶硅薄膜因含有大量的缺陷，使其受限于光电特性不佳而影响其在太阳能电池领域的应用。然而，近几年来利用柔性衬底结合太阳能电池的趋势，是未来非晶硅太阳能电池的研发重点。其中，滚轮式镀膜机台可依客户的需求制作不同尺寸的面积，机台示意图如图 5.18 所示。滚轮式镀膜机台是一种高效能、连续性的生产方式，主要用于专门处理柔性薄膜，该类薄膜或软板从圆筒状的料卷卷出后，再在软板上加入特定用途的功能，或在软板的表面进行加工，最后，再卷成圆筒状或进行裁切。良好的滚轮式镀膜机台应具备软性基材输送速度控制、张力控制、吸附夹持、视觉对位及精密定位等功能。利用滚轮式镀膜机台可降低生产成本，其未来发展受到广泛瞩目[7]。

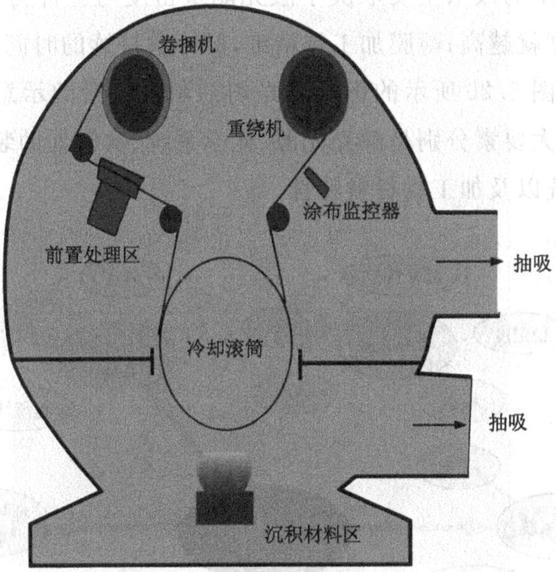


**图 5.18** 滚轮式镀膜机台示意图，其衬底常用不锈钢或塑胶等柔性软板

## 5.6.4 激光切割技术

非晶硅太阳能电池模块关键制备中，除了对硅薄膜镀膜质量的要求外，良好的激光切割技术及设备也会决定硅薄膜太阳能电池的质量及转换效率。

激光切割的加工机制如图 5.19 所示，利用激光束对材料进行剥除。当入射激光接触薄膜表面后，薄膜即能吸收光束能并将其转为热能，进而达到熔解温度或汽化温度。当薄膜达到熔解温度或汽化温度时，即可进行薄膜剥除熔解、汽化[15]。

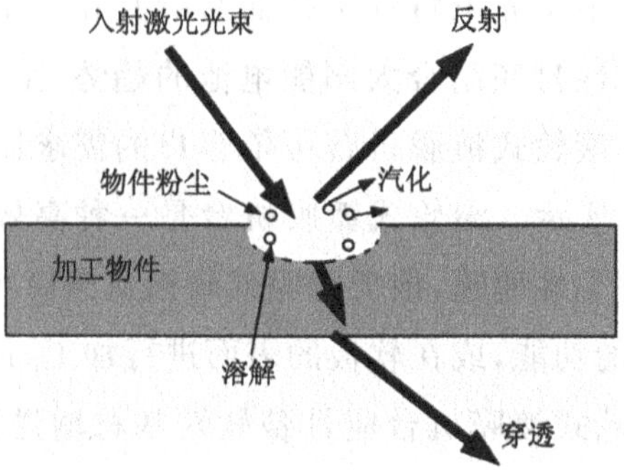


图 5.19 激光切割加工机制

激光加工技术的效果主要取决于激光能量密度与脉冲持续时间。聚焦面积越小，能量密度就越高；薄膜加工越精细，脉冲所持续的时间就越长。通过以上各点可归纳出图 5.20 所示的影响激光切割制备要素的示意图，图中显示影响激光切割的六大要素分别是激光光源、光学系统、吹气辅助装置、平台控制系统、抽气除尘系统以及加工物材料特性。

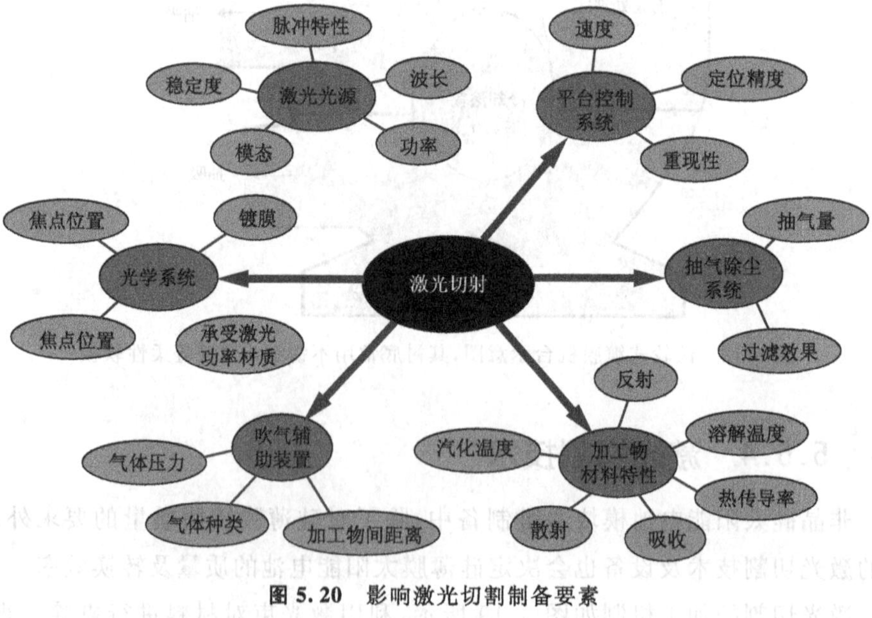


图 5.20 影响激光切割制备要素

激光表面切割在非晶硅薄膜太阳能电池制备流程中总共执行三次，分别是切割透明导电膜、非晶硅光电转换层以及电极。在前述的非晶硅薄膜太阳能电池模块制备中，首先使用波长为 1064 nm 的激光对透明导电膜层切割画线，再用波长为 1064 nm 的激光进行非晶硅光电转换层的切割，最后使用波长为 532 nm 的激光进行背电极层画线。激光加工制备必须考虑薄膜对激光波长的吸收特性，并选择适当的波长，使薄膜能有效地吸收激光束。图 5.21 所示为透明导电膜层、非晶硅、微晶硅及单晶硅激光吸收系数与波长关系图[1,4]。其中，使用 532 nm 激光的目的除了可切割背电极外，同时还可避免切割到透明导电膜层。在进行第二道及第三道激光切割时，剥除过程不能破坏下层的透明导电膜。需注意过大的激光能量虽然容易将硅薄膜层去除，但会造成透明导电膜光电特性变差，及硅薄膜层侧壁的再结晶(Recrystallization)，导致漏电流变大，造成器件或模块效率降低。

激光脉冲所需能量密度及激光频率范围需结合划线速度、薄膜厚度及特性计算得到。在激光的切割过程中，激光的连续脉冲在移除器件上特定膜层的材料时，会形成图 5.22 所示的连续圆形凹槽。单次激光的脉冲对加工膜层作用的有效面积约为 $A$，其中 $\Delta X$ 为相邻脉冲圆心距离，$R$ 为脉冲直径[18]。因此要得到均匀的切割深度与宽度，需满足两个条件：

(1) 调整每个脉冲能量密度以足够将 $A$ 上特定厚度的材料移除。

(2) 使参数调整为 $\Delta X \leqslant$ 直径 $R$，再适当搭配激光脉冲频率 $f$ 与加工速度 $v$。

激光脉冲频率 $f$ 与加工速度 $v$ 的关系式如下：

$$\Delta X = v \times \frac{1}{f}$$

关于薄膜太阳能电池的激光切割技术，每一个厂商都有其特定的制备方式。Sanyo 公司的透明导电膜的激光切割技术，主要着重于调整激光能量密度以达到所需的阻绝度。图 5.23 所示为将 $\Delta X/R$ 固定在 0.56 的情况下，调整激光能量密度以检测切割后的阻值响应[14]。图中实线与虚线部分分别表示 $SnO_2$ 薄膜在激光切割后再行退火与未退火处理的阻值曲线，其中退火温度为 550℃，所使用的激光为波长 1.064 μm 的 Q 切换的铝石榴石(Q Switched-YAG)激光。未退火与退火后的 $SnO_2$ 的阻值呈现对比的现象。对于未退火的 $SnO_2$ 薄膜而言，激光光速的辐射能量将促使 $SnO_2$ 转换成绝缘物质 SnO。然

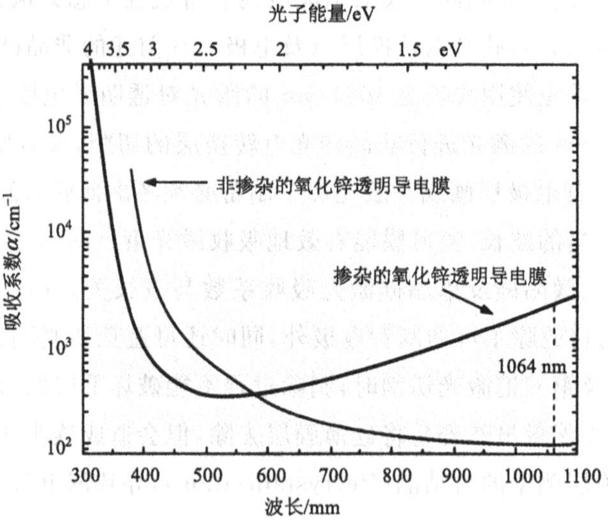


(a)透明导电膜材料氧化锌

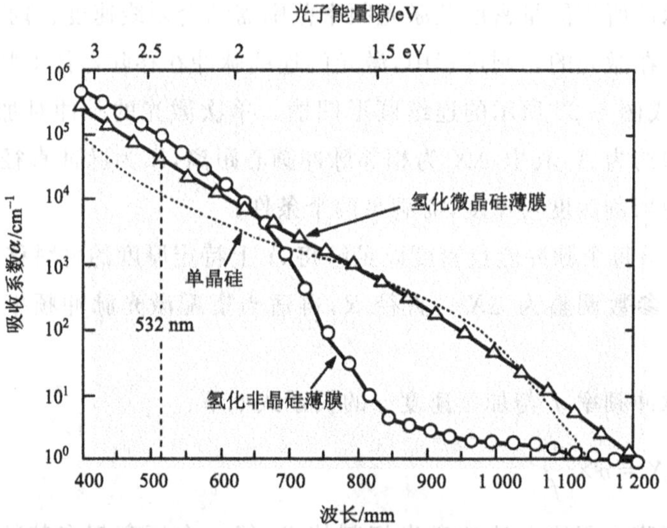


(b)非晶硅、微晶硅及单晶硅吸收系数与波长关系图

图 5.21

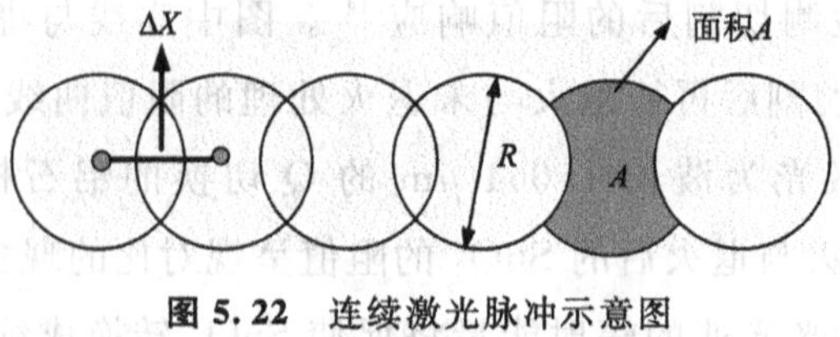


图 5.22　连续激光脉冲示意图

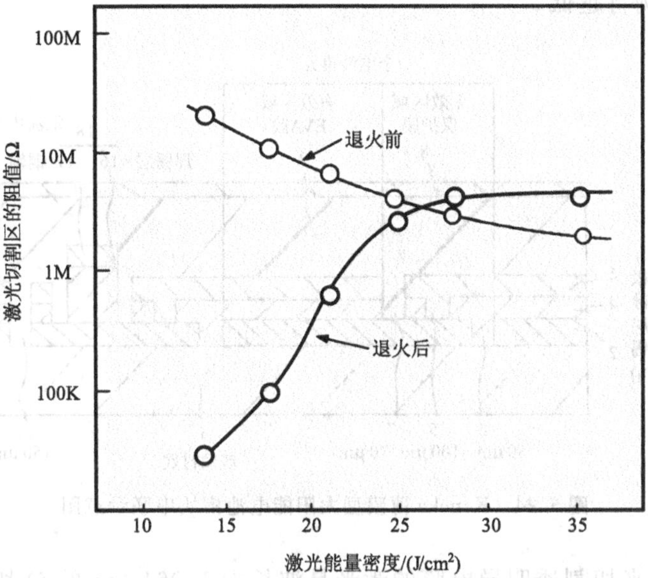


**图 5.23** 激光能量密度与切割后的阻值关系

而，随着激光能量密度的提升，经过透明导电膜穿至玻璃衬底的激光能量数也将随之增加，将造成衬底中的杂质挥发，进而沉积在绝缘物质 SnO 的表面，此杂质是透明导电膜阻值下降的主要原因。反之，退火处理，使得绝缘物质 SnO 以及杂质产生本质上的变化，进而造成阻值曲线与未退火的 $SnO_2$ 阻值呈现相反的斜率变化。切割后的透明导电膜的隔绝阻值大于 1 MΩ。因此，为了获得具有良好隔绝度的透明导电膜电池，其所使用的 $\Delta X/R$ 以及激光能量密度只要分别为 0.56 以及 21 $J/cm^2$，即可达到所需的阻绝度。

Kaneka 公司的薄膜太阳电池的激光切割技术着重于开路孔径的大小，由此提升光电转换效率[15]。图 5.24 所示为 Kaneka 制作的薄膜型太阳能电池模块示意图[15]。图中数字所代表的意义如下：1 为玻璃衬底；2 为厚度 800 nm 的 $SnO_2$；3 为透明导电膜的激光切割宽度，其大小为 50 μm；4 为光电转换层；5 为光电转换层的激光切割宽度，其大小为 100 μm；6 为背电极薄膜；7 为背电极的激光切割宽度，其大小为 70 μm。需注意的是，该重叠部分的宽度皆为 100 μm。其中，被切割的部分将无法产生电力而变成无效区域，而其余的有效区域仍可继续发电。当一个电池单元的大小为 8 mm 时，无效区域约 400 μm，而有效区域约 7600 μm，即无效区域占整个电池的 5%左右。激光越精密，所损失的无效区域比例将越低。

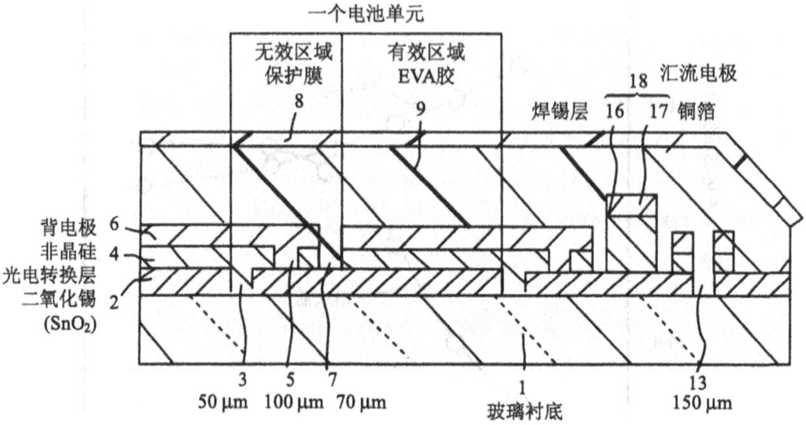


**图 5.24** Kaneka 薄膜型太阳能电池模块串联示意图

其中,用来切割透明导电膜的激光是波长为 1.064 μm 的 Q 切换的铝石榴石激光,而切割背电极以及光电转换层的激光是 Q 切换的铝石榴石激光的倍频 532 μm。随着激光切割宽度的不同,其所使用的参数亦有所不同。当激光切割宽度为 50～100 μm 时,使用 Q 切换的铝石榴石激光切割背电极以及光电转换层的详细参数如下:振荡频率为 3kHz,平均输出功率为 500 mW,激光脉冲宽度为 10 ns,玻璃衬底与激光切割的相对移动速度为 3.5 μm/min。而当激光切割宽度大于 100 μm 时,其用以切割背电极以及光电转换层的 Q 切换的铝石榴石激光参数如下:振荡频率为 10 kHz,平均输出功率为 1.5 W,激光脉冲宽度为 50 ns,玻璃衬底与激光切割的相对移动速度为 200 mm/s。利用上述参数完成的薄膜太阳电池模块在标准光源 AM 1.5 的照射下,开路电压可达 44.2 V,短路电流可达 1240 mA,填充因子可达 0.68,其转换效率更可高达 9%。

## 5.7 非晶硅薄膜太阳能电池的封装技术

图 5.25 所示为非晶硅薄膜太阳能电池封装示意图,对非晶硅薄膜太阳能电池进行封装时,可分为以下步骤[4,5]:

(1) 将焊条(Ribbon)(即铜箔接线)焊接在太阳能板背面两侧电极。

(2) 将焊条引至面板中央位置,注意与面板背金属层的绝缘。

(3) 将太阳能板以 EVA 胶与背板材料层压贴合并固化，作为焊条的铜箔接线必须在贴合前穿过 EVA 及背板。

(4) 将焊条焊接在接线盒上，并将接线盒固定在太阳能板上。

(5) 最后，将四边装上铝框，即完成非晶硅薄膜太阳能电池的封装。

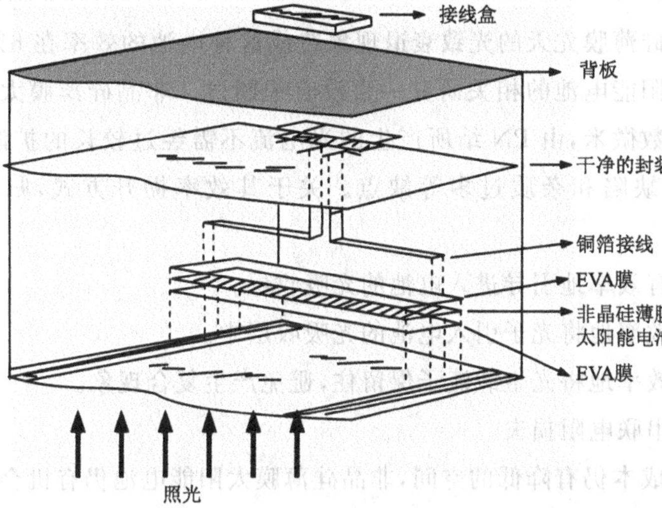


图 5.25 非晶硅薄膜太阳能电池封装示意图

此外，在封装过程中，有三个步骤需特别注意：铜箔接线；层压；固化。其中，在切割完非晶硅太阳能电池模块后，需用铜箔接线的方式，将各个非晶硅太阳能电池模块并联。在铜箔接线的过程中，需注意以下几点：

(1) 总电流与最小电池模块产生的电流需一致，所有已切割完成的非晶硅太阳能电池模块大小需一致。

(2) 铜箔接线的焊接尽量一次完成，若反复焊接，位于模块上的电极将容易脱落。

(3) 铜箔接线的焊接点需均匀，以避免后续封装的困难度。

最后，将铜箔接线汇集成一条正电极与一条负电极。需注意，在铜箔接线的过程中，可以用焊锡预焊的方式，加强铜箔接线与太阳能电池的附着能力。

在层压与固化的过程中，比照玻璃面积的尺寸裁制乙烯和乙酸乙烯酯的聚合物(EVA 胶)以及背板，并接着以玻璃-EVA-电池-EVA-背板的层叠方式进入层压机中，进行层压。封装成败的关键在于如何消除 EVA 胶中的气泡。当出现气泡时，即表示工作温度过高或是抽气时间过短。因此，需重新设置工作参数，如调整工作温度及抽气层压的时间。

## 5.8 研发趋势

虽然非晶硅薄膜先天的光致衰退现象造成这种电池的效率在6%左右，但非晶硅薄膜太阳能电池的相关研究一直没有中断过。非晶硅薄膜太阳能电池所需的厚度仅数微米，由PN结所产生的光电流不需经过较长的扩散距离，可避免材料中的缺陷和杂质过多等缺点。关于其效率提升方式，归类为以下几点：

(1) 光能有效率地引导进入电池的光吸收层。

(2) 更有效率地将光子引入电池的光吸收层中。

(3) 更有效率地将光生载流子保留住，避免产生复合现象。

(4) 减少串联电阻损失。

由于生产成本仍有降低的空间，非晶硅薄膜太阳能电池仍有机会成为下一代的主流产品。降低非晶硅薄膜太阳能电池成本的技术包括：

(1) 提高器件的转换效率。

(2) 提高沉积速率。

(3) 更有效地使用制备气体。

关于提高转换效率的部分，可利用多结结构来提高太阳能电池的效率。举例来说，a-Si:H/a-SiGe:H/a-SiGe:H 的叠层方式即是利用三结叠成，形成高效率非晶硅薄膜太阳能电池，如图5.26所示[1,4]，其中各层的带隙需满足 $E_{g1} \geqslant E_{g2} \geqslant E_{g3}$。上述的结构除了可以增加光吸收范围，提高转换效率外，由于 $H_2$ 稀释在电池里还能有效地抑制光致衰退效应。注意，在三结结构中，其厚度与带隙大小有关。详细的设计方式将在下一章进行说明。Canon Ecology公司研发部门的研发方向着重于a-Si:H/a-SiGe:H/a-SiGe:H的多结叠层太阳能电池，如图5.26所示。然而，该结构仍有需解决的制备问题[20,21]：

(1) 高质量的非晶硅半导体膜通常会导致非常低的沉积速率(0.1～0.5 nm/s)；

(2) 含氢非晶硅锗膜比含氢非晶硅膜相比具有更明显的光致衰退效应。

(3) 当沉积速率提升时，含氢非晶硅锗膜的品质变差。

(4) $GeH_4$ 制备气体非常昂贵，且由于 Si 与 Ge 原子晶格常数不匹配，当 $GH_4$ 含量变多时，不易与 $SiH_4$ 形成稳定键合。

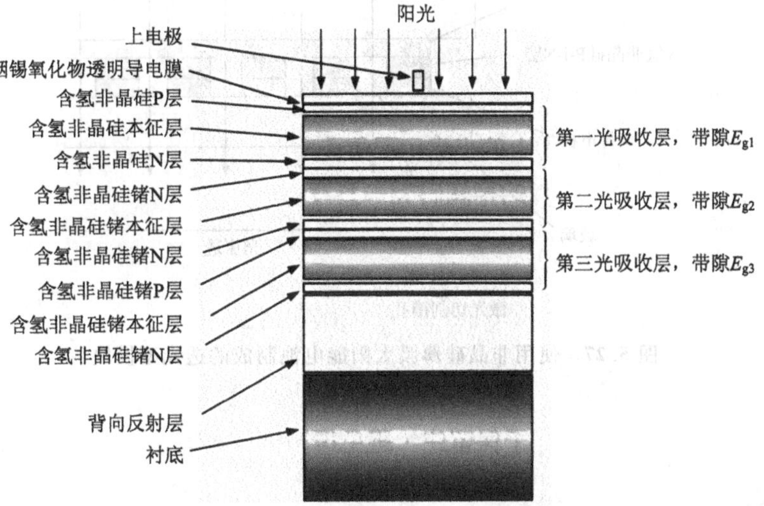


**图 5.26** a-Si:H/a-SiGe:H/a-SiGe:H 的多层多结叠层太阳能电池

非晶硅太阳能电池产品的市场可着眼于整合于建材的建筑一体化产品，除了可使目前的住宅有效减少传统发电的能源损耗之外，更可以提高对环境的保护。以日本发展光电产业的趋势而言，目前的发展策略是将太阳能电池配置在住宅屋顶。对于太阳能光电市场而言，利用公司或工厂的墙壁、公共设施或建筑的构造等发展出不同的太阳能应用系统是很重要的一件事。由前几节的探讨中可知，在一些应用上，非晶硅薄膜太阳能电池很适合进行大面积的制备。

图 5.27 所示为使用非晶硅薄膜太阳能电池制成的透光型模块的结构。对每个太阳能电池单元进行 2 mm 切割，虽然切割造成的无效区域将变大，但通过背电极的激光切割线，模块可以提高光线的透过率。

该模块对激光切割的要求更精准，所产生的串联电阻损失也要考虑。通过改变透明线的数目或宽度，可以得到不同的无效区域与有效区域的比例，进而产生不同的透明微影。

到目前为止，透光型非晶硅太阳能电池模块已经实际应用在住宅的玻璃上。

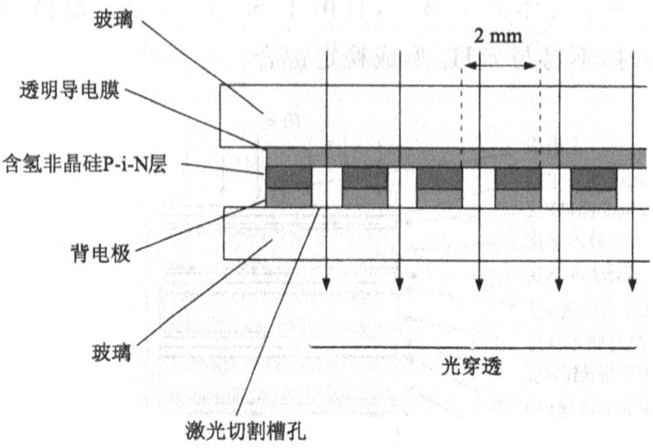


图 5.27 使用非晶硅薄膜太阳能电池制成的透光型模块

## 5.9 结 语

早期硅薄膜太阳能电池的光吸收层材料主要是以非晶硅为主，其具有制备温度低(～250℃)、可成长在不同衬底上(如玻璃、陶瓷、金属、高分子膜等)与光/暗导电度比值高等优点。虽然非晶硅薄膜先天的光致衰退现象造成这种电池的效率在6%左右，但由于生产成本仍有降低的空间，非晶硅薄膜太阳电池仍有机会成为下一代的主流产品。其未来的研发趋势如下：

(1) 高效率薄膜电池：长期光照稳定的高效率电池(>10%)。

(2) 高沉积率与高质量制备：具有高沉积速率(>20Å/s)的微晶硅薄膜技术。

(3) 大面积设备：大面积(5代面板以上)高均匀性薄膜沉积设备的开发。

(4) 封装技术规格化与认证：大面积的模块在封装时尽可能采用标准规格来达到模块认证的要求。

## 专有名词

1. **非晶硅(Amorphous Silicon)**：具有非结晶体结构的硅材料，称为非晶硅。

2. **悬挂键(Dangling Bond)**：一种未键合的化学键，并具有相当的活性值，容易与其他原子产生键合作用。

3. **Mott-CFO 模型(the Model of Mott-CFO)**:在一个原子的最邻近处,可以应用结晶硅材料的能带理论来解释非晶硅材料的短程有序的结构;反之,在次邻近与稍远处,由于原子排列有所差异,其也可表示为晶格混乱对晶体能带中电子态密度的一种微扰,进而使得能带出现带尾结构。

4. **Mott-Davis 模型(the Model of Mott-Davis)**:在该理论模型中,非晶硅材料的带尾被认为很窄,无法形成任何交叠结构,即表示带尾并未延伸到带隙的内部;然而,由于大量的晶格缺陷存在于非晶硅材料中,因此,在带隙的中间需引入一个缺陷定域带。

5. **Stabler-Wronski 效应(Stabler-Wronski Effect)**:非晶硅材料经光照后,导致其光电导和暗电导值同时下降,以保持其稳定性;然而,经由 150～200℃的热处理后,非晶硅材料的电特性即可恢复原来的状态。

6. **禁止带(Forbidden Gap)**:当电子在具有禁止带隙的半导体中运动时,其行动便会受到限制,而无法自由移动。

7. **等离子体(Plasma)**:电离化的气体,其正负离子密度大体相等,使系统呈电中性。

8. **复合损失(Recombination Loss)**:因材料本身不稳定的悬挂键及缺陷密度,使自由载流子在其中结合所造成的损失。

9. **本征(Intrinsic,i Layer)**:即本征半导体,不做任何的掺杂。

10. **透明导电氧化物(Transparent Conductive Oxide,TCO)**:透明且导电的半导性材料,其在可见光区(380～780 nm)的透过率在 85%以上,且其电阻率介于 $10^{-3}$～$10^{-4}$ Ω·cm 之间。

11. **辉光放电(Glow Discharge)**:低压状态的等离子体放电发光现象。

12. **电弧放电(Arc Discharge)**:一种气体放电现象,电流通过某些绝缘介质(如空气)所产生的瞬间火花。

13. **等离子体增强式化学气相沉积(Plasma Enhanced Chemical Vapor Deposition)**:反应气体获得能量进行化学反应,因为快速且温度低,已逐渐成为主要的半导体薄膜沉积工具。

14. **溅镀法(Sputter)**:溅镀的基本原理是用加速的离子轰击固体表面,离子在和固体表面的原子交换动量之后,就会从固体表面溅出原子,此现象为溅射(Sputtering)。

15. **激光(Laser)**:窄幅频率的光辐射线,通过受激辐射放大和必要的反馈共振,产生准直、单色(Monochrome)、相干(Coherent)的光束的过程及仪器。

## 本章习题

1. 目前业界最常用于制作非晶硅薄膜的方式有哪些?其优缺点为何?

2. 说明 Mott-CFO 模型以及 Mott-Davis 模型的差异性为何?

3. 说明经硅烷分解所得到的非晶硅薄膜有哪几种缺陷?

4. 说明基本的单结非晶硅薄膜太阳能电池结构为何?

5. 说明传统硅基太阳能电池与非晶硅薄膜太阳能电池在结构上与电流的产生机制上有何不同?

6. 说明目前制备透明导电膜的制备方式有哪几种?

7. 说明应用于透明导电膜以及非晶硅薄膜的激光切割有何不同?

8. 说明非晶硅薄膜太阳能电池结构的发展趋势为何?

9. 目前的非晶硅薄膜太阳能电池模块效率为 5%,则 $20m^2$ 的面积可产生多少电力?

10. 在面积为 $1.4\times1.1m^2$ 的玻璃衬底上使用 PECVD 沉积非晶硅薄膜,发现薄膜非常不均匀,可能的原因为何?

11. 非晶硅薄膜太阳能电池模块提高 1%的效率,则产生瓦数的增加比例为多少?

12. 请估算以目前 13.56 MHz 射频产生源的 PECVD 来沉积典型厚度的本征非晶硅层,需要多少时间?

13. 计算透光型非晶硅薄膜太阳能电池的无效区与有效主动区的比例?

## 参考文献

[1] 黄惠良,曾百亨. 太阳电池. 台湾:五南图书出版公司.

[2] 戴宝通,郑晃忠. 太阳能电池技术手册. 台湾电子材料与组件协会发行出版.

[3] 杨德仁. 太阳能电池材料. 台湾:五南图书出版公司.

[4] 顾鸿涛. 太阳能电池组件导论. 台湾:全威图书股份有限公司.

[5] 林明献. 太阳能电池技术入门. 台湾:全华图书股份有限公司.

[6] 杨茹媛,张育绮,陈伟修,庄子谊. 硅薄膜太阳能电池之技术发展. 电子月刊,2009,4(165).

[7] Donald A. Neamen. 半导体物理及组件. 李世鸿译,电机工程丛书.

[8] 雷永泉. 新能源材料. 台湾:新文京开发出版股份有限公司.

[9] 杨茹媛,翁敏航,李炳寰. 硅薄膜太阳能电池镀膜设备. 电子月刊,2009,4(165).

[10] 杨茹媛,庄子谊. 室温下制备微纳米晶硅之微结构及其光电特性之研究. 台湾:屏东科技大学硕士论文,2009 年.

[11] 杨茹媛,陈伟修. 利用 HDP-CVD 制备微晶硅薄膜之微结构及其光电特性之研究. 台湾:屏东科技大学硕士论文,2009 年.

[12] F. Lasnier,T. Ang. . hotovaltaic Engineering Handbook. American Institute of physics,New York,1990.

[13] Y. Hamakawa. Thin Film Solor Cells. springer,2004.

[14] Sanyo Electric Company. Ltd. ,US:5217921,1993.

[15] Kaneka Corporation,US:6384315,2002.

[16] T. L. Chu,Chu S. S. . Recent progress in thin film cadmium telluride solar cells. progress in photovoltaic research and applications. John Wileg & Sons. Ltd,New York,1993:31-42.

[17] 国科会精密仪器发展中心. 真空技术与应用. 台湾:全华科技股份有限公司.

[18] 黄崇杰. 薄膜型太阳能电池研究发展状况. 台湾:工业材料杂志—太阳光电技术专题,2002,182.

[19] 庄达人. VLSI 制造技术. 台湾:高立出版集团.

[20] S. In-Hyuk,K. Cheno-Hong,N. Woo-Jin,H. Min-Koo. A poly-Si thin film transistor fabricated by new excimer laser recrystallization employing floating acitve structure. Current Applied Physics,2002,2:225-228.

[21] T. Sameshima,H. Watakabe,N. Andoh ,S. Higashi. ulsed laser annealing of thin silicon films. Jpn. J. Appl. Pyhs. ,2006,45:2437-2440.

# 6 章

# 前瞻硅基薄膜太阳能电池

## 6.1 章节重点与学习目标

在本章，我们将先对非晶硅薄膜太阳能电池的问题进行说明，接着介绍次世代各类型结晶硅薄膜太阳能电池，提供目前硅基薄膜太阳能电池的研发方式及其对应于未来的解决方式，并针对目前较具前瞻性的高效率硅薄膜太阳能电池的发展趋势进行简单说明。

通过本章的介绍，读者能对高效率硅基薄膜太阳能电池的操作原理、器件结构及未来的发展趋势有初步的认识，详细的资料可以参考本章的参考文献。读者在读完本章后，应当可以理解：

(1) 发展前瞻硅基薄膜太阳能电池的必要性。

(2) 前瞻硅基薄膜太阳能电池的种类及其对应的工作原理。

(3) 纳/微晶硅薄膜的制备方法。

(4) 多晶硅薄膜的制备方法。

(5) 大面积硅基薄膜镀膜技术的发展趋势。

## 6.2 结晶硅薄膜太阳能电池的发展背景

传统非晶硅(Amorphous Silicon，a-Si)或称氢化非晶硅(Hydrogen Amorphous Silicon，a-Si：H)薄膜太阳能电池，因其具有成本低与可大面积化的优点，已进入量产阶段。然而典型的单结非晶硅薄膜电池由于光致衰退效应(或称 S-W 效应)造成的低转换效率(第 5 章已说明)，使其在发展上遇到一定的瓶颈，因此有必要通过改变其电池结构或是成膜质量等方法来改良它的能效。

### 6.2.1 结晶硅薄膜太阳能电池技术——单结太阳能电池

在单结结构下，改善非晶硅薄膜太阳能电池的方法，除了最基本的改善薄膜质量之外，还有改变透明导电氧化物层、吸收层材料与结构的做法。

(1) 本征层的非晶硅薄膜的改善：以微晶硅结构置换非晶硅，减少光电转换层中的悬挂键数量，改善 S-W 效应。此外，非晶硅薄膜的载流子迁移率多低于 1 $cm^2/(V \cdot s)$，微晶硅薄膜的载流子迁移率比一般非晶硅薄膜高出 1～2 个数量级。

(2) 透明导电氧化物层的改善：可使其具有粗糙化的表面来增加光补陷效应(Light-trapping Effect)，或是以双层透明导电氧化物的方式来改善入射光的透过率、稳定性等参数。

(3) 吸收层材料的改善：以掺杂碳及锗所形成的氢化非晶硅碳(a-SiC：H)及氢化非晶硅锗(a-SiGe：H)分别作为 P 层及 N 层的材料，改变吸收层带隙值，从而吸收更多光谱。例如，a-SiC(非晶碳化硅)/a-Si 异质结太阳能电池，都是可突破非晶硅膜 8%效率障碍的结构[1~4]。

近年来已出现以多晶硅或微晶硅薄膜结构为主的单结硅薄膜太阳能电池，并且实验证明以多晶硅或微晶硅代替非晶硅，在阳光长期照射之下，并未有衰退的现象。

## 6.2.2 次世代硅薄膜太阳能电池技术——叠层太阳能电池

目前常见的次世代产品是通过结合不同材料的方式，来改善传统单结非晶硅太阳能电池的缺点。利用微晶硅(Microcrystal Silicon，μc-Si)或称氢化微晶硅(Hydrogenated Microcrystalline Silicon，μc-Si：H)薄膜、硅锗(Silicon Germanium，SiGe)薄膜或多晶硅(Polycrystalline Silicon，poly-Si)与非晶硅薄膜进行结合的叠层太阳能电池(Tandem Solar Cells)可兼顾非晶硅薄膜本身较高的光吸收系数，并拥有微晶硅薄膜、硅锗薄膜与多晶硅薄膜的优点：

(1) 高载流子迁移率。

(2) 不同的吸收光谱。

此方法不只提升硅薄膜太阳能电池的转换效率，更能降低并改善非晶硅薄膜的 S-W 效应，增加太阳能电池对光的稳定性。因此，叠层薄膜太阳能电池是目前具有整厂输出条件且愿意提供技术转移的设备制造者重点研发的技术[4]。非晶硅材料的带隙为 1.7～1.8 eV，在可见光范围有相对高的吸收系数，约 $10^5$/cm。选用带隙为 1.8 eV 的非晶硅薄膜作为太阳能电池的上电池，选用带隙值介于 1.12～1.5 eV 的微晶硅、纳米晶硅及多晶硅作为下电池，可将传统非晶硅薄膜 6%～7%的转换效率提高至 10%以上[5]。目前该结构已成为国际多家大厂，如日本大厂 Kaneka 及三菱重工主力研发的产品[6~7]。

图 6.1(a)所示为典型叠层太阳能电池的结构与其对应的吸收光谱示意图。通过结合不同带隙薄膜的个别光吸收波段来增加光电转换效率，其中小带隙薄膜可吸收大带隙薄膜无法吸收的长波长部分，对入射光进行有效利用，同时提高输出电流与电压，突破 a-Si:H 单结电池的理论光电转换效率至 10%

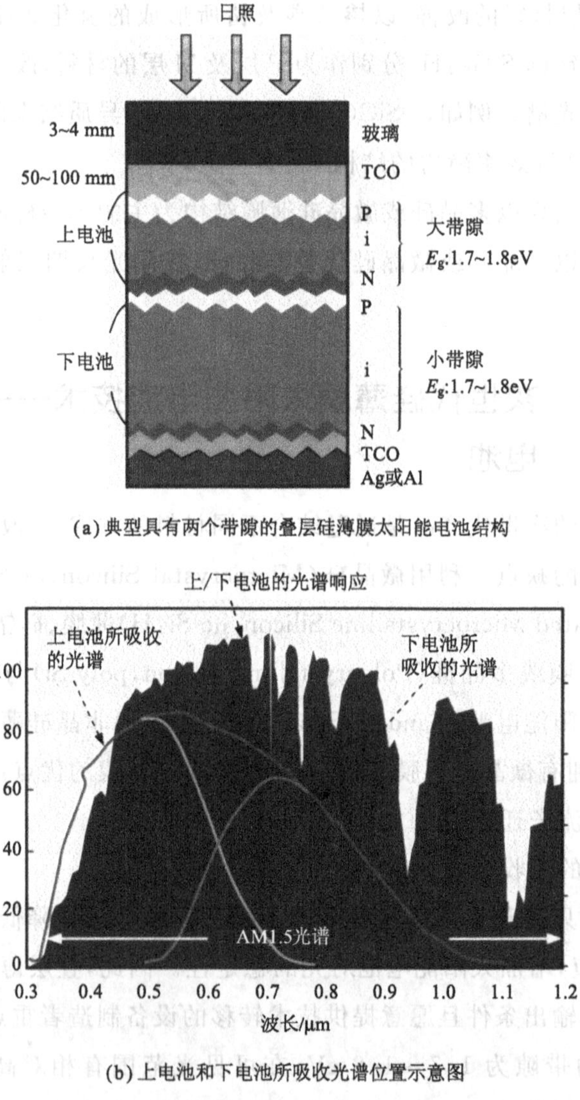


**图 6.1　叠层太阳能电池的结构与其对应的吸收光谱示意图**

以上[8~10]。

### 6.2.3 叠层太阳能电池的原理

叠层太阳能的器件设计需注意：

(1) 带隙匹配：为了将太阳光谱进行充分有效吸收，不同的结数会有不同的带隙搭配，对双结电池器件，带隙可选在 1.7～1.8 eV 与 1.1～1.2 eV。

(2) 厚度匹配：不同光吸收层材料会有不同的光吸收系数，为了达到相同的光子吸收数，厚度也要进行设计。

(3) 电流密度匹配：避免应各结的电流不一致，而造成最小输出电流的结影响整体器件的输出电流。

在多结叠层太阳能电池中，第 $i$ 个叠层电池的厚度 $d_i$ 的设计是用以达到相同的光生电流 $I_{Li}$，其公式如下所示[8]：

$$I_{Li} \approx q \int \phi_i(\lambda) \eta_c(\lambda, V_i) d\lambda = 常数 \tag{6.1}$$

式中，$\phi_i(\lambda)$是波长 $\lambda$ 到第 $i$ 个结界面的入射光通量密度；$\eta_c$ 是在第 $i$ 层的光子吸收效率。为了使公式能更简化及更有效地使用，将载流子吸收损失与光阻碍效应的影响省略，$\eta_c$ 和 $\phi_i$ 即可通过吸收系数的调节使其与后续各光电转换层的光生电流接近，其中：

$$\eta_c \approx I - \exp[-\alpha_i(\lambda) d_i] \tag{6.2}$$

以及

$$\phi_i(\lambda) \sim \phi_0(\lambda) \prod_{j=1}^{i-1} \exp[-\alpha_i(\lambda) d_i] \tag{6.3}$$

式中，$\phi_0 W$ 是入射光通量密度。叠层太阳能电池的最佳化即是通过满足 $I_{Li}$ 的选择来达成。

对于第 $i$ 层半导体材料的选择，不仅是需要满足光照时具有 $E_{g1} \geqslant E_{g2} \geqslant E_{g3} \cdots$ 带隙的顺序，还要满足各层光吸收系数 $\alpha_1(\lambda) < \alpha_2(\lambda) < \alpha_3(\lambda) < \cdots$ 的要求。

此外，第 $i$ 层的输出光电特性如下所示[11]：

$$I = I_{Li} - I_{si}\left[\exp\left(\frac{q(V_i + IR_{si})}{n_i kT}\right) - 1\right] - \frac{V_i + I r_{si}}{R_{shi}} \tag{6.4}$$

对 $i=1, \cdots, m$ 而言，$V_i$、$I_{Li}$、$I_{si}$、$n_i$、$R_{si}$ 及 $R_{shi}$ 所代表的意义分别是第 $i$ 层

的输出电压、输出光电流、逆向饱和电流、理想二极管因子、串联电阻及并联电阻。光电流 $I_{Li}$ 与电压 $V_i$ 的关系主要由经过非晶硅太阳能电池中各结的漂移电流组成。

## 6.3 结晶硅薄膜太阳能电池的种类

目前常见的叠层太阳能电池主要仍以 a-Si/μc-Si、a-Si/SiGe 以及 a-Si/poly-Si 三大类为主。表 6.1 所示为投入高效率硅薄膜叠层太阳能电池厂商的概况。在叠层太阳能电池的规划方面，具有以下几个重点：薄膜质量的改善，使用不同带隙的叠层材料，如非晶碳化硅、微晶硅或是具有窄带隙的非晶硅锗薄膜作为新结，并同时开发具有背向表面场效应的新电极材料等[9~12]。以下将介绍 a-Si/μc-Si、a-Si/SiGe 与 a-Si/poly-Si 叠层太阳能电池的种类、制备技术及其研发重点。

**表 6.1 次世代叠层硅薄膜太阳能电池厂商的技术现况**

| 厂 商 | 硅薄膜太阳能电池结构 | 实验室效率 | 设备 | 产能(MW/a) |
|---|---|---|---|---|
| Kaneka | a-Si/μc-Si | Cell：14.7%(1 cm², Initial)；Module：13.2%(0.41 m², Initial) | 批次多腔体 | ≥125 |
| UniSolar | a-Si/a-SiGe/μc-Si | Cell：13.1%(Initial)，11.2%(Stable) | 卷带式 | ≥30 |
| Mitsubishi | a-Si/μc-Si | 1.4 m² Module：12.0% | 卷带式 | ≥10 |
| Canon | a-Si/μc-Si /μc-Si | 0.8m² Module：13.4%(Initial)，12.4%(Stable) | 卷带式 | ≥*X* |

### 6.3.1 a-Si/μc-Si 叠层太阳能电池

a-Si/μc-Si 叠层太阳能电池的研发公司主要有 Sharp、Kaneka 和 Mitsubishi Heavy Industries(MHI)等大厂。图 6.2 所示为非晶硅与微晶硅(μc-Si)或称氢化微晶硅(μc-Si:H)薄膜的吸收系数比较图。非晶硅虽具有较高的光吸收系数[12,13]，但主要的吸收光谱落在 700 nm 之前，对于 700 nm 之后的光无法有效地吸收。

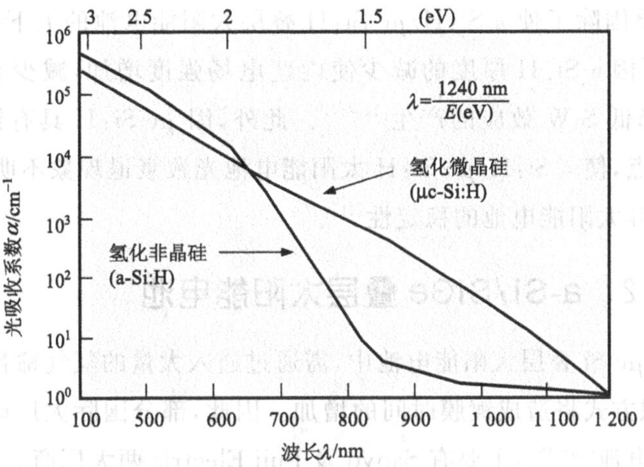


**图 6.2　氢化微晶硅及氢化非晶硅的吸收系数**

图 6.3 所示为由 Kaneka 制造的常见的 a-Si：H/μc-Si：H 太阳能电池在 AM1.5 的标准光源下，非晶硅和微晶硅薄膜可分别吸收的光谱部分，由图可知叠层太阳能电池可对 80％以上的光进行有效吸收，其中，μc-Si：H 的带隙主要

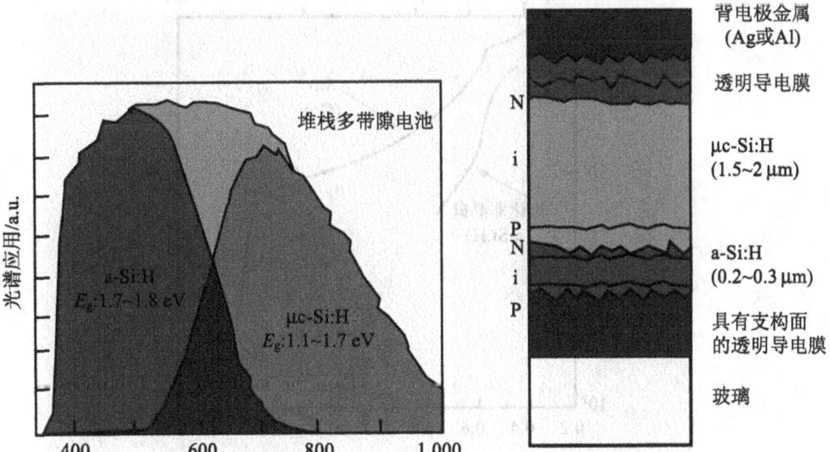


(a)非晶硅与微晶硅的吸收光谱　　(b)典型a-Si/μc-Si叠层结太阳能电池[16~17]

**图 6.3**

是由其结晶度的比例与结晶尺寸所决定，因此其带隙具有一个可调的范围，为1.1～1.7 eV。a-Si：H 吸收层厚度为 0.2～0.3 μm，而 μc-Si：H 厚度为 1.5～2.0 μm，其原因除了使 a-Si：H/μc-Si：H 叠层太阳能电池的上下电池的光电流一致外，更可因 a-Si：H 厚度的减少使内建电场强度增加，减少载流子的热复合，进一步降低 S-W 效应的产生[14～17]。此外，因 μc-Si：H 具有键合稳固且结晶性强的优点，使 a-Si：H/μc-Si：H 太阳能电池光致衰退现象不明显，可有效地改善纯非晶硅太阳能电池的稳定性[11]。

## 6.3.2　a-Si/SiGe 叠层太阳能电池

在 a-Si/μc-Si 叠层太阳能电池中，需通过通入大量的氢气稀释并沉积 μc-Si 薄膜，该沉积方式将造成镀膜时间的增加。因此，部分国际大厂研发 a-Si/SiGe 叠层太阳能电池[18～19]，主要有 Sanyo 及 Fuji Electric 两大厂商。使用该叠层结构的优点是：SiGe 薄膜本身具有较高的光吸收系数，可大大降低镀膜层的厚度，减少镀膜生产制造的时间。图 6.4 所示为非晶硅与 Ge 的吸收系数比较图。Ge 的吸收系数比 a-Si 高，且吸收波段范围广，因此，可有效降低薄膜层的厚度，更可充分地与非晶硅进行合金结合应用。

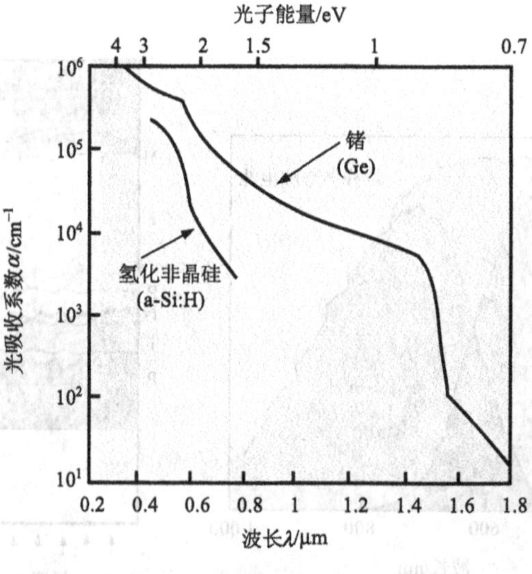


**图 6.4**　非晶硅与 Ge 的吸收系数与波长的关系

目前，常见的 a-Si/SiGe 叠层太阳能电池结构如图 6.5 所示[18]，是 Sanyo

生产的产品。通过添加 Ge,下电池的吸收层带隙小于非晶硅吸收层的带隙,非晶硅和 SiGe 薄膜可分别吸收可见光与红外线的光谱部分。此外,太阳能电池的整体厚度降低,并有效地提高了内建电场强度,进而降低光致衰退效应。

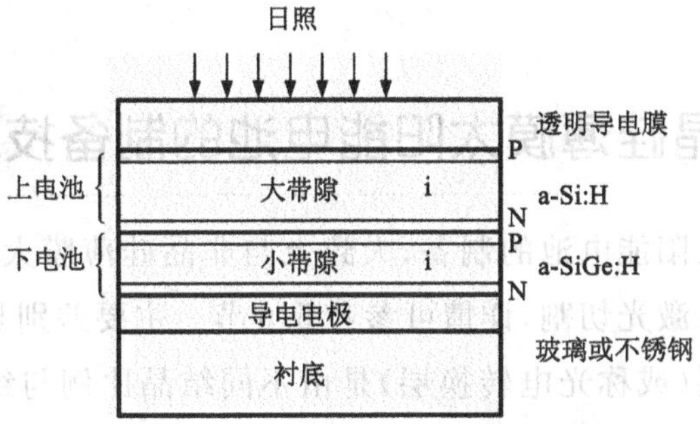


图 6.5 a-Si/SiGe 叠层太阳能电池

## 6.3.3 a-Si/poly-Si 叠层太阳能电池

a-Si/poly-Si 叠层结太阳能电池的发展,以 Kaneka 公司为主要力量,目前尚未进入量产阶段。图 6.6 所示为 a-Si/poly-Si 叠层太阳能电池的结构[19],由玻璃/背向反射膜/N-i-P 半导体层组成的光电转换层/透明导电膜所构成,通过将背向反射膜刻蚀为支构状以增加光吸收率,并可因此减少该电池的厚度。多

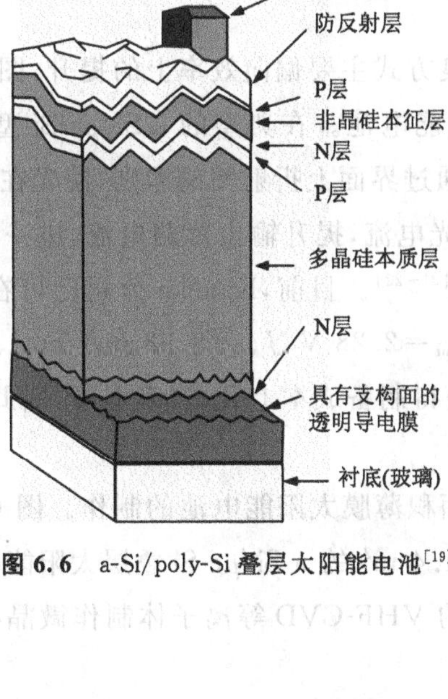


图 6.6 a-Si/poly-Si 叠层太阳能电池[19]

晶硅具有较微晶硅低的带隙值，约 1.12 eV，且具有高载流子迁移率，并因此减少光致衰退效应。此外结合 a-Si:H 的叠层可减少 poly-Si 光电转换层表面复合率，由此降低 poly-Si 层表面不平整所导致的漏电流。

## 6.4 结晶硅薄膜太阳能电池的制备技术

结晶硅薄膜太阳能电池的制备，大致上与非晶硅薄膜太阳能电池相同，也是三道镀膜与三道激光切割，详情可参考 5.6 节。主要差别是结晶硅薄膜太阳能电池的光吸收层(或称光电转换层)是由不同结晶比例与结晶尺寸的硅薄膜组成，因此在镀膜制备上需要更快的沉积速率。

### 6.4.1 a-Si/μc-Si 型太阳能电池的技术发展

在叠层太阳能电池中，多使用传统 13.56 MHz 的等离子体化学气相沉积(Plasma Enhance Chemical Vapor Deposition, PECVD)法制作 a-Si/μc-Si 型太阳能电池，然而其沉积速率过低(～0.4Ås)[12]。因此，目前主要的镀膜制备倾向于使用超高频化学气相沉积(Very High Frequency Chemical Vapor Deposition, VHF-CVD)[20]，用以提高微晶硅薄膜的沉积速率。目前主要生产 a-Si/μc-Si 型太阳能电池的两家厂商 Kaneka 及 MHI 公司，对于大面积及效率的要求上有不同的看法。

Kaneka 公司的改良方式主要偏向效率上的提升，图 6.7 所示即为 Kaneka 公司所改良的叠层太阳能电池。在典型的 a-Si/μc-Si 型太阳能电池中再加入一层透明氧化物薄膜，通过界面上折射率的差别，使光在内部反射，提高 a-Si 上电池及 μc-Si 下电池的光电流，提升输出短路电流，进一步降低非晶硅膜厚度，进而减少光致衰退现象[21~22]。目前，Kaneka 公司已可在 1×1 $cm^2$ 的面积上，使该太阳能电池达到 $V_{oc}$=2.28 V、$J_{sc}$=8.93 mA/$cm^2$、FF=73.5%、$\eta$=15% 的成果[15]。但该方法使得制备成本上升，产率下降，因此要商业化仍有待成本可以进一步降低。

MHI 公司偏向大面积薄膜太阳能电池的制作。图 6.8(a)所示为 MHI 公司生产的面积为 1.1×1.4 $m^2$ 的 a-Si/μc-Si 叠层太阳能电池结构，利用具有 70 MHz 射频电源产生器的 VHF-CVD 等离子体制作微晶硅薄膜层，沉积速率可

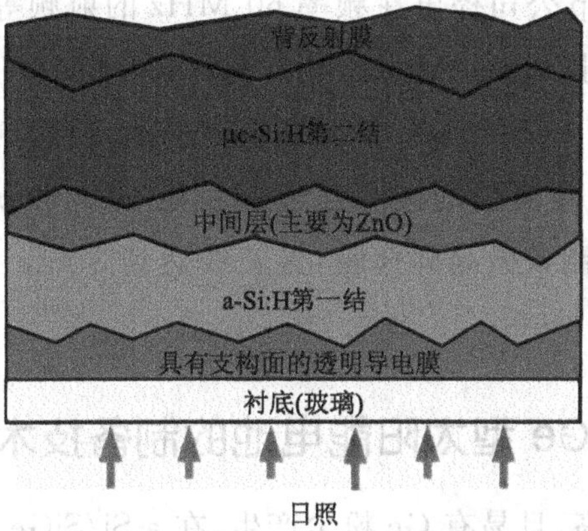


**图 6.7** a-Si:H /TCO/μc-S:Hi 叠层太阳能电池

高达 2.6 nm·s$^{-1}$，由此系统制作的太阳能电池，得到 $V_{oc}$ = 1.39 V、$J_{sc}$ = 13.3 mA/cm$^2$、FF = 72.6%、$\eta$ = 13.4% 的成果[16~17]，如图 6.8(b)所示。

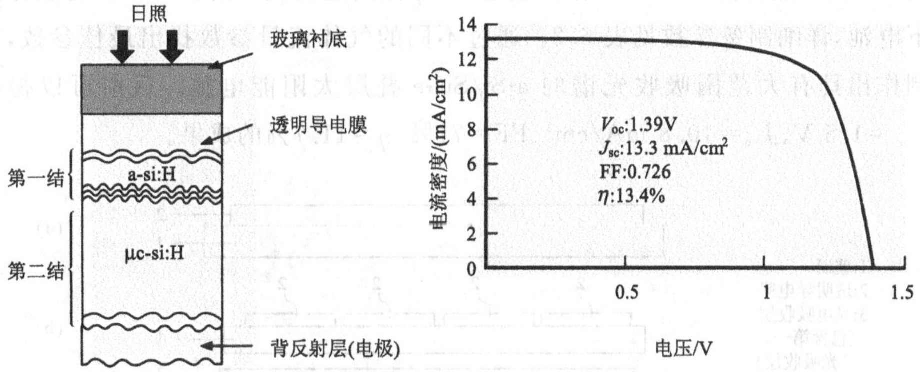


(a) MHI公司的a-Si:H/μc-Si:H叠层太阳能电池结构 (b) MHI公司所生产的1.1×1.4m²大面积叠层太阳能电池转换效率

**图 6.8**

虽然，目前各国非晶硅太阳能厂积极投入微晶硅薄膜的研发，但在制备过程中，仍需使用大量的氢气稀释，使得硅烷($SiH_4$)的流量减少，造成整体镀膜速率的降低。因此制作 μc-Si 薄膜常使用 VHF-PECVD 制备系统，将目前常见的 13.56 MHz 的等离子体频率提高至 30 MHz 以上从而提升镀膜速率，但由于频率提高造成的波长减短，会使得等离子体电位产生驻波效应(Standing Wave Effect)。该效应造成镀膜过程中，衬底上各区域镀膜层因等离子体电位分布不一致造成膜厚不均匀的情形产生。当然，配合最佳化的制备技术，仍可以得到高的薄膜厚度均匀度。Sharp公司提出在频率60 MHz的射频等离子体中，同时进行射频电流的相位调制(Phase Modulation Method, PMM)技术[20]，等离子体不均匀性由±85%降至±15%以下，从而得到具有稳定性且拥有较高镀率的化学气相沉积装置，微晶硅薄膜的镀膜速度能稳定在2.3 nm/s以上。在1.4×1.1 $m^2$的玻璃衬底上制备微晶硅薄膜，生产线达到3 min生产1片的高速率。

## 6.4.2　a-Si/SiGe型太阳能电池的制备技术

因$GeH_4$成本比$SiH_4$高，且易有Ge粉尘产生，在a-Si/SiGe叠层太阳能电池的发展上，各大厂商都以降低SiGe薄膜层厚度并将其应用在软性衬底上作为发展方向。目前，Sanyo公司即采用降低薄膜层厚度的方法作为叠层太阳能电池的改良方式。图6.9所示为Sanyo公司的a-Si/SiGe薄膜太阳能电池的结构[18]，以非晶硅层(150 nm)作为上电池，并在其上沉积硅锗(100 nm)薄膜作为下电池，详细制备参数见表6.2。通过不同的气体流量参数找出最佳参数，可制作出具有大范围吸收光谱的a-Si/SiGe叠层太阳能电池。目前可以得到$V_{oc}$=1.5 V、$J_{sc}$=10.8 mA/cm²、FF=71%、$\eta$=11.7%的成果。

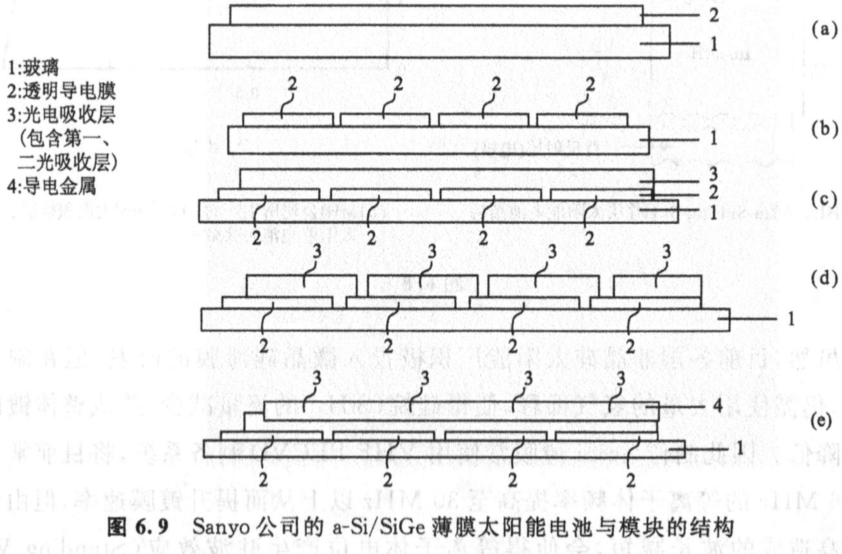


**图6.9**　Sanyo公司的a-Si/SiGe薄膜太阳能电池与模块的结构

**表 6.2　Sanyo 公司 a-Si/SiGe 光吸收层的制备参数[18]，使用 13.56MH$_2$ 的 PECVD 系统**

| | | 反应气体 | 衬底温度 | 射频功率/W |
|---|---|---|---|---|
| 第一光吸收层 | 第一 P 层 | $SiH_4$:10 SCCM | 150 | 200 |
| | | $CH_4$:5 SCCM | | |
| | | 100 ppm $B_2H_6$:5 SCCM | | |
| | | $H_2$:150 SCCM | | |
| | 第一 i 层 | $SiH_4$:50SCCM | 200 | 200 |
| | | $H_2$:100 SCCM | | |
| | 第一 N 层 | $SiH_4$:10 SCCM | 200 | 500 |
| | | 1%$PH_3$:5 SCCM | | |
| | | $H_2$:100 SCCM | | |
| 第一光吸收层 | 第二 P 层 | $SiH_4$:10 SCCM | 150 | 200 |
| | | $CH_4$:5 SCCM | | |
| | | 100 ppm $B_2H_6$:5 SCCM | | |
| | | $H_2$:150 SCCM | | |
| | 第二 i 层 | $SiH_4$:50 SCCM | 200 | 200 |
| | | $GeH_4$:10 SCCM | | |
| | | $H_2$:100 SCCM | | |
| | 第二 N 层 | $SiH_4$:10 SCCM | 200 | 200 |
| | | 1%$PH_3$:5 SCCM | | |
| | | $H_2$:100 SCCM | | |

Fuji 公司以滚筒式镀膜设备配合 27.12 MHz 的射频等离子体源，在软性塑料衬底上制作的 a-Si/a-SiGe 叠层太阳能电池，稳定的转换效率达 8%以上。此外，欧美大厂 United Solar Ovonic 公司以相似制备在不锈钢衬底上制作的叠层太阳能电池，实验室级的稳定效率亦可达 10%～13%。

### 6.4.3　a-Si/poly-Si 叠层太阳能电池的制备技术

制备 a-Si/poly-Si 叠层太阳能电池，多半采用 PECVD 沉积非晶硅及多晶硅膜[19]。非晶硅沉积的温度一般小于 200℃，多晶硅沉积温度较高，一般小于 550℃，但所得到的多晶硅的晶粒太小，在 100 nm 以下，因此具有许多晶界面，造成较大的暗电流。此外，热丝式化学式气相沉积（Hot Wire Chemical Vapor Deposition，HWCVD）也可制作 a-Si:H/poly-Si:H 叠层太阳能电池，其中 a-Si:

H 及 poly-Si:H 层都可采用 HWCVD 制作。在沉积时，以硅烷作为气体源，气体流量为 90 sccm，热钨丝温度达到 1750℃，衬底温度约为 250℃，此时沉积率为 10 Å/s。沉积而成的 a-Si:H 带隙值为 1.8 eV 且氢气掺杂量为 12%。在沉积多晶硅膜时，热钨丝温度达到约 1800℃，衬底温度约 500℃，沉积而成的 poly-Si:H 结晶度达到 90%，只是所沉积出来的多晶硅尺寸不均匀，缺陷很多，甚至有钨金属的污染，质量仍有改善空间。

## 6.5 微晶硅薄膜的制备技术

图 6.10 所示为 μc-Si:H 薄膜的结构图，其晶粒尺寸小于多晶硅，小于 100 nm。其中 μc-Si:H 薄膜中不存在明确的晶粒边界，晶粒与晶粒之间阻隔着原子无序排列的非晶组态。氢在 μc-Si:H 薄膜中的分布是不均匀的，它主要集中于非晶组态之中。目前提出在 P-i-N 叠层太阳能电池的本征层(i 层)沉积在微晶硅质薄膜取代传统的非晶硅质薄膜，其太阳能电池的各项电特性及效率皆有明显的提升。微晶硅薄膜的载流子迁移率比传统非晶硅高出 1～2 个数量级。此外，因为结晶硅材料的带隙为 1.1～1.2 eV，其吸收红外线的光子能量，相对于可见光的吸收系数约 $10^4$/cm。

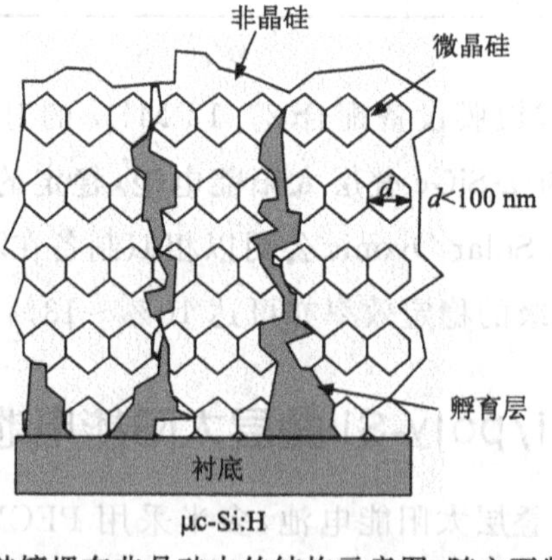


**图 6.10**　微晶硅镶埋在非晶硅中的结构示意图，随主要制备参数不同，微晶硅会有不同的结晶比例与结晶尺寸

图 6.11 所示为非晶硅至结晶硅的演变流程图[8]，普遍制作方式均以化学式气相沉积法为主，以下就近年来制作微晶硅薄膜的方式进行简单介绍。

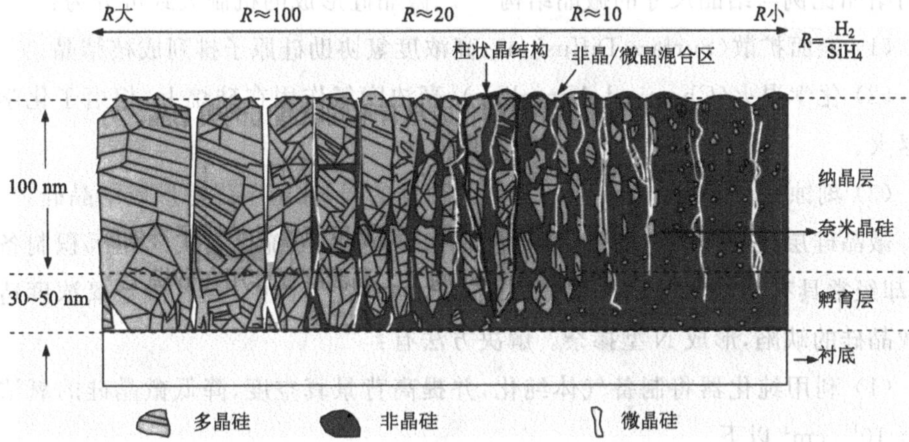


图 6.11 非晶硅至结晶硅的演变流程图,其结晶结构受主要制备参数(射频频率、射频功率密度、氢/硅烷流量比、衬底温度等)及衬底表面状况影响

## 1. 等离子体增强式化学气相沉积

等离子体增强式化学气相沉积(Plasma Enhanced Chemical Vapor Deposition,PECVD)最大的优点是可在低温下(<350℃)进行薄膜沉积,因此可沉积在玻璃衬底上,可大幅降低太阳能电池的成本。等离子体增强式化学气相沉积的主要反应腔体如图 6.12 所示。制备气体可以是硅化合物(Silicide)气体,如硅烷(Silane,$SH_4$)、混合氢气(Hydrogen,H)、氩气(Argon,Ar)等,通常工作压力为 $10^{-1}$~$10^{-6}$ Torr,而衬底温度则在 100~400℃,通过调整射频功率密度,改变增加氢气与硅烷气体的流量稀释比例 ,使薄膜内的非晶结构转化成具有

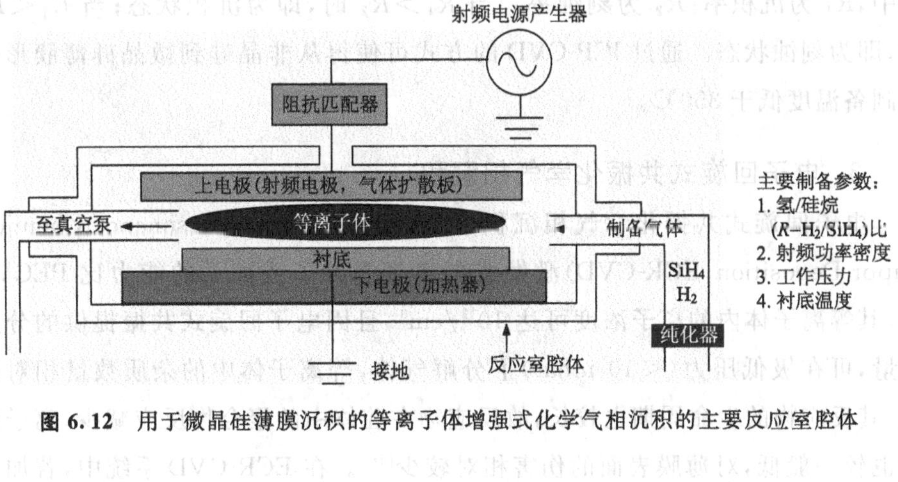


图 6.12 用于微晶硅薄膜沉积的等离子体增强式化学气相沉积的主要反应室腔体

不同结晶比例与结晶尺寸的微晶结构[15]。微晶硅形成的机制大致可分为：

(1) 表面扩散(Surface Diffusion)：高浓度氢协助硅原子排列成核结晶。

(2) 化学退火(Chemical Annraling)：高浓度氢作用在硅烷上，相当于化学性退火。

(3) 刻蚀(Etching)：高活性的氢会刻蚀硅的弱键，留下强键形成结晶硅。

微晶硅层通常作为本征层，本身没有掺杂，但以传统化学式气相沉积制备时，却经常具有N型特性。主要原因是通入的制备气体中，含有微量氧浓度造成微晶硅的缺陷，形成N型掺杂。解决方法有：

(1) 利用纯化器将制备气体纯化，并提高背景真空度，降低微晶硅的氧浓度至 $10^{18}/cm^3$ 以下。

(2) 硼原子的补偿微掺杂。

### 2. 感应耦合式化学气相沉积

感应耦合式化学气相沉积(Inductively Couple Plasma Chemical Vapor Deposition，ICP-CVD)利用氢的刻蚀(Etching)所产生的结晶诱发机制，即在生长过程中，氢倾向与不稳定键合的硅反应，并将此弱键的硅原子带走，留下稳定的硅键合，因此能在低温下生长出微晶硅薄膜[16]。也可利用不同温度和生长表面的氢覆盖量之间的竞争而造成硅原子的扩散影响，提高微晶硅薄膜的生长。$\mu$c-Si：H 薄膜的沉积与刻蚀反应动力平衡如式(6.5)[17]所示：

$$\mathrm{SiH}_n(\text{等离子体}) \underset{R_2}{\overset{R_1}{\rightleftharpoons}} \mathrm{Si(Solid)} + n\mathrm{H}(\text{等离子体}) \tag{6.5}$$

其中，$R_1$ 为沉积率；$R_2$ 为刻蚀率。当 $R_1>R_2$ 时，即为沉积状态；当 $R_1<R_2$ 时，即为刻蚀状态。通过ICP-CVD的方式可使得从非晶硅到微晶硅薄膜形成的制备温度低于350℃。

### 3. 电子回旋式共振化学气相沉积

电子回旋式共振化学气相沉积(Electron Cyclotron Resonance Chemical Vapor Deposition，ECR-CVD)激发或电离气态分子或离子的能力比PECVD高，其等离子体内的离子浓度可达 $10^{12}/cm^3$，且因电子回旋式共振提供的分解能量，可在极低压力(<10 mbar)下分解气体，等离子体中的杂质数量相对降低，其反应物的生命周期也较长，故反应物在腔体中的聚合物反应减少，离子能量也较一般低，对薄膜表面的伤害相对较少[18]。在ECR-CVD系统中，若加入

2%的 $SiH_4/Ar$ 与 $H_2$ 气体一起混合稀释，当 $H_2/(H_2+Ar+SiH_4)$ 为 55%时，可得到晶粒直径大小约为 30 nm、结晶化程度达 67%的微晶硅薄膜[19]。

4. 热丝式化学气相沉积

热丝式化学气相沉积(Hot Wire Chemical Vapor Deposition，HWCVD)，又称触酶式化学气相沉积(Catalytic Chemical Vapor Deposition，Cat-CVD)，一般应用于半导体器件的非晶硅与多晶硅质薄膜制作上，设备装置如图 6.13 所示。由于其价格低于 ICP 及 ECR，具有低成本并能快速沉积薄膜的优点，近几年开始被导入作为微晶硅薄膜的沉积方法。一般先将 $SiH_4$ 与 $H_2$ 混合之后，通入反应腔中，经由热钨丝高温(～1700℃)将 $SiH_4$ 分解，然后再在衬底表面成核(Nuclear Growth)堆积生长微晶硅或称纳米晶硅薄膜。技术上具有设备简单、成本低廉、高沉积速率、对于反应气体的解离率极高及可在低温衬底(250℃)下进行薄膜沉积等多项优点[25]。

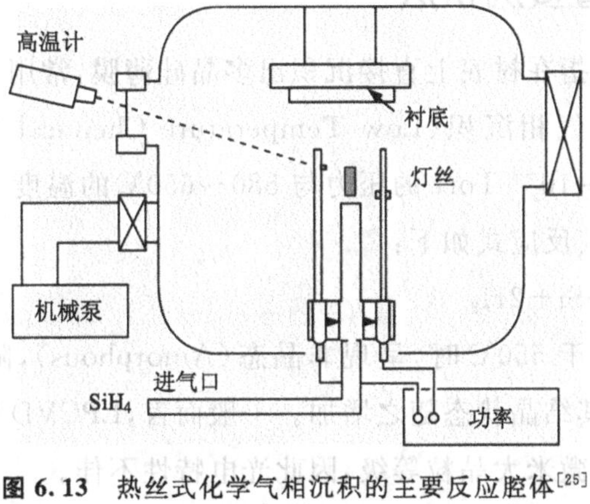


**图 6.13** 热丝式化学气相沉积的主要反应腔体[25]

## 6.6 多晶硅薄膜的制备技术

图 6.14 所示为 poly-Si:H 薄膜的结构图。与微晶硅不同，多晶硅材料的晶粒与晶粒之间是直接接触的，有明确的晶粒晶界存在。此外，多晶硅薄膜晶粒具有较低的缺陷密度，且其载流子迁移率为 10～300 $cm^2/(V \cdot s)$[1~5]。

用于太阳能电池的多晶硅薄膜的制备需求主要在于：在低温下，最好是低

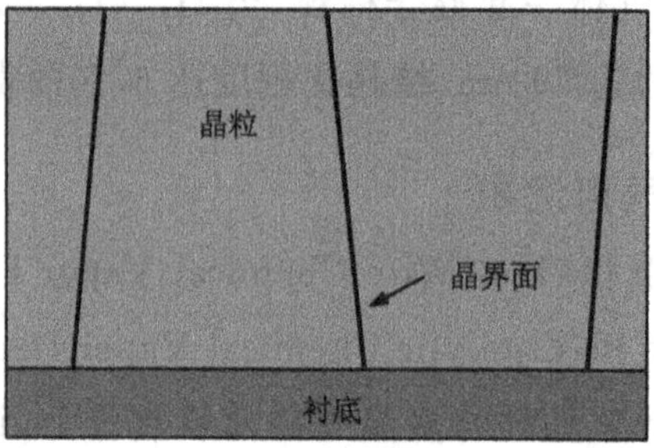


图 6.14 poly-Si:H 薄膜的结构示意图

于玻璃的相变点(Transition Point)的温度,将非晶硅再结晶化成低温多晶硅(Low Temperature Polycryatal Silicon,LTPS)[27]。制作多晶硅薄膜的技术有很多种,以下就制备的不同予以分类:

### 6.6.1 直接沉积法

直接沉积法是指在衬底上直接沉积出多晶硅薄膜,常用方法有:

(1) 低压化学气相沉积(Low Temperature Chemical Vapor Deposition, LPCVD),在 $10^{-1}\sim10^{-3}$ Torr 的压力与 580～650℃的温度下,将 $SiH_4$ 经加热而电离为多晶硅,其反应式如下:

$$SiH_4 \longrightarrow Si+2H_2 \tag{6.6}$$

当沉积温度低于 550℃时,呈现非晶态(Amorphous),随着低压化学气相沉积温度的增加,其结晶状态随之增加。一般而言,LPCVD 所沉积的多晶硅的晶粒尺寸无法达到微米大晶粒等级,因此光电特性不佳。

(2) 热丝式化学气相沉积,有别于等离子体辅助型化学气相沉积以高能等离子体电离气体的制膜原理,HW-CVD 在衬底 300～400℃的温度下,以瞬间 1700～2000℃高温的钨丝触媒,分解硅烷($SiH_4$)气体原料而直接生成多晶硅薄膜,其反应式如下[29]:

$$SiH_4 \longrightarrow SiH_3+H(\text{室温}) \tag{6.7(a)}$$

$$SiH_4 \longrightarrow SiH_2+2H(<1000\ ℃) \tag{6.7(b)}$$

$$SiH_4 \longrightarrow Si+4H(>1000\ ℃) \tag{6.7(c)}$$

当钨丝触媒加热温度低于 1000℃时,钨丝触媒容易与硅形成硅化物(Silicide)。而当钨丝触媒温度高于 1000℃时,硅化物就不容易形成。HW-CVD 系统操作机制简单且容易沉积大面积，并可控制生长多晶硅薄膜的氢含量，其衬底板的制备温度为200～500℃。

触酶式化学气相沉积的气体分子因碰撞几率较高，沉积速率快。传统等离子体辅助型化学气相沉积系统中，$SiH_4$ 气体的利用率约10%，而触酶式化学气相沉积系统的气体利用率可达80%。再加上无需使用高频电极产生等离子体，且较无衬底尺寸限制，因此未来深具发展潜力[30]。

## 6.6.2 再结晶法

再结晶法是指先在衬底上沉积非晶硅薄膜，利用其他能量使非晶硅再次结晶，方法大致有：

1. 固相结晶技术

固相结晶法(Solid Phase Crystallization，SPC)通常经由低压化学气相沉积法或等离子体辅助型化学气相沉积法先沉积非晶硅后，置于图6.15所示的高温石英炉管中以900℃进行退火处理12～72h，形成多晶硅薄膜[31]。

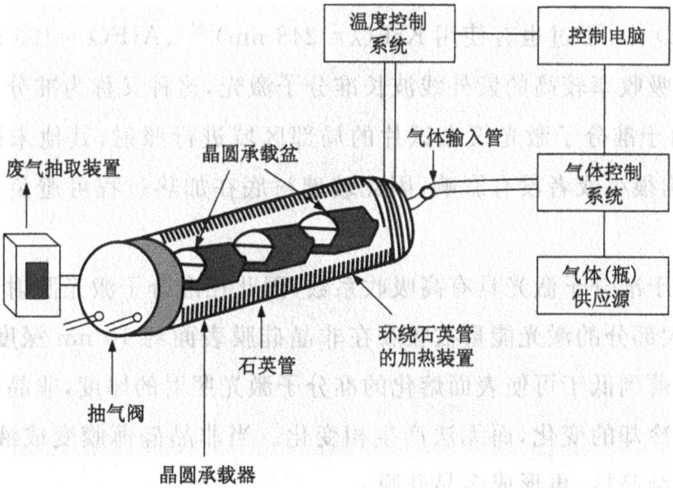


**图6.15** 用于固相结晶系统的高温炉系统示意图

固相结晶法的缺点是退火时间过长，以及残留在多晶硅薄膜晶粒与晶界中的缺陷密度很高，因而严重影响多晶硅薄膜的载流子迁移率。由于玻璃的相变点约600℃，若置于900℃的高温石英炉管中进行退火处理，则必须使用具有高熔点的石英衬底制作，以避免玻璃熔融。

2. 准分子激光再结晶法

准分子激光再结晶(Excimer Laser Crystallization,ELC)技术[32,33]是以准分子激光照射非晶硅而生成多晶硅膜的一种生成方式。非晶硅薄膜受准分子激光照射后熔化,并将硅薄膜内的内应力及一些缺陷消除。所施加的准分子激光能量提供晶格原子及缺陷在硅薄膜内的振动及扩散,因此硅原子很容易重新排列,并转变成多晶硅。准分子激光具有以下特性:

(1) 由于准分子存在的时间很短,所以共振腔内的往复次数少,而在缺乏共振振荡的情况下,光束的指向性差,且光束的模态不良。

(2) 不同的气体组成可释放出波长 157~351 nm 的紫外线。

(3) 单一脉冲的功率较高,但因脉冲时间短,所以单一脉冲的能量约为数个焦耳以上。

(4) 准分子一旦跃迁到激发态就形成稳定的束缚分子态。

(5) 准分子跃迁至基态释放出能量就立即电离,即它的基态永远找不到准分子。

一般用于量产多晶硅的准分子激光大多采用具有较佳气体稳定度的 XeCl ($\lambda=308$ nm)[34],不过也有使用 KrF($\lambda=248$ nm)[35]、ArF($\lambda=193$ nm)[36]等对于非晶硅膜吸收率较高的紫外线波长准分子激光,这种又称为准分子激光退火技术[37]。由于准分子激光仅在试片的局部区域进行照射,其他未被照射到的区域,则影响很小或者没有影响,因此玻璃衬底在加热过程可避免产生热损伤与变形[38]。

硅膜对于准分子激光具有高吸收系数,因此在准分子激光照射下的硅膜结晶过程中,大部分的激光能量被吸收在非晶硅膜表面约 10 nm 深度的范围内。当非晶硅膜薄到低于可使表面熔化的准分子激光照射的厚度,非晶硅薄膜只会受到加热与冷却的变化,而无法产生相变化。当非晶硅薄膜变成液态硅,会在冷却时产生结晶核,再形成多晶硅膜。

依照不同的准分子激光能量密度,多晶硅膜的晶粒尺寸如图 6.16 所示。再结晶机制可分为以下三种类型,如图 6.17 所示[39]:

(1) 非晶硅膜部分熔化型(Partial Melting Regime)[图 6.17(a)]:当所照射的准分子激光能量密度仅能使非晶硅膜熔化深度小于非晶硅膜的整体厚度时,多晶硅的晶粒生长方式是以下面未熔化部分的非晶硅为晶种,开始向非晶

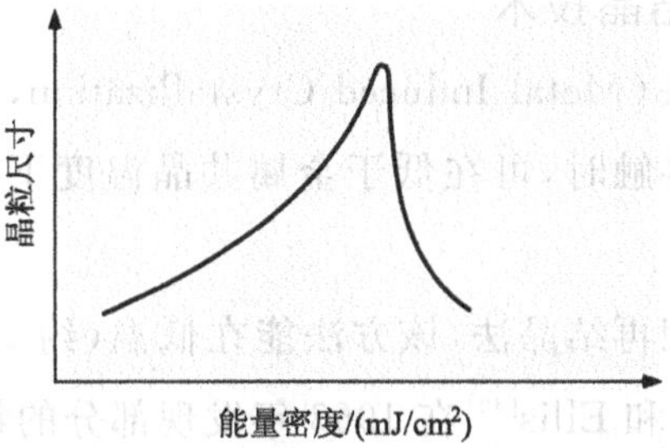


**图 6.16 结晶硅的晶粒尺寸与准分子激光的能量密度的关系示意图**

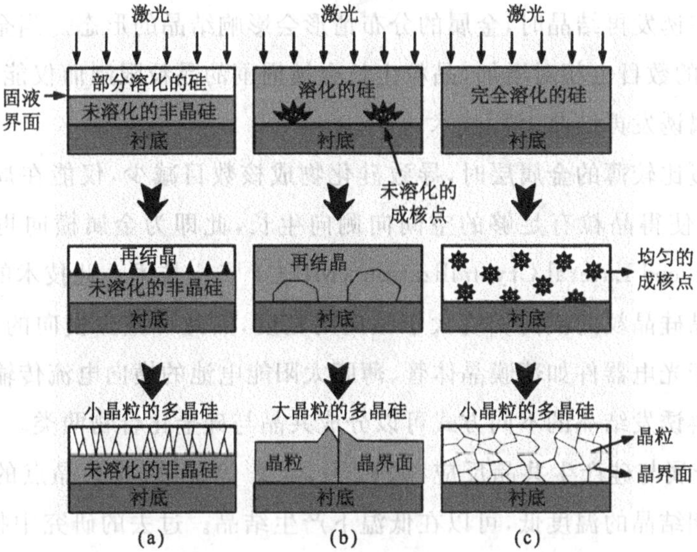


**图 6.17 以准分子激光制作低温多晶硅膜的三种再结晶机制**

硅膜表面进行纵向成长，此时晶粒较小。

(2) 非晶硅膜近乎完全熔化型(Near Complete Melting Regime)[图 6.17(b)]：指所照射的准分子激光能量密度造成非晶硅膜的熔化深度几乎等于非晶硅膜整个厚度，而衬底上留下少数不连续的未熔化硅膜，进行纵向及横向的结晶生长直到与相邻的晶粒互相碰撞停止为止，因此结晶晶粒较大。

(3) 非晶硅膜完全熔化型(Complete Melting Regime)[图 6.17(c)]：指所照射的准分子激光能量密度可以使整体非晶硅膜产生完全熔化，由于这种类型没有固相成核点作为晶粒成长的源头，因此液态硅是以淬冷均匀成核的方式作为结晶机制，形成的多晶硅尺寸则较小。

3. 金属诱发再结晶技术

金属诱发再结晶法(Metal Induced Crystallization,MIC)是指将非晶硅薄膜与某些特定金属膜接触时,可在低于金属共晶温度下,产生共晶或硅金化合物的结晶反应。

相较于传统的固相再结晶法,该方法能在低温(约 500℃)下制造出多晶硅薄膜。最初由 Wagner 和 Ellis[40] 在 1963 年发现部分的特定金属可以帮助非晶硅薄膜再结晶,主要原因是金属层在硅结晶形成前被包覆,这个金属层可降低结晶化的活性。

金属在诱发再结晶时,金属的分布情形会影响结晶的形态。当金属层较厚时,硅化物的数目也相对增加,晶粒生长会被周围的晶粒限制而仅能向下生长,此即为金属诱发再结晶[41,42]技术。

当镀覆比较薄的金属层时,导致硅化物成核数目减少,仅能在局部的区域产生结晶,使得晶粒有足够的空间向侧向生长,此即为金属横向再诱发结晶(Metal Induced Lateral Crystallization ,MILC)[43~44]技术。此技术的特点是所生长的多晶硅晶粒的横向长度大于纵向的宽度,因此可减少横向的晶界数目,进而可利于光电器件如薄膜晶体管、薄膜太阳能电池的横向电流传输。

依照再诱发结晶的不同方式可以分成共晶与硅金化合物两类。

(1) 金属与硅产生共晶反应:如铝[45]、金[46]等金属,其共晶点的温度通常比一般单相结晶的温度低,可以在低温下产生结晶。过去的研究中指出,Al 与 Si 的共晶温度在 577℃,如图 6.18 所示。事实上 Al 在 200℃左右便开始与 a-Si 层反应产生结晶。Al 金属向内扩散不仅使 a-Si 结晶,同时因为金属掺杂的关系导致 Si 层转变成 P 型。图 6.19 所示为铝金属诱发再结晶的生长机制的过程[47]。

当非晶硅膜经加热退火至 150℃时,非晶硅膜的共价键合减弱,使硅原子开始分解。非晶硅膜中的硅原子浓度趋近饱和时,逐渐固溶扩散至铝膜。当退火温度升至 180℃时,铝膜之中开始成核形成 c-Si。

当 c-Si 晶粒取代铝膜的位置,铝膜内开始形成 c-Si。由于铝原子因硅原子向下扩散作用而受到冲击被迫快速析出非晶硅层的位置,并在非晶硅膜内与硅原子反应产生结晶,形成非晶硅原子、铝原子及微晶三态共存的现象。

当退火温度升至 250℃时,原非晶硅膜层开始形成硅岛在非晶硅膜内的多

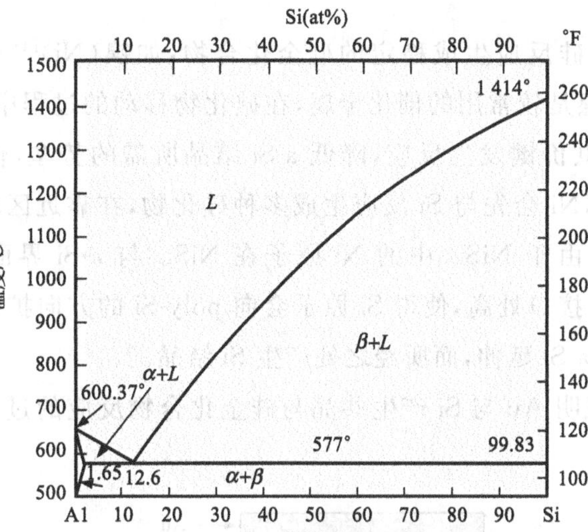


**图 6.18**　铝-硅的相图[45]

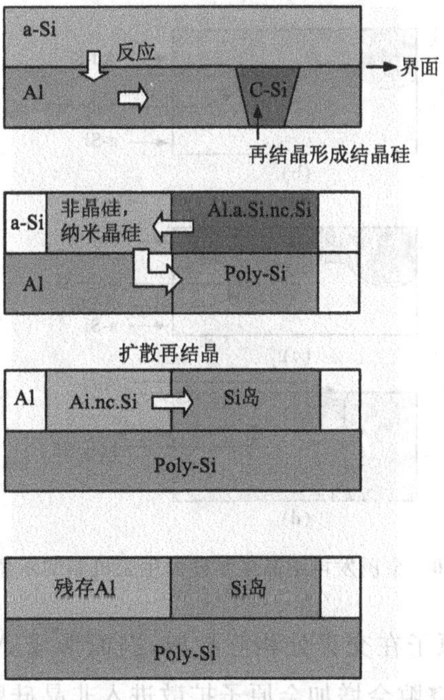


**图 6.19**　铝金属诱发再结晶多晶硅的生长机制的示意图[47]

晶硅膜表生长。在铝膜内开始产生多晶硅的晶粒。结晶的晶粒随着退火温度的升高向两侧扩散成长，直到与邻近的晶粒接触才停止成长，形成完整连续的薄膜。

(2) 金属与硅反应生成稳定的硅金化合物：如镍(Ni)[48]、铂(Pt)[49]或金(Au)等。其中镍是较常用的催化金属，在硅化物移动的过程中，金属原子的自由电子与 Si-Si 共价键发生反应，降低 a-Si 结晶所需的势垒，使得结晶温度降低。以 Ni 为例，Ni 会先与 Si 反应生成多种硅化物，在靠近区域的地方会产生附 Si 的 $NiSi_2$。由于 $NiSi_2$ 中的 Ni 原子在 $NiSi_2$ 与 a-Si 界面的自由能比在 $NiSi_2$ 与 poly-Si 接口处高，使得 Si 原子会向 poly-Si 的方向扩散。这结果使得 $NiSi_2$ 持续地向 a-Si 延伸，而所经之处产生 Si 结晶。

下面举例说明 Au 与 Si 产生共晶与硅金化合物反应的过程[50]，如图 6.20 所示。

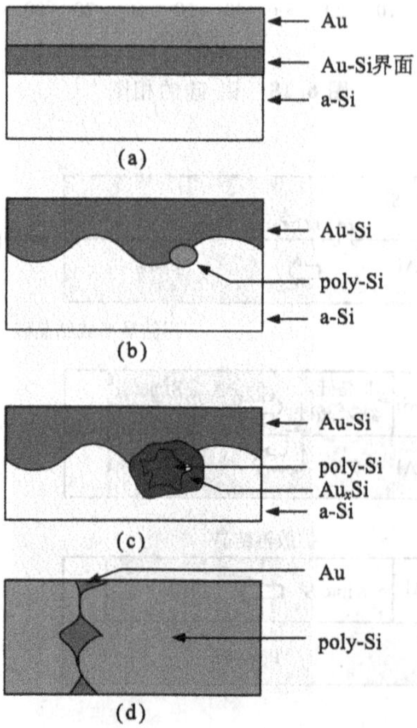


**图 6.20**　金诱发再结晶多晶硅的生长机制的示意图[50]

室温下，金与硅原子在交界处相互扩散，因而形成 Au-Si 混合层。其中在非晶硅膜中的缺陷和空隙会增加金原子扩散进入非晶硅膜的速度，因而使得金原子膜迅速地转变成 Si-Au 混合层。

当温度大于 130℃，在 Au-Si 混合层中的硅原子开始孕核结晶。孕核结晶形成的多晶硅会使原子呈均匀分布，Au 原子被排挤出来而环绕在 a-Si/poly-Si

交界处。使得金含量增加，与原本硅原子形成金属硅化物 AuxSi 的亚稳态(Metastable)。

当温度超过175℃，Si原子扩散穿透金属硅化物 AuxSi，而导致产生树枝状的结晶，因而产生硅岛。直到硅岛生长至相遇时，金属硅化物会分解，硅原子释放出来而结晶在原本已经结晶的硅晶粒上，最后金原子会从金属硅化物中分离出来而残留在晶界。

金属诱发再结晶法自1963年以来，仍然有几项缺点需要克服。例如，金属诱发再结晶过程中，诱发完成的多晶硅膜中存在金属污染的问题。若无法解决金属残存问题，金属诱发再结晶法所制作的多晶硅薄膜就很难应用到相关光电产品之中。幸运的是过去也有许多研究提出降低在多晶硅膜内的金属残留的高效率金属诱发再结晶技术[51]，包括使用金属析出法或更薄的纳米金属膜技术，有兴趣的读者可参考相关文献。

## 6.7 大面积硅基薄膜镀膜技术

由于硅薄膜太阳能电池的制备与模块化是一体成型，因此整体衬底上的薄膜厚度的均匀度必须在10%以内。因此，发展大面积($1\times1\ m^2$)又有高镀膜速率的设备来得到均匀薄膜厚度，是发展前瞻硅薄膜太阳能电池的关键技术之一。

前几节提到，微晶硅薄膜需要极高的 $H_2/SiH_4$ 比值，在如此的环境下，传统13.56 MHz PECVD的镀膜速率极慢(<0.1 nm/s)。另一方面，微晶硅薄膜的光吸收系数为非晶硅的1/10，在叠层太阳能电池结构中，微晶硅薄膜的厚度需要是非晶硅的5～10倍，因此使用传统13.56 MHz PECVD生产微晶硅薄膜的产率极慢。国际上大设备厂的解决之道是开发更高频(40.68 MHz以上)的PECVD。

影响PECVD制备的主要因素有以下四点：气体流量、工作压力、工作功率(密度)以及衬底温度。为了加快镀膜速率，可提高其等离子体激发频率，使等离子体中气体电离率提升，进而增加离子浓度提高薄膜沉积率。且因等离子体激发频率增加，使等离子体中鞘层(Sheath)电位值大小切换速度增快，并且鞘层厚度减少，使得功率有效地进入等离子体，提高气体电离率却不会增离子能量，可降低离子轰击衬底的能量而提高成膜品质。然而，若将馈入的功率频率提升至 VHF(30～100 MHz)，在面积大于 1 $m^2$ 的衬底镀膜时，将会产生驻波效应[52]。驻波效应的产生会造成电极板上电场不均匀，致使等离子体电位分布不均，使得电极板上等离子体密度分布不均，进而影响到衬底上薄膜厚度的均匀度。等离子体密度可由电极板上的电压值得知，因此定义电压不均匀度(Voltage Inhomogeneity)$\Delta\nu$ 为

$$\pm\Delta\nu \equiv \frac{V_{max}-V_{min}}{V_{max}+V_{min}}$$

其中，$V_{max}$ 和 $V_{min}$ 分别为整块电极板上所测量到的最大及最小的峰-峰(Peak-to-Peak)电压值。一般在平面显示工业的 PECVD 中，电极板上的 $\Delta\nu$ 需小于 5%，在薄膜太阳能电池产业上 $\Delta\nu$ 则需小于 15%。

日本三菱重工(MHI)公司在大面积镀膜技术与设备的发展上，将等离子体激发频率提升至 60.7 MHz，并应用在叠层太阳能电池的制作上。三菱重工所开发的 VHF PECVD 架构如图 6.21 所示[53]，采用梯形(Ladder Shape)电极板，此外再搭配移相器(Phase Shifter)将连续相位变化的射频功率利用功率分配器馈入到梯形电极的 8 个电极端点，达到使电场均匀的目的。

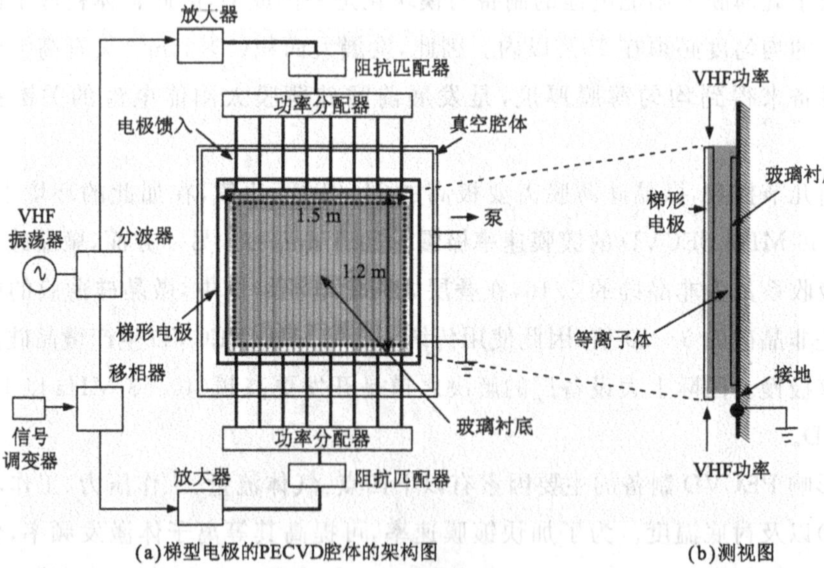


图 6.21

在 2008 年三菱重工所提出的技术报告中指出，其已将使用梯形电极及相

位调变法的 CVD 设备导入叠层太阳能电池的微晶硅膜的量产，在高压环境下配合其开发的衬底降温法，已可在 $1.1\times1.4\ m^2$ 的玻璃衬底上使 $\mu$-Si:H 膜的沉积率达到 2.6 nm/s，其非均匀度为±14.3%[54]。

日本的设备大厂石川岛播磨重工(Ishikawajima-Harima Heavy Industries Co.,Ltd.,IHI)也投入了薄膜太阳能电池的生产设备研发，采用一种如图 6.22 所示的 U 形管状电极[55]，并采用阵列天线(Array Antenna)的原理将 U 形电极复数排列，以进行电子辐射产生等离子体。搭配各相邻的 U 形管状电极反相位(anti-Phase)的调控，驻波恰可抵消，达成均匀的等离子体分布。

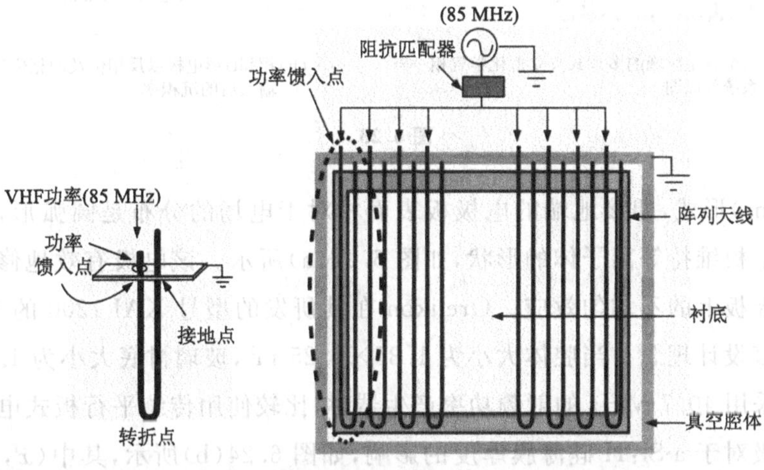


**图 6.22** 采用 U 形电极的阵列天线式 PECVD 结构图[55]

图 6.23(a)所示为将 IHI 导入 U 形电极所开发的 PECVD 结构，该设备具有可摆放六片衬底的腔体架构，使用大小为 $1.2\times1.6\ m^2$ 的衬底进行 a-Si:H 膜的沉积，其沉积率为 0.22 nm/s，在 $1.1\times1.4\ m^2$ 的面积内实现非均匀度为±15%以下，图 6.23(b)所示为相邻 U 形电极采同相位及反相位输入时，沿着衬底上长 1.2 m 的边所测量得到的薄膜沉积率比较情形，其中使用反相位的沉积率均匀度明显优于采用同相位(in-Phase)输入功率的电极[55,56]。

欧洲设备大厂 Orelikon 公司也提出大面积高均匀度的镀膜设备，其中反应室腔体以平行板电容式架构为主，将射频功率馈入点设置在电极板中心。通过计算腔体中的电磁场分布情形得知，垂直于电极板平面上的电场大小是由电极板中心向边缘呈现高斯椭圆函数衰减[8]。因此 Orelikon 公司将电极板改成

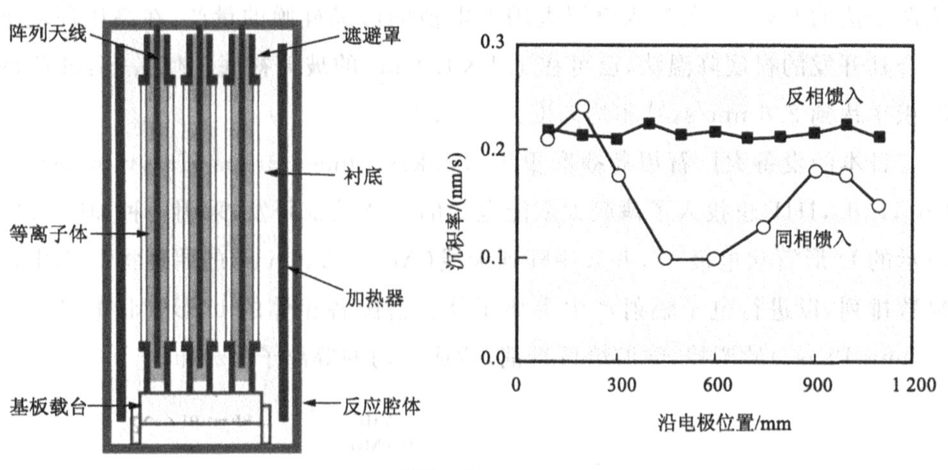


(a)具有三个放电区域的多片式直立型化学气相沉积系统剖面图

(b)相邻U形电极以反相位及同相位的功率输入后的沉积率

**图 6.23**

透镜(Iens)形式，即接地端的电极板表面相对于电场的分布是圆弧形，并以一层介电平板维持等离子体的形状，如图 6.24(a)所示。该电极有效地修正了电场在电极板上的不均匀效应。Orelikon 在其研发的型号 KAI-1200 的 PECVD 中导入该设计理念。当腔体大小为 1.35×1.25 $m^2$，玻璃衬底大小为 1.1×1.2 $m^2$ 时，采用 40.7 MHz 的射频功率产生器时，比较使用传统平行板式电极与透镜型电极对于 a-Si:H 硅薄膜厚度的影响，如图 6.24(b)所示，其中$(x,y)$坐标(0,0)处为 RF 功率馈入点。很明显，在相同面积内，使用传统平行板式电极所沉积出的 a-Si:H 硅薄膜厚度的非均匀度高达±38%，而使用透镜型电极的非均匀度仅为±7.5%，且镀膜速率为 0.36 nm/s。

MHI、Orelikon、IHI 等公司已将 1.1×1.4 $m^2$ 的衬底导入量产，且均已进入叠层薄膜太阳能电池的研发阶段，积极进行大面积 $\mu$-Si:H 膜的开发。此外为提升产能，也同时向着提升单次镀膜处理片数的方向努力。Orelikon 公司的"KAI 1200 PECVD"设备[57]，单次镀膜即可同时处理 20 片面积大小为 1.1×1.4 $m^2$ 的玻璃。

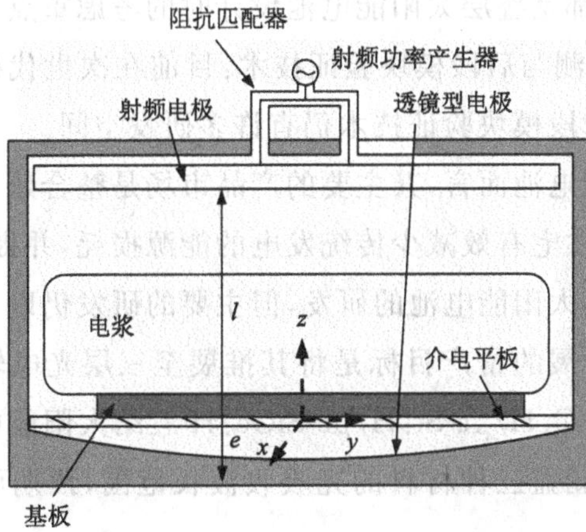


(a)采用透镜型电极的PECVD的反应室腔体设计及使用

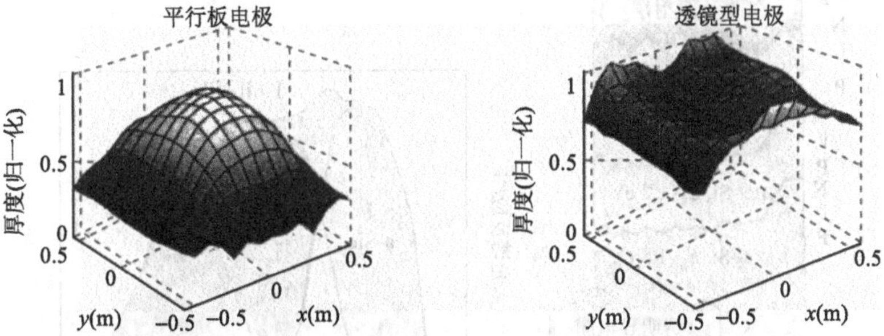


(b)传统平行板电极与透镜型电极所沉积a-Si: H的归一化膜厚比较

图 6.24

## 6.8 硅基薄膜太阳能电池的发展趋势

硅基薄膜太阳能电池的发展趋势主要着重于以下四点：

(1) 大面积且高镀膜速率设备的开发：如开发更高频等离子体源，解决大面积驻波问题，有效地提高制备速度与批次生产的瓦数。

(2) 多带隙结构：以多叠层结构的多带隙特性增加光谱吸收范围，由此增加效率，并同时减少非晶硅层的厚度，突破单一材料光电转换效率的理论极限。此外再以可取代非晶硅膜的材料改善光致衰退效应。

(3) 微结构与器件的改善：纳微米晶硅的缺陷控制，光电流的匹配以及减少薄膜厚度等，以上都是叠层太阳能电池设计时的考虑重点。

(4) 在线实时检测与后段模块验证技术：目前在次世代硅薄膜太阳能电池的在线实时检测与后段模块验证技术仍有许多研发空间。

对于叠层太阳能电池而言，其主要的产品市场是整合建筑一体化太阳能电池模板，可使目前的住宅有效减少传统发电的能源损耗，并提高对环境的保护。各国皆积极进行叠层太阳能电池的研发，但主要的研发仍以日本大厂为主。目前叠层太阳能电池发展的量产目标是将其推展至三层光电转换层的叠层。图6.25所示是一个a-SiC:H/μc-Si:H/μc-SiGe:H三结太阳能电池的架构及其光谱图，其光吸收波长涵盖三种材料的光吸收波长范围，预期可有效提高光电转换效率至15%以上。

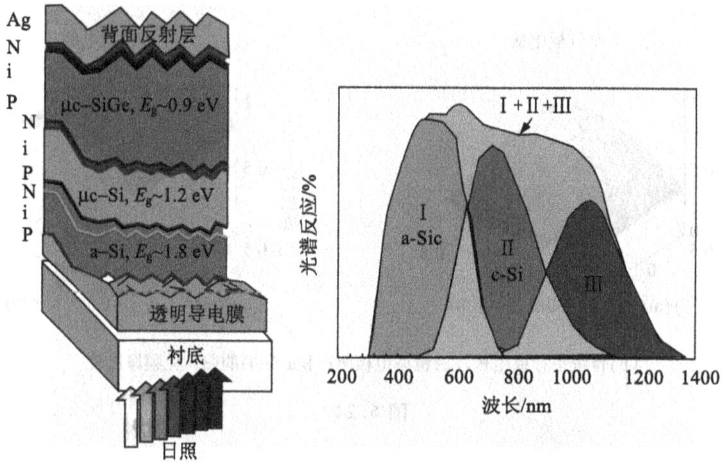


**图6.25** a-SiC:H/μc-Si:H/μc-SiGe:H三结太阳能电池及其光谱反应图

Sharp公司将效率为7%的非晶硅产品转移至三层模块(两层非晶硅与一层微晶硅)，使其模块效率提高约1.5倍，转换效率达到11%，输出功率提升至105 W。在叠层太阳能电池的发展上，Kaneka公司已发展出发电系统60 W产品(G-EA060)，其最高效率可达10.2%，最大输出功率达125 W，开路电压可达91.8 V，短路电流则达1.19 A。美商应用材料(Applied Materials)利用非晶/微晶叠层的电池结构，使用1.4 $m^2$衬底垂直的直线型(Psiok)制造设备制造，效率可达10.4%[22]。

# 6.9 结语

虽然结晶硅薄膜太阳能电池在效率上仍无法与传统型结晶硅型太阳能电池的转换效率相比，但其具有的低制造成本及制备一体化的优势，是硅薄膜太阳能电池强劲的发展动力。利用不同叠层材料所制作的太阳能电池，将成为次世代硅薄膜型太阳能电池的发展趋势。目前在叠层硅薄膜太阳能电池的应用上，仍是以微晶硅薄膜为主。因此，使微晶硅薄膜的制备达到大面积化（>1.4×1.1 $m^2$），以及提高其镀膜速度及良率成为叠层太阳能电池的发展关键。

## 专有名词

1. **等离子体增强式化学气相沉积(Plasma Enhance Chemical Vapor Deposition, PECVD)**：将反应气体电离为等离子体态，并施加一电位差使气体离子吸附在衬底产生的薄膜沉积反应。

2. **驻波效应(Standing Wave Effect)**：两个振幅、波长、周期都相同的正弦波相向行进干涉而成的合成波，这种波的波形无法前进，因此无法传播能量，在高频时该现象将严重影响电极上的电位分布。

3. **相位调变(Phase Modulation Method, PMM)**：移动电磁波的相位大小。

4. **悬挂键(Dangling Bond)**：存在于结晶边界的键合，其将会形成载流子复合中心，减少自由电子数量而降低电流。

5. **光致衰退效应(Photodegradation)**：硅原子键合(Atomic Bond)情况较差，容易受紫外线破坏而产生更多的悬挂键，使光电转换效率因而逐渐衰退。

6. **光补陷效应(Light-trapping Effect)**：半导体中局限入射光子的效应。

7. **微晶硅(Microcrystal Silicon, μc-Si)**：结晶大小介于非晶硅至多晶硅间的硅半导体。

8. **氢化微晶硅(Hydrogenated Microcrystalline Silicon, μc-Si:H)**：内含氢原子键合的微晶硅半导体层。

9. **堆叠型太阳能电池(Tandem Solar Cells)**：具有一个以上P-i-N光电转换层的太阳能电池。

10. **热丝式化学气相沉积(Hot Wire Chemical Vapor Deposition, HWCVD)**：用

高温热裂解反应气体加速反应的 CVD。

11. **感应耦合式化学气相沉积(Inductively Couple Plasma Chemical Vapor Deposition,ICP-CVD)**:由通入电流所产生的磁场产生等离子体的 CVD,其等离子体密度可高达 $10^{11}/cm^2$ 以上。

12. **电子回旋式共振化学气相沉积(Electron Cyclotron Resonance Chemical Vapor Deposition,ECR-CVD)**:用微波系统产生等离子体的 CVD,其等离子体密度可高达 $10^{12}/cm^2$ 以上。

13. **触酶式化学气相沉积(Catalytic Chemical Vapor Deposition)**:HW-CVD 的别名。

14. **低压化学气相沉积(LPCVD)**:在低压环境下的 CVD 制备。降低压力可以减少不必要的气相反应,以增加衬底上薄膜的一致性。

15. **准分子激光(Excimer Laser Crystallization,ELC)**:是指受到电子束激发的惰性气体和卤素气体结合的混合气体所形成的分子向其衬底跃迁时发射所产生的激光。

16. **金属诱发再结晶技术(Metal Induced Crystallization,MIC)**:以金属作为结晶孵育层的结晶技术。

## 本章习题

1. 画出 a-Si/μc-Si 太阳能电池吸收的光谱图,并说明其效率优于典型 a-Si 太阳能电池的原因。

2. 说明微晶硅薄膜制备的关键技术。

3. 说明叠层薄膜太阳能电池的设计要点。

4. 说明使用激光退火非晶硅达到多晶硅薄膜的机制。

5. 说明多晶硅薄膜制备技术的种类及差异点。

6. 说明铝金属诱发多晶硅薄膜的机制。

7. 说明大面积镀膜设备的腔体设计的困难度与可行的解决方法。

8. 试比较各种叠层太阳能电池的优缺点。

9. 通过查询专利,你是否可以探知前瞻硅基薄膜太阳能电池的发展趋势?

10. 说明为何需要提高镀率设备来沉积微晶硅薄膜?

# 参考文献

[1] 杨德仁.太阳能电池材料.台湾:五南图书股份有限公司.

[2] 黄惠良,曾百享.太阳电池.台湾:五南图书股份有限公司.

[3] 吴建树,翁得期,陈麒麟.工业材料杂志,2007,241.

[4] 林明献.太阳电池技术入门.台湾:全华图书,2007.

[5] 杨茹媛,张育绮,陈伟修,庄子谊.硅薄膜太阳能电池之技术发展.电子月刊,2009,4(165).

[6] http://www.pv.kaneka.co.jp/new/index.html

[7] http://www.mhi.co.jp/power/e_a-si/index.html

[8] Y. Hamakawa. hin film solar cells. springer,2004.

[9] 顾鸿涛.太阳能电池技术入门.台湾:全成图书股份有限公司.

[10] 庄嘉琛.太阳能工程:太阳电池篇.台湾:全华图书股份有限公司.

[11] H. Okamoto, H. Kida, S. Nonomura, K. Fukumoto, Y. Hamakawa. Mobility-lifetime product and interface property in amorphous silicon solar cells. J. Appl. Phys., 1983, 54: 3236.

[12] J. Muller, B. Rech, J. Springer, M. Vanecek. TCO and light trapping in silicon thin film solar cells. Solar Energy, 2004, 71: 917-930.

[13] 戴宝通,郑晃忠.太阳能电池技术手册.台湾电子材料与元件协会.

[14] K. Yamamoto, A. Nakajima, M. Yoshimi, T. Sawada, S. Fukuda, T. Suezaki, M. Ichikawa, Y. Koi, M. Goto, T. Meguro, T. Matsuda, M. Kondo, T. Sasaki, Y. Tawada. A high efficiency thin film silicon solar cell and module. Solar energy, 2004, 77: 939-949.

[15] Y. Tawada, H. Yamagishi, K. Yamamoto. Mass productions of thin film silicon PV modules. Solar Energy Materials & Solar Cells, 2003, 78: 647-662.

[16] A. Morii, H. Takatsuka, Y. Yamauchi, K. Tagashira, Y. Takeuchi, S. Sakai. Mass production start-up activities on high efficiency microcrystalline tandem solar cells. Mitsubishi Heavy Industries, Ltd. Technical Review, 2008, 45: 59-62.

[17] E. Maruyama, S. Okamoto, A. Terakawa, W. Shinohara, M. Tanaka, S. Kiyama. Toward stabilized 10% efficiency of large-area(>5000 $cm^2$) a-Si/a-SiGe tandem solar cells using high-rate deposition. Solar Energy Materials And Solar Eells, 2002, 74: 339-349.

[18] Sanyo Electric Co., Ltd.. Manufacturing method of photovoltaic device. US 6348362, 2002.

[19] K. Yamamoto, M. Yoshimi, Y. Tawada, Y. Okamoto, A. Nakajima, S. Igari. Thin-film poly-Si solar cells on glass substrate fabricated at low temperature. Applied Physics A: Materials Science & Processing Applied Physics A: Materialsscience & Processing, 1999, 69: 179-185.

[20] M. K. van Veen, , P. A. T. T. van Veenendaal, C. H. M. van der Werf, J. K. Rath, R. E. I. Schropp. a-Si: H/poly-Si tandem cells deposited by hot-wire CVD. Journal of Non-

Crystalline Solids,2002,299-302:1194-1197.

[21] H. Mashima ,H. Yamakoshi ,K. Kawamura ,Y. Takeuchi ,M. Noda ,Y. Yonekura, H. Takatsuka ,S. Uchino ,Y. Kawai. Large area VHF plasma production using a ladder-shaped electrode. Thin Solid Films ,2006,506-507:512-516.

[22] Y. Yukimoto. Amorphous solar cell. US 4737196,1988.

[23] C. Das, A. Dasgupta, S. C. Saha, S. Ray. Effects of substrate temperature on structural properties of undoped silicon thin films. J. Appl. Phys. ,2002,91:9401-9407.

[24] 斐文,彭钦钰,黄振隆. 薄膜太阳光电模块的发展现况与挑战. 工业材料杂志,2006,240.

[25] S. Y. Lien, D. S. Wuu ,H. Y. Mao, B. R. Wu, Y. C. Lin. Fabrications of Si thin-film solar cells by hot-wire chemical vapor deposition and laser doping techniques. Jpn. J. Appl. Phys,2006, 4B:3516-3518.

[26] 黄崇杰. 薄膜型太阳能电池研究发展状况. 工业材料杂志-太阳光电技术专题,2002,182.

[27] 陈志强. LTPS低温多晶硅显示器技术. 台湾:全华科技图书公司.

[28] D. B. Meakin, P. A. Coxon, P. Migliorato, J. Stoemenos, N. A. Economou. High-performance thin-film transistors from optimized polycrystalline silicon films. Appl. Phys. Lett. ,1987, 50:1894.

[29] O. Ebil, R. Aparicio, S. Hazra, R. W. Birkmir, E. Sutterb. Depoistionand structural characterization of poly-Si thin film on Al-coated glass substrates using hot-wire chemical vapor deposition. Thin Solid Films,2003,430:120-124.

[30] R. Iiduka, A. Heya, H. Matsumura. Study on cat-CVD poly-Si films for solar cell application. Solar Energy Materials and Solar Cells,1997,48:279-285.

[31] R. B. Bergamnn, G. Oswald, M. Albrecht, V. Gross. Solid-phase crystallized Sifilms on glass substrates for thin film solar cells. Solar Energy Materials and Solar Cells, 1997, 46: 147-155.

[32] S. In-Hyuk, K. Cheno-Hong, N. Woo-Jin, H. Min-Koo. A poly-Si thin film transistor fabricated by new excimer laser recrystallization employing floating acitve structure. Current Applied Physics,2002,2:225-228.

[33] M. Darren, Y. Nigel, T. Michael, M. David. An investigation of laser annealed and metal-induced crystallized polycrystalline silicon thin-film transistors. IEEE Transactions on Electron Devices,2001,48(6).

[34] T. Sameshima, H. Watakabe, N. Andoh ,S. Higashi. Pulsed laser annealing of thin silicon films. Jpn. J. Appl. Pyhs. ,2006,45:2437-2440.

[35] M. Tsubuku, K. S. Seol, I. H. Choi, Y. Ohki. Enhanced crystallization of strontium bismuth tantalate thin films by irradiation of elongated pulses of KrF excimer laser. Jpn. J. Appl.

Phys. ,2006,45:1689-1693.

[36] L. Mariucci, A. Pecora, G. Fortunato, C. Spinella, C. Bongiorno. Crystallization mechanisms in laser irradiated thin amorphous silicon films. Thin Solid Films,2003,427:91-95.

[37] W. C. Yeh. Study of excimer-laser-processed polycrystalline silicon thin film solar cells. Ph. D. theis, department of physical electronics, Tokyo institute of technology,2000.

[38] D. H. Choi, E. Sadayuki, O. Sugiura, M. Matsumura. Lateral growth of poly-Sifilm by excimer laser and its thin film transistor application. Jpn. J. Appl. Phys. ,1994,33:70-74.

[39] J. S. Im, H. J. Kim, M. O. Thompson. Phase transformation mechanisms involved in excimer laser crystallization of amorphous silicon films. Appl. Phys. Lett. ,1993,63:1969.

[40] R. S. Wanger, W. C. Ellis. Vapor-liquid-solid mechanism of single crystal grown. Appl. Phys. Lett,1964,4:89-90.

[41] C. W. Lin, S. C. L Y. S. Lee. High-efficiency crystallization of amorphous silicon films on glass substrate by new metal-medicated mechanism. Jpn. J. Appl. Pyhs. , 2005, 44(10): 7319-7326.

[42] P. H. Fang, L. Ephrath, W. B. Nowak. Polycrystalline silicon films on aluminum sheets for solar cell application. Appl. Phys. Lett,1974,25(10):583-584.

[43] C. Y. Hou, Y. C. S. Wu. Performances of Ni-induced lateral crystallization thin film transistors with < 111 > and < 112 > needle grains. Jpn. J. Apl. Phys. , 2006, 45: 5667-5670.

[44] H. Kanno, A. Kenjo, T. Sadoh, M. Miyao. Electri-fied-assisted metal-induced lateral crystallization of amporphous SiGe on $SiO_2$. Jpn. J. Apl. Phys. ,2006,45(5B):4351-4354.

[45] M. S. Haque, H. A. Naseem, W. D. Brown. Aluminum-induced crystallization and counter-doping of phosphorous-doped hydrogenated amorphous silicon at low temperature. J. Appl. Phys. ,1996,76:7529-7536.

[46] L. Hultma, A. Robertsson, H. T. G. Hentzell. Crystallization of amorphous silicon during thin-film gold reaction. J. Appl. Phys. ,1987,62:3647-3655.

[47] Per I. Widenborg, Armin G. Aberle. Surface morphology of poly-Si films made by aluminium-induced crystallisation on glass substrates. Journal of Crystal Growth,2002,242: 270-282.

[48] J. F. Li, X. W. Sun, M. B. Yu, G. J. Qi, X. T. Zen. Nickel induced lateral crystallization behavior of amorphous silicon films. Applied Surface Science,2005,240:155-160.

[49] S. W. Lee, Y. C. Jeon, S. K. Joo. Pd induced lateral crystallization of amorphous Si thin film,. App. Phys. Lett. ,1995,66:1671-1673.

[50] L. Hultman, A. Robertsson, H. T. G. Hertzell. Crystallization of amorphous silicon during

thin-film gold reaction. J. Appl. Phsy. ,1987,62:3647-3655.

[51] C. W. Lin, S. C. Lee, Y. S. Lee. High-efficiency crystallization of amorphous silicon films on glass substrate by new metal-mediated mechanism. Jpn. J. Appl. Phys. , 2005, 44 (10): 7319-7326.

[52] 杨茹媛,翁敏航,李炳寰. 硅薄膜太阳能电池镀膜设备. 电子月刊,1998,4.

[53] K. Kawamura, H. Mashima, Y. Takeuchi, A. Takano, M. Noda, Y. Yonekura, H. Takatsuka. Development of large-area a-SiH films deposition using controlled VHF plasma, thin solid films. 2006, 506-507:22-26.

[54] A. Morii, H. Takatsuka, Y. Yamauchi, K. Tagashira, Yoshiaki Takeuchi, S. Sakai, mass production start-up. Activities on high efficiency microcrystalline tandem solar cells technical review ,2008,45(1):59.

[55] T. Takagi, M. Ueda, N. Ito, Y. Watabe, H. Sato, K. Sawaya. Large area VHF plasma sources. thin solid films ,2006,502:50-54.

[56] http://www.ihi.co.jp/ihi/ihitopics/topics/2001/0117-1.html

[57] http://www.oerlikon.com/

# 第7章 染料敏化太阳能电池



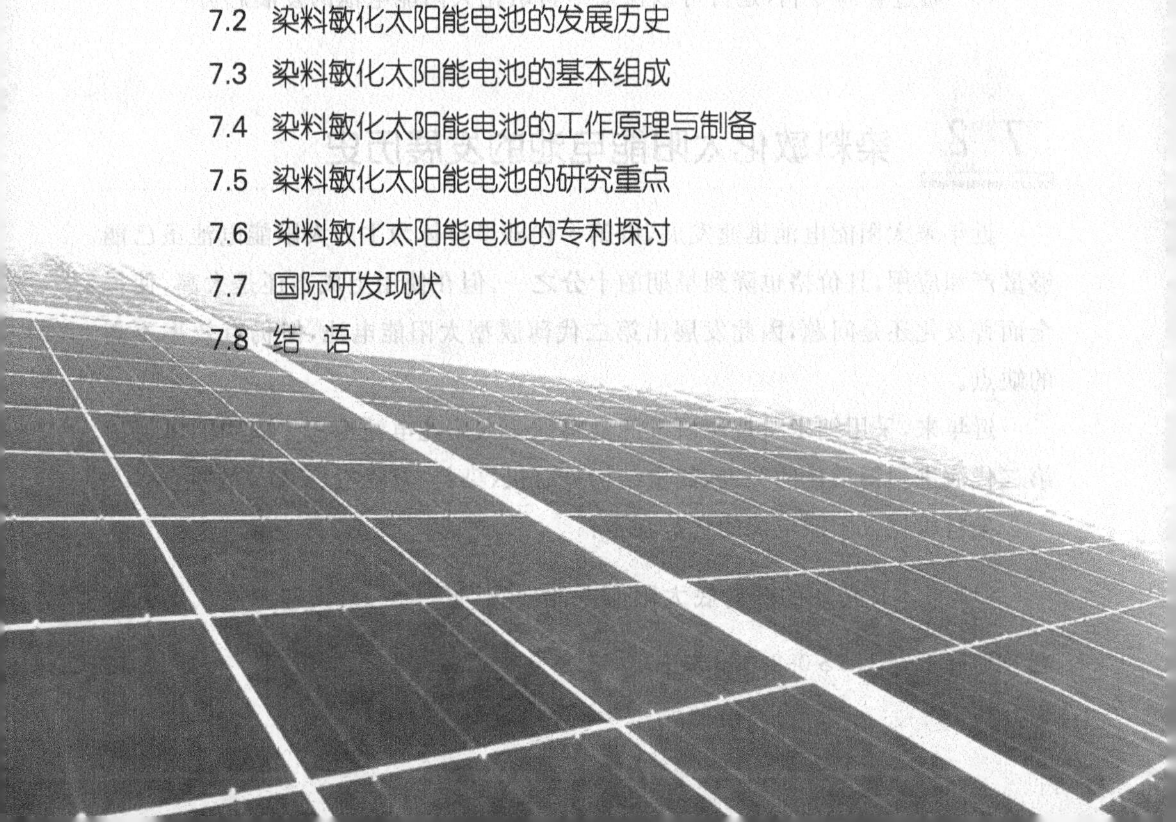

## 7.1 章节重点与学习目标

染料敏化太阳能电池(Dye-Sensitized Solar Cell,DSSC)是一种由有机(染料)及无机($TiO_2$)混成的新形态的太阳能电池器件。该电池在 1991 年由瑞士 EPFL(Swiss Federal Institute of Technology,Lausanne)实验室的 M. Gratzel 教授提出后[1],由于不需昂贵真空设备,制备比其他种类太阳能电池简单,且材料成本在大面积制作后可以降低,成为近 20 年研究机构甚至产业界极为重视的课题。本章将说明染料敏化太阳能电池的发展背景、发展历史、基本结构的组成材料、操作原理、目前待解决的研发题目,还从专利观点探讨该电池的发展趋势。读者在读完本章后,应该可以理解:

(1) 为什么需要发展染料敏化太阳能电池?

(2) 染料敏化太阳能电池的组成及其工作原理。

(3) 染料敏化太阳能电池效率的损失机制。

(4) 为了提高染料敏化太阳能电池的市场份额,有哪些研究与量产课题仍需解决?

(5) 通过查询专利,是否可以探知染料敏化太阳能电池的发展趋势?

## 7.2 染料敏化太阳能电池的发展历史

近年来太阳能电池迅速发展,以第一代硅半导体为主的太阳能电池虽已能够量产和应用,且价格也降到早期的十分之一,但在使用上成本还是太高,使得全面普及化还是问题,因此发展出第二代薄膜型太阳能电池,但仍有效率不高的缺点。

近年来,采用纳米科技所研发的染料敏化太阳能电池扮演了太阳能电池由第二代演进到第三代的关键,其主结构是有机(染料)及无机($TiO_2$)的组合。

染料敏化太阳能电池的优势在于:

(1) 成本比传统的硅衬底太阳能电池便宜,低$\frac{1}{5}\sim\frac{1}{10}$,预期未来成本可以有效地降低至 US$0.2/Wp 左右[2]。

(2) 制备简单，其制作过程不需要昂贵的真空设备，且可大面积生产。

(3) 主要使用的半导体材料是纳米二氧化钛，其含量丰富，成本低，无毒，性能稳定且抗腐蚀性好。

(4) 可在柔性衬底上制作。

(5) 电池能被塑形或着色去搭配要装饰的物品或建筑。

(6) 输出功率随温度升高而上升，对入射光角度要求低，弱光下仍具有一定的电池效能。

图 7.1 所示为染料敏化太阳能电池的发展历程。染料敏化太阳能电池早在 20 世纪 70 年代便开始发展。1970 年日本 Tsubomura 等人利用多孔性 ZnO 作为染料敏化太阳能电池的工作电极(Working Electrode)，得到 2.5%的光电转换效率，其后虽有学者不断投入研究，但是在整体的效率上未能有突破性的提升。其主要的原因为当时并无所谓的纳米科技，所以平整的工作电极(如 TiO、ZnO)仅能吸附少量的染料分子，导致只有靠近电极的染料分子才可以进行电荷转移。因此只有少部分的电子能够传输到电极而被利用，成为电池效率

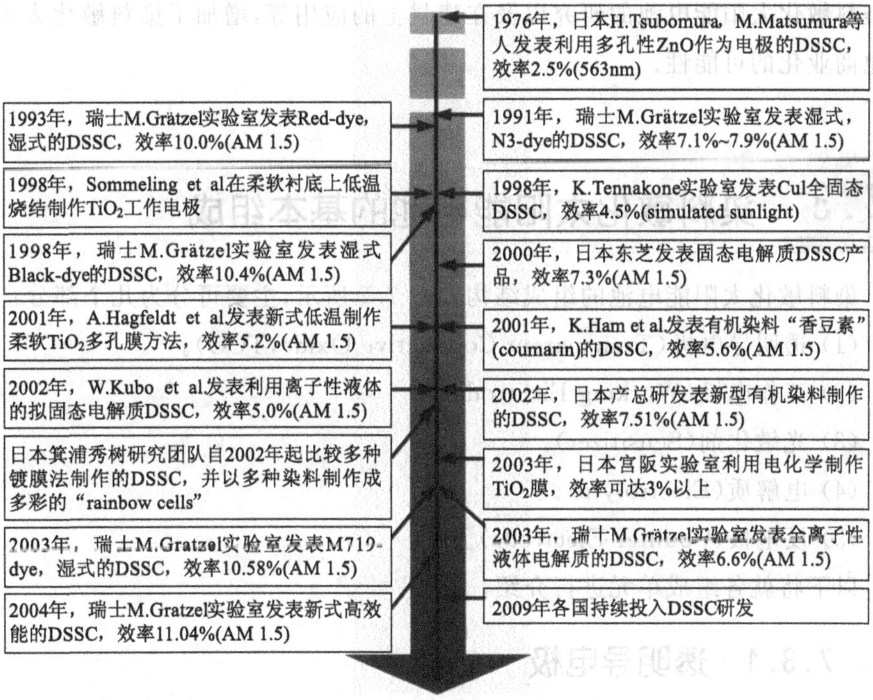


**图 7.1**　染料敏化太阳能电池的发展历程[2]

不高的主要原因。

自从20世纪90年代，纳米材料的特质、制造与分析等方面的研究工作开始有极大的进展。瑞士EPFL实验室的M. Gratzel教授开发新形态的太阳能电池，将纳米二氧化钛粒子烧结在导电玻璃衬底上，形成多孔性纳米结构电极(Nano-porous Structured Electrode)以取代传统染料敏化太阳能电池的平整电极，纳米结构电极使得比表面积大幅度增大，让更多的染料分子能够吸附在电极上，并作为电子的受主和载主。相对电极则是镀有白金膜的导电玻璃，电解质是含有 $I^-/I_3^-$ 的Poly Carbonate溶液，配合改良的Ru金属混合的有机光敏染料，使得光电转换效率达到5%以上[2~5]。

染料敏化太阳能电池于1991年取得突破性的进展后，这方面的研究成为世界各国研发可再生能源(Renewable Energy)的新方向。目前瑞士、日本、美国以及澳洲已有小规模生产，并对染料敏化太阳能电池产品进行长期测试的研究，近年来在此领域的研究除了持续追求更高的光电转换效率外，另外也衍生出其他应用方向的研究，如柔软可塑性的染料敏化太阳能电池的开发、全固态型染料敏化太阳能电池的研究以及在建材上的应用等，增加了染料敏化太阳能电池商业化的可能性。

## 7.3 染料敏化太阳能电池的基本组成

染料敏化太阳能电池的组成结构如图7.2所示，主要可分为几个部分：

(1) 透明导电极(Transparent Conductive Oxide, TCO)。

(2) 工作电极(Working Electrode)。

(3) 光敏化剂(Sensitizer)。

(4) 电解质(Electrolyte)。

(5) 反电极(Counter Electrode)。

以下将就各组成单元进行介绍。

### 7.3.1 透明导电极

透明导电极作为传导电子至外部电路的电极，其中一般常见的透明导电极是铟锡氧化物(Indium-Doped Tin Oxide, ITO)、掺氟氧化物(Fluorine-

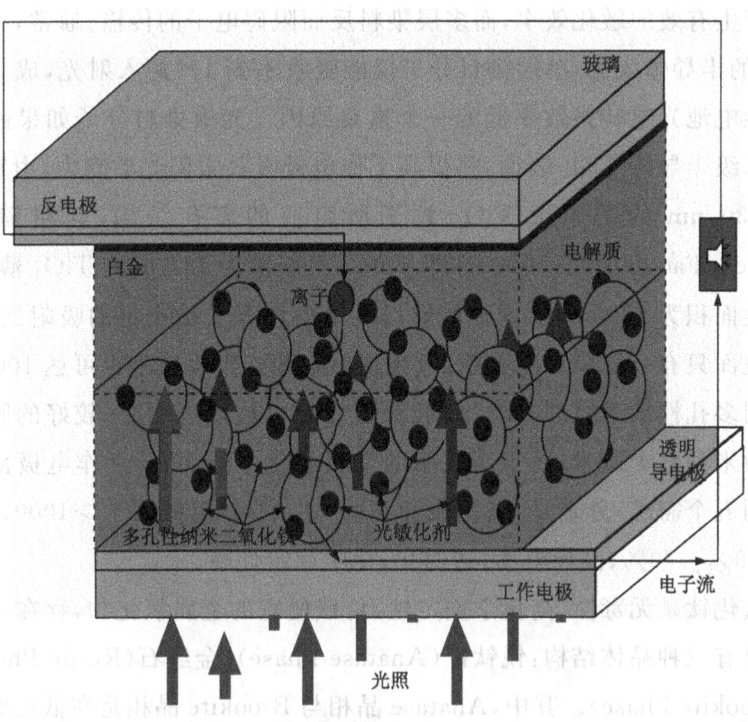


**图 7.2　染料敏化太阳能电池的基本结构示意图**[6]

DopedTin Oxide,FTO)两种。为避免传输电子时因导电度不佳造成能量损失，透明电极必须具有高导电度、低电阻值(～10/ Square)。在制作过程中，以工作电极为二氧化钛（$TiO_2$）为例，由于必须经由 450℃烘烤以去除有机物，所以透明电极需在高温下维持其导电度，其中因 FTO 材料在高温下仍具有较高稳定度，并能保持其高导电度的特性，成为染料敏化太阳能电池常用的透明导电极材料。另外，为了能够使入射光完整地被吸收，透明导电极必须具有良好的透光率(可见光下大于 80%)。关于透明导电极的前瞻研究将在 7.5.1 节做更详尽的说明。

## 7.3.2　工作电极

工作电极用来提供光敏化剂吸附的表面积、电流的路径，还必须具有多孔性的结构来帮助电解质扩散。一个有效率的染料敏化太阳能电池，工作电极扮演相当重要的角色，目前基本上使用的材料是 $TiO_2$。早期的染料敏化电池的工作电极为平整(Flat)的薄膜，因其只有紧密吸附在半导体表面的单层染料分子才能产生有效的敏化效率，而多层染料反而阻碍电子的传输；通常，在一个平滑、致密的半导体表面，单层染料分子仅能吸收不到1%的入射光，成为染料敏化太阳能电池光电转换效率低的一个重要原因。光敏染料分子如果能化学吸附在纳米级半导体 $TiO_2$ 表面，将提高工作电极吸收太阳光的能力，由颗粒大小为 10～30 nm 的纳米级 $TiO_2$ 粒子所组成的多孔结构，其粗糙度因子(Rcughness Factor)大于1000，亦即1 $cm^2$，且膜厚为10 $\mu m$ 的 $TiO_2$ 薄膜，具有的实际表面积为1000 $cm^2$，因而能够提供给染料分子很充足的吸附面积，故即使粒径表面只有一层染料的吸附，所表现出来的光吸收效率也可达100%。

商用多孔性纳米级的 $TiO_2$ 薄膜涂布在导电玻璃表面时，较好的膜的厚度约为数微米到数十微米，对于高效率的染料敏化电池而言，工作电极薄膜最好能够达到五个需求，分别是：高比表面积＞80 $m^2/g$，粗糙因子＞1000；多孔性，孔隙度50%～70%；高导电性；透明化；化学稳定性高。

二氧化钛是无毒性、高化学安定性、价钱便宜的金属氧化物，存在于自然界中的主要有三种晶体结构：锐钛矿(Anatase Phase)；金红石(Rutile Phase)与板钛矿(Brookite Phase)。其中，Anatase 晶相与 Brookite 晶相是在低温时可稳定存在的结构，而 Rutile 晶相是在高温时可稳定存在的结构，两者的相转移温度约在500℃。表7.1为金红石二氧化钛与锐钛矿二氧化钛的基本物理性质。文献研究证明，电子在锐钛矿中有较快的传输速度，因此锐钛矿应用于太阳能电池比金红石有更好的光电转换效率。

**表7.1 金红石二氧化钛与锐钛矿二氧化钛的基本物理性质**

| 晶 相 | 锐钛矿 | 金红石 |
|---|---|---|
| 比重 | 3.9 | 4.2 |
| 带隙/eV | 3.2 | 3 |
| 折射率(RI) | 2.52 | 2.71 |
| 硬度(Mohs' Scale) | 5.5～6 | 6～7 |
| 介电常数 | 31 | 114 |
| 熔点 | 约500℃转相 | 1858℃ |

另外，纳米二氧化钛的粒径、形貌也直接影响着电池的光电转换效率。粒径太小，光的透光率降低而影响光的吸收；粒径太大虽然提高了光的透光率，但却降低了光的有效吸收，同时粒径的大小也会影响电解质的传输。二氧化钛晶

体完整与否影响着电荷复合效率，晶体不完整、粒径太小、晶体存在着缺陷，有可能造成电荷复合，使得光电流降低，因此制备纳米级二氧化钛时，需要控制一定条件以得到均匀晶粒和晶体完整的纳米二氧化钛。关于工作电极的前瞻研究将在7.5.2节做更详尽的说明。

### 7.3.3 光敏化剂

光敏化剂即所谓的染料，能够将工作电极（如 $TiO_2$）的吸收波长提高到可见光区，因为光敏化剂能通过吸收可见光，驱使电子发射至工作电极的导带，失去电子的光敏化剂可并接收来自电解质的电子。由于工作电极的半导体材料的带隙限制，并不能吸收全部的可见光波长，以 $TiO_2$（锐钛矿）为例，其带隙(Energy Gap)为3.2 eV，吸收波长388 nm以下的紫外线。紫外线在太阳光中的含量仅有6%而已，所以光敏化剂就显得格外重要，光敏化剂必须能够与工作电极紧密结合，并可吸收大部分的可见光范围，光敏化剂性能的优劣将直接影响到染料敏化太阳能电池的光电转换效率，它就像是驱动分子内电子的电机。

一般光敏化剂必须符合以下几个条件：

(1) 具有良好的吸附性，亦即光敏化剂与工作电极能快速地达到吸附平衡并且不易脱附，因此光敏化剂分子中，最好含有容易与纳米半导体表面结合的官能团，如-COOH、-SOH、-POH。如光敏化剂上的-COOH官能团会与二氧化钛膜上的-OH官能团生成酯类，使得二氧化钛导带 $3d$ 轨道和光敏化剂 $\pi$ 轨域电子的耦合性更佳，更易使电子进行转移。

(2) 对可见光具有强且宽的吸收特性，最好能吸收920 nm以下的光。

(3) 其氧化态($S^+$)和激发态($S^*$)要具有较高的光稳定性和活性，能进行 $>10^8$ 次循环，且在光照环境下有10年以上的寿命。

(4) 激发态寿命足够长，且光致发旋光性佳并具有很高的载流子（电子、空穴）传输效率。

(5) 光敏化剂的激发态与半导体的导带需匹配，且激发态与导带二能级的能带差最好>200 mV，以确保染料激发态电子的注入效率可达～100%。

(6) 光敏化剂的基态与电解质的氧化还原电位需匹配，且基态与氧化还原电位二能级的能带差最好>200 mV，以保证光敏化剂的再生。

光敏化剂多由染料组成，染料方面的研究可分两大类，一类为有机金属配合物，另一类为有机化合物染料。表 7.2 介绍了目前染料敏化太阳能电池常用的钌配合物(Ru-complex)染料的分子结构。但是有些有机金属配合物的物性、化学性尚未完全被鉴定，因此这方面的研究仍持续在进行，也不断有新型的染料被合成使用。图 7.3 说明了 N3、N719 和 Black 染料的 UV-vis 吸收光谱所对应的入射光子对电流转换效率(Incident Monochromatic Poton to Current Conversion Efficiency，IPCE(λ))。

表 7.2 三种钌配合物所组成的染料分子结构图[14]

| | | |
|---|---|---|
| 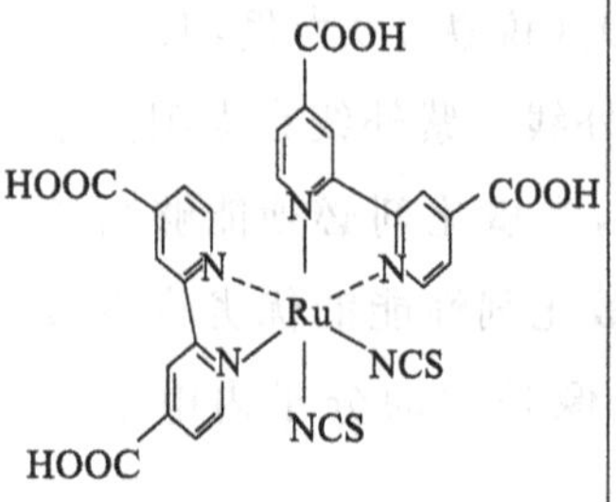 | 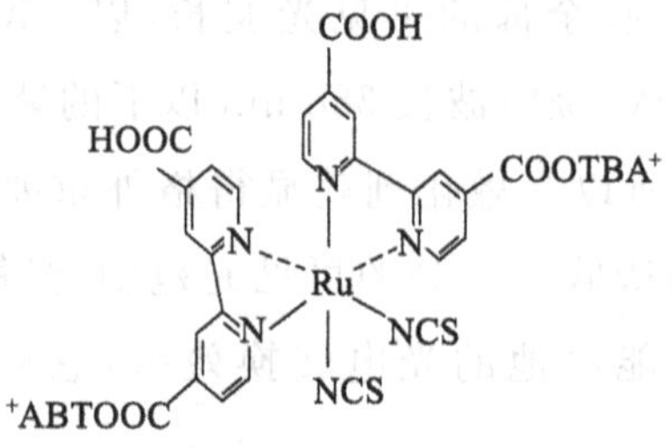 | 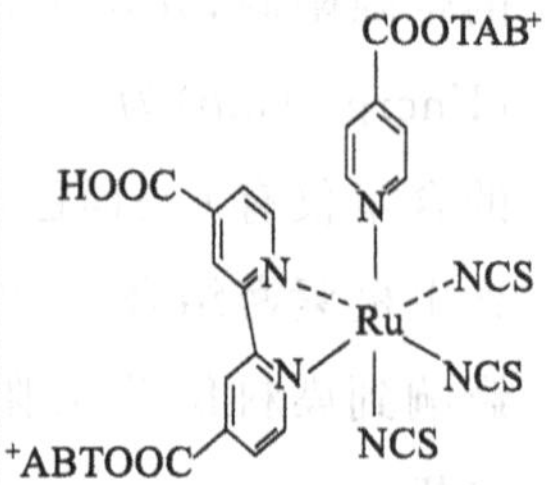 |
| $RuL_2(NCS)_2$<br>(N3 Dye) | $RuL_2(NCS)_2$:2TBA<br>(N719 Dye) | $RuL'(NCS)_3$<br>(Black Dye) |

$$IPCE(\lambda)=LHE(\lambda)\phi_{e\text{-}inj}(\lambda)\eta_{cc}(\lambda)=LHE(\lambda)\Phi(\lambda)_{ET} \tag{7.1}$$

式中，LHE(λ)为光对波长的收集率；$\phi(\lambda)$为由染料激发态注入 $TiO_2$ 的电子数；$\eta(\lambda)$为电荷在透明导电层的收集效率；$\Phi(\lambda)$为电子转换效率。

由图 7.3 可知，Black 染料在可见光范围内具有较大的入射光子对电流转换效率。

## 7.3.4 电解质

电解质的作用主要在于氧化还原反应，含碘离子的电解质在染料敏化太阳能电池中最常被使用，各式相关电解质的研究也陆陆续续被加以讨论。如固态电解质以及拟固态电解质，其中以液态电解质($I^-$ / $I_3^-$)的效率为最高。

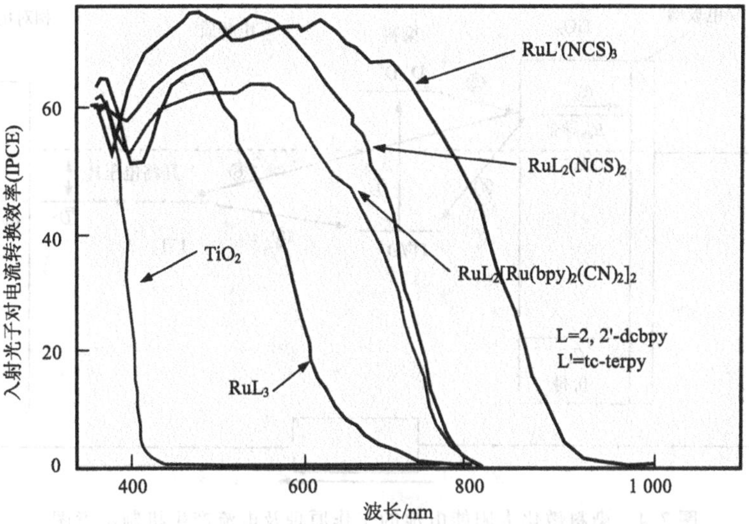


**图 7.3**　N3、N719 和 Black Dye 在可见光下的 IPCE[14]

### 7.3.5　反电极

反电极(又名相对电极)除了用作传导电流之外,需对电解质的氧化还原有较好的催化特性。目前最常用的反电极仍以铂(Pt)的应用较广,因其对传统碘离子($I^-/I_3^-$)的氧化还原有较好的催化特性。其他还有以碳(C)作为电极来降低成本的研究,但其对 $I^-/I_3^-$ 的氧化还原催化效果有限,比较不被重视。

## 7.4　染料敏化太阳能电池的工作原理与制备

### 7.4.1　电流产生原理

染料敏化太阳能电池的工作原理可参考图 7.4。吸附在 $TiO_2$ 上的染料分子吸收光子能量后由基态(D)跃迁到激发态($D^*$),但激发态不稳定,故快速将电子注入紧邻的 $TiO_2$ 导带,在染料中失去的电子则很快可从电解质中得到补偿,进入 $TiO_2$ 导带中的电子最终进入导电膜,然后通过外部回路形成电流,而电解质虽被染料氧化,但最后将被反电极上的电子还原形成循环。

关于染料敏化太阳能电池中电流产生机制示意可参看图 7.4[31]。在光电

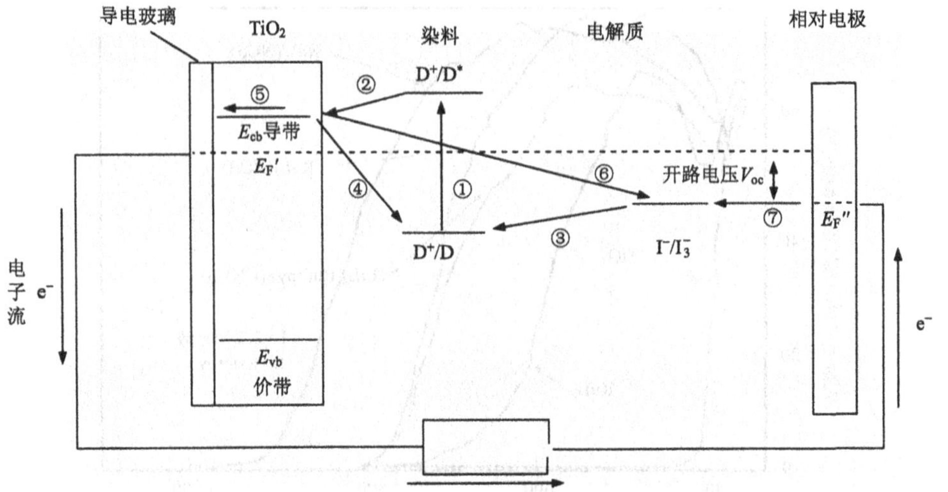


图 7.4 染料敏化太阳能电池的工作原理及电流产生机制示意图

流产生过程中，电子通常经历以下七个步骤：

(1) 染料(D)受光激发由基态跃迁到激发态($D^*$)：

$$D + h\nu \longrightarrow D^* \tag{7.2}$$

(2) 激发态染料分子将电子注入工作电极的导带(CB)中(假设电子注入速率常数为 $k_{inj}$)：

$$D^* \longrightarrow D + e^-(CB) \tag{7.3}$$

(3) $I^-$ 离子还原氧化态染料可以使染料再生：

$$3I^- + 2D^+ \longrightarrow I_3^- + D \tag{7.4}$$

(4) 工作电极导带中的电子与氧化态染料之间的复合(假设电子回传速率常数为 $k_b$)：

$$D^+ + e^-(CB) \longrightarrow D \tag{7.5}$$

(5) 工作电极导带中的电子传输到导电玻璃(Conducting Glass，用 CG 表示)后流到外电路中：

$$e^-(CB) \longrightarrow e^-(CG) \tag{7.6}$$

(6) 导带中传输的电子与进入二氧化钛膜孔中的 $I_3^-$ 离子复合(假设复合速率常数用 $k_{et}$ 表示)：

$$I_3^- + 2e^-(CB) \longrightarrow 3I^- \tag{7.7}$$

(7) $I_3^-$ 离子扩散到反电极(CE)上使得电子再生：

$$I_3^- + 2e^-(CE) \longrightarrow 3I^- \qquad (7.8)$$

未照光的染料敏化太阳能电池没有电流，即工作电极/染料/电解质界面之间并不存在电位差，故其费米能级(Fermai Level，EF)可视为自由电子混成的平衡状态。染料敏化太阳能电池受光照，染料吸收光后产生电子与空穴的分离，同时造成电位差，此电位差即为工作电极的导带与染料的最低空余分子轨道(Lowest Unoccupied Molecular Orbital，LUMO)混合能级(EF′)，相对染料的最高占据分子轨道(Highest Occupied Molecular Orbital，HOMO)与电解质氧化还原电位($I^-/I_3^-$ 的 $E_{Redox}$)的混成能级($E_F''$)的电位差($\Delta V$)，而此电位差的最大值即为光电压($V_{oc}$)的最大值。

由此可知染料的最低空余分子轨道和最高占据分子轨道与电荷的分离有直接的关联。图 7.5 说明工作电极/染料/电解质界面相对的能带关系图。

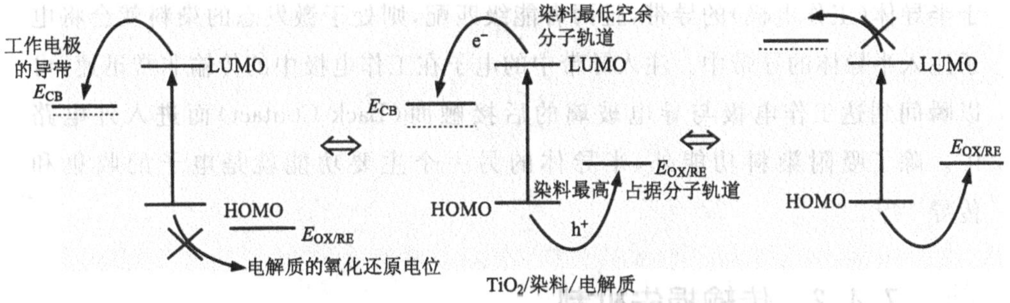


**图 7.5** 工作电极\染料\电解质界面相对的能带关系图[6]

染料必须满足：

(1) 最高占据分子轨道能级(HOMO)必须低于电解质的氧化还原能级($E_{OX/RE}$)。

(2) 最低空余分子轨道(LUMO)必须高于工作电极的导带能级($E_{CB}$)，如此电子传输才不会受到阻碍。

(3) 激发态的寿命越长，越有利于电子的注入；激发态的寿命越短，激发态分子有可能来不及将电子注入半导体的导带中就因非辐射衰减而跃迁到基态。

步骤(2)、步骤(4)两过程是决定电子注入效率的关键步骤。电子注入速率常数($k_{inj}$)与逆反应速率常数($k_b$)之比越大(一般大于 3 个数量级)，电荷复合的机会越小，电子注入的效率就越高。$I^-$ 离子还原氧化态染料可以使染料再生，从而使染料不断地将电子注入二氧化钛的导带中。$I^-$离子还原氧化态染料的速率常数越大，电子回传被抑制的程度越大，这相当于$I^-$离子对电子回传进行了拦截(Interception)。步骤(6)是造成电流损失的一个主要原因，因此电子在工作电极层中的传输速度[步骤(5)]越大，且电子与$I^-$离子复合的速率常数($k_{et}$)越小，电流损失就越小，光生电流越大。步骤(6)生成的$I_3^-$离子扩散到反电极上得到电子变成$I^-$离子[步骤(7)]，从而使$I^-$离子再生并完成电流循环。

在一般的半导体太阳能电池(如硅太阳能电池)中，半导体引起两种作用：一种是捕获入射光；一种是传导光生载流子。但是，对于染料敏化太阳能电池来说，这两种作用是分别执行的[31]。首先光的捕获由染料完成，受光激发后，染料分子从基态跃迁到激发态(即电荷分离态)。若染料分子的激发态能级高于半导体(工作电极)的导带，且两者能级匹配，则处于激发态的染料就会将电子注入半导体的导带中。注入导带中的电子在工作电极中的传输非常迅速，可以瞬间到达工作电极与导电玻璃的后接触面(Back Contact)而进入外电路中。除了吸附染料功能外，半导体的另一个主要功能就是电子的收集和传导[4,31]。

## 7.4.2 传输损失机制

不论对何种太阳能电池而言，电子-空穴对的复合都直接影响到光电压与光电流的输出效率。在传统的PN结太阳能电池中，由于它是两种形态半导体的结合，且接触面积大，电子、空穴的传输路径多，除空间电场外，没有阻绝电子-空穴对发生复合效应的力量，而这也是传统太阳能电池能量损失的一大因素。对染料敏化太阳能电池而言，因电子的传输路径为唯一，所以对电子-空穴复合的探讨上也相对比较单纯。

图7.6中的(1)～(4)说明了降低染料敏化太阳能电池整体效率的4个路径：

(1) 逆向的光电流(即暗电流)，工作电极接受染料激发态的电子后，电子向反方向的电解质注入，在电解质发生电子-空穴对的复合，除了损失能量之外，其产生的反方向电流会降低光电流值，也造成降低整体效率的影响。

(2) 注入工作电极的电子与表面染料基态的空穴发生表面复合效应，同样会造成能量损失以及对整体电子的回路不利。

(3) 染料自身的电子-空穴对复合，会释放出热能或荧光，降低整体的效率。

(4) 电解质中的离子传递(Ionic Diffusion)，造成逆方向的电流发生，进而降低整体的效率。为了避免或降低这些不利因素的影响，已有许多研究投入。

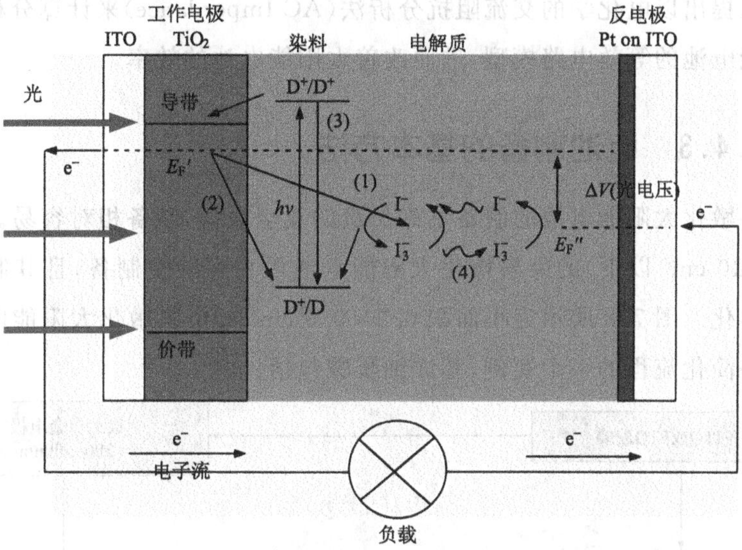


**图 7.6** 染料敏化太阳能电池的传输损失示意图[6]

结合第 3 章所述的太阳能电池的等效电路，染料敏化太阳能电池也可以使用该等效电路表示，如图 7.7 所示。其串联电阻 $R_s$ 的来源为电池中不同材料间及界面处的电阻，即为 $R_1$、$R_2$ 和 $R_h$ 的和，$C_1$ 则表示并联电容，而并联电阻 $R_{sh}$ 则来自图 7.6 中的路径(1)～(4)。其中：

(1) $R_1$ 为白金与透明导电薄膜之间电子传递阻抗。

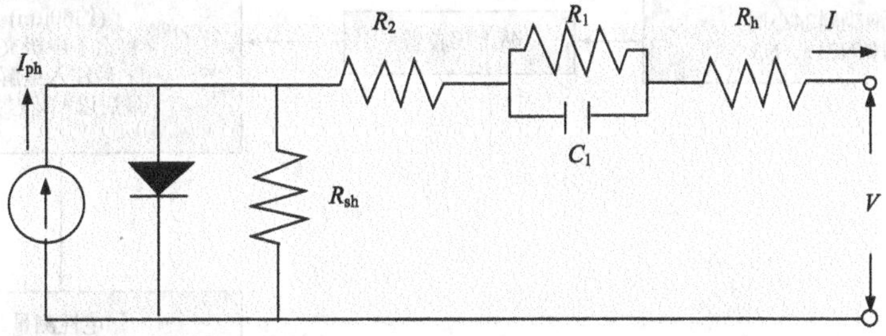


**图 7.7** 染料敏化太阳能电池的等效电路示意图[6]

(2) $R_2$ 为电解液中 $I_3^-$ 离子的扩散电阻。

(3) $R_h$ 为透明导电衬底的片电阻。

在染料敏化电池系统中，$R_h$ 是 $R_s$ 的最大来源，因此在高光照强度下，是影响电池效能的主因，而在低光照强度下，$R_{sh}$ 是影响电池效能的主因。目前有许多文献提出以电化学的交流阻抗分析法(AC Imperdance)来计算分析染料敏化太阳能电池的等效电路模型，进而改善太阳能电池的效率。

## 7.4.3　电池制备的基本方法

染料敏化太阳能电池的制备不需昂贵的真空设备，制备相对容易。小面积(约 10×10 $cm^2$ 以下)的染料敏化太阳能电池可在实验室制备，且其制备方式也很多样化。图 7.8 所示为小面积 0.5×0.5 $cm^2$ 的染料敏化太阳能电池的实验室制备简化流程的一个实例，其详细步骤包括：

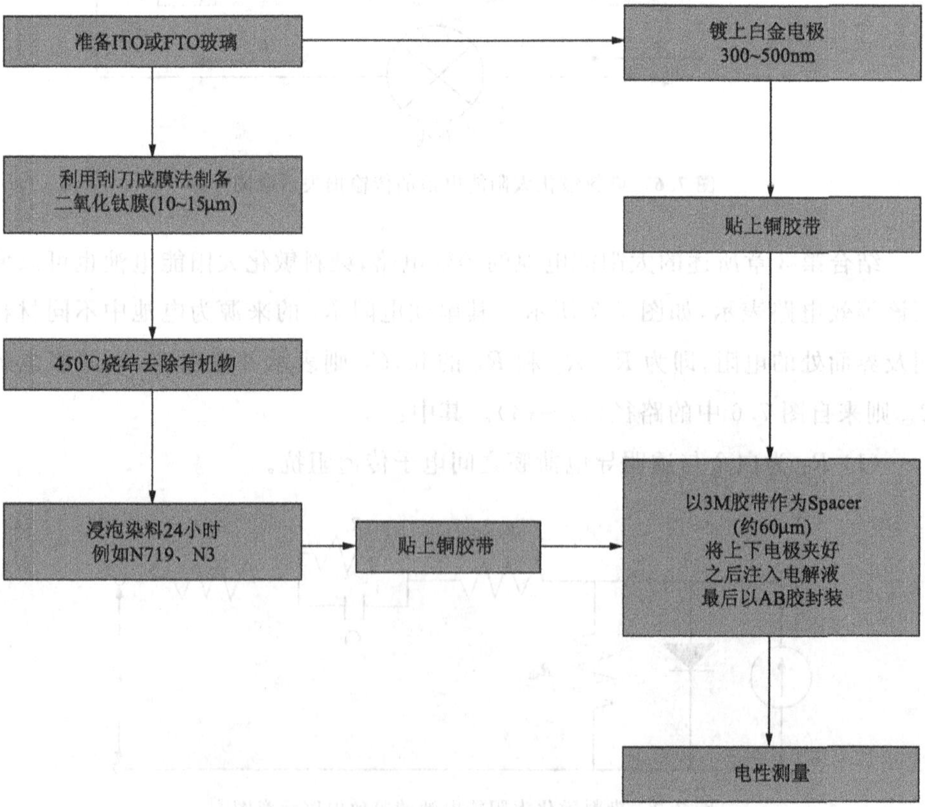


图 7.8　染料敏化太阳能电池的实验室制备流程[6]

步骤1:以擦拭纸沾酒精清洁透明导电玻璃(本例以FTO说明)的表面。

步骤2:浸泡在0.05 M的$TiCl_4$溶液(0.5 mL的$TiCl_4$稀释于100 mL的DI Water)中,加热至70℃,时间为30 min。

步骤3:先后以清水和酒精清洗FTO表面多余的$TiCl_4$,并于常温晾干。

步骤4:用隐形胶带贴出$0.5\times0.5\ cm^2$的空白面积。

步骤5:秤取3 g的P25($TiO_2$)粉末。

步骤6:将粉末置入容器,并添加6 mL的DI Water、0.1 mL的乙酰丙酮(分散剂)和0.1 mL的Triton X-100(界面活性剂)。

步骤7:搅拌至粉末均匀溶解。

步骤8:使用旋涂机在FTO上进行薄膜旋涂,第一阶段转速为1000 r/min,第二阶段转速1500 r/min。

步骤9:以高温炉进行450~500℃高温烧附,升温45 min,持温1h。

步骤10:将工作电极浸泡在$4\times10^{-4}$M(3.5 mg的Ru 535-bisTBA稀释于100 mL的无水乙醇)的N719染料中。

步骤11:将泡染料的工作电极置于烘箱中,以70℃加热,浸泡时间为6h。

步骤12:以酒精清洗$TiO_2$薄膜表面多余的染料,并于常温晾干。

步骤13:在吸附染料的$TiO_2$薄膜周围使用隐形胶带作为间隔,以镀Pt薄膜的FTO作为相对电极,两两对接,以开放式电池(Open Cell)的方式进行封装。

步骤14:利用毛细管作用,注入电解液。

步骤15:最后以AB胶封装。

步骤16:进行电性量测。

其中,在步骤8可采用图7.9(a)所示的刮刀方式(Doctor Blade Method)或图7.9(b)所示的旋涂法(Spin-coating Method)来制备。不同的制备方法会得到不同的效率,在统一的标准的制备流程下,主要仍以材料的影响较大。

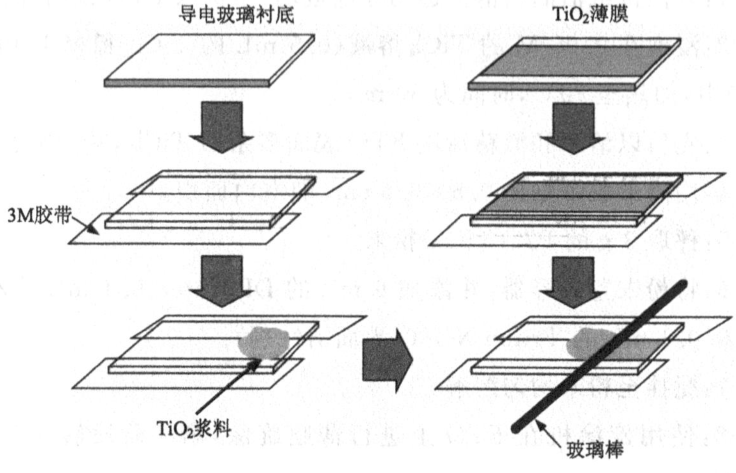


(a)刮刀方式

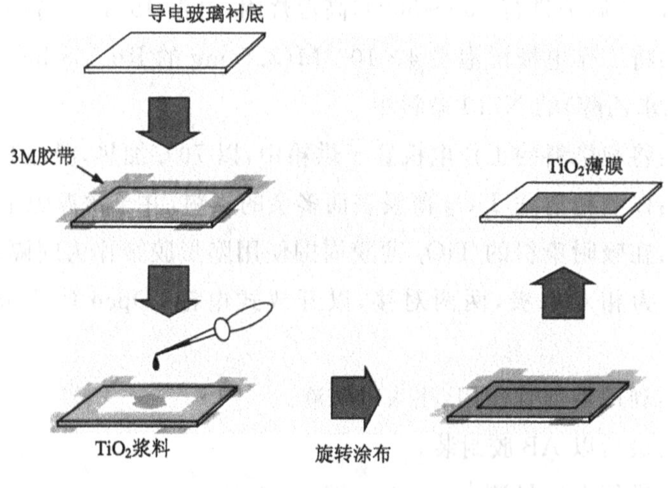


(b)旋涂法制备示意图

**图 7.9　染料敏化太阳能电池**

## 7.5 染料敏化太阳能电池的研究重点

在效率提升方面的研究一直是染料敏化太阳能电池的研究重点，分别针对工作电极、染料以及电解质三个主要方向进行研究，目前整体光电转换效率可达约 10%，但商业应用仍不普及。

### 7.5.1 透明导电膜的研究

染料敏化太阳能电池的电极，一般都是使用导电膜，而负极还必须具有一定的透光性。根据导电膜的情况，既透明又导电的导电膜可分成金属型、半导体型和多层膜复合型三种。金属型利用耐热性高分子材料，例如，聚酯上蒸镀金、钯、网状铝等金属膜，其表面导电性好($R_s=10\sim10^7\ \Omega$)，但透明度差(60%～88%)；半导体型涂覆氧化铟、碘化铜等化合物半导体膜在玻璃上，其透明度好(70%～88%)，但表面导电性差；多层膜复合型是采用金属与半导体交互堆叠制成的多层膜，有透明度(70%～85%)和导电性($R_s=1\sim10\Omega$)都较好的优点，但价格较贵，所以在实际使用中，必须根据具体要求选择合适材料。

金属薄膜系列具有导电性好但透明度差的特点。一方面，由于金属膜中存在自由电子，因此，即使很薄的膜，仍然呈现出很好的导电性，若选择金属材料对可见光吸收小的物质，就可以得到透明导电膜。另一方面，当金属的膜厚减小到 20 nm 以下时，对光的吸收率和反射率都会减小，呈现出很好的透光性。一般来说，透光性越好的金属薄膜，导电性就越差。所以，锥型透明导电薄膜的厚度应限制在 3～15 nm。但这种厚度的金属膜易形成岛状结构而表现出比连续膜高的电阻率和光吸收率。为避免出现岛状结构，可先沉积一层氧化物作为底层。另外，由于金属膜的强度较差，实际应用时，可在其上沉积一层 $SiO_2$、$Al_2O_3$ 等氧化物保护层，从而构成底层膜/金属膜/上层膜的夹层式结构。可形成透明导电膜的金属材料一般为 Au、Pd、Pt、Al、Ni-Cr 等。

半导体型导电膜系列则具有透明性好但导电性差的特点。因此，考虑到高透明度、良好的导电性以及薄膜的力学性能因素，此类薄膜系列应具备的条件是：

(1) 材料的能带宽度 $E_g$，应大于 3 eV，以保证高的透光率。

(2) 材料应进行掺杂，使其组成偏离化学剂量比，以保证高的导电性。

一般而言，金属氧化物比较满足此类条件，其中常见的是氧化锡($SnO_2$)、氧化铟系列($In_2O_3$-$SnO_2$)、氧化镉(CdO)和镉锡氧化物($Cd_2SnO_4$)等。在氧化铟薄膜达到实用水平之前，氧化锡几乎是唯一可实用的氧化物透明导电薄膜。氧化锡薄膜的特点是强度好，具有优良的化学稳定性。此外，氧化锡薄膜所使用的原料价格低，制备方法简单，生产成本低。氧化铟系列导电膜的缺点是热稳定性差，但由于容易刻蚀，因此也常被采用。

半导体型透明导电薄膜的制备可以选用塑料薄膜衬底或玻璃衬底，两者使透明导电薄膜在特性上有很大的不同。若仅考虑表面电阻值和透光率，则用塑料做衬底最合适。此外，塑料衬底还具有可弯曲、易加工等优点。

透明导电薄膜的制备方法有喷雾法(Spraying)、涂覆法(Coating)、浸渍法(Dipping)、化学气相沉积法(Chemical Vapor Deposition，CVD)、真空蒸镀法(Vacuum Coating)、真空溅射法(Sputtering)等。这些制备方法有一个共通点是衬底要能承受高温。若衬底是耐热性良好的玻璃，则制膜并不困难；但若衬底是耐热性较差的，则制膜较为困难，从而也影响了透明导电膜的技术开发。近年来，在塑料薄膜衬底上制备透明导电薄膜的技术才有了突破，这种塑料薄膜具有厚度薄、重量轻、耐冲击、可弯曲、面积大和易加工等优点，它与电子产品要求的重量轻、厚度薄、体积小相呼应。

在染料敏化太阳能电池的实用化过程中，透明导电衬底有一些问题待解决。为了提高导电性而增加导电膜的厚度，则光反射率提高，透射性能降低，光捕获效率降低。另外，由于染料敏化电池制作中需加热，这样也引起电阻值的提高。所以应用在染料敏化电池的透明导电衬底需具有电阻值低、反射率小、热稳定性好以及成本低等特点。

## 7.5.2　工作电极的研究

染料敏化太阳能电池目前一般制备如前所述，工作电极必须在高温下退火才会有比较高的效率，因此对低温下制备的工作电极及其应用在柔性衬底上有许多相关的研究。

### 1. 工作电极的退火影响

根据Nakade等人的研究，利用三种不同制备方法所配制而成的二氧化钛，晶相分别为S1：100％锐钛矿、S2：80％锐钛矿和20％板钛矿，还有商业用的二氧化钛P25：80％锐钛矿和20％金红石[11]。如图7.10、图7.11所示，在不同温度下退火，当温度慢慢升高时，二氧化钛胶体中的有机物与水分慢慢析出，使得二氧化钛颗粒从聚在一起，比表面积跟着下降。但随着退火温度的提高，从聚后的二氧化钛更紧密地结合，将使得二氧化钛中的载流子扩散系数与载流子寿命提高，导致电流增大，提高光电流转换效率。而由Nippon Aerogrl所制造的商业用二氧化钛P25，经由高温退火之后比表面积并不随温度改变而下降，这表示 P25 在制造过程中已经经过脱水程序，不过其比表面积与其他方式制作而成的二氧化钛比较之下变得较小，表示不同的制作方法，将影响 $TiO_2$ 的比表面积。

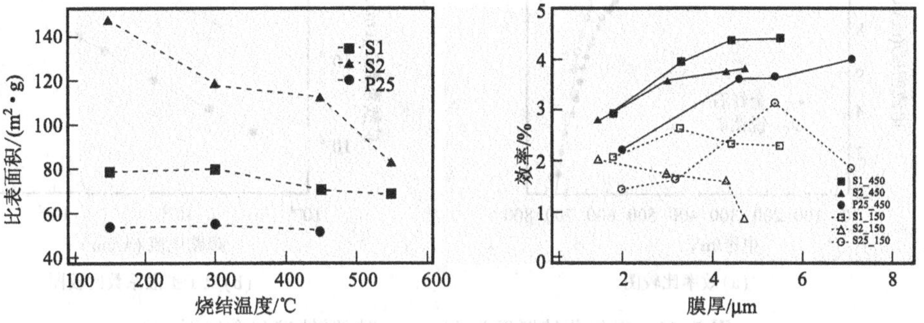


(a)不同温度下退火的比表面积　　(b)不同厚度与温度下退火对转换效率的影响

**图 7.10**　三种不同二氧化钛 S1 为由四氯化钛水解所制备的二氧化钛，S2 为由四异丙基钛水解所制备的二氧化钛，S1_150 表示为 S1 样品在 150℃下退火，以此类推

由图 7.10 可以看出二氧化钛薄膜厚度经退火后对转换效率的影响。三种不同二氧化钛尚未经由高温退火时，由于晶格排列上的缺陷，使得电子传输所引起的损失变大，导致效率的降低。经由高温退火后，晶格排列较为紧密，使电子传输损失变小，所以当厚度越来越厚时，反而能够吸附更多的染料，使整体光电流效率变高，表示工作电极的膜厚存在一个最佳值。

2. 工作电极的晶相影响

研究指出锐钛矿相比金红石相具有较大的比表面积，能够吸附更多的染料。由图 7.11(a)可以看出当二氧化钛厚度为 11.5 μm 时，锐钛矿的电流密度明显比金红石高出许多。图 7.11(b)说明锐钛矿与金红石电子扩散系数。由图 7.11 可以得知，锐钛矿中的电子传输速度比金红石还要快出许多，使得锐钛矿电子传输所造成的损耗比金红石要来得少，因此具有较高的电流密度。

退火温度对于比表面积的影响如表 7.3 所示，由表 7.3 可知退火温度并不直接关系到单位面积之下所吸附的染料数量，反而是经由高温退火后，电流密度整体大幅地上升。其中的原因是扩散系数与载流子寿命的增加。因此想制作高效率的染料敏化太阳能电池，高温退火似乎成为不可缺少的步骤之一。

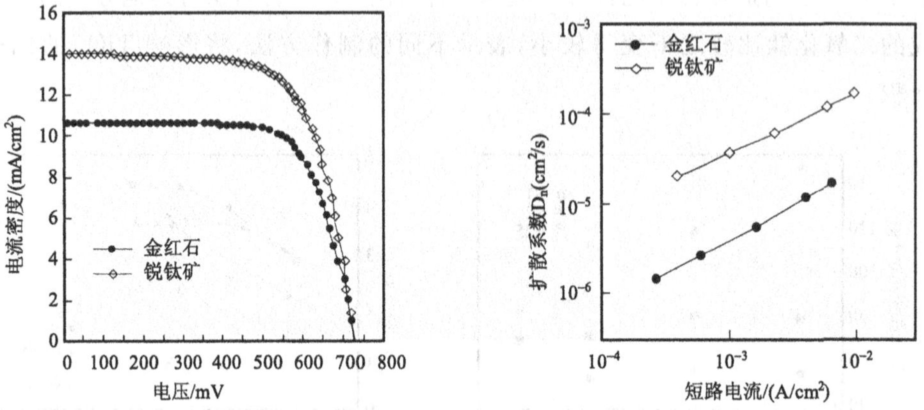


(a)效率比较图　　(b)电子扩散系数比较图

**图 7.11**　二氧化钛厚度为 11.5μm 时,锐钛矿与金红石

**表 7.3　三种制作二氧化钛的方法在高温与低温之下的比较**[11]

| | $J_{sc}$/(mA/cm$^2$) | $V_{oc}$/V | efficiency/% | porosity/% | surface/(m$^2$/g) | dye/($10^{-11}$mol/cm$^2$) |
|---|---|---|---|---|---|---|
| S1_450 | 9.84 | 0.78 | 4.41 | 53 | 70 | 11 |
| S1_150 | 4.94 | 0.77 | 2.63 | 53 | 79 | 12 |
| S2_450 | 9.52 | 0.73 | 3.81 | 38 | 118 | 9.3 |
| S2_150 | 4.04 | 0.72 | 2.02 | 38 | 148 | 8.4 |
| P25_450 | 8.93 | 0.75 | 3.97 | 60 | 54 | 9.2 |
| P25_150 | 5.89 | 0.77 | 3.14 | 62 | 54 | 9.8 |

另外,由于电子在半导体内的复合,且锐钛矿的禁带宽度为 3.2 eV,只能吸收波长小于 380 nm 的紫外线,但是紫外线仅占了太阳光的 6%,因此光电转换效率低。所以必须将二氧化钛表面光谱特征修饰,增大对太阳光的吸收,从而提高光电转换效率。一般来说,可用修饰 $TiO_2$ 表面或晶体结构的方式增加 $TiO_2$ 的吸光范围,有以下几种修饰方式[6]:

(1) 贵重金属的表面修饰。在 $TiO_2$ 表面用适量的贵重金属进行修饰,有两个优点,一个是有利于电子-空穴对的分离,另一个是有助于催化反应的发生。因为贵重金属大多是电子的良导体,当其在 $TiO_2$ 表面共沉积修饰时,更易

捕捉分离电子,进而降低电子-空穴对复合的发生;另外贵重金属原本也常被用作催化剂,在与 $TiO_2$ 结合后也有助于催化反应的发生,更加提升光催化效率[59~61]。

(2) $TiO_2$ 晶体中其他元素的掺杂。$TiO_2$ 的晶体中掺入适量的过渡金属造成结构上的缺陷或结晶性质的改变,也有助于光催化效应。可能原因有二:

· 形成捕捉电子或空穴的缺陷,有助于电子-空穴对的分离,提升光催化性质。

· 掺杂其他元素与 $TiO_2$ 共结晶,增加对光波的吸收特性以及带隙的改变,进而提升光催化效果[62]。

(3) $TiO_2$ 复合半导体材料的应用。$TiO_2$ 为半导体,可以形成复合半导体材料,通常有半导体-绝缘体与半导体-半导体复合两种形式,前者的复合材料主要以绝缘体作为载体,可提供更高表面积及更佳多孔性结构,并具一定的机械强度,在应用上更有灵活性,而利用两种半导体材料复合的复合材料因基本性质(P 型与 N 型)与带隙的差异,将造成电子-空穴对的分离与更有效率的利用,同时对光的吸收可扩大到可见光的范围,目前上述的研究均指出 $TiO_2$ 复合材料的应用具有较佳的光催化活性[28~31]。

### 7.5.3 染料的研究

将具光学活性的化合物(染料)以物理或化学吸附的方式附着于光催化剂表面,借此增大光催化剂对光的吸收范围,进而增加对日光的利用率以提升光催化效果,此程序称为光催化剂的表面染料敏化。这种现象很早就被发现,后来应用在染料敏化太阳能电池上。在染料敏化太阳能电池应用上,常用的染料为有机金属配合物,如钌基化合物[32~35]。

类似的有机金属配合物染料有 Pt 配合物、Os 配合物、Fe 配合物及 Cu 配合物等,种类众多但用于染料敏化电池时的整体效率均仍有待加强。有机染料方面以茜素(Alizarin)、香豆素(Coumarin)、Cyanine 衍生物、Rhodamine 衍生物以及天然色素(如花青素)等较常见,而这方面的研究庞大且难以汇整,就单一色素而言,其衍生物几乎可以无限扩张,而这也是目前研究者投入,并希望在其中发现可以取代现有的有机金属配合物的染料,进而降低成本。

图 7.12 所示为染料分子在纳米晶,如 $TiO_2$ 表面上分子自组装的各种

方式：

(1) 共价键结合，与染料分子的官能团直接反应而形成键合。

(2) 静电吸引，离子对或施主-受主的相互吸引。

(3) 氢键结合，在天然有机染料中尤为常见。

(4) 疏水作用导致长链脂肪酸衍生物的自组装效应。

(5) 以范德华力物理吸附在固体表面。

(6) 物理陷入在如环糊精、胶囊等主体的孔洞中。

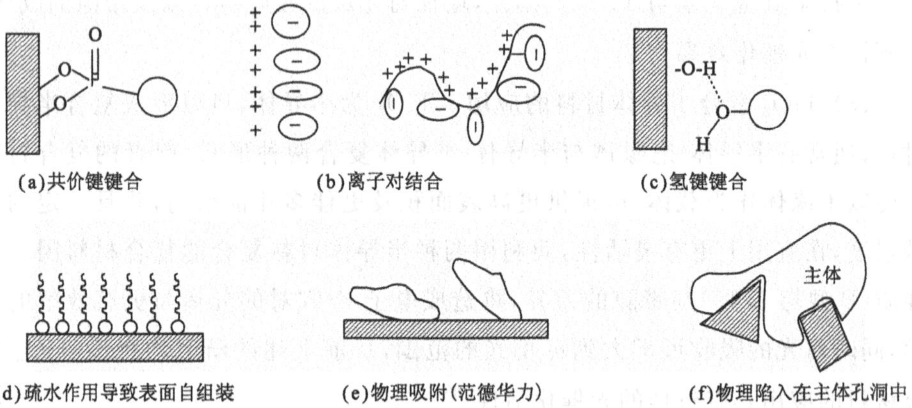


**图 7.12**　分子在表面自组装的方式[43]

在染料敏化太阳能电池中，染料对工作电极 $TiO_2$ 通常采用第一种分子自组装方式。为了能与半导体表面进行良好的吸附，染料分子结构必须进行修饰。

图 7.13 表示染料分子在氧化物或非氧化物基体上通常采用的化学键结合模式。实验证明，硅氧基[-O-Si-]、酰胺基[-NH-(C=O)-]、羧基[-O-C=O-]、磷酸基[-O-(HPO)-]等基团与半导体 $TiO_2$ 表面之间能形成稳定的化学键合。染料与半导体表面的化学键合不仅可以使染料稳定地吸附到半导体的表面上，而且可以增加电子耦合能力并且改变表面态能量。

以钌的多吡啶(Poly-pyridye)配合物为主的染料敏化剂是通过吸附在二氧化钛表面，提供主要的光子吸收及随后发生的电子注入的步骤。典型钌的多吡啶配合物的化学结构最早是由 Grätzel 的团队所研发出来，此类型的染料因其具有较强的可见光吸收能力、良好的光电化学性质、激发态稳定性高及与二氧化钛表面具有强的作用力，且可接受约 $5\times10^7$ 次的氧化-还原反应，因此成为

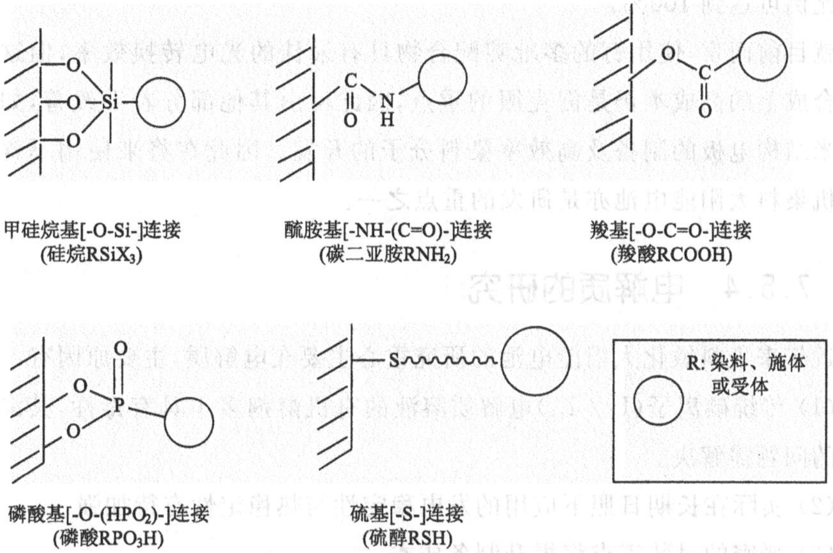


**图 7.13**　染料分子在氧化或非氧化表面的连接模式[43]

广泛使用的染料敏化剂，见表 7.2。

其中，【cis-bis(4,4′dicarboxy-2,2′bipyridine) dithiocyanato ruthenium(II)】($RuL_2(NCS)_2$ Complex)的染料又称为 N3 Dye(或 red Dye)，其吸收光的范围可达可见光区，从 400 ～800 nm，全质子化的 N3 Dye 在 538 nm、398 nm 有最大的吸收峰，其激发态的生命周期为 60 ns，而且经由红外线光谱的检测也已证实此染料分子是以官能团和二氧化钛形成配位键合。

【thithiocycanato 4,4′,4″ — tricarboxy-2,2′：6′ 2″-terpyridine ruthenium (II)】($RuL'(NCS)_3$ Complex)称为 Black Dye，是目前最具效能的染料，其吸收光的范围涵盖了可见光且可达到近红外线区(900 nm)，单一质子化的 Black Dye 在 610 nm、413 nm 有最大的吸收峰。

在拉曼振动光谱的研究中也指出，单一质子化的 Black Dye 和二氧化钛的表面键合与 N3 Dye 相同，都是由 Bidentate Chelate 或 Bridging 的形式与二氧化钛配位键合，其差别在于 Black Dye 是以一个 COO 与 $TBA^+$ 和二氧化钛产生配位键合。然而，以上这些染料在可见光及近红外光区的吸收主要可归因于金属到官能团的电子转移(Metal-to-Ligand Charge Transfer，MLCT)的性质，由金属(Ru)的电子传递到位于外围的羧基吡啶配位键的 π 反键合域，之后在小于 100 fs 的时间内将电子传入二氧化钛的导带。因此，理论上光子转换为电子的比例可达到100%。

就目前而言，使用钌的多吡啶配合物具有最佳的光电转换效率，但这种染料在合成上的高成本仍是需克服的重点，因此可由其他部分着手改善，如多孔性纳米结构电极的制备及高效率染料分子的开发。因此在将来使用不含金属的有机染料太阳能电池亦是研发的重点之一。

### 7.5.4　电解质的研究

近年来染料敏化太阳能电池的研究重心主要在电解质，主要原因有：

(1) 传统碘离子($I^-/I_3^-$)电解质溶液的有机溶剂多半具有毒性，其渗漏与挥发的问题需解决。

(2) 实际在长期日照下应用的发电稳定性与热稳定性有待加强。

(3) 严密的封装需求将提升制备成本。

(4) 柔性材质上的应用困难。

(5) 有机溶剂对染料吸附的不利影响。

当激发态染料将电子注入二氧化钛半导体的导带时，染料将失去电子而被氧化。为了使光电转化能够不断地循环发生，必须使用电解质将氧化态的染料还原。目前在染料敏化太阳能电池中最普遍使用的电解质为 $I^-/I_3^-$ 对。

当 $I^-$ 离子浓度较大时，可以快速地将氧化态的染料还原，并且有效地抑制电极表面的电荷复合。Frank 和 Huang 等学者研究了电解质浓度对 N3 染料敏化太阳能电池的性能参数的影响。当固定 $I^-/I_3^-$ 的浓度比为 1∶10 时，$I_3^-$ 离子的浓度越低，开路电压越大。例如，当 $I_3^-$ 离子的浓度从 46 降到 2 mmol/$dm^3$ 时，开路电压从 0.46 V 上升至 0.67 V。其原因可利用染料敏化太阳能电池的开路电压的计算公式而得到解释：

$$V_{OC}=\left(\frac{kT}{q}\right)\ln\left(\frac{I_{inj}}{n_{cb}k_{et}[I_3^-]}\right) \tag{7.9}$$

式中，$I_{inj}$ 为注入电子流；$n_{cb}$ 为导带中的电子浓度；$k_{et}$ 为注入电子与 $I_3^-$ 离子反应的反应速率常数；$[I_3^-]$为纳米晶膜表面上 $I_3^-$ 的平衡浓度。

$I_3^-$ 离子的浓度增加时，反应速率常数 $k_{et}$ 和$[I_3^-]$都会增加，造成开路电压降低。因此，在染料敏化太阳能电池中，$I_3^-$ 离子有一个最佳浓度的选择。

液体电解质由于其扩散速率快、光电转换效率高、易于设计和调节组成成分、对纳米多孔膜的渗透性好等特点而被广泛研究[37,38]。其主要由三个部分组成：有机溶剂、氧化还原对、添加剂。

1. 有机溶剂

用作液体电解质中的有机溶剂常见的有：1,2-二氯乙烷（1,2－dichloroethane，DCE）、丙酮（acetone，AC）、乙腈（acetonitrile，ACN）、乙醇（ethanol，EtOH）、甲醇（methanol，MeOH）、特丁醇（tertiary-butanol，t-BuOH）、二甲基甲酰胺（dimethylformamide，DMF）、碳酸丙酯（propylenecarbonate，PC）、3-甲氧基丙腈（3-methoxypropionitrile，MePN）、二甲基亚砜（dimethylsulfoxide，DMSO）、二烷（dioxane，DIO）和吡啶（pyridine，PY）等。

与水相比，这些有机溶剂对电极的特性是：

(1) 惰性的，不参与电极反应。

(2) 具有较宽的电化学窗口，较不易导致染料的脱附和降解。

(3) 凝固点低，适用的温度范围较广。

(4) 介电常数较高和黏度较低，能使无机盐在其中溶解和电离，也能使溶液具有较高的导电率。

乙腈溶剂因其对纳米多孔膜的浸润性和渗透性很好，介电常数大，黏度低，介电常数对黏度的比值高，因此对许多有机物和无机物的溶解性好，且对光、热、化学试剂等稳定性高，因此成为液体电解质中有机溶剂较好的选择。

离子液体由有机阳离子和无机阴离子组成、在低温（<100℃）下呈液态的盐，也称为低温熔融盐，是近年来发展的新溶剂。离子液体中常见的有机阳离子是烷基铵离子、烷基咪唑离子和烷基吡啶离子等，常见的无机阴离子是$BF_4^-$、$AlCl_4^-$、$PF_6^-$、$AsF_6^-$、$SbF_6^-$、$F(HF)_n^-$、$CF_3SO_3^-$、$CF_3(CF_2)_3SO_3^-$、$(CF_3SO_2)N^-$、$CF_3COO^-$、$CF_3(CF_2)_2COO^-$等。与传统的有机溶剂相比，离子液体的优点有：几乎没有蒸气压、不挥发；无色、无臭；具有较大的稳定温度范围、较好的化学稳定性及较宽的电化学窗口（24 mV）；离子液体可通过阴、阳离子的设计调配来调节其对无机物、水、有机物及聚合物的溶解性。

2. 阳离子

在目前的液体电解质研究中，氧化-还原对主要为$I^-$及$I_3^-$，而该碘化物中阳离子常用的是咪唑类阳离子和$Li^+$[38~40]。

在含有 $Li^+$ 的电解质溶液中，如果 $Li^+$ 浓度很小，则 $Li^+$ 主要在 $TiO_2$ 膜表面吸附；当 $Li^+$ 浓度增加时，则 $Li^+$ 除在 $TiO_2$ 膜表面的吸附外 $Li^+$ 也会嵌入 $TiO_2$ 膜内，这时吸附在表面的 $Li^+$ 和嵌入在 $TiO_2$ 膜内的 $Li^+$ 可与导带电子形成偶极子 $Li^{\pm}e^-$ 。由于表面的 $Li^{\pm}e^-$ 偶极子既可在 $TiO_2$ 膜表面迁移，也有可能脱离 $TiO_2$ 膜表面迁移，因而缩短了导带电子在相邻的或不相邻的钛原子之间的传输阻力和距离。因此，在电解质溶液中加入 $Li^+$，可大幅改善电子在 $TiO_2$ 膜中的传输，从而提高太阳电池的短路电流。但形成的 $Li^{\pm}e^-$ 偶极子与溶液中 $I_3^-$ 复合反应的速率也快，将会导致太阳电池的填充因子下降。

而咪唑类阳离子不但可以吸附在纳米 $TiO_2$ 颗粒的表面，而且也能在纳米多孔膜中形成稳定的 Helmholtz 层，阻碍了 $I_3^-$ 离子与纳米 $TiO_2$ 颗粒的接触，可有效地抑制导带电子与 $I_3^-$ 离子在纳米 $TiO_2$ 颗粒表面的复合，提高了电池的填充因子、输出功率及光电转换效率。

此外，咪唑类阳离子的体积较大，导致阳离子对 $I^-$ 的束缚力减弱，因而提高碘盐在有机溶剂中的溶解度，也提高 $I^-$ 的浓度；此外 $I^-$ 的还原活性和在有机溶剂中的迁移速率将会增强，有利于提高氧化态染料 Ru(III)再生为基态 Ru(II)的速率，在连续光照条件下，基态 Ru(II)仍能保持高浓度，而有利于光的吸收和染料的稳定。所以咪唑类阳离子在染料敏化纳米薄膜太阳电池中的使用亦相当重要。

表 7.4 列出了 25℃下不同溶液中 LiI、$I_2$ 和 LiI/$I_2$ 的吸收特性。一般情况下，$I_2$ 分子的特征吸收在 500 nm 左右，291nm 和 360 nm 处的吸收峰代表 $I_3^-$ 的存在，220 nm 左右的吸收峰代表 $I^-$ 的存在。从表 7.4 中可以看出，在 DCE 溶液中，LiI 在 500 nm 有吸收峰，表示 $I^-$ 是以 $I_2$ 分子形式存在于 DCE 中，这是由于 DCE 的电子施主数为 0，表示 DCE 是一个电子受主。而在 t-BuOH 和 PY 溶液中，则是以 $I_3^-$ 的形式存在；在其他溶液中则是以 $I^-$ 形式存在。$I_2$ 分子在上述溶液中的吸收峰都为 380～500 nm，其中，在 DEC 中 $I_2$ 分子的吸收峰在 500 nm 处，在 PY 中 $I_2$ 分子的吸收峰在 380 nm 左右，虽然有一定的偏移(大约对应于 0.8 eV)，但表示 $I_2$ 分子于上述溶液中是以 $I_3^-$ 的形式存在的。LiI/$I_2$ 混合物在上述溶液中，380～500 nm 处的吸收峰基本上都消失了，而仅存在 220 nm、290 nm 和 360 nm 处的吸收峰，但在 DCE 中，LiI/$I_2$ 混合物在 500 nm 处的吸收峰依然存在，这表示除在 DCE 中外，LiI/$I_2$ 混合物在上述溶液中都是以

$I^-/I_3^-$ 的形式存在。

**表 7.4　25℃ 下不同溶液中 LiI、$I_2$ 和 LiI/$I_2$ 的吸收特性**

| 溶　液 | 介电常数 | 受主数 | 施主数 | $\lambda_{max}$/nm | | | 消光系数($I_2$ 溶液)/[$dm^3$/(mol·cm)] |
|---|---|---|---|---|---|---|---|
| | | | | LiI | $I_2$ | LiI/$I_2$ | |
| DCE | 10.36 | 16.7 | 0.0 | 500 | 500 | a | 850 |
| ACN | 37.5 | 19.3 | 14.1 | 220 | 460 | a | 760 |
| MePN | | | | 220 | 460 | a | 813 |
| t-BuOH | 12.47 | | | 220,291,359 | 450 | a | 735 |
| DIO | 2.21 | 10.8 | 14.8 | 220 | 452 | a | 930 |
| AC | 20.7 | 12.5 | 17.0 | 220 | 449 | a | 950 |
| MeOH | 32.7 | 41.3 | 19.0 | 220 | 444 | a | 900 |
| EtOH | 24.5 | 37.1 | 20 | 220 | 445 | a | 920 |
| DMSO | 46.68 | 19.3 | 29.8 | 220 | 411 | a | |
| PC | 66.1 | 18.3 | 15.1 | 220 | | a | |
| DME | 36.71 | 16.0 | 26.6 | 220 | | a | |
| PY | 12.3 | 14.2 | 33.1 | 220 300 369 | 380 | a | 8600 |

注：378～500 nm 范围内无吸收峰出现，290 nm、220 nm、360 nm 有较强吸收峰。

### 3. 电解质添加物

图 7.14 介绍染料敏化太阳能电池电解质溶液中的常用添加剂，有 $Li^+$[56~58]、4-特丁基吡啶(TBP)和 N-甲基苯并咪唑(NBI)[59,60]等。

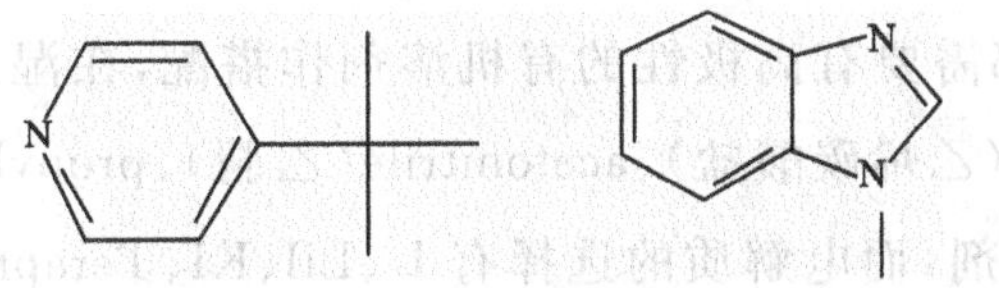


**图 7.14　染料敏化太阳电池电解质常用添加剂的结构式**

由于 4-TBP 可以通过吡啶环上的 N 与 $TiO_2$ 膜表面上不完全配位的 Ti 结合，阻碍了导带电子在 $TiO_2$ 膜表面与溶液中 $I_3^-$ 复合，可明显提高太阳能电池的开路电压、填充因子和光电转换效率。若在吡啶环上置入特丁基等大体积取代基，可以增加导带电子与溶液中 $I_3^-$ 在 $TiO_2$ 膜表面复合的空间阻力，减小导带电子与 $I_3^-$ 的复合速率，此外，4-TBP 给电子诱导效应强，可促进吡啶环上的

N与$TiO_2$膜表面上不完全配位的Ti结合[59]。另外也有研究发现，在有咪唑类阳离子形成的Helmholtz层存在下，4-TBP主要是通过减少Dye-Ru(II)-NCS…$I_2^-$、Dye-Ru(III)-NCS…$I_2^-$、Dye-Ru(II)-NCS…$I_2$和Dye-Ru(II)-NCS…$I_3^-$等中间态的浓度，来加速$I^-$的氧化，抑制$I^-$与导带电子的复合，染料的再生速率也会增加，促进光的吸收。

液态电解质的高离子导电度，是其拥有高效率的原因，但缺点是器件密封不易，而使得电解质挥发或干涸，因此促成固态电解质的发展和研究[8]，例如，改用P型半导体(CuSCN、CuI)或空穴传输材料(triphenyl-diamideOMeTDA (2,2′,7,7′-tetrakis(N,N-di-p-methoxyphenyl-anime)-9,9′-spirobifluorene)(图7.15)等，取代液态电解质，但高的制备成本或低光电转换效率都是其缺点。

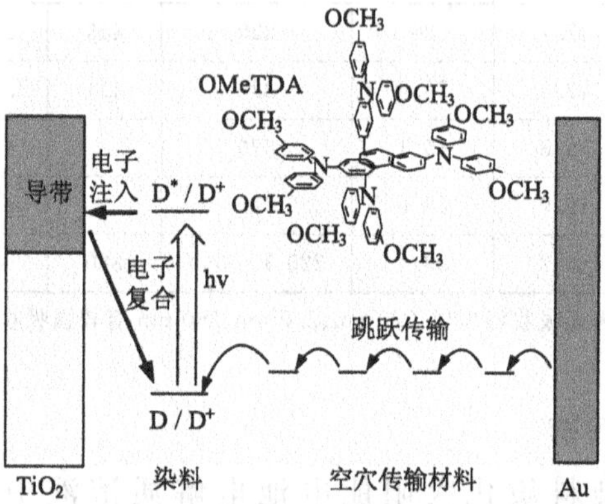


**图7.15** 空穴传输材料(OMeTDA)的染料敏化太阳能电池[7]

一般电解质都需要有高极性的有机溶剂作搭配，在湿式器件中会选择如ethylenecarbonate(乙烯碳酸盐)、acetonitrile(乙腈)、propylenecarbonate(丙烯碳酸盐)的混合溶剂，而电解质的选择有$I_2$、LiI、KI、Terapropylammonium iodide、Tertabutylammoniumiodide等。表7.5为文献中所列举的电解质与溶剂的调配。

**表7.5 各种电解质的配制方法[15]**

| 电解质 | 溶 剂 |
|---|---|
| 0.1 mol·$L^{-1}$LiI+10 mmol·$L^{-1}I_2$ | propylenecarbonate |
| | ethylene-propylenecarbonate(60wt%)+acetonitrile(40wt%) |

续表7.5

| 电解质 | 溶 剂 |
|---|---|
| 1 00m mol · $L^{-1}$KI+50 mmol · $L^{-1}I_2$ | ethylenecarbonate+propylenecarbonate (80%:20%,体积分数) |
| 0.5 mmol · $L^{-1}$KI+0.05 mmol · $L^{-1}I_2$ | ethylenecarbonate+propylenecarbonate (80%:20%,体积分数) |
| 0.5 mmol · $L^{-1}$TPI+0.04 mmol · $L^{-1}I_2$ | ethylenecarbonate+propylenecarbonate (80%:20%,体积分数) |
| 0.8 mol · $L^{-1}$TBAI+0.2 mol · $L^{-1}I_2$ | acetonitrile |
| 1 mol · $L^{-1}$TBAI+0.1 mol · $L^{-1}I_2$ | acetonitrile |
| 0.5 mol · $L^{-1}$TBAI+0.04 mol · $L^{-1}I_2$ | propylenecarbonate+acetonitrile (80%:20%,体积分数) |

TBAI=Tertabutylammonium iodide

TPI=Terapropylammonium iodide

## 7.5.5 其他的研究重点与趋势

一般染料敏化太阳能电池都以染料作为吸收入射光产生光电流的材料,而染料可吸附的光波长有限,因此有人提出利用量子局限原理在染料敏化太阳能电池中镶埋量子点,补足染料尚未被吸收的波长,使入射光能够更充分地被利用,产生更多光电流。半导体量子点材料,如 InP、CdSe、CdS、PbS 等,随着尺寸越来越小,将产生蓝移(Blue Shift)的现象,因此利用这种方式配合适当颗粒大小的量子点将能够吸收更多入射光。如图 7.16、图 7.17 所示,将 InP 镶埋在二氧化钛中,入射光随量子点颗粒的不同产生不同的能级,受光照射后,电子转移

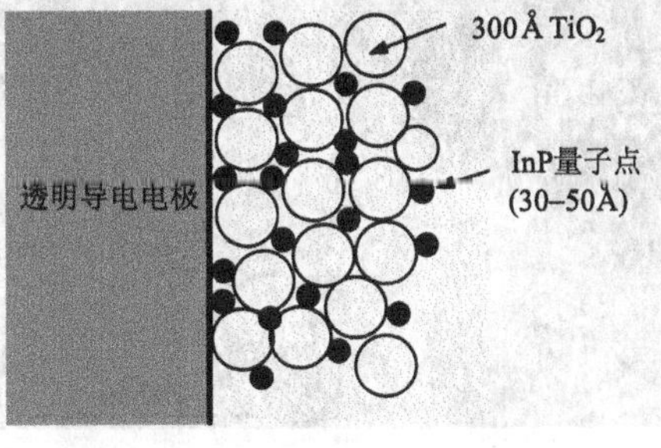


图 7.16 镶埋量子点 InP 的染料敏化太阳能电池[16]

至二氧化钛中产生电子-空穴对，提高光电流转换效率。

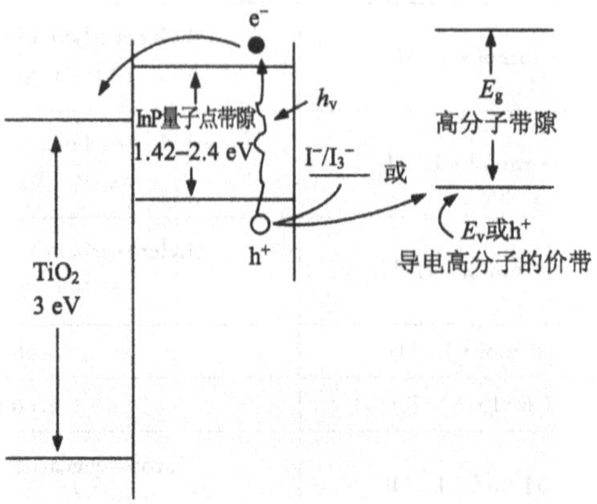


图 7.17　镶埋量子点 InP 的能级示意图[16]

除了半导体量子点外，另外还有纳米金属粒子也具有类似的现象，有研究指出，将纳米金属粒子吸附在二氧化钛表面时，可以提高其费米能级[17]，如图 7.18 所示。以颗粒大小 6 nm 的纳米金为例，吸附在二氧化钛表面时，可将混合费米能级提高 22 mV。费米能级的提高导致染料激发后的电子能够以最低能量的消耗传导至二氧化钛的激态，使电子传输速度增快，提高其光电流转换效率。而染料敏化太阳能电池如前所述，其最大工作电压取决于二氧化钛的费米能级与电解质的差距，所以费米能级的提高将使染料敏化太阳能电池的开路

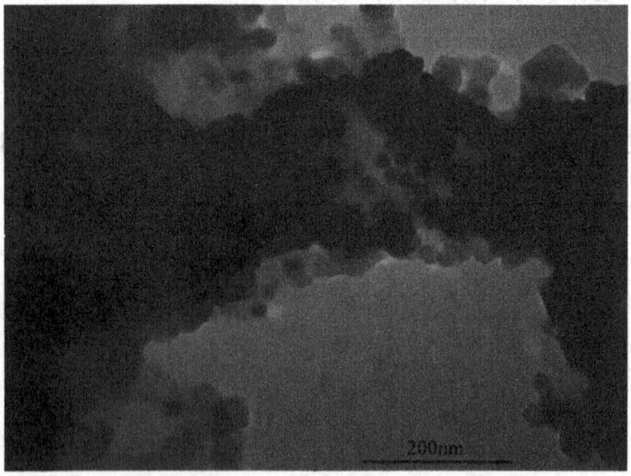


图 7.18　镶埋纳米金粒子的二氧化钛电子显微镜照片[17]

电压提高。因此纳米金粒子所扮演的角色是染料与二氧化钛的媒介，使电子传输速度增快且提高其最大电压，如图 7.19 所示。

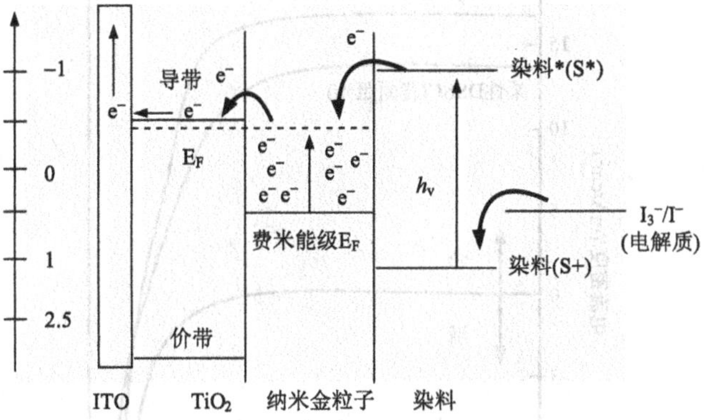


**图 7.19**　纳米金属粒子吸附在二氧化钛表面的结构能级示意图[17]

在柔性衬底上制造染料敏化太阳能电池是另一个发展趋势，因其存在许多潜在性运用。一般可用于制作柔性染料敏化太阳能电池的衬底，大多是塑料和金属箔片(Metal Foil)，金属箔片虽比塑料衬底耐热，但在溶液中的化学稳定性却不好。

Toivola[6]研究几种工业金属衬底后提出只有不锈钢衬底经过特殊处理，才可在染料敏化电池上使用。

Grätzel 团队也曾将 $TiO_2$ 制作在金属衬底上[10]，制作结构如图 7.20 所示，其效率可达到 7.2%，但因为金属衬底不透光，因此必须在电池反电极面照光，由于入射光需通过电解液才能到达 $TiO_2$，因此效率比正面光照器件低 2.7%，结

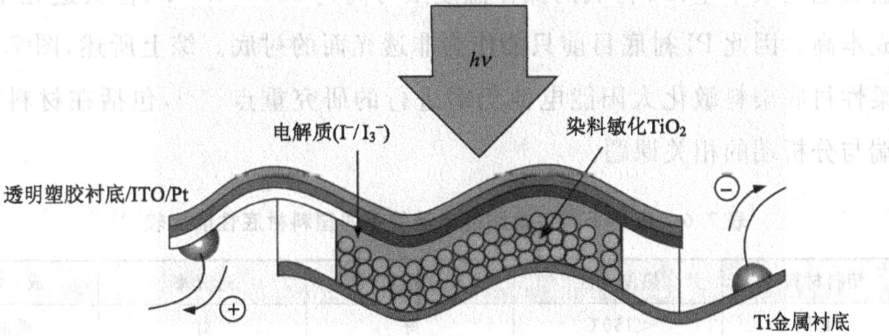


**图 7.20**　Grätzel 教授提出的柔性染料敏化太阳能电池结构，其中光源由反电极处射入[9]

果如图 7.21 所示。

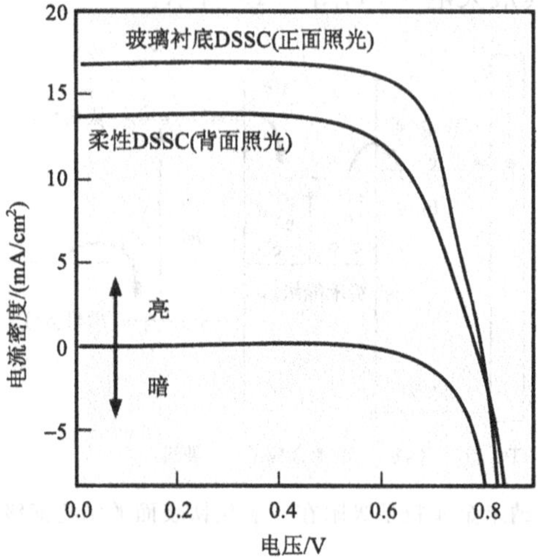


**图 7.21 染料敏化太阳能电池在柔性衬底与玻璃衬底的 $I$-$V$ 特性曲线比较，测试光源为 AM1.5G($100mW \cdot cm^{-2}$)[9]**

塑料衬底的成本比金属箔片要低，且塑料衬底的透光性又可维持染料电池正面光照的高效率；目前商用染料敏化太阳能电池的透明塑料衬底通常以 PET（Polyethylene Terephthalate）、PEN（Polyethylene Naphthalate）和 PI (Polylmide)为主。

表 7.6 所示为应用于柔性太阳能电池的不同塑料衬底的性能比较[15]，其中 PET 和 PEN 具有不错的透光率、化学稳定性和成本的优势，但可操作温度(热稳定性)低于 180℃，因此二氧化钛工作电极的烧结温度必须低于 150℃，由此造成电池效率差；PI 衬底的操作温度虽可高达 350～450℃，但其透光率不佳且成本高。因此 PI 衬底目前只能作为非透光面的衬底。综上所述，图 7.22 说明柔性衬底染料敏化太阳能电池仍需进行的研究重点[2～5]，包括在材料端、技术端与分析端的相关课题。

**表 7.6 应用于柔性太阳能电池的不同塑料衬底性能比较[15]**

| 塑料材料 | 热稳定性 | 化学稳定性 | 透光率 | 成 本 |
|---|---|---|---|---|
| PET | ＜150℃ | 好 | 好 | 极低 |
| PEN | ＜180℃ | 好 | 好 | 普通 |
| PPS | ＜240℃ | 好 | 好 | 普通 |

续表7.6

| 塑料材料 | 热稳定性 | 化学稳定性 | 透光率 | 成　本 |
|---|---|---|---|---|
| PSU | <175℃ | 好 | 普通 | 低 |
| PC | <130℃ | 普通 | 好 | 低 |
| PP | <120℃ | 极好 | 普通 | 低 |
| PI | <450℃ | 差 | 普通 | 高 |

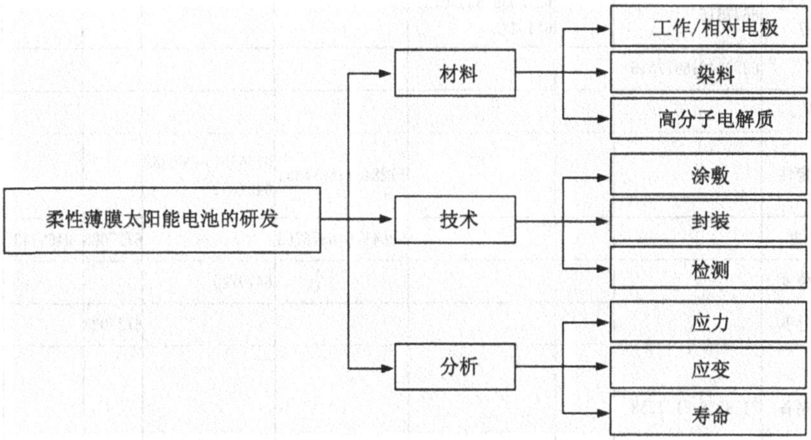


**图 7.22** 柔性衬底染料敏化太阳能电池的研究重点[2~5]

## 7.6 染料敏化太阳能电池的专利探讨

以 solar cell、gratzel、intermediate、dye sensitized、electrolyte、photoelectrochemical 和 photovoltaic 等作为关键词，并将字段限定在标题(Title)、摘要(Abstract)及申请范围进行检索，将所搜寻得到的专利以自订的专利分类方式，将功效区分为特性、制备、材料三类，可得到技术/功效矩阵分析，结果如表 7.7 所示[63]。

**表 7.7 国外专利技术功效图**

| 功效 \ 技术 | | 电极 | | 染料 | 电解质 | | | 封装 | 结构 |
|---|---|---|---|---|---|---|---|---|---|
| | | 半导体层 | 背电极 | | 液态 | 固态 | 离子液体 | | |
| 特性 | 高转换效率 | 4927721;5084365<br>6916981;7078613<br>7145071;7179988<br>7202412;6350946<br>7262361;6677516 | | 6043428;6245988<br>6278056;6310282<br>6274806 | 6384321 | 7126054;7196264<br>6452092 | | | 7019209;<br>6291763<br>6683361 |
| | 高光吸收效率 | 6677516 | | 6278056;6639073<br>6310282 | | | | | |
| | 高 $J_{sc}$ | 6350946;6677516 | | | | | | | |
| | 高 $V_{oc}$ | | | | | | | | |
| | 高稳定性 | | | | 5728487;6384321 | 6756537;6900382<br>6452092 | | | |
| | 耐久度 | | | | 6084176;6376765 | | 6727023 | 6469243 | |
| | 机械强度 | | | | | 6479745 | | | |
| | 离子导电 | | | | | | 6727023 | | |
| 制备 | 低温制备 | 7118936;7157788 | | | | | | | |
| | 制备简单 | 7118936 | | | | | | | |
| | 低成本 | | | 6822159;7141735 | 6335480 | | | | |
| 材料 | | 7202412;7262361 | | 5789592;6043428<br>6245988;6278056<br>6639073;6822159<br>7141735;7282636<br>6274806 | 5728487;6084176<br>6335480;6376765<br>7019138 | 6479745;6756537<br>6900382;7126054<br>7196264 | 6727023 | 6469243 | |

通过分析该技术/功效矩阵可以掌握染料敏化太阳能电池的技术发展及特征范围，进而整合成系统化的技术情报。其中，特性细分为高转换效率、高光吸收效率、高 $J_{sc}$、高 $V_{oc}$、高稳定性、耐久度、机械强度和离子导电度八类，制备则分为低温制备、制备简单化与低成本三类，而新材料的呈现，主要在染料和电解液的范畴。技术部分主要针对电极、染料、电解质、封装和结构进行探讨，其中电极又分为工作电极和反电极，而电解质分为液态、固态和离子液体三类。由于同一个专利可能利用不同技术或是呈现多重功效，所以在制作技术功效图时，同一个专利可能会不只一次地出现在同一纵轴(功效)或是横轴(技术)上。

根据染料敏化太阳能电池的专利技术功效分析图可掌握其专利的技术精髓及特征范围，进而整合成系统化的技术情报。由图 7.23 可知，“材料”的功效专利有 23 件，是目前染料敏化太阳能电池专利的最大宗，其次为“转换效率”的 22 件，可见效率提升方面的研究一直是重点，且大部分以开发新材料为主。在技术方面则主要针对电极、染料以及电解质等三个方向进行研究。目前整体光电转换效率可达约 10%，然而所使用的电解液溶剂通常为易挥发的 acetonitrile(乙腈)，故开发高稳定性的电解质或高效率的固态电解质，以提高染料敏化太阳能电池的耐久度，是热切研究的课题。

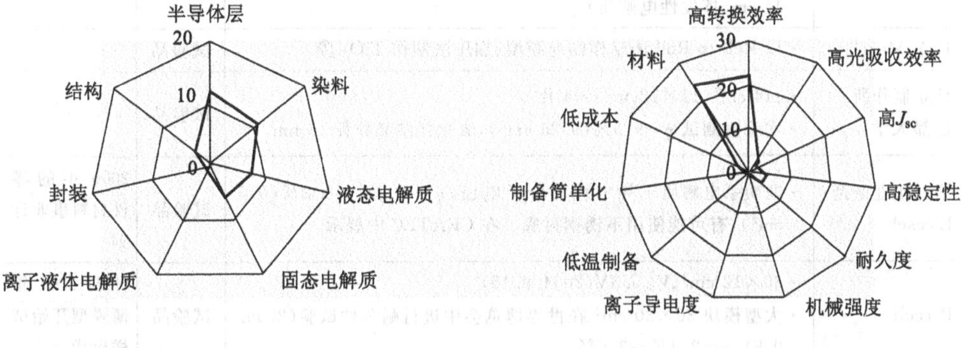


(a)专利技术分布比较　　(b)专利功效分布比较

图 7.23

## 7.7 国际研发现状

不管从专利件数或是论文研究方面来看，日本对于染料敏化太阳能电池的发展有着深入的研究。可是若从商品化的层面来看，日本则只有透明导电膜、二氧化钛浆料(Paste)、封装胶材等零件材料的少量销售，其他如染料、电解液则仅是在提供试验样本的阶段。在玻璃衬底方面的模块化中，Aisin 精机与 Fujikura 等进行着大面积化、耐久性的测试评估与实用性的发展。

在塑料衬底方面的模块化中，Peccell 在爱知世界博览会(2005 年)会场展示 30×30 $cm^2$ 的大型面板的耐久性试验等，呈现出迈向实用化技术的开发之路。将日本的模块开发状况整理如表 7.8 所示。在日本以外的地区，染料敏化太阳能电池的商品化源自于接受 EPFL 专利授权的 Solaronix 和 STI[64]。

表 7.8 日本于染敏太阳能电池模块的发展动向

| 制造厂商 | 模块概要 | 开发阶段 | 现况 |
|---|---|---|---|
| Aisin 精机 | • 10×10 $cm^2$×64 片串联模块，比结晶硅太阳电池发电量多 10%～20%(2003.9)。<br>• 24×24 $cm^2$×8 片，屋外 200 V、屋内 135 V PAPI 玻璃帷幕，设置后约 1.5 年维持稳定的输出功率 | 试验品 | 开发 |
| Fujikura | • 大型模块 45×30 $cm^2$(14×14$cm^2$×6 片)、119×84 $cm^2$(41×14 $cm^2$×16 片)<br>• 大型模块 45×30 cm(14×14 cm×6 片)、119×84 cm(41×14 cm×16 片)转换效率 4.0%(14×cm、离子液体)、6.3%(14×14 cm、挥发性电解质) | 试验品 | 开发 |
| 日立 Maxell | • 以 Roll to Roll 法制作的薄膜型、加压法制作 $TiO_2$ 膜 | 试验品 | — |
| 日立制作所/京都大学 | • 114 $cm^2$(12×12$cm^2$)×4 片<br>• 实验室测试 $\eta$=9.3%(0.25 $cm^2$)，氧化钛结晶粒径 10 nm | 试验品 | — |
| 第一工业制药/Elecsel | • 非碘系电解质＋导电性高分子电极，$\eta$=8.0%～8.2%(0.5 $cm^2$)，有可能使用不锈钢衬底。在 CEATEC 中展示 | 试验品 | 2006 年的零件材料事业计划 |
| Peccell | • 30×12 $cm^2$、$V_{oc}$5.3V(2004.9.15)<br>• 大型模块 30×30 $cm^2$ 在世界博览会中进行耐久性试验(2005.9.5)，$\eta$=2.4%～3.0% | 试验品 | 计划 2006 年薄膜型开始试样出货 |
| 关西涂料/东北大学 | • 大面积模块 B4 尺寸的薄膜型，$\eta$=3%。Binder Free Spray 涂装/微波烧结 | 试验品 | — |
| 新日本石油 | • 10×10 $cm^2$、PVDF-HFP 离子导电性高分子，$\eta$=5.5%，耐久性实验继续中 | 试验品 | 开发 |

Solaronix 的主要事业是销售染料、氧化钛浆料等耗材给各国企业及研究机构，也出售 10×10 $cm^2$的展示模块。STI 则在 1995 年取得专利授权后，经过 1999 年模块的开发，于 2001 年完成商业生产规模的发电模块制造设备。2002 年纳入了 CSIRO 及墨尔本大学的大面积染料敏化太阳能电池，详情可参考其网页的介绍。该公司在 2003 年与瑞士的 Greatcell 合作，并于最近实质地与 Dyesol 展开整体性的营运(Dyesol-STI)。Dyesol-STI 在 2005 年 12 月与希腊的企业签订合作开发染料敏化太阳能电池制造设备的合同，被认为其商业量产的活动相当活跃。

在模块方面，与 Solaronix 共同研究的荷兰 ECN 则展开单电池 12 000h 的稳定性验证工作，在第三届“太阳光世界发电会议”中，率先发表其 30 cm×30 cm 的试验品，然而此后未再有进一步的报告。

此外，德国的 INAP 也一样，在 1999 年以 112 $cm^2$ 的电池获得转换效率 7%的报告，可是之后就无进一步的报告出现。此外，在中国及台湾地区、韩国的大学或机构都有针对基础的研究或迈向实用化，尝试制作大面积模块（中国）或塑料衬底（韩国）的染料敏化太阳能电池，期待能早日达到实用效果。表 7.9 综合了其他各国的发展动向。

**表 7.9 各国染料敏化太阳能电池的发展动向**

| 制造厂商 | 模块概要 | 开发阶段 | 现 况 |
|---|---|---|---|
| STI/Dyesol（澳大利亚） | · 2000 年 17×10 $cm^2$×24 个组成 187×57 $cm^2$ 的模块贩<br>· 2002 年 10 月在 Csiro Energy Centre 200$m^2$ 的 Solar Wall 系统及墨尔本大学系统的展示 | 市售品 | 营业 |
| Solaronix（瑞士） | · Demo Panel 10×10 $cm^2$（$\eta$=4%），一个 Unit 有 1 一个 Cel 与三个 Cell 两款。 | Demo Panel 销售 | 营业 |
| ECN（荷兰） | · 以 10×10 $cm^2$（有效面积 68$m^2$）、$\eta$=4.5%。确认具 12 000 小时长期稳定性的单电池。在第三届"太阳光电世界会议"中展示 30 $cm^2$的电池 | 试验品 | 开发 |
| SCHOTT Solar（德国） | · 在 Graetzel 讲演会（2004.11.16）中介绍 | 试验品 | — |
| INAP（德国） | · 112 $cm^2$ 电池、$\eta$=7%等级（1999） | 试验品 | — |
| Konarda（美国） | · Roll to Roll 法薄膜型，细节不详 | 试验品 | — |
| ETRI（韩国） | · 5×6 $cm^2$（推定）电池、$\eta$=4.8% | 试验品 | 开发 |
| 等离子体物理研究所（中国） | · 15×20 $cm^2$ 模块、$\eta$=6% | 试验品 | 开发 |

## 7.8 结 语

染料敏化太阳能电池的成本比传统的硅衬底太阳能电池还要便宜，且制备简单，发展染料敏化太阳能电池的一大优势。它的主要半导体材料是纳米二氧化钛。纳米二氧化钛具有丰富的含量、廉价的成本、无毒、性能稳定且抗腐蚀性能好等优势。一般染料在可见光范围的吸收波段相当大，可以涵盖数十到一百纳米的波长范围，如 $N_3$Dye 可完整吸收 250～300 nm 波长的光。可避免传统器件所使用高温、高真空等耗能制备，且能被使用在柔性衬底上或是能被塑形或着色去搭配要装饰的物品或建筑。然而目前其效率尚未足以和硅衬底的太阳能电池作商业化上的竞争,因为退化仍是个问题,除了必须考虑到封装(Encapsulation),还要解决高温下稳定度的问题,所以目前只有小规模量产。

染料敏化太阳能电池的商业化必须加强:

(1) 构成器件或材料的改良以提高光电转换效率。

(2) 密封技术改良以提高器件可靠度。

(3) 低温成膜技术。

(4) 大面积量产化技术等的提升。

(5) 低成本化等技术的实现。

由于染料敏化太阳能电池将具有宽的光谱吸收的染料和有高比表面积的纳米多孔二氧化钛薄膜有机地结合起来,能在极广的可见光范围内工作,适合在非直射光、多云等弱光线条件下,以及光线条件不足的室内条件下运用。而且由于有机染料分子设计合成的灵活性和纳米半导体技术的不断创新,染料敏化太阳能电池在技术发展和性能提高上有很大的潜力。

## 专有名词

1. **染料敏化太阳能电池(Dye-Sensitized Solar Cell, DSSC)**:染料敏化太阳能电池是新时代低成本的产品,其基本结构是在光敏化性的阳极以及电解质之间,所形成的一种光电化学半导体器件,此类型的电池是 Micheal Gratzel 于 1991 年所发明,因此又称为 Gratzel 电池。

2. **染料或色素(Dye)**:一种具有色彩性的物质,并且可以涂在纤维或纺织品上,进行染色处理的一种有色材料。

3. **二氧化钛(Titanium Oxide, Titania)**:在自然界中存在的一种钛金属的氧化物,其颜色为白色,常见于生活中的水彩白颜料及白色油漆的钛白成分。

4. **氧化(Oxidation)**:分子或原子发生失去电子的现象,称之为氧化。

5. **还原(Reduction)**:分子或原子发生获得电子的现象,称之为还原。

6. **空余分子轨道(Lowest Unoccupied Molecular Orbital, LUMO)**:就有机化合物而言,在分子轨域能阶中,能量最低的能阶部分,而载子可存在此一部分的轨域内。相当于半导体材料中的导电带。

7. **最高占据分子轨道(Highest Occupied Molecular Orbital, HOMO)**:就有

机化合物而言，在分子轨域能阶中，能量最高的能阶部分，而载子可存在此一部分的轨域内。相当于半导体材料中的价电带。

8. **电解质(Electrolytes)**：电流可以经由离子移动而产生导电作用的一种化合物溶液。阳离子(Cation)是带正电荷的金属离子，阴离子(Anion)是带负电的非金属离子。

9. **透明导电膜(Transparent Conductive Film, TCO)**：一种具有良好的透明性以及导电性的薄膜材料，通常是作为光电器件的电极材料，一般是以氧化铟锡为主。

10. **导电高分子(Conductive Polymer)**：具有导电特性的有机高分子材料。

11. **可见光(Visible Light)**：一般可以见到的光线，其波长的分布范围是400～700 nm。

12. **激发状态(Excited State)**：在原子的电子组态中，电子接受外来的能量，而使其由低的能级提升至较高能量状态的能级，成为活性较高的电子状态。

13. **阴极(Cathode)**：在电化学电池中，发生还原作用以及获得电子的电极，称为阴极。

14. **阳极(Anode)**：在电化学电池中，发生氧化作用以及失去电子的电极，称为阳极。

15. **自由能(Free Energy)**：它是一种热力学的量。在一个系统中，表示内能、熵以及乱度的函数关系。在平衡状态下，自由能是极小的值。

16. **电动势(Electromotive Force)**：一般金属元素标准电化学电池的电位或电位差。

## 本章习题

1. 画出染料敏化太阳能电池的基本组成并说明各组成单元的工作与要求。

2. 说明染料敏化太阳能电池的工作原理并讨论其电流损失机制。

3. 进行染料敏化太阳能电池的成本分析，并探讨如何降低染料敏化太阳能电池的制造成本。

4. 说出纳米多孔型二氧化钛的制备方式。

5. 说明常用染料的种类及其光学特性。

6. 通过学习专利，你是否可以探知染料敏化太阳能电池的发展趋势？

7. 一个染料敏化太阳能电池，所使用的染料为 N3，电解质为 $I^-/I_3^-$ 电解液，其能级相对位置如下图。假设染料敏化太阳能电理想的填充因子为 0.8，请计算在 AM 1.5 的光照下，其理论效率为多少？（N3 染料的带隙大小为 1.6 eV，其在 AM 1.5 的光照下可产生的理论最大短路电流为 25 mA/cm²）

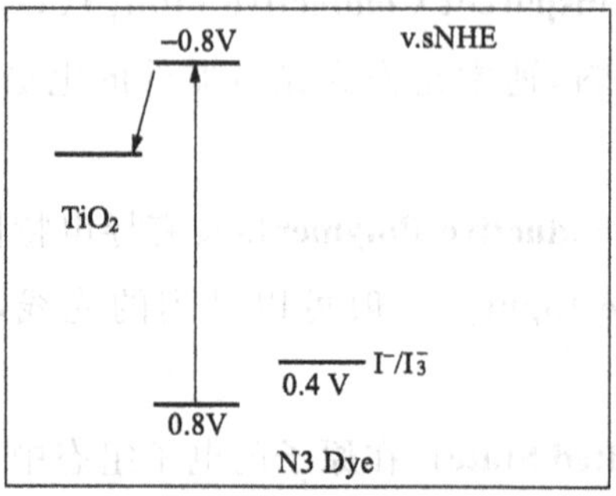


8. 一般反电极使用何种材料？该材料有何特性？为何不能使用其他材料？

9. 光敏化剂在染料敏化太阳能电池中扮演何种角色？其需符合哪些条件？植物中的叶绿素、叶黄素或花青素可否用作光敏化剂？

10. 染料敏化太阳能电池有何优点？为什么需要发展染料敏化太阳能电池？

11. 承上题，既然染料敏化太阳能电池具有这些优势，为何仍无法大规模商业化？该如何改善？

12. 在染料敏化太阳能电池中，以液态电解质（$I^-/I_3^-$）效率为最高，然而其在使用上仍遇到一些问题，使得各式固态电解质以及拟固态电解质陆陆续续被加以讨论，请详述液态电解质（$I/I_3^-$）的缺点。

13. 在染料敏化太阳能电池的制作上，最常遭遇的问题即为光电流的低落，请问造成电流不高的原因有哪些？

14. 目前在工作电极材料上较好的选择是二氧化钛，然而为了提升光电转换效率，可使用哪些方式来修饰 $TiO_2$ 表面或晶体结构？

15. 在量子点的研究方面，其哪些特性使其具有取代一般有机染料的潜力？

# 参考文献

[1] B. O'Regan, M. Gratzel. A low-cost, high-efficiency solar cell based on dye-sensiized colloidal $TiO_2$ films. Nature, 1991: 353.

[2] 张正华,李陵岚,叶楚平,杨平华. 有机与塑料太阳能电池组件. 台湾:五南图书出版公司.

[3] 黄惠良,曾百亨. 太阳能电池. 台湾:五南图书出版公司.

[4] 顾鸿涛. 太阳能电池组件导论. 台湾:全威图书股份有限公司.

[5] 林明献. 太阳能电池技术入门. 台湾:全华图书股份有限公司.

[6] M. Gratzel. Conversion of sunlight to electric power by nanocrystalline DSSCs. J. Photochem. & Photobio. A: Chem., 2004, 164: 3-14.

[7] U. Bach, D. Lupo, P. Comte, J. E. Moster, F. Weissortel, J. Salbeck, H Spretizer, M. Gratzel,. Solid-state dye sensitized mesoporous $TiO_2$ solar cells with high photon-to-electron conversion efficiencies. Nature, 1998, 395: 583.

[8] Cahen et al.. Nature of photovoltaic action in dye-sensitized solar cells. J. Phys. Chem. B, 2000, 104: 2053-2059.

[9] M. G. Kang, N. G. Park, K. S. Ryu, S. H. Chang, K. J. Kim. A 4.2% efficient flexible dye-sensitized $TiO_2$ solar cells using stainless steel substrate. Solar Energy Materials & Solar Cells, 2006, 90: 574.

[10] S. Ito, N-L. C. Ha, G. Rothenberger, P. Liska, P. Comte, S. M. Zakeeruddin, P. Pechy, M. K. Nazeeruddin, M. Gratzel. High-efficiency(7.2%)flexible dye-sensitized solar cells with Ti-metal substrate for nanocrystalline-$TiO_2$ photoanode. Chem. Commun., 2006: 4004.

[11] S. Nakade et al.. Dependence of $TiO_2$ nanoparticle preparation methods and annealing temperature on the efficiency of dye-sensitized solar cells. J. Phys. Chem. B, 2002, 106: 10004-10010.

[12] Park et al.. Comparison of dye-sensitized rutile-and anatase-based $TiO_2$ solar cells. J. Phys. Chem. B, 2000, 104: 8989-8994.

[13] M. Durr, A. Schmid, M. Obermaier, S. Rosselli. Low-temperature fabrication of dye-sensitized solar cells by transfer of composite porous layers. Nature Materials, 2005, 4: 607.

[14] M Gratzel. Solar Energy Conversion by Dye-Sensitized Photovoltaic Cells. Inorg. Chem., 2005, 44: 6841-6851.

[15] T. Miyasaka, K. Teshima, M. Ikegami. The Organic Photovoltaic Workshop. Hsinchu, 2007.

[16] A. J. Nozik. Quantum dot solar cells. Physica E, 2002, 14: 115-120.

[17] M. Jakob, H. Levanon. Charge distribution between UV-Irradiated $TiO_2$ and gold nanoparti-

cles:determination of shift in the fermi Level. Nano Letters,2003,3:353-358.

[18] J. M. Kroon, R. Kern, A. Meyer, T. Meyer, Solaronix S. A. , I. Uhlendorf. Long term stability of dye sensitised solar cells for large area power applications. $16^{th}$ European Photoroltaic Solar Energy Conference and Exhibitou,Glasgow,2000.

[19] H. Pettersson ,T. Gruszecki. Long-term stability of low-power dye-sensitized solar cells prepared by industrial methods. Sol. Energy Mater. Sol. Cells,2001,70:203-212.

[20] G. Phani et al.. Titania solar cells:new photovoltaic technology. Renewable Energy,2001,22:303-309.

[21] Park et al.. Dye-sensitized $TiO_2$ solar cells:structural and photoelectrochemical characterization of nanocrystalline electrodes formed from the hydrolysis of $TiCl_4$. J. Phys. Chem. B,1999,103:3308-3314.

[22] S. Ito et al.. Facilefabrication of mesoporous $TiO_2$ electrodes for dye solar cells:chemical modification and repetitive coating. Sol. Energy Mater. Sol. Cells,2003,76:3-13.

[23] G. Redmond et al.. Visible light sensitization by cis-Bis(thiocyanato)-bis(2,2'-bipyridyl-4,4'-dicarboxylato)ruthenium(II)of a transparent nanocrystalline ZnO film prepared by sol-gel techniques. Chem. Mater,1994,6:686-691.

[24] Oekermann et al.. Electron transfer and back reaction in electrochemically self assenibled nanoporous ZnO/dye hybrid films. J. Phys. Chem. B,2004,108:8364-8370.

[25] Katoh et al.. Efficiencies of electron injection from excited N3 dye into nanocrystalline semiconductor($ZrO_2$, $TiO_2$, ZnO, Nb2O5, $SnO_2$, $In_2O_3$) films. J. Phys. Chem. B, 2004, 108:4818-4822.

[26] Park et al.. Morphological and photoelectrochemical characterization of core-shell nanopartidefilms for dye-sensitized solar cells:Zn-O type shell on $SnO_2$ and $TiO_2$ cores. Langmuir,2004,20:4246-4253.

[27] S. S. Kim et al.. Improved performance of a dye-sensitized solar cell using a $TiO_2$/ZnO/Eosin Y electrode. Sol. Energy Mater. Sol. Cells,2003,79:795-505.

[28] H. Tada,A. KoKubu,M. Iwasaki,S. Ito. Deactivation of the $TiO_2$ Photocatalyst by Coupling with $WO_3$ and the Electrochemically Assisted High Photocatalytic Activity of $WO_3$. Langmuir,2004,20:4665-4670.

[29] G. Marci, V. Augugliaro, M. J. Lopez-Munoz, C. Martin, L. Palmisano, V. Rives, M. Schiavello,R. J. D. Tilley,A. M. Venezia. Preparation characterization and photocatalytic activity of polycrystalline ZnO/$TiO_2$ systems. 1. surface andbulk characterization. J. Phys. Chem. B,2001,105:1026-1032.

[30] H. Tada ,A. Hattori,Y. Tokihisa,K. Imai,N. Tohge,S. Ito. A Patterned-$TiO_2$/$SnO_2$ Bilayer

Type Photocatalyst. J. Phys. Chem. B,2000,104:4585-4587.

[31] S. k. Poznyak,D. V. Talapin,A. I. Kulak. Structural,optical,and photoelectrochemical properties of nanocrystalline $TiO_2$-$In_2O_3$ composite solids and films prepared by sol-gel method. J. Phys. Chem. B,2001,105:4816-4823.

[32] M. Gratzel ,A. Hagfeldt. Molecular photovoltaics. Acc. Chem. Res. ,2000,33:269-277.

[33] M. K. Nazeeruddin. Combined experimental and DFT-TDDFT computationalstudy of photoelectrochemical cell ruthenium sensitizers. J. Am. Chem. Soc. ,2005,127:16835-16847.

[34] J. Kruger,R. Plass,L. Cevey,M. Piccirelli,and M. Gratzel. High efficiency solid-state photovoltaic device due to inhibition of interface charge recombination. App. Phys. Lett. ,2001, 79:2085-2087.

[35] J. Kruger,R. Plass,M. Gratzel. Improvement of the photovoltaic performance of solid-state dye-sensitized device by silver complexation of the sensitizer cis-bis(4,4'-dicarboxy-2,2'bipyridine)-bis(isothiocyanato)ruthenium(II). App. Phys. Lett. ,2002,81:367-369.

[36] M. T. Miller et al.. Effects of sterics and electronic delocalization on the photophysical, structural,and electrochemical properties of 2,9-disubstituted 1,10-phenanthroline copper (I)complexes. Inorg. Chem. ,1999,38:3414-3422.

[37] Y. Liu,A Hagfeldt. ,X. R. Xiao. Investigation of influence of redox species on the interfacial energetics of a dye-sensitized nanoporous $TiO_2$ solar cell. Solar Energy Materials and Solar Cells,1998,55:267.

[38] S. Nakade,S. Kambe,T. Kitamura. Effects of lithium ion density on electrontransport in nanoporous $TiO_2$ electrodes. J. Phys. Chem. B,2001,105:9150.

[39] S. Kambe,S. Nakade,T. Kitamura,Y. Wada,S. Yanagida. Influence of the electrolytes on electron transport in mesoporous $TiO_2$-electrolyte systems. J. Phys. Chem. B, 2002, 106: 2967-2972.

[40] K. Hara,T. Horiguchi,T. Kinoshita,K. Sayama,H. Arakawa. Influence of electrolytes on the photovoltaic performance of organic dye-sensitized nanocrystalline $TiO_2$ solar cells. Sol. Energy Mater. Sol. Cells,2001,70:151-161.

[41] 施敏,张俊彦译著.半导体组件物理与制作技术.台湾:高立图书.

[42] M. Gratzel. Photoelectrochemical cells. Nature,2001,414:338.

[43] J. K. Burdett. , T. Hughbank, G. J. Miller, J. W. Richardson, J. V. Smiyh. Structural-electrouic relationships in inorganic solids:powder neutron diffraction studies of the rutile and anatase polymorphs of titanium dioxide at 15 and 295 k. J. Am. Chem. Soc. ,1987, 109:3639.

[44] A. Sclafani,J. H. Herrmann. Comparison of the photoelectronic and photocatalytic activities

of various anatase and rutile forms of titania in pure liquid organic phases and in aqueous solutions. J. Phys. Chem. ,1996,100:13655.

[45] A. Sclafani, L. Palmisano. Influence of the preparation methods of titanium dioxide on the photocatalytic degradation of phenol in aqueous dispersion. M. Schiavello, J. Phys. Chem. , 1990,94:829.

[46] I. is Sopyan, M. Watanabe, S. Murasawa, K. Hashimoto, A. Fujishima. An efficient $TiO_2$ thin-film photocatalyst: photocatalytic properties in gas-phase acetaldehyde degradation. Journal of Photochemistry and Photobiology A: Chemistry, 1996, 98:79.

[47] P. M. Sommeling et al.. Dye-semsitized nanocrystalline $TiO_2$ solar cells on flexible substrates. ECN contributions 2nd World Conference and Exhibition on Photovoltaic Solar Energy Conversion, Vienna 1998:6-10.

[48] C. J. Barbe et al.. Nanocrystalline titanium oxide electrodes for photovoltaic applications. J. Am. Cera. Soc. ,1997,80:3157-3171.

[49] K Tennakone et al.. A solid-state photovoltaic cell sensitized with a ruthenium bipyridyl complex. J. Phys. D: Appl. Phys. ,1931,31:1492-1496.

[50] M. K. Nazeeruddin, M. Gratzel. Efficient panchromatic sensitization of nanocrystalline $TiO_2$ films by a black dye based on a trithiocyanato-ruthenium complex. Chem. Comm. ,1997: 1705-1706.

[51] K. Hara et al.. A coumarin-derivative dye sensitized nanocrystalline $TiO_2$ solar cell having a high solar-energy conversion efficiency up to 5.6%. Chem. Comm. ,2001:569-570.

[52] 角野裕康,村井伸次,御子柴智. Dye-sensitized solar cells using solid electrolytes. 東芝レビュー,2001,56:7-10.

[53] A Hagfeldt et al.. A new method for manufacturing nanostructured electrodes on plastic substrates. Nano Letters, 2001, 1:97-100.

[54] W Kubo et al.. Quasi-solid-state dye-sensitized solar cells using room temperature molten salts and a low molecular weight gelator. Chem. Comm. ,2002:374-375.

[55] 原浩二郎. 有机色素增感太阳能电池变换率 7.5%世界最高性能达成. AIST Today, 2002, 12:14.

[56] S. Kambe, S. Nakade, T. Kitamura, Y. Wada, S. Yanagida. Influence of theelectrolytes on electron transport in mesoporous $TiO_2$-electrolyte systems. J. Phys. Chem. B, 2002, 106: 2967-2972.

[57] C. W. Shi, S. Y. Dai, K. J. Wang, X. Pan, L. Y. Zeng, L. H. Hu, F. T. Kong, L. Guo,. Influence of various cations on redox behavior of $I^-$ and $I_3^-$ and comparisonbetween KI complex with 18-crown-6 and 1,2-dimethyl-3-propylimidazolium Iodide in dye-sensitized solar

cells. Electrochimica Acta,2005,50:2597-2602.

[58] K. Hara, T. Horiguchi, T. Kinoshita, K. Sayama, H. Arakawa. Influence of electrolytes on the photovoltaic performance of organic dye-sensitized nanocrystalline $TiO_2$ solar cells. Sol. Energy Mater. Sol. Cells,2000,70:151-161.

[59] H. Kusama H. Arakawa. Influence of Pyrimidine Additives in Electrolytic Solution on Dye-sensitized Solar Cell Performance. J. Photochem. Photobiol. A:Chem. ,2003,160:171-17.

[60] H. Kusama H. Arakawa. Influence of benzimidazole additives in electrolytic solution on dye-sensitized solar cell performance. J. Photochem. Photobiol. A:Chem. ,2004,162:441-448.

[61] H. Park W. Choi. Photoelectrochemical investigation on electron transfer mediating behaviors of polyoxometalate in UV-illuminated suspensions of $TiO_2$ and $Pt/TiO_2$. J. Phys. Chem. B,2003,107:3885-3890.

[62] M. I. Litter, J. A. Navio. Photocatalytic properties of iron-doped titania semiconductors. J. Photochem. Photobiol. A:Chem. ,1996,98:171-181.

[63] 杨茹媛,翁敏航,陈皇宇,张育绮. 由专利技术看染料敏化太阳能电池之技术发展趋势. 光连,2008,3.

[64] 李元智. 染料敏化太阳电池与模块. 工业材料杂志,2008,3(255).

# 8 章

# 化合物太阳能电池

## 8.1 章节重点与学习目标

早在 1953 年，化合物半导体太阳能电池就已经被开发出来，并且不久之后其效率远超过硅基的太阳能电池，并应用在太空卫星上。由于Ⅲ-Ⅴ族化合物半导体太阳能电池具有高效率、低重量、化合物更好的耐辐射特性，在太空卫星与需要高效率的独立型发电环境中，其几乎取代了硅半导体在高效率太阳能电池的市场。

硫化镉薄膜太阳能电池的历史在化合物薄膜太阳能电池中算是悠久。1982 年 Kodak 首先做出光电转换效率超过 10％的此类型光电池，目前实验室最高的光电效率可达 16.5％，由美国国家可再生能源实验室(NREL)完成。

薄膜型铜铟硒($CuInSe_2$，CIS)从 20 世纪 50 年代开始被学者们提出。到了 1974 年，Wagner 等成功地制作出单晶型铜铟硒化合物的太阳能电池，其光电转换效率约为 12％。其后，Kazmerski 等成功地制作出薄膜型铜铟硒太阳能电池，其光电转换效率约为 9.4％。

Ⅲ-Ⅴ族中，常见的太阳能电池材料包含：砷化镓型(GaAs)、氮化镓型(GaN)、磷化铟型(InP)及多量子阱(Multi-quantum Well)型等。在Ⅲ-Ⅴ半导体中，高效率的砷化镓太阳能电池的设计主要分为单结结构和多结结构。目前，已经利用聚光装置的辅助，将转换效率提升至 30％，在标准环境测试下也可达到 20％。

本章将介绍各种化合物电池的简单发展历史、分类、结结构、材料特性及制备[1~6]。读者在阅读本章后，应可了解：

(1) 化合物半导体的种类、特性与其应用在太阳能电池中的优点。

(2) CdTe 基化合物太阳能电池的结构、模块与未来发展的可能性。

(3) CIS 基化合物太阳能电池的结构、模块与其制备技术。

(4) Ⅲ-Ⅴ化合物太阳能电池的分类结构、制备与提高效率的方向。

(5) 聚光型太阳能电池的优点与模块的组成设施。

# 8.2 化合物半导体

化合物半导体是指于元素周期表中，由两种以上不同族的原子所组成，如由Ⅲ或Ⅵ族所形成的半导体材料。除了组成元素种类的不同，以元素数目来分，可分为以下几类。

(1) 二元化合物(Binary Compound)半导体：由两种元素所组成，常见的二元化合物半导体有ZnSe、CdS、CdSe、CdTe、GaAs、InP及AlAs等。

(2) 三元化合物(Ternary Compound)半导体：由三种元素所组成，常见的三元化合物半导体有InGaN、InGaP等。

(3) 四元化合物(Quaternary Compoumd)半导体：由四种元素所组成，常见的四元化合物半导体有InGaAsN、AlGaInP等。

若以族来区分化合物太阳能电池可分为以下几类：

(1) Ⅱ-Ⅵ族：如CdTe基。

(2) Ⅰ-Ⅲ-Ⅴ族：如$CuInSe_2$基。

(3) Ⅲ-Ⅴ族：如GaAs等。

不同元素的组合形成化合物晶体的晶格大小、带隙也不相同。对于Ⅲ-Ⅴ族化合物半导体材料而言，其带隙大小通常与晶格常数成反比[7,8]。一般而言，晶格常数越小，半导体材料的带隙则越大。对于三元及四元化合物半导体材料而言，可通过改变其组成元素的摩尔分率，以形成不同的带隙，因此具有较大的设计自由度，大多用于多结叠层的结构中。

此外，在半导体材料中，键合的强度通常与带隙也有直接的关系。对于Ⅱ-Ⅵ族化合物半导体材料而言，组成元素的原子序数越小，则具有越强的离子键合，也具有较大的带隙值。

从带隙的观点来看，Ⅱ-Ⅵ族化合物半导体材料中的CdTe，其带隙值约为1.45 eV，非常适合用于制作高效率太阳能电池的光吸收层材料，主要原因为其带隙值较接近理想太阳光的带隙值范围(1.4～1.5 eV)。而Ⅲ-Ⅴ族化合物半导体材料中，则以GaAs(其带隙值约为1.43 eV)为最佳光吸收层材料的选择。

Ⅱ-Ⅵ族及Ⅲ-Ⅴ族化合物半导体材料的结晶结构，多为呈现立方体的闪锌矿结构(Zincblende)或是六方体的纤锌矿结构(Wurtzite)，如图8.1所示[9]。

利用半导体材料来制作太阳能电池器件，为了获得较高的转换效率，可通

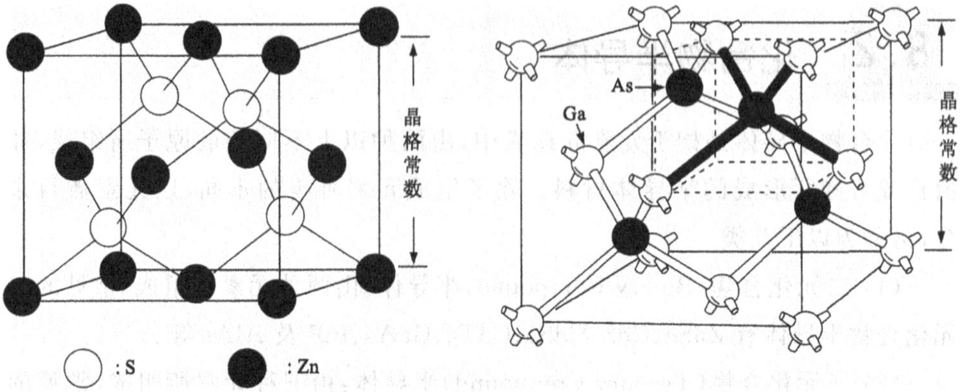


(a)闪锌矿晶体结构　　(b)纤锌矿晶体结构

图 8.1

过以下所述的条件来达成：

(1) 选择介于理想太阳光的带隙范围内的光吸收层材料。

(2) 利用叠层结构，形成多带隙或多结结构。

(3) 选择具有较大带隙值的材料作为窗口层。

## 8.3 碲化镉基太阳能电池

### 8.3.1 硫化镉/碲化镉太阳能电池的发展历史

镉基薄膜太阳能电池的发展在化合物薄膜太阳能电池中可说是历史悠久。1982 年，Kodak 公司首先做出光电效率超过 10%的此类型光电池，目前实验室的最高光电效率可达 16.5%，由美国国家可再生能源实验室(NREL)完成[9]。

Ⅱ-Ⅵ族中的太阳能电池材料，主要是以镉形成二元及三元化合物半导体，包括硫化镉(CdS)/碲化镉(CdTe)、硫化镉(CdS)/硫化亚铜($Cu_2S$)及锌镉硫化物($Zn_xCd_{1-x}S$)等。现今该类型的太阳能电池主要以硫化镉(CdS)/碲化镉(CdTe)为主。

## 8.3.2 硫化镉/碲化镉的材料特性

碲化镉(CdTe)属于直接带隙的半导体材料,于室温下带隙值约为 1.45 eV,正好落在理想太阳光的带隙范围内。其为闪锌矿的结构,常见的物理性质如表 8.1 所示[10]。此外,其与硫化镉一样也为多晶性材料,具有相当高的吸光系数(略小于 10 cm)。于可见光区,厚度约 1 μm 即可吸收 90%以上的太阳光。P 型的 CdTe 主要是在 Cd 过压状态下掺入磷(P)或砷(As)形成。

**表 8.1 碲化镉的基本性质(300 K)**

| | | | |
|---|---|---|---|
| 带隙形式 | 直接带隙 | 光吸收系数(/cm) | ~$10^5$ |
| 晶体结构 | 闪锌矿 | 能隙(eV) | 1.45 |
| 晶格常数(Å) | 6.48 | 电子迁移率[$cm^2$/(V·s)] | 500~1000 |
| 键合方式 | 共价键为主,离子键为辅 | 空穴迁移率[$cm^2$/(V·s)] | 70~120 |
| 热膨胀系数($10^{-6}$/K) | 4.9 | 折射率(1.4 μm) | 2.7 |

硫化镉(CdS)是一种属于直接带隙的半导体材料,于室温下带隙值约为 2.42 eV,亦即只能吸收波长小于 515 nm 的太阳光。其为纤锌矿的结构,常见的物理性质如表 8.2 所示[10]。

**表 8.2 硫化镉的基本性质(300K)**

| | | | |
|---|---|---|---|
| 带隙形式 | 直接带隙 | 光吸收系数(/cm) | ~$10^5$ |
| 晶体结构 | 纤锌矿 | 带隙(eV) | 2.41 |
| 晶格常数(Å) | $a$=4.3<br>$c$=6.714 | 电子迁移率[$cm^2$/(V·s)] | 21 000 |
| 键合方式 | 共价键为主,离子键为辅 | 空穴转移率[$cm^2$/(V·s)] | 1540 |
| 热膨胀系数($10^{-6}$/K) | 3.6 | 折射率(1.4μm) | 2.3 |

## 8.3.3 硫化镉/碲化镉太阳能电池的结构

图 8.2 所示为碲化镉薄膜太阳能电池结构图,主要可分为如下结构。

(1) 顶结构(Superstrate):衬底在照光面的同一侧,衬底常用玻璃。

(2) 底结构(Substrate):衬底在照光面的对侧,衬底常用金属或不锈钢片。

由于顶结构的硫化镉及碲化镉的结具有较佳的欧姆接触特性及结特性，因此该类型太阳能电池的基本结构是以顶结构为主。

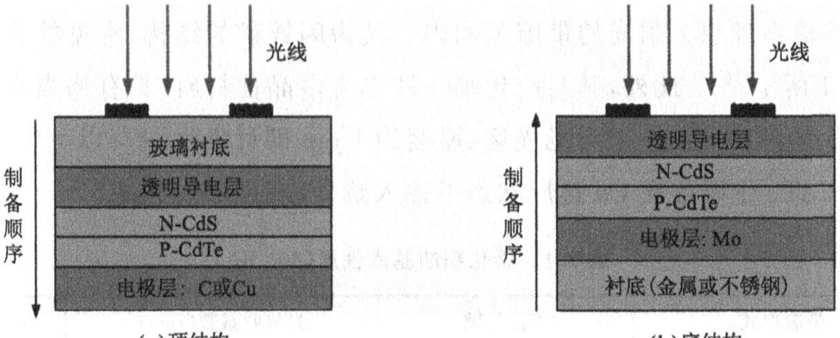


(a)顶结构　　(b)底结构

**图 8.2**　两种类型的碲化镉薄膜太阳能电池结构图，可看出制备顺序上的差异

图 8.3 所示为碲化镉薄膜太阳能电池的结构示意图，其结构的制作流程大致上可分为：于玻璃衬底上成长透明氧化层、N 型硫化镉薄膜层及 P 型碲化镉薄膜层。

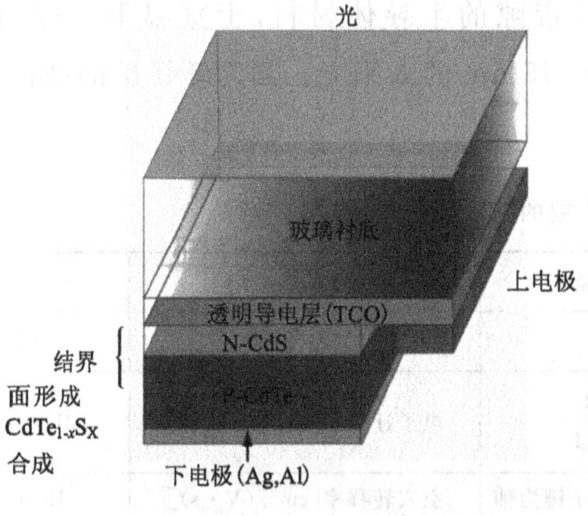


| | 厚度 | 掺杂浓度 |
|---|---|---|
| 玻璃衬底 | 2~4 μm | |
| 透明导电层 | 0.1~0.3 μm | / |
| N-CdS | 50~300 nm | ~$10^{18}$~$10^{19}$/cm$^3$ |
| P-CdTe | 1.5~6 μm | ~$10^{17}$/cm$^3$ |
| Ag,Al 电极 | ~0.1 μm | / |

**图 8.3**　CdTe/CdS 薄膜太阳能电池的结构示意图，以及其对应参数

目前技术若使用耐高温(约 600℃)的硼玻璃(Borogilicate Glass)可得 16％的转换效率，而使用不耐高温但成本较低的钠玻璃(Soda Lime Glass)也可达 12％的转换效率。

在硫化镉/碲化镉太阳能电池的结构当中，N 型硫化镉薄膜层通常作为窗口层(Window Layer)或开口端(Aperture Hole)，以吸收更多的太阳光而产生更大的光电流，一般而言，其厚度为 50～300 nm，原则上为厚度较薄且均匀的薄膜。此外，由于硫化镉薄膜为多晶结构，在其与碲化镉的界面上会产生扩散现象，形成—$CdTe_{1-x}S_x$ 合成。此外过薄的多晶硫化镉薄膜容易产生过多的顺向电流及局部分流(Local Shunting)，或是改变硫化镉的带隙及降低其光透过率。目前提出的改善方式为在透明导电层与N型硫化镉之间加入一层高阻值的透明导电层，如氧化铟($In_2O_3$)、氧化锡锌($Zn_2SnO_4$)或氧化锡镉($Cd_2SnO_4$)等[11,12]。

在该类型的太阳能电池中，N型硫化镉薄膜层的掺杂浓度通常比P型碲化镉薄膜层的掺杂浓度要来得高，因此耗尽层主要位于碲化镉薄膜层的区域内，而光子的吸收主要发生在CdTe层。

### 8.3.4 硫化镉/碲化镉薄膜层的制备

硫化镉薄膜层的制备方法有很多，如物理气相沉积法(Physical Vapor Deposition，PVD)、近空间升华法(Close-Space Sublimation，CSS)、化学水浴沉积法(Chemical Bath Deposition，CBD)、丝网印刷法(Screen Printing，SP)及电化学沉积法等。较常用的硫化镉(CdS)薄膜层的制备是使用化学水浴沉积法。该制备将衬底置入含有氨水、氯化盐以及硫脲[$SC(NH_2)_2$]的化学水浴(Chemical Bath)之中。在温度60～80℃的环境下，衬底表面将逐渐沉积出硫化镉薄膜层。

另一方面，制备碲化镉薄膜层的方法大致上与制备硫化镉薄膜层的方法相似。常见的方法为封闭空间升华及电化学沉积法。前者的沉积速率快，而后者可以大面积沉积。其中以封闭空间升华法因为具有可控性高、均匀性佳、晶粒尺寸大且致密及成本低等优点，而且可制备于不同的衬底上，为现今最常见的方法，如图8.4所示。在封闭空间升华法制备中，固态的碲化镉在400～600℃的高温下将再次分解成气态的碲与镉，通过移动衬底与蒸发源，将可沉积出化学剂量比较精确的碲化镉(CdTe)薄膜层。此外，为了得到更佳的硫化镉薄膜，可在沉积碲化镉薄膜前对硫化镉薄膜进行热处理，可增加晶粒尺寸、降低缺陷态位密度，进而增加器件的转换效率。对硫化镉薄膜层而言，常用的热处理技术包含两种：①在氢气下进行400℃热处理，时间为5～10 min；②于硫化镉薄膜层薄膜上以超声波喷雾等技术，涂布氯化镉($CdCl_2$)溶液或在空气中通入$CdCl_2$气氛，进行400℃热处理，时间为20～60 min。通常以方法②获得的薄膜缺陷少，品质较佳，晶粒较大且电性较好[1]。

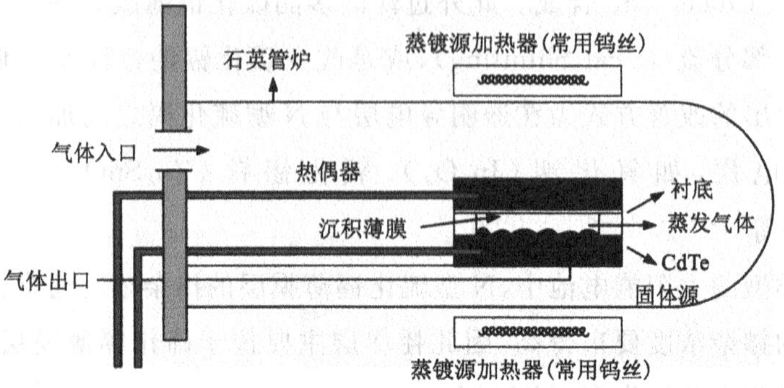


**图 8.4**　CdTe/CdS 薄膜太阳能电池中，常用于制备 CdTe 薄膜的封闭空间升华法制备示意图

同理，也可对碲化镉薄膜层进行热处理以提升其薄膜质量，热处理方法也分为两种，其一与上述方法①相同，另一种则为利用热升华法，将氯化镉($CdCl_2$)加热至约 400℃，蒸发后在碲化镉薄膜层上形成氯化镉薄膜，并在氧气下进行 400℃ 热处理并进行加压。利用后者获得的薄膜质量较佳，已成为 CdTe 薄膜太阳能电池的必要后处理工艺[6~8]。

## 8.3.5　硫化镉/碲化镉太阳能电池的模块

在硫化镉/碲化镉太阳能电池的模块方面，主要可分为串接式(In Series Connection)及并接式(In Parallel Connection)。图 8.5 所示为目前典型商业化硫化镉/碲化镉太阳能电池模块的结构示意图[14,15]，其为利用串接的方式进行模块整合，又称为单片集成连接法(Monolithic Interconnection)[4]。CdTe 基薄膜型太阳能电池模块的制造过程说明如下：

(1) 玻璃清洗。

(2) 以溅射法沉积透明导电膜。

(3) 使用激光切割断路线。

(4) 以化学水浴沉积法形成 N 型硫化镉(CdS)薄膜。

(5) 以封闭空间升华法沉积 P 型碲化镉(CdTe)薄膜。

(6) 使用激光切割 P 型碲化镉(CdTe)薄膜、N 型硫化镉(CdS)薄膜以形成短路线。

(7) 通过测镀法沉积金属层构成背电极。

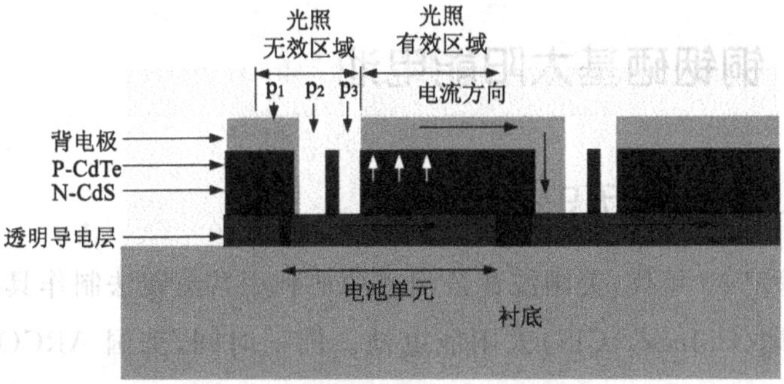


**图 8.5** CdTe/CdS 薄膜太阳能电池模块的结构示意图，其中 $p_1$、$p_2$ 与 $p_3$ 分别为激光切割制备，以达到断路、短路与断线的功用，其宽度为 30～200μm

(8) 使用激光切割 P 型碲化镉(CdTe)薄膜、N 型硫化镉(CdS)薄膜形成断路，以形成单个的电池。

(9) 经由金属线连接，背板层压制备与接上接线盒完成薄膜太阳能电池的模块化制备。

### 8.3.6 CdTe 基薄膜太阳能电池的未来课题

就所有的薄膜型太阳能电池而言，其未来的共同课题皆是低成本高效率生产技术，对 CdTe 基薄膜太阳能电池而言为[3~5]：

(1) 大面积自动化的生产设备的开发。

(2) 高效率多结结构的研发。

(3) 光吸收材料的掺杂物、缺陷、晶粒大小、晶界、晶粒成长等特性精确控制。

(4) 光吸收薄膜层间的界面缺陷与相互扩散性。

尽管 CdTe 基薄膜太阳能电池已经商品化，厂商包括 First Solar 与 Antee Solar 等大厂，但镉(Cd)的环保疑虑在许多国家并未消除。因此 CdTe 基薄膜太阳能电池的未来真正要面对的主要课题是消除使用者对镉(Cd)的环保污染的疑虑。

# 8.4 铜铟硒基太阳能电池

## 8.4.1 发展历史

在20世纪80年代，美国波音公司成功地利用共蒸镀法制作具有转换效率12%的铜铟硒($CuInSe_2$，CIS)太阳能电池。同一时间，美国ARCO Solar公司也成功地利用硒化法(Selenization)制作出铜铟硒太阳能电池，虽然其效率不及利用共蒸镀法所制备的铜铟硒太阳能电池，但却具有可大面积生产的优点。随后，美国波音公司更利用多源共蒸发以部分镓(Ga)替代铟(In)，发展出可控制的铜铟镓硒($CuInGaSe_2$，CIGS)薄膜及电池材料。

20世纪90年代末期，随着制备技术的进步，铜铟镓硒太阳能电池的转换效率已经提升至19%左右。2003年，美国NERL所开发的铜铟镓硒太阳能电池的最高效率已达19.2%。

常用的I-Ⅲ-Ⅴ族材料包含铜铟硒($CuInSe_2$，CIS)或是掺杂镓(Ga)以提高带隙的铜铟镓硒($CuInGaSe_2$，CIGS)，两者皆属于黄铜矿系(Chalcopyrite based)晶体结构的化合物。图8.6所示为黄铜矿的晶体构造图，为类似于闪锌矿的结构。

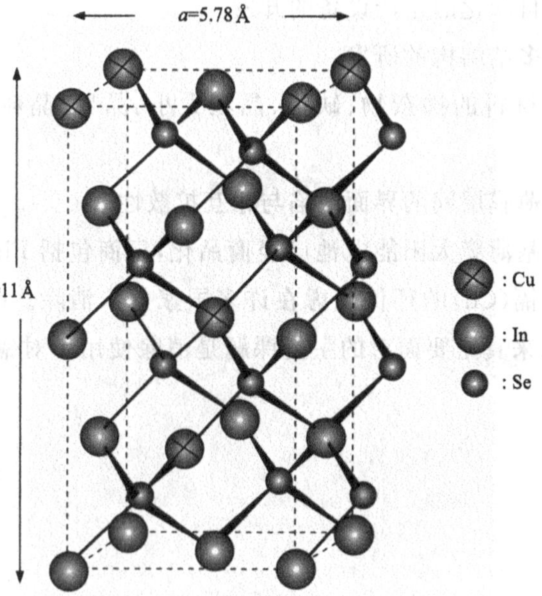


图8.6 黄铜矿晶体结构示意图

## 8.4.2 铜铟硒太阳能电池

1. 材料特性

铜铟硒是直接带隙的半导体材料，在室温下的带隙值约为1.02 eV。其主要是由硒化亚铜($Cu_2Se$)和三硒化二铟($In_2Se_3$)所组成，并可通过调整两者的比例成分，使其具有两种同素异型(Allotropic)的结构，可分为黄铜矿($\gamma$ 相)及闪锌矿($\delta$ 相)。其中，前者为低温相，相变温度约810℃，属正方晶系；而后者为高温相，相变温度约980℃，属立方晶系。经由退火处理控制硫及硒的压力或是通过控制硒化亚铜($Cu_2Se$)及三硒化二铟($In_2Se_3$)的摩尔比来形成N型或P型材料。常见的性质如表8.3所示，其载流子迁移率与材料的元素组成比例及偏离化学计量比而引起的固有缺陷(如空位、填隙原子及替位原子)有关[5,10]。

表8.3 铜铟硒的基本性质(300 K)

| | | | |
|---|---|---|---|
| 带隙形式 | 直接带隙 | 光吸收系数(/cm) | $10^5$ |
| 晶体结构 | 黄铜矿 | | |
| 晶格常数(Å) | $a=5.78$<br>$c=11.6$ | 电子移动率[$cm^2/(V\cdot s)$] | 9 |
| 带隙(eV) | 1.02 | 空穴移动率[$cm^2/(V\cdot s)$] | 3.25 |
| 热膨胀系数($10^{-6}$/K) | 2.9 | 折射率(1.4 μm) | 2.7 |

图8.7(a)所示为铜铟硒的拟二元相图及三元相图，铜铟硒主要是位于硒化亚铜及三硒化二铟的连线上。图8.7(b)所示为硒化亚铜-三硒化二铟的三元相图，从图中可发现铜铟硒是硒化亚铜及三硒化二铟的固溶体(Solid Solution)[9]。一般而言，在贫铜相(Cu-poor)的情况下较容易制备单晶的铜铟硒薄膜，而且若以铜空位(Cu Vacancy)作为受主，此时的薄膜为P型。而在富铜相(Cu-rich)若以硒空位(Se Vacancy)作为施主，此时的薄膜为N型。

此外，铜铟硒薄膜层的光吸收特性非常好，具有最高的光吸收系数(约$10^5$ cm)。于可见光区，厚度约1 μm即可吸收95%以上的太阳光。

2. 电池结构

图8.8所示为铜铟硒太阳能电池的结构示意图，其结构的制作流程大致上可分为：于玻璃衬底上沉积钼(Mo)金属层、铜铟硒薄膜层、缓冲层及防反射层。

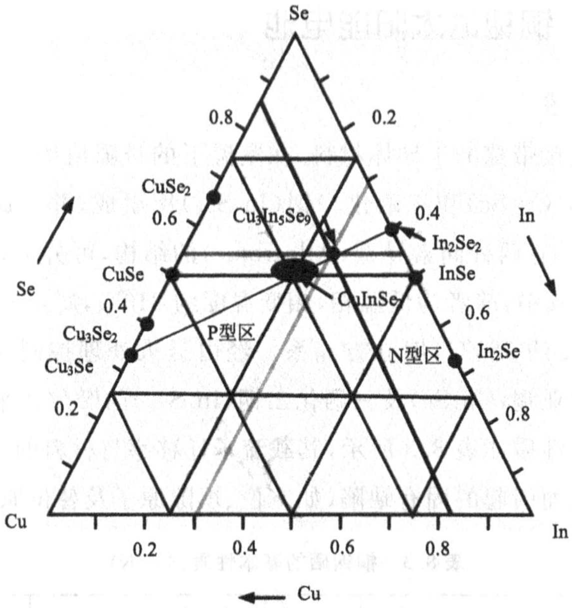


(a)铜铟硒的拟二元相图

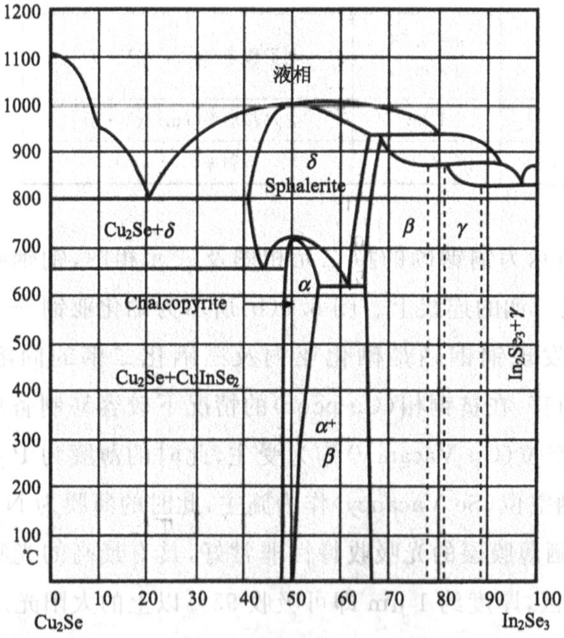


(b)硒化亚铜–三硒化二铟的三元相图

**图 8.7**

在玻璃衬底的选用上，通常以钠玻璃作为衬底。由于钠原子在固态材料中具有较强的扩散能力，在蒸镀的过程中能穿越金属钼层进入铜铟硒薄膜层，如图8.9所示[2]，因而具有①可抑制薄膜结晶缺陷；②可提升P型的导电性[6]；③改善薄膜结晶形态的特点。除了使用钠玻璃外，钠离子还可在含钠离子的气氛下处理置入。

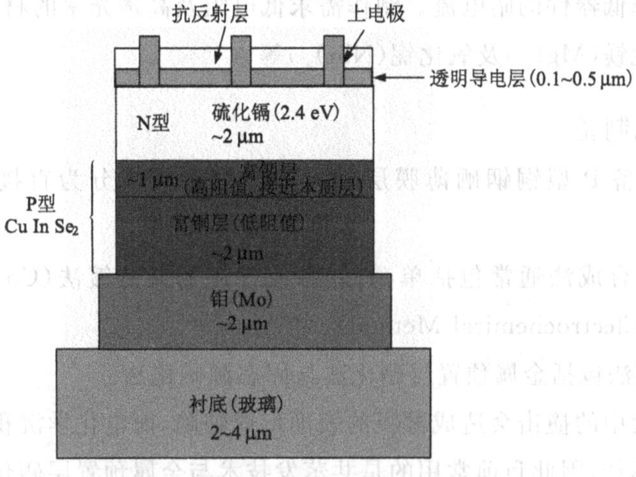


**图 8.8** 铜铟硒太阳能电池的结构示意图

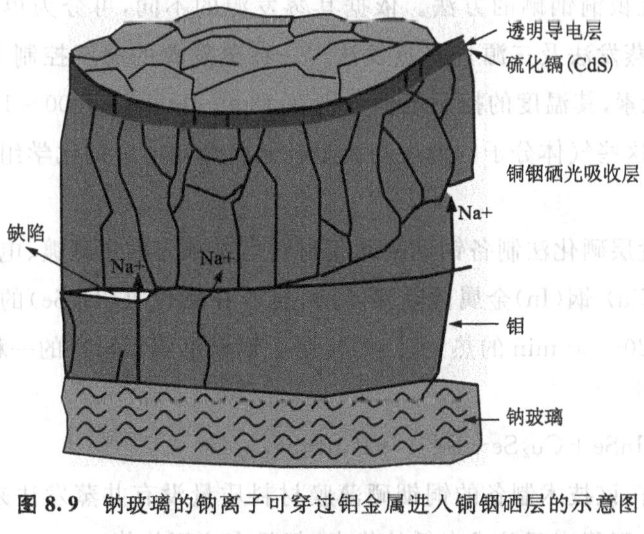


**图 8.9** 钠玻璃的钠离子可穿过钼金属进入铜铟硒层的示意图

钼金属薄膜与铜铟硒薄膜层形成良好的欧姆接触，而且有高度光学反射性质、低电阻及高压缩应力。缓冲层主要用来降低透明导电层与铜铟硒薄膜层之间的能带不连续现象，一般会使用高透光率的材料，其电阻率为 5.0～120 Ω·cm。常用的靶材种类有硫化锌(ZnS)、锌镁氧化物($Zn_xMg_{1-x}O$)及氧化锌(ZnO)等。而真正的透明导电层亦常使用含铝的氧化铝，其电阻率为 $10^{-3}$～$10^{-4}$ Ω·cm。

防反射层主要用来增加光电流，此外，还可用来保护器件表面，以避免器件表面氧化并降低器件的暗电流。制作需求低电阻及高透光率的材料，常用的材料种类有氟化镁($MgF_2$)及氧化铌($NbO_x$)等。

3. 电池制备

通常，制备 P 型铜铟硒薄膜层的方法大致上可被分为直接合成法及硒化法[10～12]。

(1) 直接合成法通常包括单源、双源或三源的共蒸镀法(Co-evaporation)及电化学法(Electrochemical Method)。

(2) 硒化法包括金属预置层硒化法与固态源硒化法。

由于溅镀中的撞击会造成薄膜的表面形成缺陷，而电化学沉积法所制备的薄膜质量也不佳，因此目前常用的是共蒸发技术与金属预置层硒化法。

共蒸镀法制备铜铟硒薄膜材料，是指在真空中通过蒸发源材料，并在加热后的衬底上沉积铜铟硒的方法。依据其蒸发源的不同，可分为单源真空蒸发法、双源真空蒸发法及三源真空蒸发法[1]。在蒸发源的温度控制上，铜、铟、硒等三种不同元素，其温度的控制范围分别在 1300～1450℃、1000～1100℃、300～450℃。因此这些气体分子的温度与流量控制将影响薄膜的化学组成以及其成长速率。

金属预置层硒化法制备铜铟硒薄膜材料是指预先利用溅镀、电化学沉积等技术制备铜(Cu)-铟(In)金属薄膜预备层，接着在硒化氢($H_2Se$)的氛围中进行 400～550℃、20～60 min 的热处理，硒化制备铜铟硒薄膜材料的一种方法，其反应程序为[16,17]

$$2CuInSe + Cu_2Se + Se \longrightarrow 2CuInSe_2 \qquad (8.1)$$

一般而言，该技术制备的铜铟硒薄膜材料质量没有共蒸发法来得好，但因为其具有可大面积实现及成本低的优点，仍具有应用价值。

典型的硫化镉(CdS)薄膜层的制备是使用化学浸沉积法(Chemical Bath Deposition，CBD)[11]。该制备将镀有铜铟硒化合物的表面置入含有氨水、氯化盐以及硫尿[$SC(NH_2)_2$]的水溶液化学浴(Chemical Bath)之中,在温度 60~80℃的环境下,衬底表面将逐渐沉积出硫化镉薄膜层。

### 8.4.3 铜铟镓硒太阳能电池

1. 材料特性

铜铟镓硒是一种属于直接带隙的半导体材料,其主要是由铜铟硒($CuInSe_2$)通过少量的镓替代铟而形成,属于黄铜矿结构,其在室温下的带隙值可随着铟镓含量的不同从 1.02 eV 变化至 1.68 eV,大致可由下式计算出来[5,12]:

$$CuIn_{1-x}Ga_xSe_2 \text{ 的带隙 } E_g = 1.018 + 0.575x + 0.108x^2 \tag{8.2}$$

2. 电池结构

图 8.10 所示为铜铟镓硒太阳能电池的结构示意图,其结构的制作流程大致上可分为:于玻璃衬底上沉积钼金属层、铜铟镓硒薄膜层、缓冲层、氧化锌复合层(本征层与 N 型氧化锌)、铝镍网格及防反射层。在玻璃衬底的选用上,该类型的太阳能电池通常以钠玻璃作为衬底。

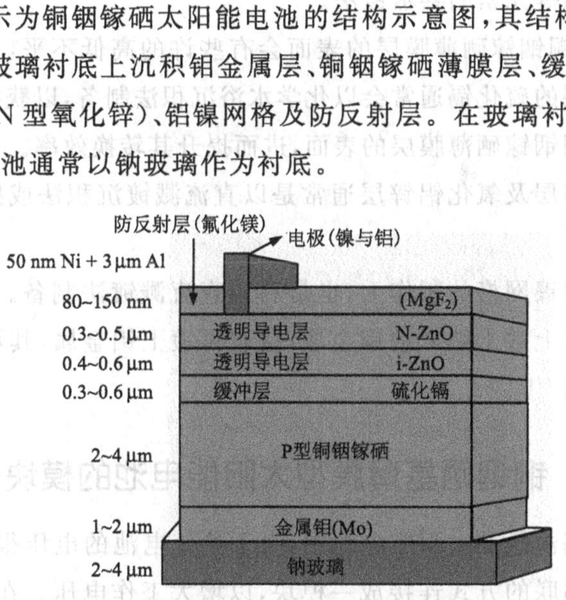


图 8.10 铜铟镓硒太阳能电池的结构示意图

铜铟镓硒太阳能电池中使用的缓冲层,通常是使用 N 型的硫化镉。在晶格常数的匹配上,硫化镉与铜铟硒薄膜是相当良好的,但是铜铟硒薄膜掺杂了镓原子后,其间的晶格匹配则变得相当差。此外,该缓冲层可避免溅镀氧化锌复合层时原子撞击吸收层,减少缺陷的产生。现今,使用硫化锌(ZnS)作为铜铟镓硒太阳能电池中的缓冲层,也具有相当高的转换效率。

在铜铟硒太阳能电池中，氧化锌是作为透明导电层使用。而在铜铟镓硒太阳能电池中，其具有两种用途：一是利用高阻值的本征性氧化锌层以作为透光层缓冲；二为使用掺杂铝形成导电性良好的氧化铝锌（AZO），作为透光导电层及防反射层使用。

该类型太阳能电池的防反射层通常以氟化镁为主。铝镍网格的目的主要是作为正面电极，其面积越小越好。一般而言，该层金属的材料选择通常为镍或是铝。

3. 电池制备

在背电极钼金属的制作上，通常会利用直流溅镀法制备。若在低压的条件下，可降低二硒化钼（$MoSe_2$）的产生并可沉积出较致密的钼金属。通常，制备铜铟镓硒薄膜层的方法大致上与铜铟硒薄膜层相同，常见的是使用同时蒸镀铜、镓、铟以及硒等元素的共蒸镀法。

此外，由于铜铟镓硒薄膜层的表面会有些许的高低不平，如图 8.10 所示，因此作为缓冲层的硫化镉通常会以化学水浴沉积法制备，以获得连续且完整的硫化镉被覆于铜铟镓硒薄膜层的表面，进而提升其转换效率。氧化锌复合层中的本征性氧化锌层及氧化铝锌层通常是以直流溅镀沉积法或射频磁控溅镀法制备而成。

在正电极铝镍网格的制作上，也是利用直流溅镀法制备。一般来说，先在透明导电层上镀上数十纳米的镍金属，接着再镀上铝金属，其可避免形成高电阻的金属氧化物[3,4]。

## 8.4.4 铜铟硒基薄膜型太阳能电池的模块化制备

在铜铟硒基薄膜型太阳能电池中，由于单一电池的电压很小，因此需藉由将单一电池以串联的方式连接成一模块，以增大工作电压。在串联过程中，每一个电池的负端接到下一个电池正端以完成电流传导路径的建立。图 8.11 所示即为一铜铟硒基薄膜型太阳能电池模块示意图，其主要由玻璃衬底、金属层、P 型铜铟硒（CIS）薄膜、N 型硫化镉（CdS）薄膜、透明导电膜（主要是 ZnO）、防反射层（$MgF_2$）与镍/铝合金电极所组成，并通过制备中的一道激光切割与两道机械切割进行内部串联动作，最后完成电池模块的制作[4]。

图 8.12 说明铜铟硒基薄膜型太阳能电池的制备过程。

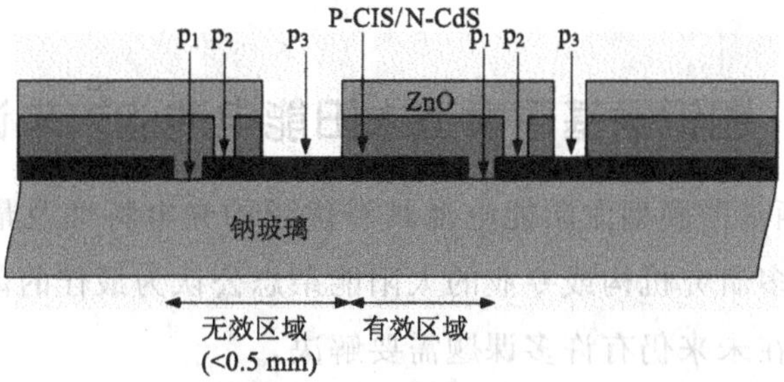


**图 8.11** 铜铟硒基薄膜型太阳能电池模块示意图

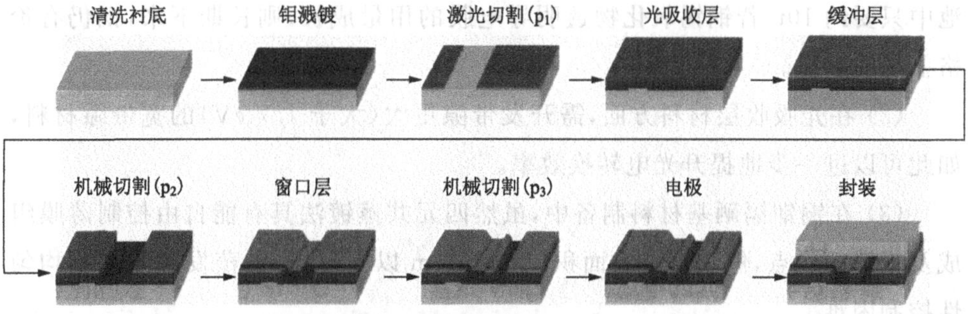


**图 8.12** 说明铜铟硒基薄膜型太阳能电池模块的制造过程

(1) 玻璃清洗。

(2) 以直流溅镀法沉积金属钼(Mo)。

(3) 使用激光切割($p_1$ 制备)断路线。

(4) 以共蒸镀法或硒化法形成 P 型铜铟硒(CIS)薄膜。

(5) 以化学水浴沉积法形成 N 型硫化镉(CdS)薄膜且以溅镀法沉积透明导电膜(主要是 ZnO)作为缓冲层。

(6) 由于铜铟硒(CIS)薄膜较软,不适合激光切割。使用机械切割($p_2$ 制备)P 型铜铟硒(CIS)薄膜、N 型硫化镉(CdS)薄膜、透明导电膜以形成短路线。

(7) 藉由直流溅镀法沉积透明导电膜构成窗口层。

(8) 使用机械切割($p_3$ 制备)P 型铜铟硒(CIS)薄膜、N 型硫化镉(CdS)薄膜、透明导电膜形成一断路线以形成单个的电池。

(9) 由直流溅镀法沉积镍/铝金属层作为电极。

(10) 经由铜线连接,背板层压制备与接上接线盒完成薄膜太阳能电池的模块化制备。

### 8.4.5 铜铟硒基薄膜型太阳能电池的未来课题

虽然铜铟硒基薄膜型太阳能电池具有优越的光电特性及最高的薄膜电池转换效率，被许多研究机构或专业的太阳能杂志公认为最佳的薄膜太阳能电池材料，但该电池在未来仍有许多课题需要解决。

(1) 铜铟硒基材料中，铟的地球存量有限。目前铟年产量为900～1000t/a，其中有400t为回收铟。虽然铟用量在每10 GW的铜铟硒基薄膜型太阳能电池中只要约10t，若铟锡氧化物透明导电膜的用量成长，则长期下来，铟仍有价格上扬的疑虑。

(2) 在光吸收层材料方面，需开发带隙更大(大于1.7 eV)的宽带隙材料，如此可以进一步地提升光电转换效率。

(3) 在铜铟镉硒基材料制备中，虽然四元共蒸镀法具有能自由控制薄膜组成及带隙的优点，但缺点是大面积(1 m×1 m以上)生产的蒸发源与薄膜均匀性控制困难。

(4) 若采用溅镀金属配合硒化法制备，虽然具有技术成熟且生产时间短的优点，但缺点为组分不易控制，且用于硒化法的气体(如硒化氢)具有毒性，处理时要非常小心注意。此外快速热处理与硒化制备设备更是提升效率与降低成本的必要设备。

(5) 关键性的大面积制备设备，包括高温扩散炉、化学气相沉积、快速烧结炉与硒化炉，需要自主化与高度自动化，以提高厂商的成本竞争能力。

## 8.5 Ⅲ-Ⅴ族太阳能电池

### 8.5.1 Ⅲ-Ⅴ族太阳能电池的基本概念

1. 发展历史[2,5,9]

(1) 1954年，韦克尔首次发现了砷化镓有光伏效应。

(2) 1955年，美国RCA公司研究砷化镓太阳能电池，转换效率达8%。

(3) 1962 年,砷化镓太阳能电池的转换效率达 13%。

(4) 1973 年,砷化镓太阳能电池的转换效率达 15%。

(5) 1980 年,砷化镓太阳能电池的转换效率达 22%。

(6) 1995 年,聚光型砷化镓太阳能电池模块的转换效率达 32%。

(7) 2006 年,波音子公司 Spectrolab 部门研发出光电转换效率达 41%的砷化镓太阳能电池。

2. Ⅲ-Ⅴ族化合物材料的晶格常数与带隙

Ⅲ-Ⅴ族化合物,不同元素组合的化合物晶体的晶格大小、带隙皆不相同。一般而言,晶格常数越小,半导体材料的带隙则越大。一般而言,三元甚至四元材料的晶格常数与材料组成呈线性关系,称为费伽德定律(Vegard Law)。因此,在晶格常数可以匹配的状况下,藉由改变三元及四元化合物半导体材料组成元素的摩尔分数,可以得到不同的带隙值,如图 8.13 所示。比起硅基材料,Ⅲ-Ⅴ族化合物的带隙有很大的设计自由度。因此,Ⅲ-Ⅴ族化合物太阳能电池多通过多结多带隙的叠合结构来得到超高(>25%以上)的转换效率[1,5]。

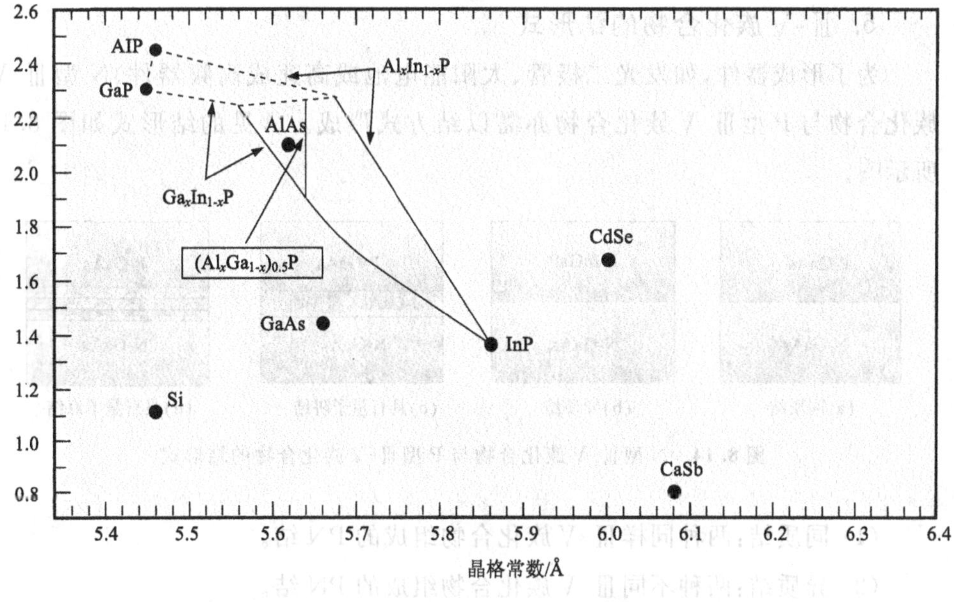


图 8.13 Ⅲ-Ⅴ族化合物材料的晶格常数与带隙关系图

### 3. Ⅲ-Ⅴ族化合物材料的掺杂

N 型Ⅲ-Ⅴ族化合物：掺杂物包括 S、Se、Te、Sn、C、Si、Ge 等。

P 型Ⅲ-Ⅴ族化合物：掺杂物包括 Zn、Be、Mg、Cd、C、Si、Ge 等。

特别是，4 价的 Si、C、Ge 可当成 N 型掺杂物，也可以当做 P 型掺杂物，其状态视掺杂物在晶体结构中取代Ⅲ族或Ⅴ族原子而定[2,5,10]。

### 4. Ⅲ-Ⅴ族化合物材料的成长

Ⅲ-Ⅴ族化合物的形成，经常通过在晶体衬底上有次序地长上另一层晶体，该技术称为外延(epitaxy)，可分为[2]：

(1) 同质外延(homo epitaxy)：当衬底与所长的磊晶层材料相同时。

(2) 异质外延(hetero epitaxy)：当衬底与所长的磊晶层材料不相同时。

特别提及的是，在异质磊晶时，由于所长出的磊晶层材料与原衬底不同，因此要注意到晶格常数的匹配性，否则会造成应力或位错，甚至无法完美外延。此时，需藉由特殊的制备技术，或采用渐变的晶格常数来达成，此时，带隙也会出现渐变的状态。

### 5. Ⅲ-Ⅴ族化合物的结形式

为了形成器件，如发光二极管、太阳能电池或高速成高频器件、N 型Ⅲ-Ⅴ族化合物与 P 型Ⅲ-Ⅴ族化合物亦需以结方式形成。常见的结形式如图 8.14 所示[2]。

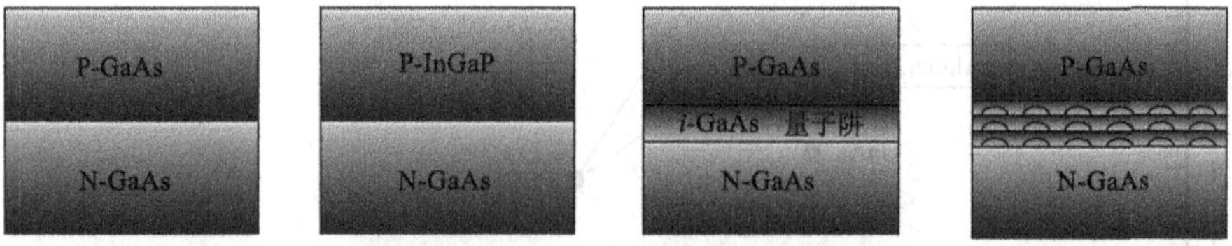


(a)同质结　(b)异质结　(c)具有量子阱结　(d)具有量子点结

**图 8.14**　N 型Ⅲ-Ⅴ族化合物与 P 型Ⅲ-Ⅴ族化合物的结形式

(1) 同质结：两种同样Ⅲ-Ⅴ族化合物组成的 PN 结。

(2) 异质结：两种不同Ⅲ-Ⅴ族化合物组成的 PN 结。

(3) 具有量子阱(Quantum Well)结：量子阱是一种二维的量子结构，由一组高带隙与低带隙的材料，以周期性相互磊晶交叠而成的薄膜，通常厚度多小于 10 nm 以下，PN 结存在一层以上的量子阱会造成带隙由连续状况变成类似不连续的离散能级，能提高光子与电子-空穴的交互作用，量子阱多半成长于本征层，载流子可以由隧穿效应（Tunnel Effect）或热效应（Thermal Effect）快速在量子阱结构传导。

（4）具有量子点（Quantum Dot）结：量子点是一种零维的量子结构，通常其颗粒多小于 10 nm，在 PN 结可能以周期性的方式排列成一层或多层。量子点会造成使带隙由连续状况变成明显的离散能级，更能提高光子与电子-空穴的交互作用。

### 6. Ⅲ-Ⅴ族化合物太阳能电池的设计

将Ⅲ-Ⅴ族化合物应用在太阳能电池时，可以使用单结（Single Junction）结构或多结（Multijunction）结构。单结结构容易制作，但由于带隙的选择有限，其理论限制转换效率约为 28%。由于在Ⅲ-Ⅴ族化合物有许多的不同元素可以组合搭配，因此可以形成多种带隙组成的多结/多带隙太阳能电池，得到超高（>28%以上）的转换效率[9,10]。

关于叠层型多带隙太阳能电池的设计在第 6 章大致提到过，其器件设计需达到：

（1）带隙选择：由照光面，各结的带隙须依序由大到小，且须尽量吸收到相同的光子数。

（2）晶格常数匹配：不同Ⅲ-Ⅴ族带隙材料间的晶格常数不同，须通过缓冲层或制备调制来降低晶格常数的不匹配度。

（3）电流匹配：避免某一结产生的最小电流会限制。

图 8.15 说明，设有两个不同带隙组成的多结/多带隙太阳能电池，其上下电池的电压-电流特性如图，当两电池串接后，其电压具有加成的作用，但其电流会由具有较小输出电流的电池所决定。由于电流与光吸收系数及厚度皆有关，有时为了得到足够的电流需要特定的厚度，但晶格的不匹配度造成制备不易达到该特定厚度，因此使得电流无提升。因此理论上，越多结，电池效率越高的看法在制备上不一定能实现。

基于直接能带与多结的可能性，Ⅲ-Ⅴ族太阳能电池有如下优点[7~9]：

（1）高光吸收系数，薄膜厚度减少，材料用料也减少。

（2）多带隙多结结构均可吸收不同光波长达到超高效率。

（3）由于带隙多比硅基带隙大，受温度影响较小，可在高聚光（500 倍）下进

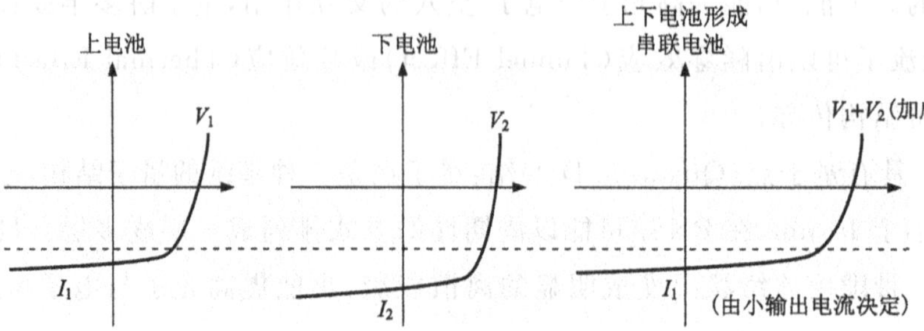


**图 8.15** 双结太阳能电池的电流-电压曲线图

行发电。

(4) 抗辐射损伤的能力佳,因此适合于太空中进行发电工作。

Ⅲ-Ⅴ族太阳能电池常用其组成材料来分类,常见的包括砷化镓型(GaAs)、磷化铟型(InP)及氮化镓型(GaN)等,而Ⅲ-Ⅴ族太阳能电池设计主要分为单结结构和多结结构。以下针对Ⅲ-Ⅴ族太阳能电池做介绍。

## 8.5.2 砷化镓型太阳能电池

1. 材料特性

砷化镓(GaAs)是一种属于直接带隙的半导体材料,在室温下的带隙值约为 1.43 eV,属于闪锌矿的结晶结构,晶格常数为 5.653Å。光吸收系数约为 $10^5$/cm。在厚度约为 2 μm 的情况下,约可吸收 90%的太阳光。

相较于传统的硅材料,砷化镓材料具有较高的电子饱和速率和载流子迁移率,可以在 250 GHz 的高频器件中操作。根据理论计算显示,在 AM 1.5 的太阳光环境下,最佳的单结太阳能电池的转换效率发生在带隙 1.4~1.5 eV 的位置[7],与砷化镓的带隙极为接近。而在双层双结太阳能电池的设计中,砷化镓型太阳能电池通常都是设计在下电池。

2. 电池结构

图 8.16 所示为砷化镓型单结太阳能电池结构示意图,目前最高光电转换效率约 25%。其结构的制作流程大致上可分为:下电极、衬底、缓冲层、背电场层、吸收层、窗层及防反射层[3,18]。该类型的太阳能电池结构中,通常利用高浓度掺杂,以作为背电极使用。

在缓冲层的部分,则是以 N 型的砷化镓材料为主,其主要作用在于解决衬

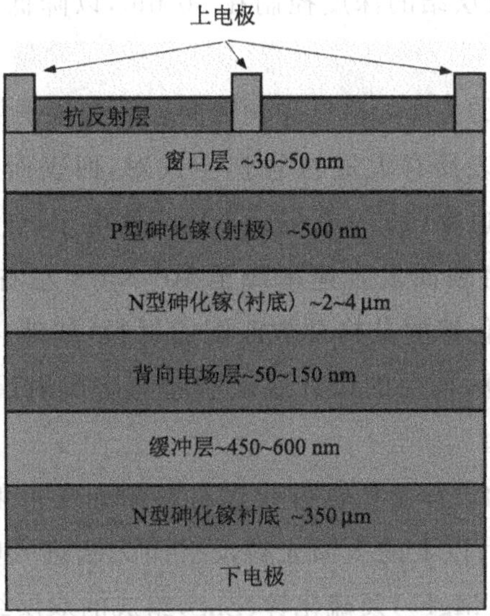


**图 8.16 砷化镓型单结太阳能电池结构**

底与砷化镓材料之间光电流不匹配及反相区域现象的产生。在衬底选择的部分,通常是选用砷化镓作为衬底使用。然而由于砷化镓衬底的成本过高,目前有数种方法尝试降低该类型太阳能电池的成本。

(1) 利用外延剥离(Epitaxial Lift-off)的方法将砷化镓衬底移除以重复使用该衬底。

(2) 在低成本的金属或玻璃衬底上沉积多晶型的砷化镓材料。

(3) 利用硅衬底或锗衬底,硅与锗衬底具有较高的机械强度以适用于大面积的太阳能电池,但其中硅衬底的晶格常数与砷化镓材料差异过大(约 4%),仍需解决。

背电场层主要用于避免太阳能电池底部所产生的少数载流子往非正确方向扩散,使其能存在于光吸收层的结上,进而提升少数载流子的收集效率。此外,背电场层的使用也能增加器件对红光范围的频谱响应以及降低界面上载流子的复合速率。一般而言,其厚度约为 100 nm,掺杂浓度约为 $10^{18}/cm^3$。

在光吸收层的部分主要可分为 N 型砷化镓基极(Base)与 P 型砷化镓射极(Emitter),N 型砷化镓基极的厚度为 2～4 μm,一般使用硒作为掺杂的材料,其掺杂浓度约为 $10^{16}/cm^3$;P 型砷化镓射极的厚度约为 500 nm,一般使用锌作为掺杂的材料,掺杂浓度约为 $10^{18}/cm^3$。此外,光吸收层尽量接近太阳能电池的表面，亦即将光吸收层结的深度控制在 50 nm，以降低表面缺陷对吸收层的影响。

窗口层的使用目的主要为降低砷化镓的表面载流子复合现象，因为砷化镓的高光吸收系数使得表面有大量的电子-空穴对，而表面的缺陷或悬挂键造成的高表面载流子复合速率（$10^6 \sim 10^7$ cm/s），会使电子-空穴对快速复合而降低光电流，透过窗口层将表面复合速率降至 $10^4$ cm/s 左右能得到合理的效率。材料的选用为可与砷化镓的晶格常数匹配的材料，如砷化镓铝（AlGaAs）及磷化铟镓（GaInP）。此外，该层的设计厚度需要与防反射层一起考虑，以降低电池内反射出的太阳光。

最后，防反射层的设计是依据砷化镓材料的光学折射率约为 3.6，若不使用防反射层，约有 30%以上的太阳光被反射而无法进入吸收层。目前常用的防反射层以由氟化镁（$MgF_2$）及硫化锌（ZnS）组成的双层结构为主，可将反射光降低至 3%左右。

图 8.16 所示为砷化镓型多结太阳能电池结构示意图[3~5]，主要是与磷化铟镓型堆叠层所组成，其中以磷化铟镓型作为上电池，而砷化镓型作为下电池。

## 8.5.3　磷化铟型太阳能电池

### 1. 材料特性

磷化铟（InP）是一种属于直接带隙的半导体材料，在室温下的带隙值约为 1.35 eV，晶格常数为 5.869Å。其光吸收范围约在可见光至红外光区。相较于硅基型太阳能电池与砷化镓型太阳能电池，磷化铟内部缺陷易受温度影响而移动，可自动修复辐射造成的缺陷劣化，因此具有最佳的抗辐射性，可应用于太空用太阳能电池。

### 2. 电池结构

图 8.17 为磷化铟太阳能电池的基本结构示意图。由于磷化铟的高光吸收系数，因此其整体的光吸收层厚度仅需 3 μm 以下，且由于表面复合速率 $10^3$ cm/s 远低于砷化镓的表面复合速率，因此不需窗口层，仅 PN 结即可得到 22%转换效率。

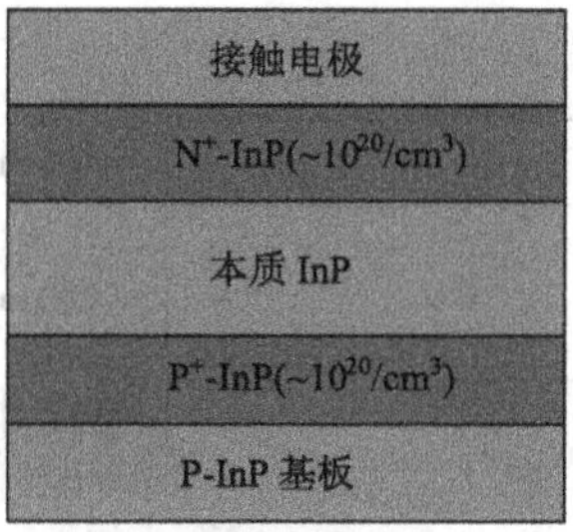


**图 8.17　磷化铟型太阳能电池的基本结构**

## 8.5.4　氮化镓型太阳能电池

1. 材料特性

氮化镓(GaN)的带隙为 3.4 eV[9]，晶格常数为 $a=3.19$Å 与 $c=5.19$ Å，通过与氮化铟这个材料的搭配组合即可形成常见的氮化铟镓化合物半导体，并通过改变氮化铟镓中的铟含量，使得其带隙可以调整范围从整个紫外线到远红外线。

2. 电池结构

氮化镓系列的太阳能电池设计主要是以氮化铟镓($In_{1-x}Ga_xN$)系列为主要发展方向，主要的原因是利用氮化镓与氮化铟的不同比例组合来达到带隙调整，可有效地吸收太阳光光谱的能量。

目前已有些许的文献实际利用氮化铟镓这个材料来制作太阳能电池，图 8.18 即为吸收层氮化铟镓的 P-i-N 太阳能电池结构图[5,13]，其中 P 型与 N 型的材料皆由氮化镓所组成的，而在吸收层的部分则是由氮化铟镓组成，其光吸收层吸收波长的范围大约在 387 nm，而厚度设计为 200 nm。若能掌握氮化铟镓的外延质量，改善高铟含量所造成相分离的问题，能直接有效地改善其器件的特性。

## 8.5.5　多结Ⅲ-Ⅴ族太阳能电池

图 8.19 所示为磷化铟镓/砷化镓的双层太阳能电池的结构图[13]，由图中可以知道此结构的衬底是选择砷化镓衬底，再通过外延设备将其结构成长出来，此结构主要包括隧穿二极管、一组上子电池以及一组下子电池。在上子电

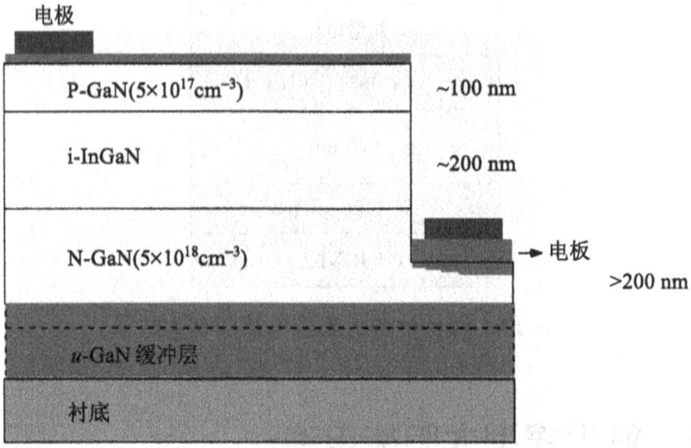


**图 8.18**　光吸收层为氮化铟镓的 P-i-N 太阳能电池结构图

池的部分，由于磷化铟镓($In_{0.5}IGa_{0.49}P$)的带隙为 1.9 eV，吸收波长为 300～600 nm，而下电池的部分，砷化镓的带隙约为 1.4 eV，所以该对应的吸收波长为 660～890 nm。通过这样两种不同带隙的设计，将可有效地将太阳光光谱吸收。

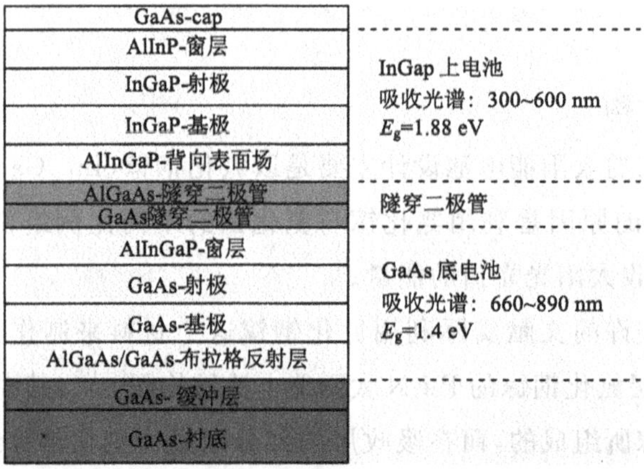


**图 8.19**　磷化铟镓/砷化镓的双层太阳能电池的结构图[9]

图 8.20 为使用磷化铟镓(GaInP)/砷化镓(GaAs)/锗(Ge)的三结太阳能电池的结构示意图。GaInP、GaAs 与 Ge 的晶格常数接近，因此外延成长相对容易，且带隙分别为 1.9 eV、1.43 eV 与 0.7 eV，非常适合搭配成为一高效率(～30%)的太阳能电池光吸收层组合。衬底是 Ge 衬底，通过外延设备依序长出 N-Ge、N-GaAs 缓冲层、第一隧穿结、P-GaInP 背向表面电场层、P-GaAs、N-GaAs、N-GaInP 窗口层、第二隧穿结、P-AlGaInP 背向表面电场层、P-GaInP、N-

GaInP、N-AlInP 窗口层与高浓度掺杂的 GaAs 电极。其中隧穿结材料通过重掺杂的 N 与 P 结，提供背向表面电场层与窗口层的低电阻连接，其厚度约 10 nm。

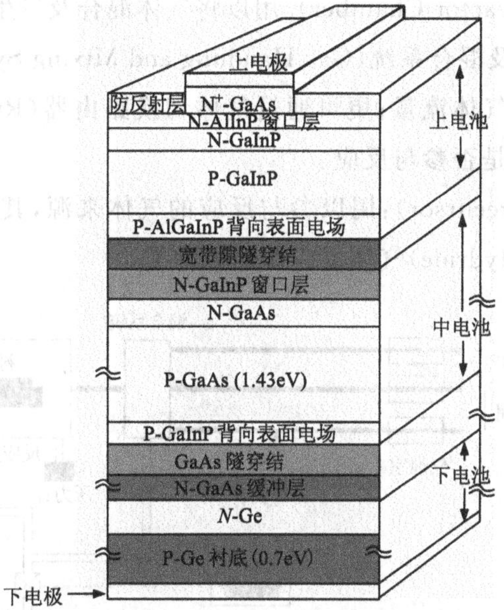


**图 8.20　砷化镓型三结太阳能电池基本结构**[8]

## 8.5.6　Ⅲ-Ⅴ族太阳能电池制备

过去液相外延法(Liquid Phase Epitaxy, LPE)常用于在Ⅲ-Ⅴ族衬底上外延出Ⅲ-Ⅴ族化合物薄膜。其使用液态物质来长出外延层，通过慢慢降低液态物质溶液的温度，因过饱和现象而使得Ⅲ-Ⅴ族化合物在衬底上析出。虽然，该技术可以低成本长出高质量且再现性相当高的外延层，但由于不易精确控制杂质浓度的分布与表面形态，且不适合用大面积外延，因此较少用于商业量产。

目前Ⅲ-Ⅴ族太阳能电池的成长技术主要可分为以下三种方式[2,3,21]：

(1) 有机金属化学气相沉积(Metal-Organic Chemical Vapor Deposition, MOCVD)。

(2) 分子束外延(Molecular Beam Epitaxy, MBE)。

(3) 化学束外延(Chemical Beam Epitaxy, CBE)。

1. 有机金属化学气相沉积

有机金属化学气相沉积系统的结构示意图如图 8.21 所示，其系统可大致分为：

(1) 反应腔(Reactor Chamber)：用以将气体混合及发生反应的地方。

(2) 气体控制及混合系统(Gas Handling and Mixing System)：用以调节并控制各个管路中的气体流量；更可通过气体切换路由器(Run/Vent Switch)决定该管路中的气体是否参与反应。

(3) 反应源(Precursor)：用以参与反应的气体来源，其可分为有机金属反应源以及氢化物(Hydride)气体反应源两大种类。

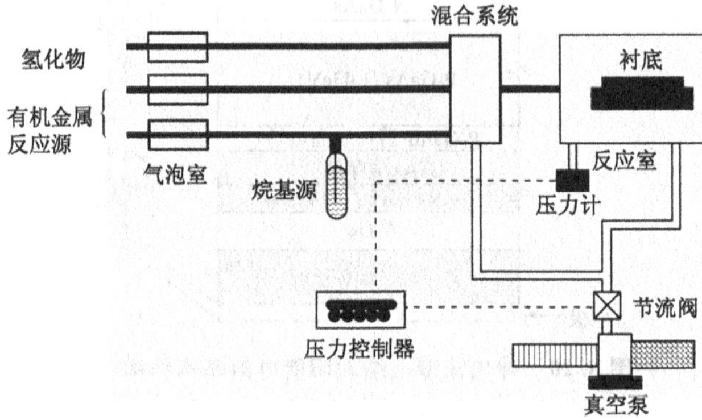


图 8.21 有机金属化学气相沉积系统的结构示意图

(图示资料来源：仪器科技研究中心)

需注意，有机金属化学气相沉积亦有人以 MOVPE(Metal-Organic Vapor-Phase Epitaxy)表示之。一般而言，"CVD"指的是成长具有非晶形貌的薄膜；而"VPE"指的是成长具有结晶形貌的薄膜[14]。其制备机制简单说明为：

(1) 通过载气(Carrier Gas)的承载功能将有机金属反应源[如三甲基镓(Trimethyl-Gallium，TMGa)、三甲基铝(Trimethyl-Aluminum，TMAl)等，与氢化物气体，如砷化氢($AsH_3$)、磷化氢($PH_3$)等]的饱和蒸汽带至反应腔中。

(2) 使有机金属反应源与其他反应气体混合。

(3) 混合气体扩散并通过一黏滞层(Stagnant Boundary Layer)后，于加热600～800℃的衬底上发生化学反应，进而成长薄膜。

其中，载气通常为氢气，而常用的衬底为砷化镓(GaAs)、磷化镓(GaP)、磷化铟(InP)、硅(Si)、碳化硅(SiC)及蓝宝石(Sapphire，$Al_2O_3$)等。该制备的优点有：

(1) 成长速率高且能控制厚度：可成长厚度低于100 nm的薄膜外延层。

(2) 对镀膜成分、晶相等质量容易控制：可因气体控制及混合系统达到质量的控制，更可通过厚度极薄的薄膜控制晶格不匹配所产生的应力问题。

(3) 应用领域广：发光二极管、异质结双极晶体管(Heterojunction Bipolar Transistor，HBT)、太阳能电池等。

2. 分子束外延

分子束外延系统的结构示意图如图8.22所示，其系统可大致分为[14]：

(1) 真空系统：用以增加蒸镀物质分子的平均自由路径，并使其大于蒸镀源到衬底之间的距离，进而促使分子团不易与其他分子碰撞。此外，分子束外延对真空度的要求极高，背景真空需维持小于$10^{-10}$ torr，即超高真空(Ultra-Hign Vacuum，UHV)。

(2) 表面分析仪器：用以观察薄膜成长过程以及监控膜厚及膜质，包括能量电子绕射仪(LEED)、俄歇电子绕射仪(Auger)、反射式高能量电子绕射仪(RHEED)或二次离子质谱仪(SIMS)。

(3) 蒸镀源：利用高效率的蒸发源将材料溶解，并控制蒸发的速率，通过微量的分子束形态，使其直接沉积于衬底上。常见的蒸镀源有镓、铝、铟、硅等。

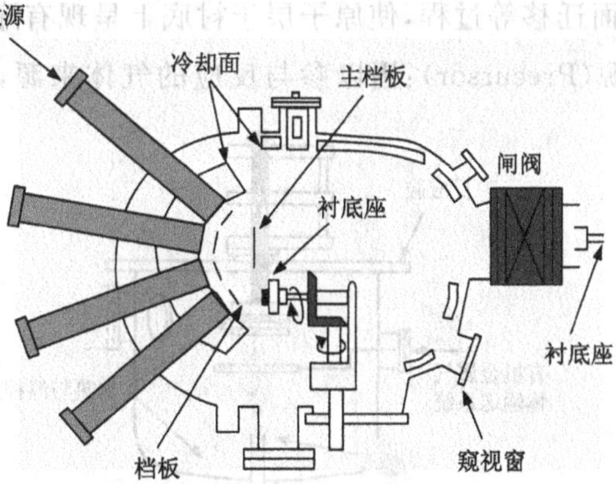


图8.22 分子束外延系统的结构示意图(图示资料来源：仪器科技研究中心)

此外，由于分子束外延在组成或是掺杂的控制上，具有较佳的稳定性，因而适合于制备各种不同光电和电子器件结构的成长。其制备机制大致如下：

(1) 在超高真空(内压<$10^{-10}$ torr)环境下加热蒸镀源，从而增加气体分子的平均自由程。

(2) 使蒸镀物质以分子束的直线行走的方式直接到达衬底，进而进行外延成长。

分子束外延制备的优点：

(1) 精确地分析薄膜：对于在不同温度下成长的薄膜，可根据表面分析其成长模式、结构、电性等性质。

(2) 不易形成氧化层：在超高真空的环境下，薄膜的表面不易有氧化层的形成，分析表面时，不因额外形成的氧化层影响薄膜原有的物性。

(3) 稳定的沉积率：能有效且稳定地控制沉积速率达 1 Å/min，薄膜能有原子尺度的平坦表面，以及理想的单晶结构。

### 3. 化学束外延

化学束外延系统的结构示意图如图 8.23 所示，与分子束外延的差别在于：化学束外延系使用气体源，而非蒸镀物质。此外，化学束外延的组成系统系结合分子束外延及有机金属化学气相沉积的机台，机台结构可大致分为[14]：

(1) 真空系统：在较高真空条件下进行，使分子具有较长的平均自由路径，进而促使分子团不易与其他分子碰撞。

(2) 反应腔(Reactor Chamber)：用以将气体混合及发生反应的地方，并经由吸附以及表面迁移等过程，使原子层于衬底上呈现有序的单晶薄膜。

(3) 反应源(Precursor)：用以参与反应的气体来源，其可分为有机金属反

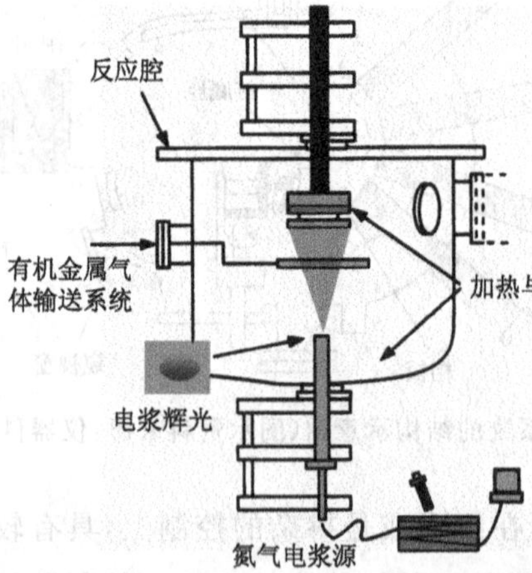


**图 8.23**　化学束外延系统的结构示意图
(图示资料来源：仪器科技研究中心)

应源以及氢化物气体反应源两种。

(4) 加热以及温控装置:用以提高反应源的离化率,进而提升薄膜的沉积率。

分子束外延主要的制备方式简述如下:

(1) 有机金属反应源与非金属氢化物经高温裂解后,形成分子束或原子束等气体。

(2) 在真空高的条件下,增加分子束或原子束等气体的平均自由路径。

(3) 经由吸附、表面迁移以及分解等物理或化学过程,直接于衬底上形序的单晶薄膜。

化学束外延的制备方式与有机金属化学气相沉积的制备方式有些许不同,其差异性在于:在有机金属化学气相沉积的制备技术中,衬底的表面会形成一黏滞层,所有参与反应的混合气体需扩散并通过此黏滞层后,才能于衬底表面形成薄膜层;而化学束外延的制备是于高真空的反应腔成长薄膜,因此,参与反应的混合气体可形成分子束于衬底的表面,进而沉积薄膜。

此外,化学束外延更是集结了分子束外延以及有机金属化学气相沉积的优点:

(1) 超薄以及组成稳定的薄膜:可通过控制气体反应源的流量,使其能固定比例地混合成分子束,进而获得组成准确且均匀的薄膜。

(2) 由于分子束的特性可形成非常陡峭的异质结,进而产生相当薄的外延层。

(3) 稳定的薄膜纯度:在高真空的环境下,可获得较干净的成长环境,进而形成稳定成长的薄膜,更可获得高纯度的薄膜品质。

(4) 精确地分析薄膜成长状况:可通过加装分析仪观察薄膜成长过程,并随时监控膜厚及膜质。

### 8.5.7 Ⅲ-Ⅴ族太阳能电池的未来课题

目前,Ⅲ-Ⅴ族太阳能电池具有最高的电池转换效率,通过聚光透镜及追光系统的结合可使其效率达到40%。然而该电池在未来仍有许多课题需要探讨:

(1) 于 Si 基底上磊晶Ⅲ-Ⅴ族的材料:关键技术在于薄膜材料质量的提升,其可利用:①进行衬底表面清洁,以消除衬底表面的杂质,可形成较佳的磊晶层;②于磊晶层和基底之间成长一界面缓冲层,可降低薄膜间的位错密度;③于中间层成长应变层(Metamorphic Layer)或利用倒置(Inverted)结构成长该应变层,分别改善薄膜间晶格不匹配及线缺陷等问题。

(2) 界面的晶格和热匹配:在进行异质外延时,由于薄膜间的晶格和热的不匹配问题,易造成薄膜晶格内的高应力。此外,由于各材料间的热膨胀系数的不同,在薄膜成长后的冷却过程中易造成薄膜和基底晶格间的应变(Strain),需研发低温成长及增强外延的技术达到改善。

(3) 降低制备成本:该类型的太阳能电池制作的成本较昂贵,可通过高聚光系统使其每瓦发电成本降到 3 美元(硅晶太阳能电池为 6～8 美元),然而需克服高聚光系统产生的高温,导致芯片在高温下的使用寿命下降的问题。

## 8.6 聚光型太阳能电池

聚光型太阳能电池(Concentrator Photovoltaic,CPV)是将大面积的入射光聚集在小面积的太阳能电池单元上,包括高效率太阳能电池、高聚光镜面(Lenes)及含散热片的底座(Sub-Mount)太阳光追踪器(Sun Tracker)的组合,其光电转换效率可高达 35%以上。

图 8.24 所示,常见的典型聚光型太阳能电池结构包括[2,22,23]:

(1) 反射式聚光型太阳能电池:通过反射镜面将入射光反射并聚焦至太阳能电池。

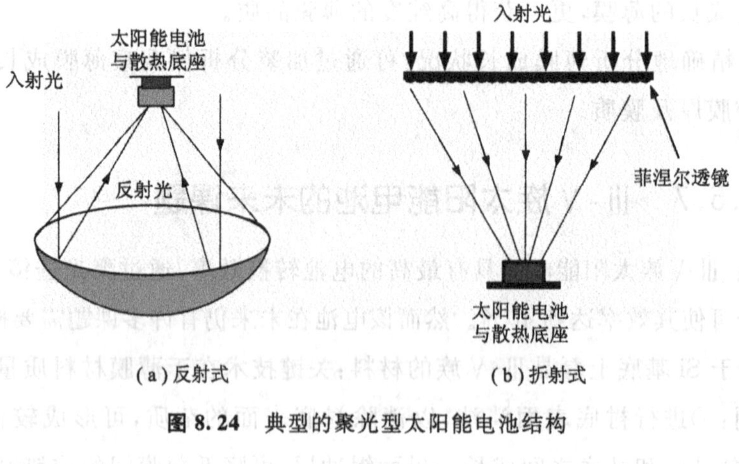


图 8.24 典型的聚光型太阳能电池结构

(2) 折射式聚光型太阳能电池：通过折射透镜将入射光折射并聚焦至太阳能电池。

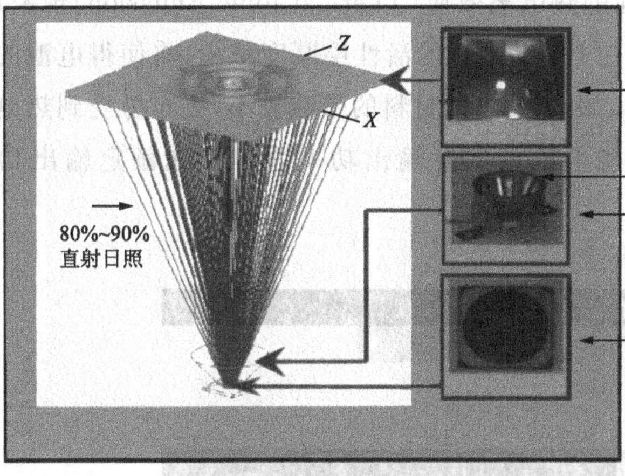


**图 8.25**　折射式聚光型太阳能电池模块的示意图

一般而言，反射式聚光型系统比较在乎入射光的角度造成的聚焦误差，但比较不在乎入射光波长的差异；相反地，折射式聚光型系统比较在乎入射光波长差异造成的折射偏移及聚焦误差，但比较不在乎入射光的角度。

聚光比(Concentration Ratio)用于衡量系统聚光能力，定义为聚光镜面面积与太阳能电池面积的比值。图 8.25 所示为一常用的折射式聚光型太阳能电池的示意图。其转换效率高，且向阳时间长，过去多用于太空产业，现在搭配太阳光追踪器，更可用于发电产业，由于每瓦的成本尚高，尚未普及于一般家庭。聚光型太阳能电池的主要材料多采用高效率多结Ⅲ-Ⅴ族太阳能电池芯片，其优点有：

(1) 利用聚光技术，可提高太阳能电池的光电转换效率，并大幅减少太阳能电池尺寸与模块面积。

(2) 聚光镜组的成本低于Ⅲ-Ⅴ族太阳能电池的成本，减少太阳能电池使用尺寸与模块面积，可大幅降低发电成本。

(3) 利用太阳追踪器追踪日射角度，提高光照吸收率，亦即减少了光照无谓的损失。

(4) 提供大型公用与工商业用再生能源的发电系统。

(5) 相较于结晶硅太阳能电池，聚光型太阳能电池比较不受到温度影响，其光发电转换效率下降的幅度较小。

图 8.26 显示结晶硅太阳能电池与多结Ⅲ-Ⅴ族太阳能电池受温度的影响。随着温度升高，太阳能电池的热电离效应(Thermal Ionic Emission)现象加剧，大量价电子电离进而导致在 PN 结附近的活性层厚度减少，将使得电池的电压与光电转换效率明显下降。由于结晶硅材料的带隙较小，更容易受到热电离效应的影响，因此硅晶太阳能电池的实际输出功率通常都比额定输出功率低很多。

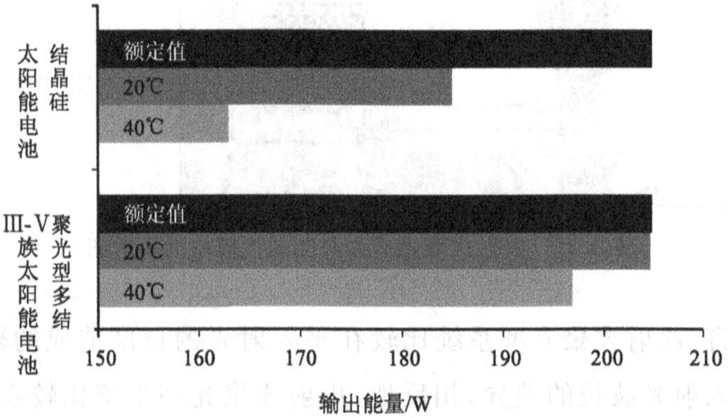


**图 8.26　比较结晶硅太阳能电池与聚光型多结Ⅲ-Ⅴ族太阳能电池受温度的影响**

## 8.6.1 聚光型太阳能电池模块

典型的聚光型太阳能电池器件的主要零件设计包括[22]：

(1) 太阳能芯片(Cell Chips)。

(2) 底座模块(Sub-mount)。

(3) 光接收器(Light Receiver)。

(4) 框架(Frame)。

(5) 镜片(Lens)。

### 1. 太阳能芯片

用于聚光型太阳能电池模块的电池多半使用高效率多结Ⅲ-Ⅴ族太阳能芯片[2,24]，例如，美国波音的子公司 Spectrol-Lab 所制造，属于 InGaP/InGaAs/Ge 材料系统的三结芯片。该高效率多结Ⅲ-Ⅴ族太阳能电池的组成结构与外部量子效率，分别如图 8.27(a)及图 8.27(b)所示。该电池是在 P 型锗(Ge)基材上

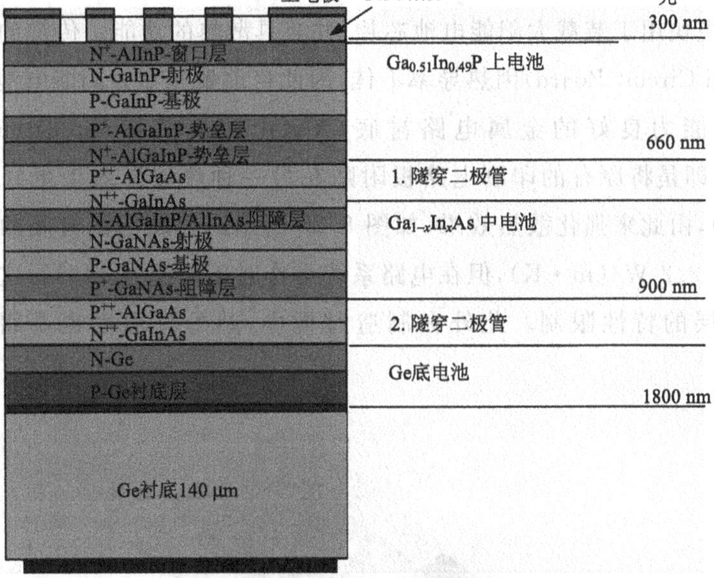


(a)晶片结构

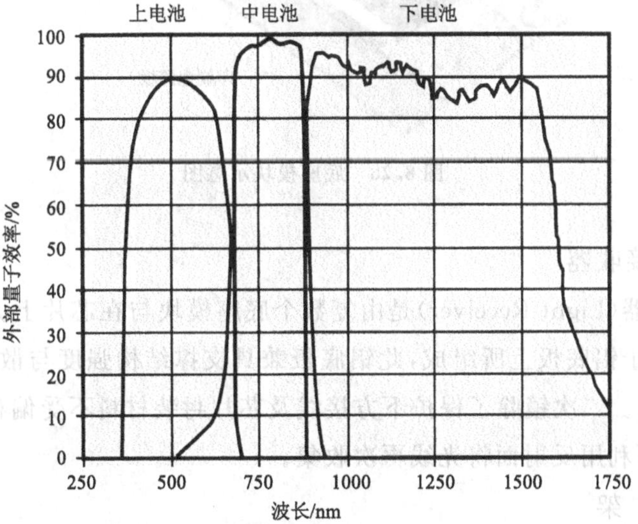


(b)各结的外部量子效率

**图 8.27** 可用于聚光型太阳能器件的三结Ⅲ-Ⅴ族芯片型太阳能电池

分别长两个Ⅲ-Ⅴ族 PN 结材料，其外延层加上两个连接三个结的隧穿二极管，最后在底层与顶层再做上金与银的欧姆接触电极。商业化产品多为 GaInP(1.9 eV)、GaAs(1.43 eV)及 Ge(0.7 eV)的三结电池芯片。

2. 底座模块

底座模块用于装载太阳能电池芯片，并兼具散热的功能。传统的印刷电路板(Printed Circuit Board)因热导率不佳，因此目前聚光型太阳能电池模块多半使用散热能力良好的金属电路衬底(Metal Core Printing Circuit Board, MCPCB)，即是将原有的印刷电路板附贴在另一种热传导效果更好的金属上(如铝、铜)，由此来强化散热效果，如图8.28所示。金属电路衬底的热传导率可高达1～2.2 W/(m·K)，但在电路系统运作时不能超过140℃，这个主要是来自绝缘层的特性限制。此外在制造过程中，热处理温度也不得超过250～300℃。

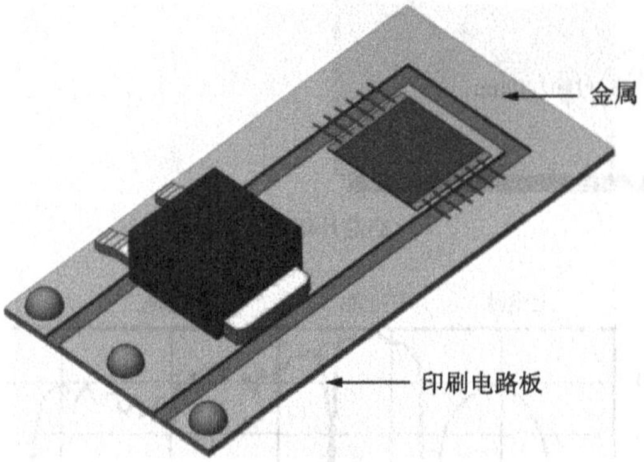


**图8.28**　底座模块示意图

3. 光接收器

光接收器(Light Receiver)是由复数个底座模块与在芯片上方的二次镜依序排列组装于铝底板上所组成，此铝底板兼具支撑结构强度与散热的功能，如图8.29所示。二次镜除了保护下方接线及芯片封装材料不受偏移聚光点的高温影响，还可利用反射面将光线再次收集。

4. 框　架

框架的主要目的为利用最少的材料与零件透过模块化的组装方式达到量产化的目标。聚光型太阳能电池模块的结构大多采用轻量化的铝合金框架。

5. 镜　片

反射式镜片多采用抛光弯曲的反射镜，材质多为不锈钢。折射式镜片多使用聚光200～1000倍的菲涅尔(Fresnel)透镜，因该透镜由凸透镜改良，具有重

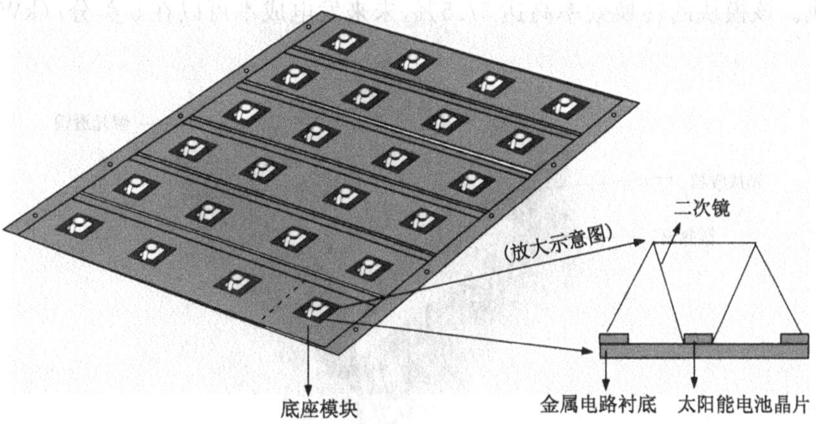


图 8.29 光接收器示意图

量轻、体积小的优点，如图 8.30 所示，以射出成型方式制造，以符合低成本的要求。菲涅尔镜片的设计材质可以是玻璃或透光性佳的光学亚克力[聚甲基丙烯酸甲酯(Polymethyl-Methacrylate，PMMA)]。设计的光学效率需达 80%以上，目前的聚光镜面的典型聚光比为 100～1000 倍。

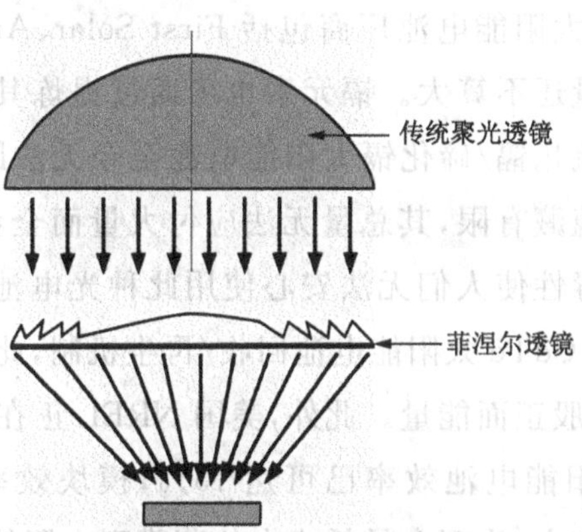


图 8.30 由传统聚光凸透镜演进成菲涅尔透镜的示意图

## 8.6.2 太阳追踪系统

太阳追踪系统主要由追踪器(Tracker)、旋转驱动机构、光感应器(Light Sensor)、控制器(Controller)组成[23]，旋转能让系统实时追踪太阳，高效地执行光电转换和发电。

图 8.31 所示为 Sunrgi 公司于 2008 年 5 月发表的其研发的聚光型太阳电

池模块。该模块的转换效率高达37.5%，未来发电成本可以在5美分/(kW・h)。

图 8.31　聚光型太阳能电池模块

## 8.7 结 语

目前主要碲化镉太阳能电池厂商包括 First Solar、Antec Solar 等，目前虽已有商品生产，但产量还不算大。镉元素也可通过提炼其他金属获得，不致面临缺料问题。然而，硫化镉/碲化镉太阳能电池至今无法跃升为市场主流有两个原因：①碲材料的蕴藏有限，其总量无法应付大量而全盘倚赖此种光电池发电所需；②碲与镉的毒性使人们无法安心使用此种光电池。不过，目前美国及德国业界已开始推行 CdTe 太阳能电池回收/再生机制，此对未来 CdTe 太阳能电池市场发展注入一股正面能量。此外，美国 NREL 正在研发 CdTe 太阳能电池的新制备，目前太阳能电池效率已可达15%，模块效率达12%，寿命为25年，且每瓦为1美元左右，为现今最低成本的薄膜型太阳能电池。

铜铟硒基太阳能电池具有吸光范围广、制造成本低，转换效率高、耐用性佳、稳定性佳、不具有光退化效应、质量轻且抗辐射强度佳等优点，亦适用于太空的环境中，为最早达到转换效率10%以上的薄膜太阳能电池。然而，由于该类型太阳能电池制备技术的复杂性，面临了标准化与量产性的问题。另一方面，由于铟及镓材料的地球蕴藏量有限，未来亦有可能发生材料短缺的问题。

Ⅲ-Ⅴ半导体中的砷化镓和氮化镓等材料都已经广泛地应用在很多的光电器件中，如高功率器件、高频率器件、发光二极管和激光二极管等。此材料的直接带隙和本身的稳定度都使得Ⅲ-Ⅴ半导体材料成为制作高效率太阳能电池的第一选择。除了Ⅲ-Ⅴ族具有直接带隙的特性外，在电子-空穴对的迁移率、光吸收系数等方面皆有不错的特性，并且可以通过改变不同材料组成去调整带隙的变化，达到最佳的带隙设计。

聚光型太阳能电池发电系统在较佳化的聚光镜面设计、更高效率的太阳能电池芯片、良好的热散装置及精确稳定的太阳追踪系统的配合下，将有可能达成每瓦少于 0.01 美元的目标。

## 专有名词

1. **化合物半导体(Compound Semiconductor)**：是指于元素周期表中，由Ⅱ族及Ⅵ族或Ⅲ及Ⅴ族形成的半导体材料。

2. **热电离效应(Thermal Ionic Emission)**：太阳能芯片中随着温度升高，大量价电子电离，进而导致在 PN 结附近的活性层厚度减少，将使得电池的电压与光电转换效率明显下降。

3. **吸光层(Absorbing Layer)**：在太阳能电池中，用于吸收外来光源并产生电子-空穴对的薄膜层。

4. **吸收系数(Absorbing Coefficient)**：在半导体材料中，每单位距离所吸收光子的相对数目。

5. **固溶体(Solid Solution)**：是一个(或几个)组元的原子(化合物)溶入另一个组元的晶格中，而仍保持另一组元的晶格类型的固态金属晶体，固溶体分为间隙固溶体和置换固溶体两种。

6. **同素异型(Allotropic)**：若有两种或两种以上的物质，由同一种元素构成，但原子排列的方式不同，则互称为对方的同素异形体。

7. **PN 结(P-N Junction)**：在 PN 结半导体器件内，P 型与 N 型区域之间所相交的界面。

8. **硒化法(Selenization)**：在基地材料中，掺杂硒元素使其分子成分产生化学计量比的变化，进而改善其材料的物理特性。

9. **聚光型太阳能电池(Concentrator Photovoltaic, CPV)**：包含高效率太阳能电池、高聚光镜面及太阳光追踪器的组合，其能量转换效率可高达 31%～40%。

10. **菲涅尔透镜(Fresnel Lenes)**:菲涅尔镜片根据法国光物理学家Fresnel发明的原理采用电镀模具工艺和PE(聚乙烯)材料压制而成。镜片表面为一圈圈由小到大、向外由浅至深的同心圆,从剖面看似锯齿。

## 本章习题

1. 说明化合物半导体的种类、特性与其应用在太阳能电池中的优点。
2. 分别列出两种Ⅱ-Ⅵ族及Ⅲ-Ⅴ族中常见的化合物半导体材料。
3. 说明化合物半导体太阳能电池的工作原理并讨论其电流损失机制。
4. 说明CdTe化合物太阳能电池的结构与发电原理。
5. 说明CdTe化合物太阳能电池未来发展的可能性。
6. 说明CIGS化合物太阳能电池的结构与发电原理。
7. 说明CIGS化合物太阳能电池的制备。
8. 讨论CIGS化合物太阳能电池的大面积生产方法与其困难处。
9. 说明Ⅲ-Ⅴ化合物太阳能电池的分类。
10. 说明提高Ⅲ-Ⅴ化合物太阳能电池效率的方法。
11. 说明Ⅲ-Ⅴ化合物太阳能电池未来发展的可能性。
12. 说明聚光型太阳能电池的优点。
13. 说明聚光型太阳能电池模块的组成设施。
14. 进行化合物半导体太阳能电池的成本分析,并探讨如何降低化合物半导体太阳能电池的制造成本。

## 参考文献

[1] 林明献.太阳能电池技术入门.台湾:全华图书股份有限公司.
[2] 戴宝通,郑晃忠.太阳能电池技术手册.台湾电子材料与组件协会.
[3] 黄惠良,曾百亨.太阳电池.台湾:五南图书出版公司.
[4] 顾鸿涛.太阳能电池组件导论.台湾:全威图书股份有限公司.
[5] 滨川圭弘编著.光电太阳电池设计与应用.台湾:五南图书出版公司.
[6] 杨德仁.太阳能电池材料.台湾:五南图书出版公司.
[7] R. H. Bube. Photovoltaic Materials, Imperial Colledge press, 1998.
[8] Y. Hamakawa. Thin Film Solar Cells: Next Generation Photovoltaics and Its Applications,

Springer,2004.

[9] A. Luque, S. Hegedus. Handbook of Photovoltaic Science and Engineering, John Wiley & Sons Ltd,2003.

[10] H. J. Moller. Semiconductor for Solar Cells, Artech House, 1993.

[11] A. Catalano. Polycrgstalline thin-film technologies: status and prospects. Solar Energy Materials and Solar Cells, 1996, 41-42: 205-217.

[12] N. Romeo, A. Bosio, V. Canevari, A. Podesta. Recent progress on CdTe/GdS thin film solar cells. Solar Energy Materials and Solar Cells, 2004. 77(6): 795-801.

[13] J. Hiie. CdTe: $CdCl_2$ : $O_2$ Annealing Process. Thin Solid Films, 2003, 90: 431-432.

[14] X. Z. Wu. High efficiency poly crystalline CdTe thin film solar cells. Solar Energy Materials and Solar Cells, 2004, 77: 803-814.

[15] M. L. Fearheiley. The phase-relations in the Cu, In, Se system and the growth of $CuInSe_2$ single-crystals. Sol. Cells, 1986, 16: 91-100.

[16] S. Wager, J. L. Shay, P. Migliorato, H. M. kasper. $CuInSe_2$/CdS heterojunction photovolatic detectors. Appl, Phys, Lett. , 1974, 25: 434-435.

[17] 苏炎坤,李汉诚. Ⅲ-Ⅴ太阳能电池之技术发展. 电子月刊,2009,6.

[18] M. Yamaguchi. Ⅲ-Ⅴ compound multi-function solar cells: present and future. Solar Energy Materials and Solar Cells, 2003, 75: 261-269.

[19] R. C. Knechtli, R. Y. Loo, G. S. Kamath. High-efficiency GaAs solar cells. IEEE Trans. On. Electron Devices, 1984, 31(5): 577-588.

[20] 真空技术与应用. 台湾:实验研究院仪器科技研究中心出版.

[21] 曾衍彰,杨益郎,许晋维. 聚光型太阳光发电技术的研发与应用. 电子月刊,2009,4.

[22] 李雯雯. 聚光型太阳光电技术发展概况. 工研院 ITIS 专栏,2008.

# 第9章 次世代太阳能电池

## 9.1 章节重点与学习目标

即使太阳能电池已成为热门的产业，但目前其效率仍然不高，因此改变太阳能电池材料或结构，达到高效率与低成本太阳能电池的目标是刻不容缓的。太阳能电池为了符合商业上成本及转换效率的考虑，不断地将基本结构和材料内部的特性做改变。根据卡诺效率(Carnot Efficiency)公式，自太阳黑体辐射(约 6000 K)吸收能量经换算(Tsink/Tsource)最高转换效率为 95%。此数值并未考虑损耗的光子(Photon)及声子(Phonon)所产生的热能，若加以考虑其热能的损失，则太阳能电池最大理论效率约为 86.8%[1~3]。一般而言，单一半导体做成的太阳能电池，假设所有的入射光子，只要其能量大于半导体的带隙，其光子都将被吸收而产生一个电子-空穴对。并非所有光子皆可转换成电能，实际包含其他吸收的辐射能或损失的热能等。关于损失的机制，3.3 节已说明。简单来说，对于单带隙太阳能电池，其主要损失包含：①次带隙损失(Sub-bandgap Loss)，当光子能量小于太阳能电池带隙而无法吸收产生载流子对的损失；②热电离损失(Thermalisation Loss)，当光子能量大于太阳能电池带隙，多余带隙的能量以热形式损失[3]。因此，要提高太阳能电池效率将以减少次带隙损失及热电离损失为主。

图 9.1 为太阳能电池各世代的成本与效率关联图。以成本与效率作为太阳能电池的分类是一个很好的思考方式[1~5]。

第一代太阳能电池：以硅基为主的太阳能电池，具有高价格与接近 20%的转换效率。

第二代太阳能电池：主要以薄膜型太阳能电池为主，其效率上虽不及传统的单晶硅太阳能电池，但采用以非晶硅材料为主的薄膜太阳能电池，大幅降低了硅材料上的花费，亦成功地将太阳能电池的厚度缩小。然而，硅薄膜太阳能电池目前效率仍无法有效提升。为了维持低成本、薄型化并达到高效率太阳能电池的目标，次世代太阳能电池的研发就俨然成了主要的关键技术。

第三代太阳能电池：为能超越目前硅基太阳能电池理论效率 28%以上的太阳能电池，主要以多结/带隙(Multi-level/Bandgap)太阳能电池为主，希望同时具有高效率与低价格的特性。然而，以纳米结构形成的太阳能电池亦可以归类在第三代太阳能电池中，尽管纳米结构太阳能电池的转换效率不高，但未来

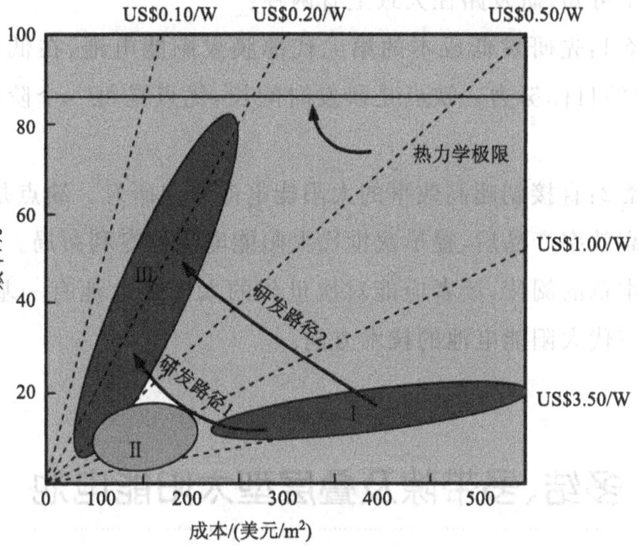


**图 9.1** 太阳能电池各世代的成本与效率关联图[1]

有很大的进步空间。

针对太阳能电池能量的两大损失机制，第三代太阳能电池的研发思考主要有：

(1) 光谱能量分段以充分吸收。

(2) 让每一个光子产生更多的电子-空穴对。

(3) 让光谱的频谱可被转换以利充分吸收。

(4) 除了光子外，将多余的热也用来产生电子-空穴对。

随着新材料与结构的开发，次世代的太阳能电池种类与结构一一被提出，包括[5]：

(1) 多结、多带隙及叠层型(Multi Level/Bandgap and Tandem Cell)结构的太阳能电池。

(2) 中间能带型(Intermediate Band)太阳能电池。

(3) 热载流子(Hot Carrier)太阳能电池。

(4) 黑体辐射的光谱转换型(Spectral Conversion)太阳能电池。

(5) 热光伏(Thermophotovoltaic，TPV)太阳能电池。

(6) 有机(Organic)太阳能电池。

(7) 塑料(Plastic)太阳能电池。

由图 9.1 可知，研发路径大致上有两种：

(1) 路径 1：先研发低成本的第二代薄膜太阳能电池，在低成本目标达成后，朝高效率的目标努力。缺点是研发时间长，优点是每一个阶段都会有产品推出。

(2) 路径 2：直接朝超高效率的太阳能电池方向研发。缺点是研发高风险，优点是达成高效率产品后，提早次世代太阳能电池的专利布局。

通过对本章的阅读，读者应能对次世代的太阳能电池有一基本认识，进一步可探讨第三代太阳能电池的技术方向。

## 9.2 多结、多带隙及叠层型太阳能电池

图 9.2 显示单带隙与多带隙材料对太阳光谱的吸收。当光子的能量小于材料的带隙时，光子将直接穿过材料而无法被材料所吸收。当光子的能量大于材料的带隙时，光子将被材料吸收，但多于材料带隙的能量将以热量的形式散失掉。以目前的硅基太阳能电池为例，由于硅的带隙约 1.12 eV，该硅材料仅吸收能量大于 1.12 eV 的光子，而多于 1.12 eV 的能量以辐射或热损失形式浪费掉。因此若能结合不同带隙的材料，将可充分地利用太阳能光谱的能量。例如，当太阳能电池结构结合带隙为 2 eV 与 1 eV 的吸收材料，太阳光中短波长的蓝光可被 2 eV 的材料所吸收，并且不至于浪费过多的能量。另一方面，长波长如红绿光则可被 1 eV 的材料所吸收。

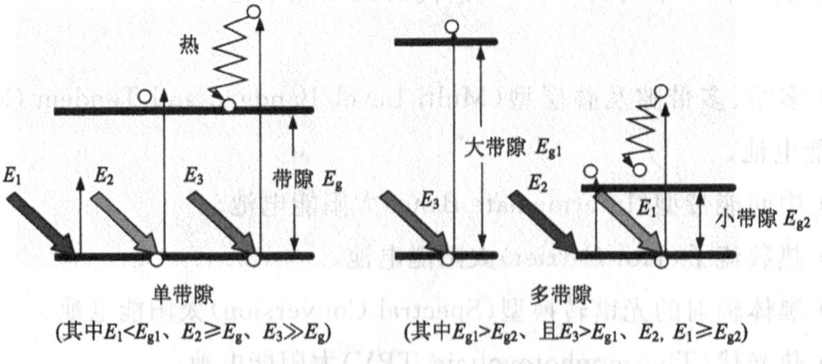


**图 9.2　单带隙与多带隙材料对太阳光谱的吸收**[1]

图 9.3 所示为基本的多带隙太阳能电池的结构示意图，该结构常见于多能

阶或叠层型太阳能电池，亦即叠层数个不同带隙结构的光吸收材料[6,7]。由照光面开始，其带隙排列由大到小，如此可将太阳能光谱中不同波长的光子加以吸收转换成电能。这个概念并非新颖，早在20世纪90年代，Ⅲ-Ⅴ族化合物太阳能电池便采用该多带隙结构来达成高效率太阳能电池。第8章提及，这是由于Ⅲ-Ⅴ族材料具有多种元素可以组合，只要能满足晶格常数的匹配。然而，对于Ⅵ族的硅基薄膜而言，要形成不同带隙，需要使硅的结晶状况改变或掺杂锗或碳，亦需要良好的设备与制备技术配合。

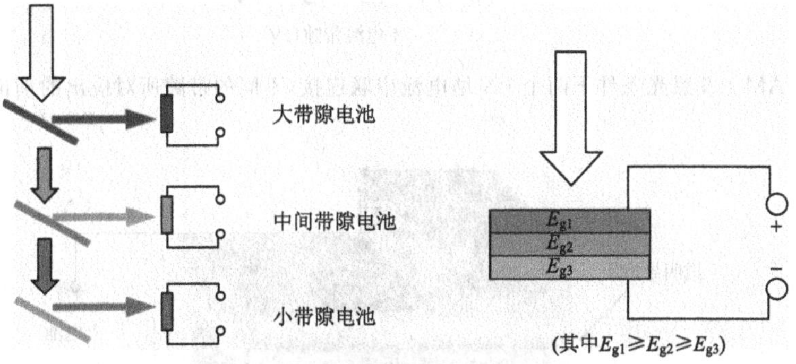


**图9.3**　基本的多带隙太阳能电池的结构[1]，
其光吸收层材料的带隙，由电照光面开始，依序由大到小

此外，对于多带隙结构中的带隙选择，不只是满足由照光面依序由大到小，尚须考虑到光谱能量的最佳化分配。举例来说，若只叠层两个带隙相差太大的光吸收材料，许多光谱，大带隙材料不吸收，虽然小带隙材料能吸收，却产生过多的热损失。

图9.4为两种不同带隙的材料组合可得到的理论转换效率[2,5]。对于四结电池，在带隙选择为1.8 eV/1.4 eV/1.0 eV/0.9 eV的组合下，其理论效率可达52%。

在第6章曾提及，以硅薄膜叠层型太阳能电池为例，其有三层主要的半导体薄膜，分别为P型半导体层、N型半导体层以及本征层(Intrinsic Layer)。在过去，叠层型太阳能电池的本征层所采用的都是以低成本的非晶硅薄膜为主。然而，目前多采用微晶硅(1.2～1.6 eV)或纳米晶硅(1.1～2 eV)来取代非晶硅作为本征层的材料。以美国专利为例，1998年日本Canon公司便提出了一双层P-i-N叠层型太阳能电池结构(美国专利号：6166319)[8]，其结构示意图如图9.5所示。

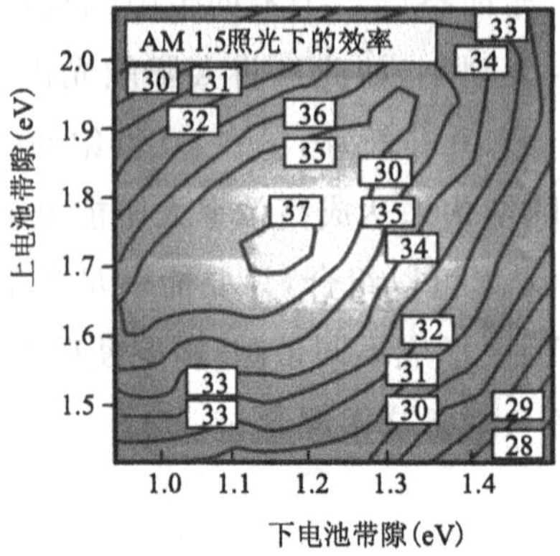


**图 9.4** AM 1.5 照光条件下两个 PN 结电池串联连接,不同的带隙所对应出的理论效率值

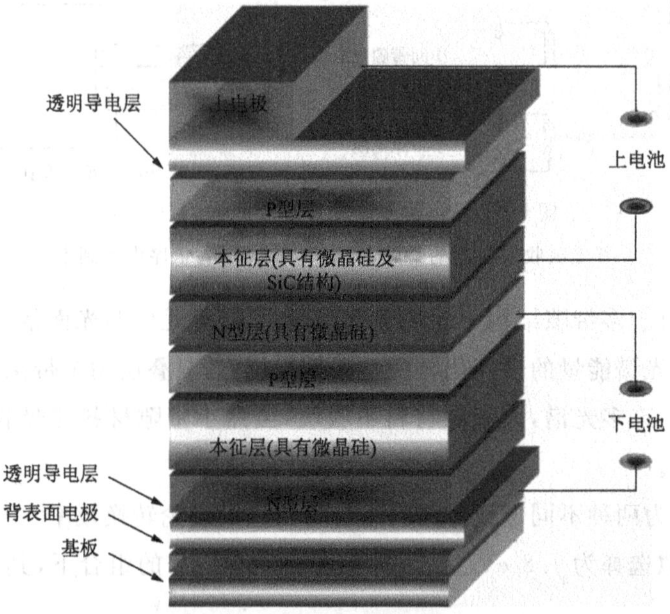


**图 9.5** 具有 $\mu$c-SiC 于本征层的双层 P-i-N 叠层型太阳能电池结构图

为了提高其转换效率,此专利于 P-i-N 结构上叠层一具有 P-i-N 相同类型的太阳能电池于上方。较特殊的是,在第二 N 型半导体层中亦包含一微量的微晶硅薄膜,形成一具有微晶硅的 N 型半导体层。而其中,在第二本征层内所沉积的微晶硅,与先前的结构有些许差异,它们具有掺杂Ⅳ族合金元素碳所形成的微晶碳化硅层。相对而言,第二层的结构更能提高其带隙并增加光子吸收率,形成一双层 P-i-N 叠层型太阳能电池结构。

# 9.3 中间能带型太阳能电池

中间能带（Intermediate-band/Mini-band）结构的理论依据就是在导带(Conduction Band,CB)与价带（Valence Band,VB)之间引进额外的能带或带隙。如图 9.6 所示，理论上，如果掺杂浓度越大，则掺杂原子之间的距离会愈越近，则掺杂原子就不能再被视为是相互独立的。掺杂原子的能级会互相耦合，因此将于导带与价带之间引进中间能带[2,3]。

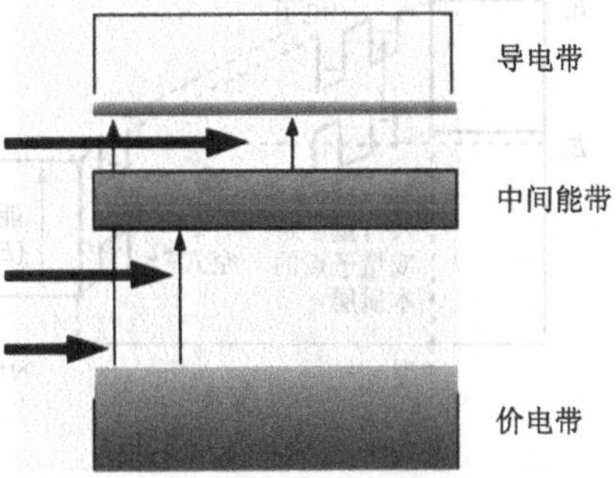


**图 9.6** 中间能带原理示意图[1]

然而实际上，如此高浓度的掺杂体可能会和原来的材料形成合金的结构。但中间能带的引入，却可以让原本能量小于带隙而不被吸收的光子，有机会被吸收而增加光电流，因此为一个提升效率的方法。

此外，使用材料的量子结构，如最子阱（Quantum Well)、量子线（Quantum Wire)、量子点（Quantum Dot)、超晶格和纳米颗粒，亦可提供额外的能级或能带，如图 9.7 所示[2]。以量子点为例，它不仅能提供额外的能级，增加不同波长光的吸收，而且它本身的能级结构，还会大幅抑制载流子在能级间利用放射声子做能量的释放，使得载流子通过碰撞电离（Impact Ionization)的概率增加，用以产生额外的电子-空穴对[6]。

中间能带的引用，可将太阳能电池的转换效率提高达 63%左右。事实上，早在 1960 年，中间能带的理论就已被人提出，但始终未善加利用。由于近几年太阳能电池研究兴起，中间能带的理论才逐渐受到重视。硅基太阳能电池仅吸收光子能量大于硅的带隙(约 1.12 eV)的光子，而其中较低能量的光子则会产生辐射或热损失而无法利用，量子结构的中间带隙的导入，可吸收这些所谓的

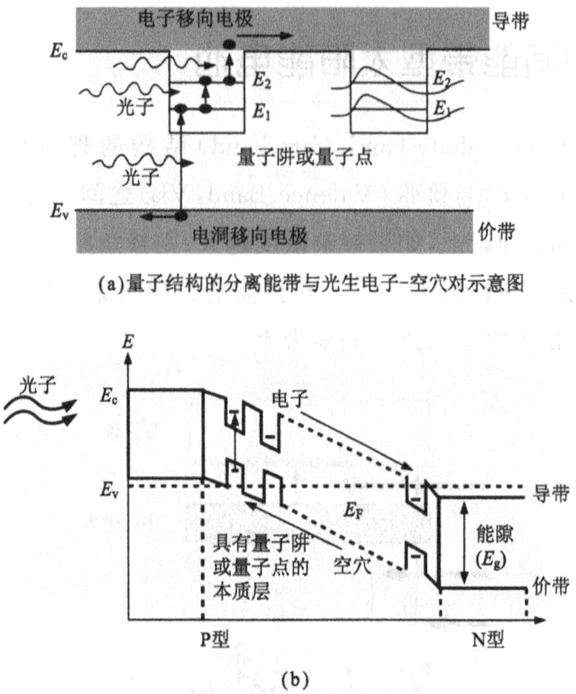


图 9.7　量子结构应用在太阳能电池的示意图

次带隙(Sub-band Gap)光子，再次加以转换成电力，提高原有太阳电池的转换效率。

## 9.4 热载流子太阳能电池

热载流子太阳能电池(Hot Carrier Solar Cell)是藉由让载流子在能带间从外界获得能量的速率大于载流子在能带间发射声子(Emitted Phonon)的能量释放速率，以产生所谓的热载流子来达到更多电子-空穴对的产生。多结太阳能电池虽能有效地解决载流子能带内的能量利用，但仍要面对另一个物理上的限制——载流子能带间的能量释放(Interband Energy Relaxation)。载流子能带间的能量释放一般是经由电子-空穴对复合的过程，如 2.8 节所述。电子-空穴对复合有三种可能的机制：光放射、多声子放射以及俄歇过程。以能量传输的观点来看，光放射是载流子将能量转成光子能量，多声子放射则是载流子将能量传给声子并产生热能[2,3]。而在俄歇结合过程中,至少同时需要有两个电子参与结合过程,因此在低掺杂浓度的情况下较不易发生,不加以考虑。理论上,倘若能抑制载流子能带间的光放射和声子放射这两个物理过程,就能减少载流子能带间的能量释放,而让载流子一直保有自身的能量。若持续保有自身的能量,晶体中的平均能量就会增加,而其载流子温度也会因此提高,造成所谓的热载流子现象[4]。

图 9.8 大略描绘了热载流子太阳能电池的原理[7],通过量子点或最子阱的引入,使得接触金属无法快速提供载流子以冷却热载流子,因此热载流子得以收集保存,以产生冲击离子化。亦即是,在施加一高电场的情况下,载流子(电子或空穴)吸收高电场而获得足够的动能,以至于与原子产生撞击时,会具有破坏晶格键合的能量,当晶格键合被破坏后会产生另一组载流子对。而这些新产生的载流子对会继续吸收高电场所带来的能量,持续相同过程产生另一组载流子对,如此生生不息,这种过程又称为雪崩倍增(Avalanche Multiplication)。将此种热载流子的冲击离子化原理加以应用于太阳能电池,即可产生更多的电子-空穴对,其理论效率甚至可达 68%[2]。但实际上,热载流子太阳能电池的技术还不成熟,因此在商业的应用上仍有待克服。

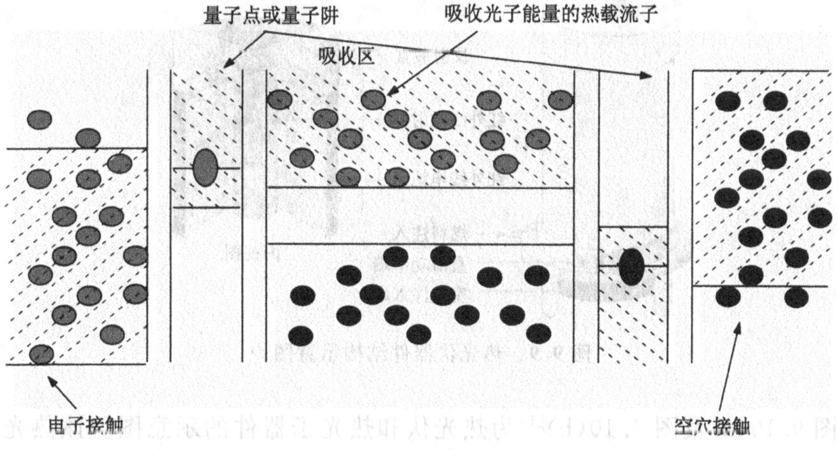


**图 9.8　热载流子太阳能电池的原理**

## 9.5 热光伏太阳能电池

热光伏器件(Thermophotovoltaic,TPV)的设计,基本上是将高温热源产生的光辐射转换成电能。基本上,热光伏器件和光伏(Photovoltaics,PV)器件的结构类似,只是热光伏器件的入射光是来自高温热源产生的光辐射,一般而言,是以900～1300℃的热能转换为主,而传统光伏器件的入射光则是来自太阳光辐射。

美国华盛顿大学车辆研究院曾制作一热光伏器件,主要是以一光伏电池环绕在一陶瓷管外围。当光伏电池吸收近红外线(Near Infrared)光谱中的光子后,便会燃烧其陶瓷管,并将其所产生的热能转换成电能,主要器件示意如图9.9所示[9]。由于此种器件可用于白昼亦可用于夜间,因此也有人称为夜间发电机(Midnight Sun Generator)。虽然热光伏器件具有日夜转换电力的能力,但成本上却造价不菲,因此仅限于偏远地区的电力发电、高级车种的配备或小型电子器件,未来发展将朝向低成本并维持原有电力输出为目标[2,7]。

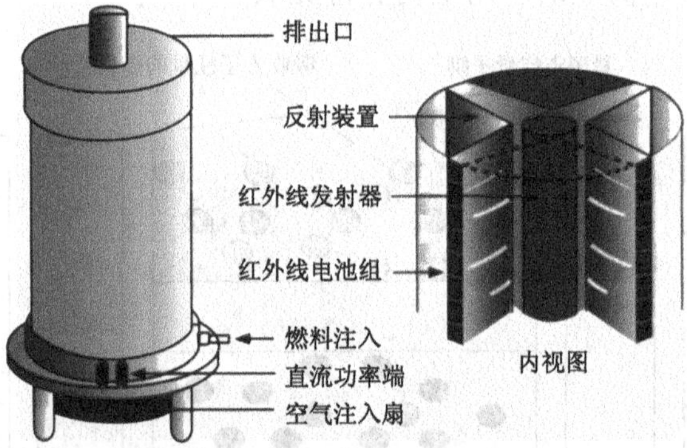


图9.9 热光伏器件结构示意图[9]

图9.10(a)及图9.10(b)[1]为热光伏和热光子器件的示意图。该热光伏器件通常是以吸收燃烧天然气或石油等热源来做效率转换。因此热光伏系统可说是一种火力发电,而不是太阳能发电。另一个热光伏的应用是热光子的器件,其热光子的概念是日前被提出的一个新的方式,又称为加热二极管(Heated Diode)。其原理为利用一对两相对的二极管,此两相对二极管处于光耦合但热独立的状态。当其一个二极管的温度远高于另一个二极管时,热通过电阻变成

电能转给温度低的二极管，使效率可达卡诺的理论值。

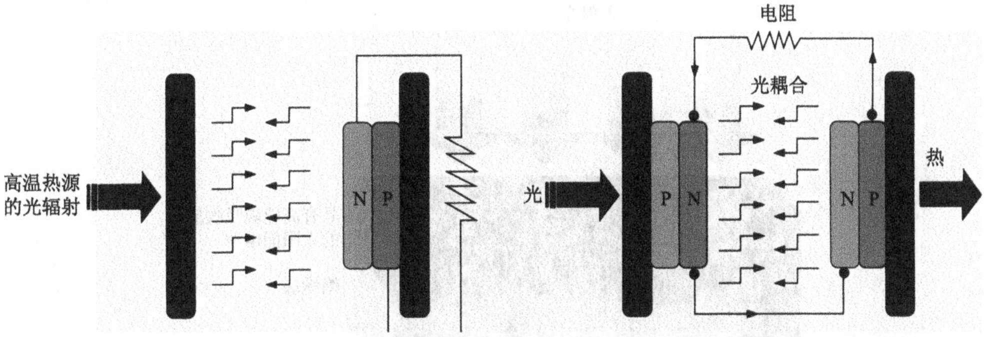


(a)热光伏太阳能电池示意图　　(b)热光子器件太阳能电池示意图

图 9.10

## 9.6 频谱转换太阳能电池

传统太阳能电池的技术发展，主要以改变半导体的材料及结构来吸收太阳能。由于无法充分吸收各波段的太阳光谱，我们可以使用频谱转换的方式，将太阳光改变成想要的理想形态，达成高效率太阳能电池的目标。基本上，频谱转换的设计可以分为三类，包括频谱朝上转换型、频谱朝下转换型和频谱转换集中型[6]。

### 9.6.1 频谱上转换

频谱上转换(Spectral up-conversion)太阳能电池的主要架构是将具有转换低能量光子的频谱上转换器放置在太阳能电池之后，其后再放置一个反射层，如图 9.11 所示为频谱上转换型太阳能电池的结构图[3,4,7]。先前曾提及太阳能电池仅吸收光子能量大于太阳能电池光吸收层带隙的光子，而多余的能量较低的光子则会产生辐射或热而损失掉。图 9.12 为频谱上转换器的主要原理示意图[2,3,7]，将数个光子能量低于太阳能电池带隙的入射光子，转变成能量大于带隙的光子，然后再经由反射层反射高能量光子，让太阳能电池再次吸收产生电子-空穴对。例如，原本是个 1.1 eV 的光子，其能量小于非晶硅材料带隙(1.7 eV)，原本是不被吸收的，但经由朝上转换器后，该两个光子合成一个能量为

2.2 eV 的光子，将可以被非晶硅材料吸收而产生电子-空穴对。

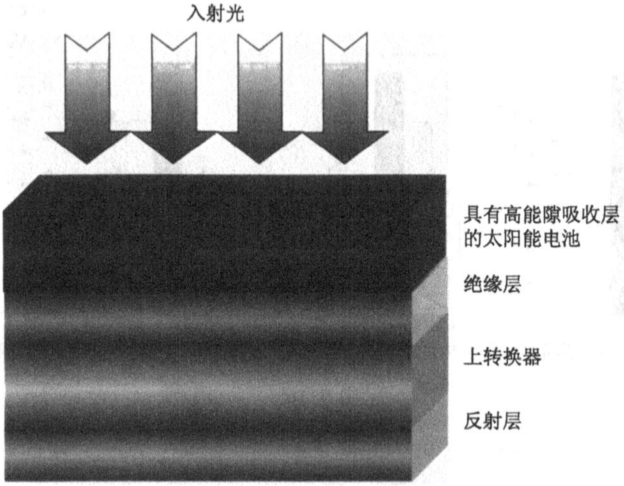


**图 9.11** 频谱朝上转换型太阳能电池的结构图[3]

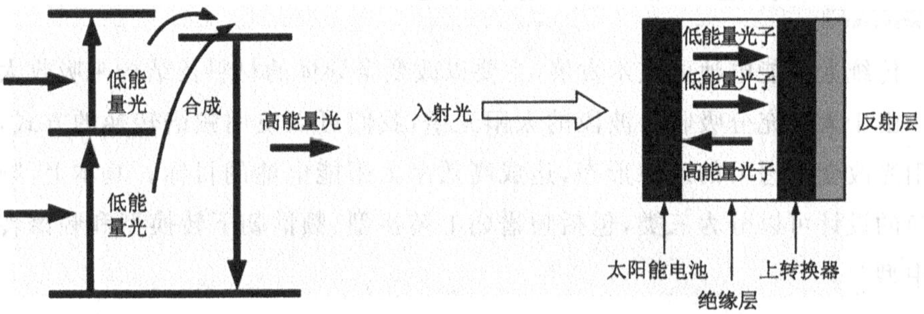


**图 9.12** 频谱上转换器与其在太阳能的应用示意图[1]

## 9.6.2 频谱下转换

频谱下转换(Spectral down-conversion)太阳能电池的主要架构是将具有较高能量的光子加以转换成多个较低能量的光子以让光吸收材料充分吸收。图 9.13 为频谱下转换型太阳能电池的结构图[2,3,7]，频谱下转换器放置在太阳能电池之前，中间放置一绝缘物质，底层则再置放一个反射层。图 9.14 为频谱下转换的主要原理示意图[2,3,7]，将光子能量大于太阳能电池光吸收材料的带隙二倍以上的一个入射光子，转变成能量大于带隙的两个光子，然后再让太阳能电池吸收，这样就能同时产生两个电子-空穴对，提高原有的转换效率。例如，一个具有 3.1 eV 的蓝光光子，只能让多晶硅材料产生一电子-空穴对。但该蓝光光子经由朝下转换器分成两个 1.55 eV 的光子，可以让多晶硅材料产生两组电子-空穴对，从而提高光电流及转换效率。

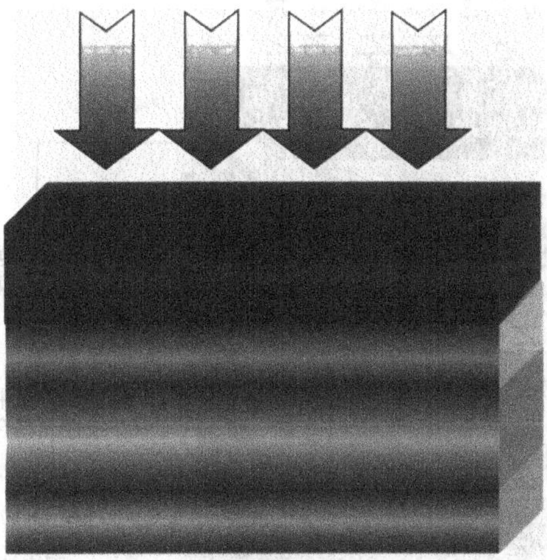


图 9.13 频谱下转换型太阳能电池的结构图[1]

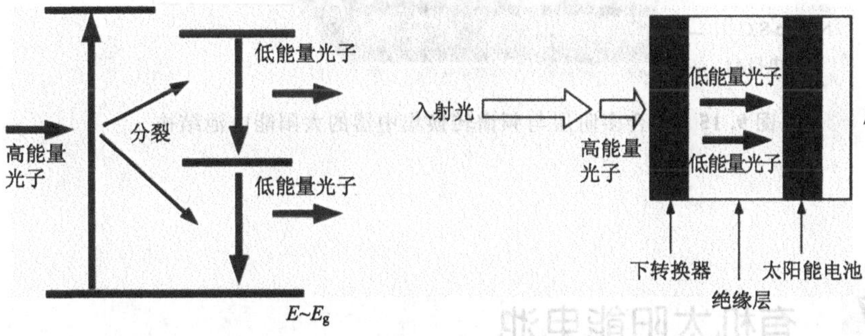


图 9.14 频谱下转换器的原理与其在太阳能电池的应用示意图[1]

## 9.6.3 频谱转换集中

频谱集中转换型(Spectral Concentration)太阳能电池则是结合朝上转换与朝下转换两者的优点，将入射光子的频谱转换集中于稍大于太阳能电池材料带隙的附近。亦即是，能量小于光吸收层带隙的入射光子被朝上转换，同时能量大于光吸收层带隙两倍以上的入射光子则被朝下转换。而针对转换效率而言，频谱转换太阳能电池具有达到太阳能电池高转换效率的可能，不过其技术及材料的选用上还须加以研究发展。图 9.15 显示未来可作为频谱集中转换型的多阶层太阳能电池的结构[10]。通过中间层的非线性光学材料或荧光粉材料的引入可以达到频谱集中的效果。

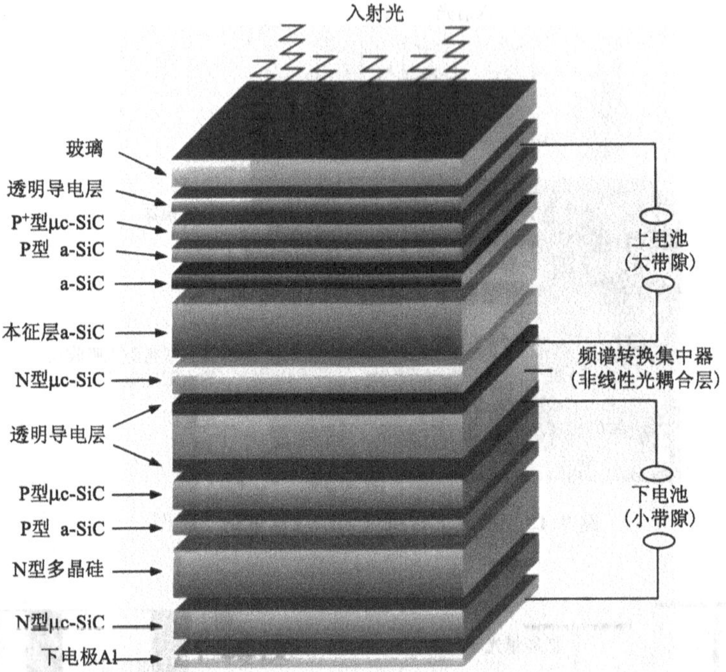


**图 9.15** 结合多阶层与频谱转换集中器的太阳能电池结构

## 9.7 有机太阳能电池

有机半导体(Organic Semiconductors)早在 20 世纪初便吸引了研究学者的注意,由于大部分的有机半导体在可见光下均展现了光电导效应(Photoconductive Effect)的特性,因此,有机半导体最初被工业界用在影印(Xerography)方面的应用[11]。到了 1963 年,Pope 等发现在绿油脑(Anthracene)的单晶结构上加上约 400 V 的偏压时会产生电致发光(Electroluminescene)的现象,于是吸引了学者对有机半导体发光特性的研究。然而,由于有机半导体通常呈现不稳定的特性,使得要在有机半导体上形成可靠的金属接触(Metal Contact)是非常困难的。加上有机半导体对水汽、氧及紫外线非常敏感，尤其是当电流通过有机半导体材料时，其电气特性会迅速地衰退。再者，有机半导体的低载流子迁移率使得其无法使用在高频率（>10 MHz）的场合[11]。

由于上述这些特性，使得有机半导体的主动电子器件（包含有机发光二极管、有机太阳能电池及有机薄膜晶体管）一直无法顺利发展。直到1987年美国柯达公司的科学家成功制作出第一个高效率有机发光二极管，有机半导体的低光电转换缺点才得以克服。在所有有机的电子器件中，以发光二极管发展最为快速，从早期单彩被动矩阵式显示面板到高分子全彩主动式显示面板都已顺利开发，有机发光二极管的发展似乎已臻成熟。在太阳能电池应用的方面，有机半导体材料较无机半导体材料具有：①有机化合物可设计性强；②制作成本低；③易于大面积制作；④材质轻等优点。近年来有许多学者已大量投入研究，然而其仍有：①转换效率较低；②载流子迁移率低；③结构无序排列；④电阻高；⑤耐久耐热性差等尚需克服的问题，因此进入实用阶段还有很大的进步空间。

英特尔在 Research@Intel Day 2009 的展示会上，介绍并展出其研发部门关于有机太阳能电池技术的研究成果，提及"该技术尚处于科学概念的研究阶段"。在实验室的实验结果表明 2 $mm^2$ 面积的有机太阳能电池的效率可达到6%，但大部分的有机太阳能电池效率只有1.8%～2%。

有机太阳能电池中，依据其使用材料的不同，可分为单层结构、双层异质结结构、混合层异质结结构及多层薄膜型结构。其结构说明将在本节中介绍。

## 9.7.1 有机太阳能电池的发展历史

有机太阳能电池发展的重要里程碑表列如下[12]：

- 1839年由 A. E. Becquerel 发现了光电化学效应[13]。
- 1906年由 A. Pochettino 发现有机化合物（Anthracene）具有光电导性（Photoconductivity）[14]。
- 1958年由 Kearns 和 Calvin 使用 Magnesium Phthalocyanines（MgPc）制作出第一个光伏器件，光电压为200 mV[16]。
- 1964年由 Delacote 发现将 Copper Phthalocyanines（CuPc）夹在两个金属电极中间，产生整流效应（Rectifying Effect）[16]。
- 1986年由 Tang 发表第一个具有异质结的有机太阳能电池[18]。

·1991年Hiramoto使用共升华方式，制作出第一个用染料/染料块材式异质结的有机太阳能电池。

·1993年由Sariciftci制作出第一个Polymer/C60异质结有机太阳能电池。

·1994年由Yu制作出第一个块材式polymer/C60异质结有机太阳能电池。

·1995年由Yu及Hall制作出第一个Polymer/polymer异质结有机太阳能电池。

·2000年由Peters及van Hal使用oligomer-C60dyads/triads作为有机太阳能电池的主动层材料。

·2001年由Schmidt-Mende使用六苯并蔻(Hexabenzocoronene，HBC)和perylene制作出自组装的液晶太阳能电池。

·2001年由Ramos使用Double-cable polymers制作有机太阳能电池。

·2007年美国Plextronics团队使用Plexcore OS 2000(未公开)材料制作出效率达5.94%的有机太阳能电池器件。

近年来，有机太阳能电池的结构或材料已有突破性的进展，后续的研究者也研发出令人惊叹的有机太阳能电池效能，表9.1列出有机太阳能电池相关器件结构的最佳成果[14,17]。

**表9.1　有机太阳能电池相关器件结构[17]**

| 器件结构 | 短路电流密度/(mA/cm$^2$) | 开路电压/V | 填充因子 | 转换效率/% |
|---|---|---|---|---|
| Ag/merocyanine/Al | 0.18 | 1.2 | 0.25 | 0.62 |
| ITO/CuPc/PTCBI/Ag | 2.6 | 0.45 | 0.65 | 0.95 |
| ITO/CuPc/PTCDA/In | 2.0 | 0.55 | 0.35 | 1.8 |
| ITO/DM-PTCDI/H2Pc/Au | 2.6 | 0.55 | 0.30 | 0.77 |
| ITO/PTCBI/H2Pc/Au | 0.18 | 0.37 | 0.32 | 0.20 |
| ITO/PTCBI/DM2PTCDI/H2Pc/Au | 0.5 | 0.37 | 0.27 | 0.08 |
| ITO/DM-PTCDI/CuPc/Au | 1.9 | 0.42 | 0.41 | 0.33 |
| ITO/CuPc/PTCBI/BCP/Ag | 4.2 | 0.48 | 0.55 | 1.1 |

续表9.1

| 器件结构 | 短路电流密度/(mA/cm²) | 开路电压/V | 填充因子 | 转换效率/% |
|---|---|---|---|---|
| ITO/PEDOT:PSS/CuPc/C60/BCP/Al | 18.8 | 0.58 | 0.52 | 3.6 |
| ITO/CuPc/C60/BCP/Ag | — | — | 0.6 | 4.2 |
| Pc/CuPc:C60/C60/PTCBI/Ag/m-MTDATA/CuPc/CuPc:C60/C60/BCP/Ag | 9.7 | 1.03 | 0.59 | 5.7 |

## 9.7.2 有机太阳能电池的基本原理

基本上，有机太阳能电池是类似 PN 结的结构，有一施主层与一受主层。与一般半导体不同的是，在有机半导体中，光子的吸收并非产生可自由移动的载流子，而是产生束缚的电子—空穴对（亦称作激子，Excitons）。这些激子带有能量但净电荷为零，当它们扩散到分解区（Dissociation Site）时，束缚的电子-空穴对便会分离，分离后的空穴便往器件的阳极移动，电子则往阴极移动，形成提供外部电路所需的电荷，因此将光能转换成热能[13]。

一般而言，有机太阳能电池中所造成的激子分解效率（Dissociation Eeffiациency，$\eta_D$）很低，$\eta_D<10\%$。一旦激子被分离成自由的电子及空穴，其在相对电极被收集的效率则非常高 $\eta_{CC}$ 约为 100%。因此，提高材料的分解效率 $\eta_D$ 对于有机太阳能电池效率的提升是关键[18]。

## 9.7.3 单层结构

单层结构仅由单一层有机半导体材料所构成，为简单的肖特基二极管（Schottky Diode）结构，此一结构的电池激子仅能在半导体材料与电极间所产生的肖特基势垒中被分离，如图 9.16 所示，而电子与空穴在同一材料中传递极容易产生再结合现象，严重限制器件光电转换效率。因此，此类结构通常只被用于对材料适合与否的初步评估上[13]。

1959 年 Kallmann 及 Pope 发现晶体（Anthracene）照光后能产生电压的特性[11]，引发学者研究有机导电分子的光伏特性的研究。1978 年 Feng 等提出以光敏性染料部花青（Merocyanine）制作出一单层小分子有机太阳能电池，器件结构如图 9.17 所示[14,15]，阴、阳两极皆使用金属材料，但因单一种类的小分子

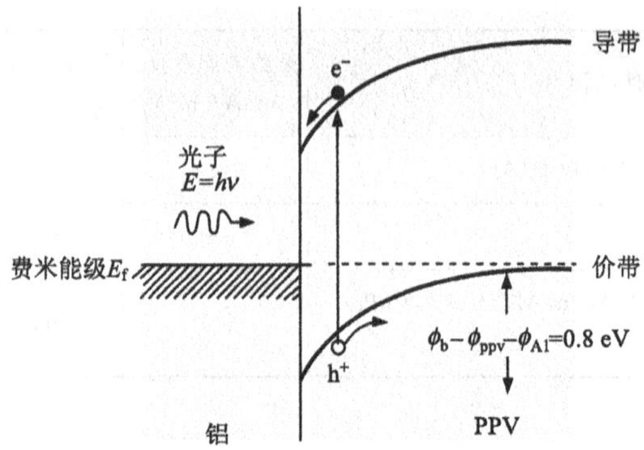


图 9.16　激子于有机材料与金属电极接合处被肖特基势垒所分离

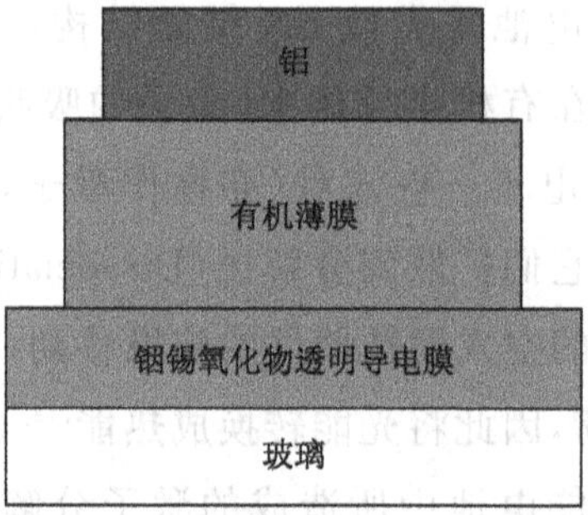


图 9.17　单层有机太阳能电池的结构图

所能吸收光波范围有限，且金属电极的穿透度不佳，因此器件在 80 mW/cm$^2$ 光源照射下，光电转换效率只有 0.62%[12]。

### 9.7.4　双层异质结结构

双层异质结结构有机太阳能电池感光层为互相接触的施主(Donor)与受主(Acceptor)所构成，此一结构优点为施主/受主(D/A)界面可提供高效率的电荷分离，且电子与空穴传导各自独立，可以防止电子与空穴再结合以及增宽器件吸收太阳光谱的带宽，如图 9.18 所示，缺点是唯有在施主/受主界面附近生成的激子，才有机会产生分离的电子与空穴[16]。

### 9.7.5　混合层异质结结构

此类太阳能电池如图 9.19 所示，为电子施主与电子受主材料互相掺混而形成单一作用层[15,18]，因此具有非常大的施主/受主界面，可以大幅提供激子被分离的界面，但传输路径较不连续，且施主/受主界面交错方式会影响载流子传输路径。因此如何控制此种形式的结构，提升分离界面与载流子传输路径，达成良好的平衡，是一个很重要的课题。

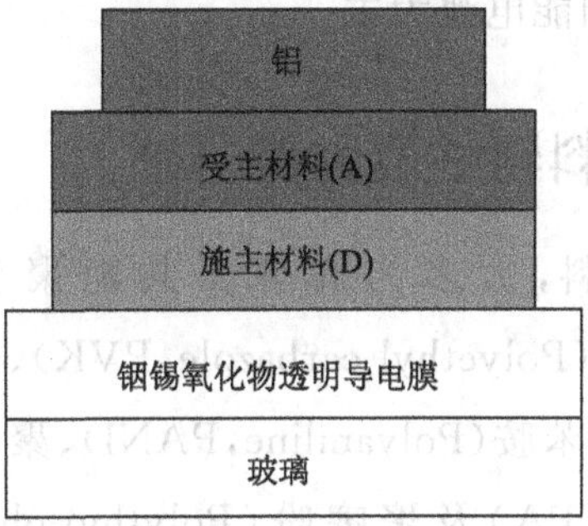


图 9.18 双层有机太阳能电池的结构图

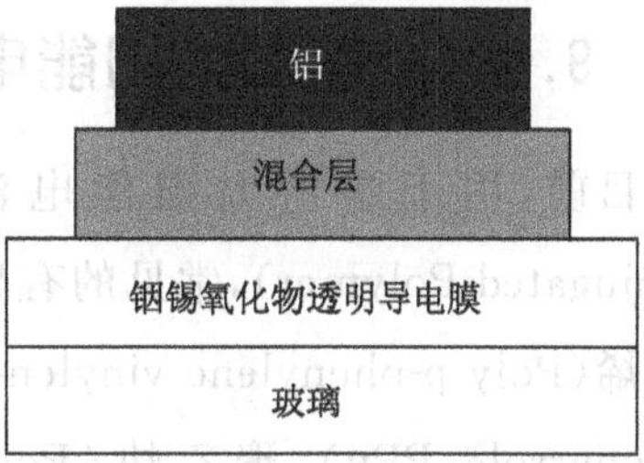


图 9.19 混合层有机太阳能电池的结构图

## 9.7.6 多层薄膜型结构

此型电池主要是结合双层和混合层有机太阳能电池的优点，电荷分离发生在中间的混合层，分离的电荷透过电子施主有机半导体层和电子受主有机半导体层，传送到相对应的电极，图 9.20 为此型电池的结构图[15,17]。

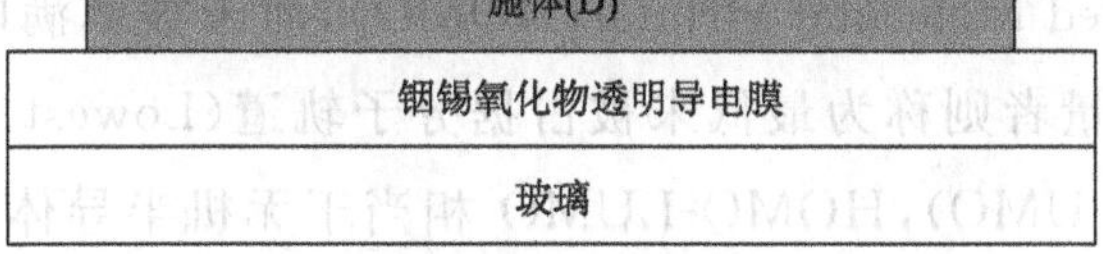


图 9.20 多层有机太阳能电池的结构图

# 9.8 塑料太阳能电池

由于染料敏化太阳能电池亦可能制备成塑料太阳能电池，已于第 7 章中详尽介绍，此处将以介绍导电聚合物的塑料太阳能电池为主。

## 9.8.1 塑料太阳能电池的材料特性及种类

目前，用于塑料太阳能电池中的材料，大多为高分子共轭聚合物(Conjugated Polymer)，常见的有聚乙烯咔唑(Polyethyl carbazole，PVK)、聚对苯乙烯(Poly p-phenylene vinylene，PPV)、聚苯胺(Polyaniline，PANI)、聚吡咯(Polypyrrole，PPy)、聚乙炔(Polyacetylene，PA)及聚噻吩(Polythio-phene，PTh)等[19,20]。

一般而言，具半导体性质的有机共轭高分子材料是指构成高分子主链的碳，碳原子间经由 $sp^3$-$sp^2$ 混合轨道形成，以单键、双键交错而形成共轭重复单元结构，单键由 $\sigma$ 轨道所组成，双键由 $\sigma$ 轨道及 $\pi$ 轨道所组成，其中 $\sigma$ 键为局域化的电子，而 $\pi$ 键上的电子为非局域化，而非局域化的电子可以在整个共轭分子链上自由移动造成导电机制。能形成导电性高分子聚合物的大分子，大致上有下列三类：

(1) 共轭型聚合物，其分子链上的电子可离化产生载流子。

(2) 非共轭型聚合物，其分子间电子轨道互相重叠。

(3) 可形成电子施主及电子受主体系的聚合物。

于被填满电子的键合轨道中具有最高能量者称为最高被占据分子轨道(Highest Occupied Molecular Orbital，HOMO)，而未被填满电子的非键合轨道中具有最低能量者则称为最低未被占据分子轨道(Lowest Unoccupied Molecular Orbital，LUMO)，HOMO-LUMO 相当于无机半导体的价带(Valance Band)及导电带(Conduction Band)，两者间的能量差称为带隙(Band Gap)，通常有机半导体材料的带隙介于 1～4 eV，因此其吸收光谱可涵盖可见光的所有波段[7,20]。

共轭导电聚合物材料由于具有可加工性、柔软性及无机半导体特性。因此，此类材料制作的太阳能电池相较硅太阳能电池，有下列优点：

(1) 原料来源广，以进行分子结构改进。

(2) 可透过不同方式来提高材料的吸光特性或提高载流子迁移率。

(3) 可利用旋涂法或浸润法进行大面积成膜。

(4) 可透过掺杂、辐射处理等进行改质，以提高载流子传输能力。

(5) 电池制作具多样性。

(6) 原料价格便宜，合成方法简单。

电极材料选用原则上，功函数是主要的依据标准，根据有机材料的LOMO/HOMO与金属的费米能级，可形成欧姆接触或是肖特基接触。阳极与阴极的功函数差值越大，器件的开路电压值越大。

在阳极的部分，会使用功函数较高且透明的导电性材料或金属，如铟锡氧化物、透明导电聚合物或金(Au)。其中以铟锡氧化物最为常用，铟锡氧化物的带隙值约为3.7 eV，可见光区的透过率可达80%以上。

在阴极的部分，可使用功函数较低的金属，材料主要可分为：

(1) 单层金属阴极：如银(Ag)、镁(Mg)、铝(Al)及锂(Li)。

(2) 合金阴极：将功函数较低的金属与功函数较高的金属一起蒸发形成合金阴极，以避免低功函数金属的氧化。

(3) 层状阴极：薄的绝缘材料与厚的铝金属以形成双层电极，可达到较高的电子传输性。

(4) 掺杂复合型阴极：于阴极及聚合物光敏化层中间再配置一低功函数具掺杂的金属，可改善器件特性[4,20]。

## 9.8.2　共轭聚合物/$C_{60}$复合有机太阳能电池

在共轭聚合物与$C_{60}$的复合体系中，由于共轭聚合物和$C_{60}$之间的光诱导电子转移速率比激发态的辐射及非辐射跃迁速率快100倍以上，有效达成电荷分离，且电荷分离态稳定、寿命长、减少电子与空穴的复合率，因而可提高有机太阳能电池的效率。

1993年，日本学者Yamashita以四硫富瓦烯(Tetrathiafulvalene，TTF)为电子施主，并以$C_{60}$为受主，制备双层结构的太阳能电池器件，其结构如图9.21所示，可在光照条件下表现出大的光电流。

共轭聚合物与$C_{60}$掺杂的塑料太阳能电池中共轭聚合物与$C_{60}$的兼容性问

**图 9.21** $C_{60}$ 为受主,TTF 为施主的双层结构器件示意图

题,包含相分离及 $C_{60}$ 的团簇现象,由于减少有效的施主/受主间的接触面积,影响电荷的传输,因此降低光电转换效率。因此,合成单个内部含有电子施主单元和电子受主单元的化合物,称为两极聚合物(Double Cable Polymer),兼具电子和空穴传输,可减少相分离。两极聚合物的设计必须满足以下几点要求[18,20]:

(1) 施主聚合物骨架与受主 $C_{60}$ 须保持原来各自的基本电子传输性质。

(2) 从施主骨架转移到受主的光诱导电子必须处于长寿命的亚稳态(Metastable State),以保证自由载流子的生成。

(3) 聚合物要有一定的溶解度。

2001 年,Ramos 等合成了一类含有 $C_{60}$ 的对苯乙烯聚合物[Poly *p*-phenylene-vinylene,PPV],其运用直接聚合含有 $C_{60}$ 的单体和被设计能改善溶解性单体的方法,如图 9.22 所示,并首次将该化合物运用到有机太阳电池器件中。

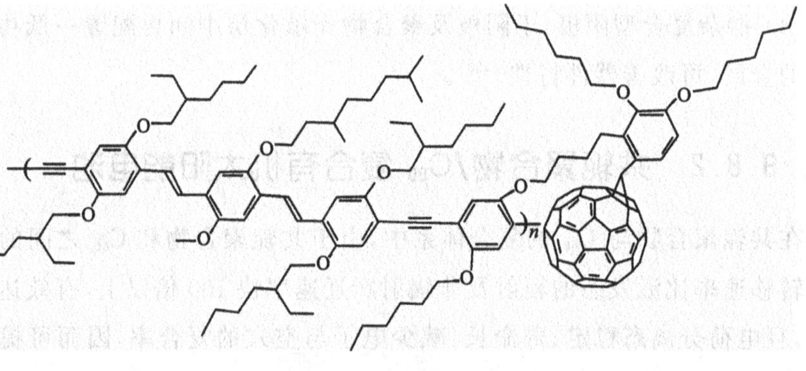

**图 9.22** 含有 $C_{60}$ 的 PPV 聚合物

$C_{60}$ 衍生物的制造可利用亲核加成反应及环加成反应制作而成。以亲核加成反应产率较高,代表反应为 Bingel's 反应,如图 9.23 所示。

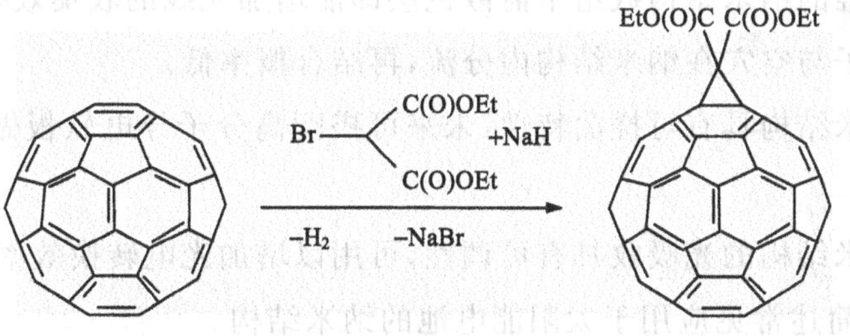


**图 9.23** Bingel's 反应：一种简单生成 $C_{60}$ 衍生物的方法

# 9.9 纳米结构太阳能电池

一般而言，纳米结构指固体的三维空间中至少有一维处于纳米尺度，为 1～100 nm。在此结构中，物质的比表面积大量增加，古典理论已不适用，将使物质原有的物理、化学和生物性质呈现不同的现象。目前，常见的纳米结构有可分为[3~6]：

(1) 零维纳米结构：三维空间的三维皆处于纳米尺度，如纳米团簇或纳米晶粒子等。

(2) 一维纳米结构：三维空间中有二维处于纳米尺度，如纳米管（Nano Rod）或纳米线（Nano Wire）。

(3) 二维纳米结构：指三维空间中有一维处于纳米尺度，如超微薄膜或界面等。

目前，常见的纳米结构有纳米柱以及纳米晶粒子等。

以石墨为例，当其缩小尺寸至纳米结构时，由碳元素构成且结构相似的纳米碳管，强度将远高于不锈钢，且具有良好的弹性。此外，量子效应（Quantum Effect）于纳米结构中系为一不可忽视的因素，而量子效应已于第 2 章讲述，在此不再赘述。

一维纳米材料具有极高深宽比的结构特性，当其大量应用于太阳能电池表面或光电转换层时，除了可用以增加器件表面的抗反射率，更可借此提升光电流的产生量。其中，纳米结构太阳能电池属于第三代太阳能电池，主要的优点如下[3]：

(1) 一维的纳米结构数组不需散色层即能增加光线的收集效率。

(2) 电子与空穴在纳米结构内分流,再结合概率低。

(3) 纳米结构具有可挠曲特性,未来可搭配高分子导电软板做成柔性太阳能电池。

(4) 纳米结构的光吸收具有可调性,可用以增加光电转换效率。

以下将简述常见应用于太阳能电池的纳米结构。

### 1. 纳米晶粒子

目前常见的纳米晶粒子主要以硅为主,利用纳米晶硅粒子掺入氢化非晶硅薄膜(a-Si:H)太阳能电池的方法,已被广泛地研究并用以改善太阳能电池的光电特性。此外,纳米晶硅粒子与微晶硅粒子的差别仅在于尺度上的差异。然而,由于纳米晶硅粒子的尺寸到达纳米等级,具有量子局限效应,其带隙可从原本的间接带隙结构转变为直接带隙结构。因此,转换为直接带隙的纳米晶硅粒子亦具有发光的能力。此外,由于第 6 章节已大致说明纳微米晶硅粒子的制备方法,在此不再赘述。

此外,纳米二氧化钛($TiO_2$)、纳米二氧化锡($SnO_2$)、纳米氧化锌(ZnO)粒子皆可用于染料敏化太阳能电池的电极。而纳米硫化镉(CdS)、纳米硒化镉(CdSe)或 $C_{60}$ 等皆可应用于有机太阳能电池中形成有机/无机复合材料太阳能电池。

### 2. 纳米柱或纳米管

被提出可用于太阳能电池的一维纳米柱或纳米管包括碳纳米管(Carbon Nanotube)、氧化锌(ZnO)纳米柱与硅纳米柱。

碳纳米管又称巴基管(Buckytube),属富勒烯系,其应用于太阳能电池的应用研究正处于起步阶段。图 9.24 所示为光线入射于纳米碳管的示意图。在吸收等量的光子下,纳米碳管可有效地增加光线的收集效率,进而增加其光电流的产生。目前,康乃尔大学已成功地研发出碳纳米管太阳能电池,主要由长 3~4 μm 以及管径 1.5~3.6 nm 的碳管制成。在低于 90 K 的温度下,若施加与电流反向的偏压,可观察到多重载流子的产生,即表示利用单壁式纳米碳管所制成的太阳能电池,可于吸收一个光子的情况下,产生多组电子-空穴对。

纳米碳管的一般常见的制备包括[2,6,10]:

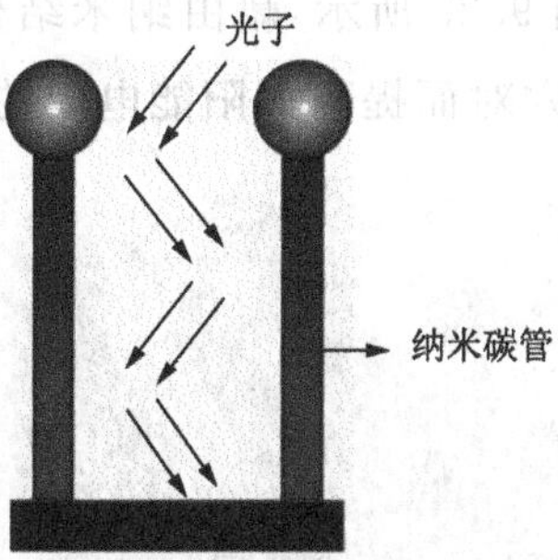


**图 9.24 光线入射于纳米碳管的示意图**

(1) 电弧放电法(Arc-discharge):在阳极碳棒中心添加金属催化剂(如铁、钴、镍),当两极间产生一高温(约 4000 K)的电弧时,可同时将阳极的碳与催化金属进行高温气化并沉积在阴极石墨棒表面,进而形成碳纳米管。

(2) 激光气化法(Laser Ablation Method):将高能激光聚焦打在石墨靶材上,藉以将石墨靶材表面碳气化,在藉由流动的惰性气体将碳纳米管带到高温炉外的水冷铜收集器上。

(3) 化学气相沉积法(Chemical Vapor Deposition):将碳氢化合物的气体通入高温的石英管炉中反应(1000～1200℃),碳氢化合物的气体即可催化分解成碳,进而吸附在催化剂的表面,由此沉积成长成纳米碳管。

3. 氧化锌纳米

氧化锌(ZnO)纳米柱是宽带隙半导体材料(带隙 3.4 eV),由于它具有非常大的激子束缚能(60 meV),当纳米氧化锌的晶体粒子变小,表面电子结构及晶体结构会发生变化,于水和空气中,纳米氧化锌可分解出自由移动的带负电荷的电子,并同时留下带正电荷的空穴,更可与多种有机物发生氧化反应。此外,纳米氧化锌可吸收接近超紫外线光谱的光线,因而具有扩展吸收光谱的能力,可藉以提高太阳能电池的效率。

近几年来,一种以氧化锌(ZnO)纳米柱结合硅衬底的太阳能电池被提出,除了可吸收较长的超紫外线波长外,也能吸收较短的红外线波长,藉以达到大范围光谱的吸收。此外,成长于硅衬底的氧化锌纳米柱为了达到晶格匹配的结果,以一个不寻常的角度长在硅上,即是像钉在硅晶表面的纳米尺寸矛那样,因而又称为氧化锌纳米矛(Nanospears)[2,5,6,10]。

硅纳米柱亦被提出用于纳米结构太阳能电池,主要是于一P型衬底上,制作出N型的硅纳米柱，如图9.25所示，藉由纳米结构的奇特量子效应，预期一个光子能产生多组电子-空穴对而提高太阳能电池的光电转换效率。

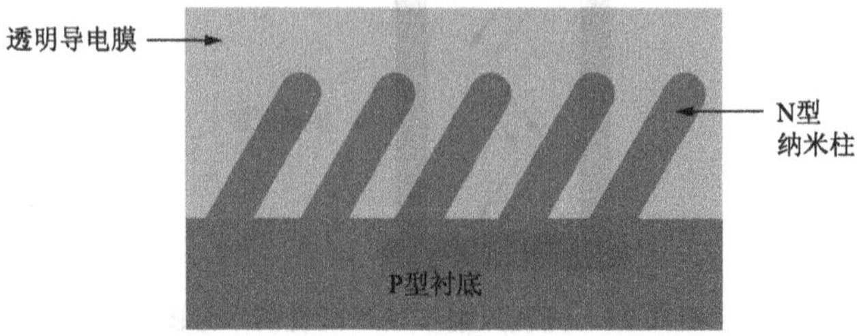


**图9.25 纳米柱太阳能电池示意图**

纳米柱结构的常见的制备方式如下：

(1) 化学气相沉积法(Chemical Vapor Deposition)：经由催化分解的过程，进而吸附在催化剂的表面，由此沉积成长成氧化锌纳米柱或硅纳米柱结构。

(2) 气相传输法(Vapor Phase Transport)：将氧化锌或硅粉末置于高温炉，并通过对温度、加热时间以及气体流量的控制，形成纳氧化锌或硅纳米柱结构。

(3) 离子束技术结合离子布值法：主要利用离子束蚀刻法并搭配上蚀刻终止层的方式，进行表面纳米数组的制备。

## 9.10 结语

由于全球温室效应及石化燃料如石油、煤、天然气等资源逐渐消耗，新兴能源技术的开发，成为世界各国必须严肃面对的问题，其中，以绿色能源的太阳光电最为发光发亮。目前的太阳能电池以结晶硅太阳能电池为主流，市占率超过九成，但近年结晶硅太阳能电池饱受上游硅材短缺及原料成本不断增高之苦，因此，对硅材依赖度低的次世代的太阳能电池的发展刻不容缓。

尽管目前次世代太阳能电池的市占率不高，且转换效率、量产良率、设备成本等问题也有待克服。然而，次世代太阳能电池具节省材料、可在价格低廉的玻璃或塑料或不锈钢衬底上制造、可大面积制造等优点，广被各太阳光电业者及研究机构看好，预料是次世代的太阳光电明星产品。

# 专有名词

1. **多能带太阳能电池(Multi-band Cells)**:结合不同带隙的材料,则不同带隙的材料将可充分地利用太阳能光谱的能量,由照光面开始,其带隙排列由大到小,如此可将太阳能光谱中不同波长的光子加以吸收转换成电能。

2. **冲击离子化(Impact Ionization)**:在半导体中,一个具有足够动能的电子(或空穴)撞击一束缚电子后,使其从束缚态(价带)提升至价带,进而形成一电子-空穴对。

3. **量子点(Quantum Dot)**:量子点是准零维(Quasi-zero-dimensional)的纳米材料,由少量的原子所构成。粗略地说,量子点三个维度的尺寸都在 100 纳米(nm)以下,外观恰似一极小的点状物,其内部电子在各方向上的运动都受到局限,所以量子局限效应(Quantum Confinement Effect)特别显著。

4. **载流子能带间的能量释放(Interband Energy Relaxation)**:载流子能带间的能量释放自然是经由电子-空穴对复合(Recombination)的过程。

5. **热载流子太阳能电池(Hot Carrier Solar Cell)**:通过让载流子在能带间从外界获得能量的速率大于载流子在能带间的放射声子(Emitted Phonon)的能量释放速率,以产生所谓的热载流子来达到更多电子-空穴对的产生。

6. **近红外光(Near-infrared)**:其对应的光谱波长约为 800 nm 的光源。

7. **频谱朝上转换(Spectral up-conversion)**:频谱朝上转换其主要的运作原理就是将能量或带隙低于太阳能电池带隙的入射光子,转变成能量大于带隙的光子,然后再经由反射镜反射产生的高能量光子,让太阳能电池再次吸收产生电子-空穴对。

8. **频谱朝下转换(Spectral down-conversion)**:将能量大于太阳能电池材料的带隙两倍以上的一个入射光子,转变成能量大于带隙的两个光子,然后再让太阳能电池吸收,这样就能同时产生两个电子-空穴对,提高原有的转换效率。

9. **绿油脑(Anthracene)**:一种碳氢化合物,用于制造染料及有机化学制品。

10. **光电效应(Photoconductive Effect)**:系指以光照射物质时,物质的电导率有增加的效应。

11. **电激发光(Electro Luminescent)**:简称 E. L. ,它是一种电能转为光能的现象,但其在转变过程中不会发热,故一般俗称冷光。

12. **分解区(Dissociation Site)**:通常位于有机半导体与金属的界面或是位于两个电子亲和力及电离电位差值很大的材料之间。

13. **铟锡氧化物(Indium Tin Oxide,ITO)**:是一种铟(III族)氧化物($In_2O_3$)和锡(IV族)氧化物($SnO_2$)的混合物,通常质量比为90% $In_2O_3$、10%$SnO_2$。

14. **化学气相沉积(Chemical Vapor Deposition,CVD)**:利用化学反应的方式在反应器内将反应物(通常为气体)生成固态的生成物,并沉积在晶片表面的一种薄膜沉积技术。

15. **亚稳定态(Metastable State)**:一般的原子在受激态停留时间极短(约$10^{-8}$ s),但某些物质的原子,则存在停留时间较长的受激态(约$10^{-3}$ s),此特别的受激态称为亚稳定态。

16. **共轭聚合物(Conjugated Polymer)**:其分子结构在主链上为单键-双键交互连接而成。

17. **柔性衬底(Flexible Substrate)**:泛指具有挠曲程度的衬底,常见为塑料衬底及不锈钢衬底。

## 本章习题

1. 说明第三代太阳能电池的意义。
2. 说明多能带太阳能电池的设计要求。
3. 说明热载流子太阳能电池的结构与工作原理。
4. 说明频谱上转换太阳能电池的工作原理。
5. 说明频谱下转换太阳能电池的工作原理。
6. 说明热光伏效应或额外的热能转换成电能的机制。
7. 说明常见的有机太阳能电池的种类与材料。
8. 说明目前塑料太阳能电池的发展状况。
9. 说明纳米结构太阳能电池的发展状况。
10. 说明量子点太阳能电池的工作原理。

## 参考文献

[1] Jenny Nelson. Third generation solar cells. Department of Physics Imperial College London,

2007.

[2] K. R. Catchpole, M. A. Green. Third generation photovoltaics. IEEE, 2002.

[3] 蔡进译. 超高效率太阳能电池—从爱因斯坦的光电效应谈起. 物理双月刊, 2005, 25(701).

[4] 黄惠良, 曾百亨. 太阳能电池. 台湾: 五南图书出版公司.

[5] 戴宝通, 郑晃忠. 太阳能电池技术手册. 台湾电子材料与组件协会发行出版.

[6] 杨德仁. 太阳能电池材料. 台湾: 五南图书出版公司.

[7] 顾鸿涛. 太阳能电池组件导论. 台湾: 全威图书股份有限公司.

[8] Unit States patent. Multi junction photovoltaic device with microcrystalline i layer. Patent Number: 6166319, 2000.

[9] http://vri. etec. wwu. edu/tpv. htm, Vehicle Research Institute at Western Washington University

[10] Y. Hamakawa(Ed.). Thin-film solar cells, New York Springer, 2004.

[11] H. Kallmans, M. J. Pope. Photovoltaic effect in organic crystals. J. Chem. Phys., 1959, 30: 585.

[12] H. Spanggaard, F. C. Krebs. Abrief history of the development of organic and polymeric photovoltaics. Solar Energy Materials and Solar Cells, 2004, 83: 125-146.

[13] A. K. Ghosh, T. Feng. Merocyanine organic solar cells. J. Appl. Phys, 1978, 49: 5982.

[14] K. Coakley, M. D. McGehee. Conjugated polymer photovoltaic cells. Chem, Mater., 2004, 16 (23): 4533-4542.

[15] J. M. Nunzi. Organic photovoltaic Materials and Devices. C. R. physique, 2002, 3: 523-532.

[16] C. W. Tang. Two-layer organic photovoltaic cell. Appl. Phys. Lett, 1986, 45: 183.

[17] P. Peumans, A. Yakimov, S. R. Forrest. Small molecular weight organic thin-film photodetectors and solar cells. J. Appl. Phys., 2003, 93: 3693.

[18] L. J. A. Koster, V. D. Mihailetchi, P. W. M. Blom. Ultimate efficiency of polymer/fullrene bulk heterojunction solar cell. Appl, Phys. Lett., 2006, 88(093511): 1-3.

[19] M. C. Scharber, D. Muhlbacher, M. Koppe, P. Denk, C Waldauf, A. J. Heeger, C. J. Brabec. Design rules for donors in bulk heterojunction solar cells-towards 10% energy-conversion efficiency. Advanced Materials, 2006, 18: 789-794.

[20] 张正华, 李陵岚, 叶楚平, 杨平华. 有机与塑料太阳能电池. 台湾: 五南图书出版公司.

# 10 章

# 太阳能电池材料分析技术

## 10.1 章节重点与学习目标

太阳能电池的转换效率，是由一开始的选择、制备的控制到封装的整体表现。因此在评估太阳能电池的特性时，需考虑到材料的特性、制备对器件甚至器件封装的影响。然而，一开始的材料的特性会影响该电池最后的效能，例如，缺陷较少的晶体结构与精确的掺杂是提升器件效能的必要条件。因此为了加速太阳能电池产品研发、改进良率与提升可靠度，必须要有充分及精确的测量分析技术。

常见的材料分析技术[1~9]，包括：

(1) 表面或材料内部的显微结构影像：此类的仪器包括扫描电子显微镜(Scanning Electron Microscope, SEM)、透射电子显微镜(Transmission Electron Microscope, TEM)及原子力显微镜(Atomic Force Microscope, AFM)等。

(2) 晶体结构与成分分析：此类的仪器包括X射线分析仪(X-ray Diffractometer, XRD)、能量色谱仪(Energy Dispersive Spectrometer, EDS)、表面化学分析仪(Electron Spectroscopy for Chemical Analysis, ESCA)及二次离子质谱仪(Secondary Ion Mass Spectrometry, SIMS)等。

(3) 光谱与光学特性分析：此类的仪器包括紫外线/可见光吸收光谱(UV-visible spectroscopy)、傅里叶转换红外线光谱仪(Fourier Transform Infrared Spectroscopy, FTIR)及拉曼光谱仪(Raman Spectrometer)等。

(4) 电性分析：此类的代表仪器包括霍尔测量(Hall Measurement)、直流电性测量系统(I-V Measurement)、微波光电导衰减器(Microwave Photoconductivity Decay, $\mu$-PCD)与光电转化效率测定仪(Incident Photo to Current Conversion Efficiency, IPCE)等。

本章将说明各种常用分析机台的基本构造、工作原理与其在太阳能电池材料上的分析实例。读者在读完本章后，应该可以理解：

(1) 扫描电子显微镜与透射电子显微镜的分析工作原理与应用。

(2) XRD分析仪的基本结构与工作原理，以及利用XRD来鉴别材料的结晶质量。

(3) 傅里叶转换红外线光谱仪的基本结构与其工作原理，以及利用傅里叶转换红外线光谱仪来分析材料的质量。

(4) 拉曼分析仪的基本结构与其工作原理，以及利用拉曼分析来鉴别硅薄膜材料的结晶度。

(5) 霍尔测量的原理以及可以测得的材料或器件电的性质。

(6) 利用微波光电导衰减器测得晶圆材料中少数载流子的寿命。

光电材料分析技术种类非常多，在本章中我们将举一些在太阳能电池中常用到的分析仪器作为例子，介绍其中分析方法的差异。

## 10.2 表面形貌与微结构分析

### 10.2.1 扫描电子显微镜

扫描电子显微镜是用以观察材料显微形貌最普遍的分析仪器[12,13]，其具有以下特性：

(1) 影像分辨率极高，目前最佳分辨率已达 0.6 nm。

(2) 具有景深(Depth of Field)长的特点，可以清晰地观察起伏程度较大的样品的破断面。

(3) 仪器操作容易方便，试片制备简易。

(4) 多功能化且可加装附件，可作微区化学组成分析、阴极发光分析等。

图 10.1 为扫描电子显微镜的基本构造图[1]。扫描电子显微镜是由电子枪(Electron Gun)发射电子束，经过一组聚光镜(Condenser Lens)聚焦，用聚焦孔镜(Condenser Aperture)选择电子束的尺寸(Beam Size)后，通过一组控制电子束的扫描线圈，再透过物镜(Objective Lens)聚焦，打在试片上，在试片的上侧装有信号接收器，用以择取二次电子或背向散射电子而成像[2]。

扫描电子显微镜的电子波长在 1Å 以下，具有较光学显微镜更佳的分辨率。由 De Broglie 关系式可知，电子受高压加速时，其波长与加速电压有如下关系[2]：

$$\lambda = 12.26/\sqrt{V}\,(\text{Å}) \tag{10.1}$$

电子枪为扫描电子显微镜的电子光源，主要考虑因素在于高亮度、光源区越小越好，以及高稳定度。目前电子的产生方式为：

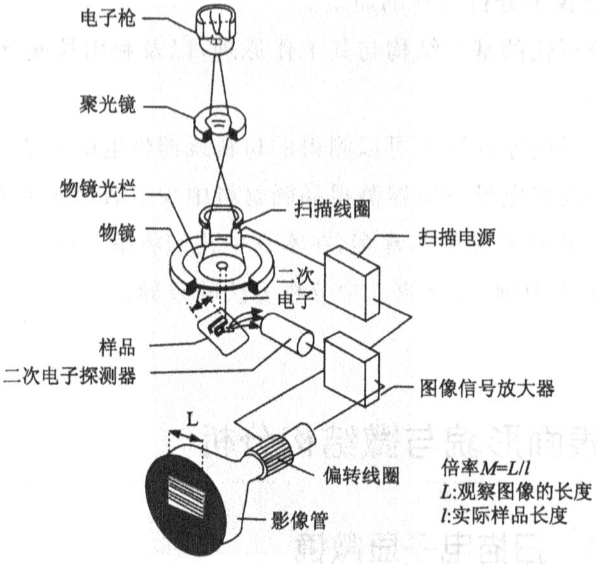


**图 10.1** 扫描电子显微镜的基本构造图

(1) 利用加热灯丝(阴极)放出电子。

(2) 利用场发射效应产生电子,即由强电场吸出电子。

主要的电子枪材料包括(a)钨灯丝与(b)LaB(硼化镧)两种,而利用场发射式的电子枪材料则有(a)钨(310)及(b)钨丝(100)镀一层氧化锗 ZrO/W(100)。考虑灯丝材料的熔点、气化压力、机械强度及其他因素后,目前最便宜的材料为钨丝。在特殊状况下,如要求更高亮度及稳定性时,使用场发射电子枪可获得更佳的分辨率,但真空度的要求也相对提高。

相较于下一节说明的透射电子显微镜,扫描电子显微镜样品的制备是相当容易的。唯扫描电子显微镜所使用的样品必须是导电体,因此对金属样品的研究,无须特殊处理即可直接观察;非导体如矿物、聚合物等,则须镀上一层导电性良好的金属膜或碳膜再做观察。蒸镀常用真空蒸镀机(Vacuum Sputter)及真空镀碳机(Vacuum Carbon Evaporater)进行[3]。

电子显微镜主要是利用高电压加速电子,使得电子打在试片上产生如穿透电子(Transmitted Electrons,TE)、吸收电子(Absorbed Electrons,AE)、散射电子、二次电子(Secondary Electrons,SE)、背向散射电子(Backscattered Electrons,BE)、俄歇电子(Auger Electrons,AE)以及 X 射线等信号来分析,如图 10.2 所示。各类信号各有不同的特性与分析应用,表 10.1 显示各种电子信号的性质与特点[13]。

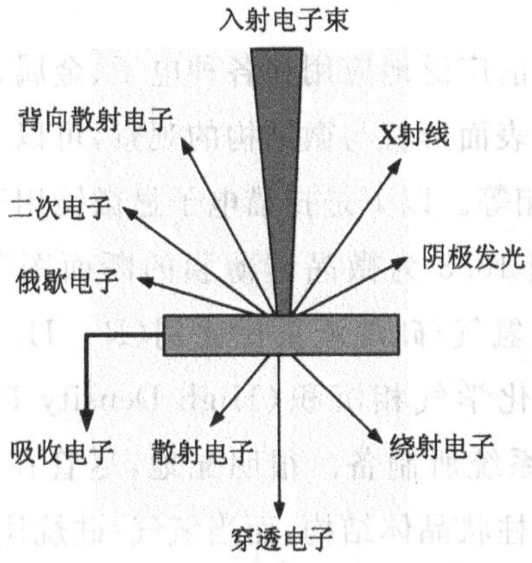


**图 10.2** 电子束打在试片上产生如穿透电子、背向散射电子、二次电子、俄歇电子、吸收电子、散射电子、绕射电子、阴极发光以及 X 射线等信号[3]

**表 10.1 各种电子信号的特点**

| 电子种类 | 分辨率 | 性质及特点 |
| --- | --- | --- |
| 二次电子 | 10～25 nm | 适合样品表面的立体观察 |
| 背向散射电子 | ～200 nm | 可由样品的成分差异而对比，适用于表面元素分布情形的观察 |
| 穿透电子 | 5～10 nm | 本质上与透射电子显微镜相同，不过扫描电子显微镜对较厚的样品也能得到理想的影像对比 |
| 吸收电子 | 300～500 nm | 可观察原子序数的差异情形，在半导体的研究上占重要的地位 |
| 阴极荧光 | ～200 nm | 可检出样品中所含的荧光物质，作为物性研究之用 |
| X 射线 | nm | 由样品的原子序数大小，可决定 X 射线的波长，而作为样品定性与定量分析的研究 |

二次电子是指当高能量的电子照射固态样品时，入射电子与试片原子发生交互作用，部分试片原子的价电子因而受到激发并脱离试片，散射出来的电子能量低于 50 eV。只有试片表面 5～50 nm 深度的电子可以逃离试片，也因此逃离的电子数目与深度成反比，所以侦测二次电子即可得知试片表面形貌。

当然，入射电子也不是只与电子交互作用，也会与原子核产生交互作用，产生弹性碰撞，这种情况下散射电子能量几乎不会散失，称为背向散射电子。因为这种弹性碰撞的电子会与原子核的大小有关，因此电子显微镜也可以侦测表面元素的分布情形[2]。

扫描电子显微镜目前广泛地应用在各种电子、金属、陶瓷、半导体或光电太阳能材料等领域的材料表面形貌与微结构的观察，可以了解材料表面或内部的晶粒尺寸、孔隙或二次相等。以下是扫描电子显微镜用于观测硅薄膜太阳能电池用的微晶硅薄膜。图 10.3 为微晶硅薄膜的断面图[10]，其制备条件为室温下，射频功率为 900 W，氢气/硅烷流量比比例（$R=H_2/SiH_4$）分别为 15 及 25 时，以高密度等离子体化学气相沉积（High Density Plasma Chemical Vapor Deposition，HDPCVD）系统所制备。很明显地，尽管在不同的氢气/硅烷比例下皆能观察到微晶硅的柱状晶体结构，而当氢气/硅烷比例较高时，其柱状晶体结构更明显。

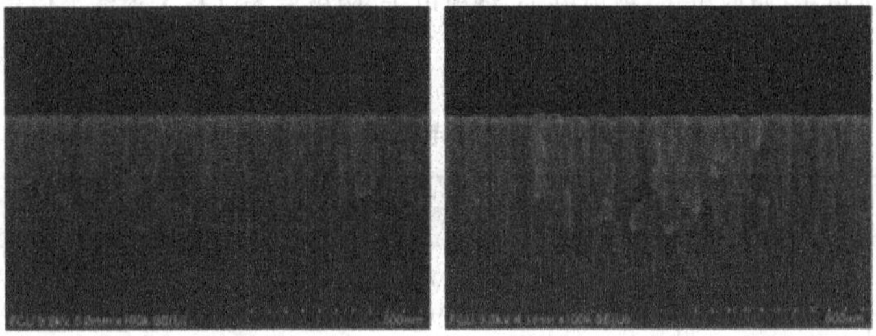

(a)　　(b)

**图 10.3**　微晶硅薄膜的扫描电子显微镜断面图，其中射频功率 900W，氢气比例（$R=H_2/SiH_4$）为(a)15；(b)25

## 10.2.2　透射电子显微镜

透射电子显微镜是能同时解析材料形貌、晶体结构和组成成分的分析机台，也是在实验进行中，唯一能看到分析物的实像和判断观察晶相的技术[14~16]。目前一般用于分析无机材料的透射电子显微镜，以 20 万 V 电压为主，其分辨率为 0.1～0.3 nm，用于分析数十个纳米乃至数个纳米的结构体[2,4]。

1. 基本构造与工作原理

穿透式电子显微镜的仪器系统可分为四部分，如图 10.4 所示[2]。

(1) 电子枪：分为钨丝、LaB、场发射式三种（与扫描电子显微镜相似）。三种电子源的亮度比大致为钨丝：LaB：场发射枪＝1：10：10，故场发射源为最佳的电子源。

(2) 电磁透镜系统：包括聚光镜、物镜、中间镜(Intermediate Len)和投影镜(Projective Len)。

(3) 试片室：试片基座(Specimen Holder)可分两类：侧面置入(Side Entry)和上方置入(Top Entry)，若需做原位实验则依需要配备可加热、可冷却、可加电压或电流、可施应力或可变换工作气氛的特殊设计基座。

(4) 影像侦测及记录系统：ZnS/CdS 涂布的荧光幕或照相底片[4]。目前仪器大多配备有 CCD 系统(Charge Coupled Device)，以取代旧式照相底片，影像可直接由档案输出。

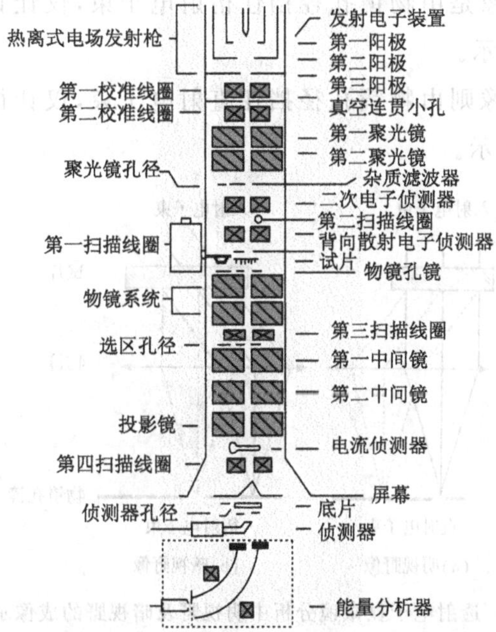


图 10.4 透射电子显微镜剖面图[3]

电子枪发射电子束后，由聚光镜聚焦成一散度小、亮度高且尺寸小的电子束。电子束穿透试片后，经过物镜、中间镜、投影镜的放大、聚焦等作用，最后在荧光屏成像；其中在物镜的下方有两组孔镜，第一组为物镜孔镜，用来圈选穿透束或某一绕射束来成为明视野或暗视野，第二组为选区衍射(Selected Area Diffraction，SAD)孔镜，用来产生衍射图形[1]。

透射电子显微镜的成像原理与光学显微镜相似，但电子束具有比可见光更短的波长。因此与光学显微镜相比，透射电子显微镜有极高的穿透能力及高分辨率。根据电子与物质作用产生的信号来看，透射电子显微镜主要分析的信号为利用穿透电子或是弹性散射电子（Elastic Scattering Electron）成像，其电子衍射（Diffraction Pattern，DP）图可做精细组织和晶体结构分析。

透射电子显微镜的分辨率主要与电子的加速电压和像差有关。加速电压越高，波长越短，分辨率也越佳。

透射电子显微镜分析时，通常是利用电子成像的衍射对比（Diffraction Contrast），作成明视野（Bright Field Image，BFI）或暗视野（Dark Field Image，DFI）影像，并配合衍射图来进行观察，其中[2,4]：

(1) 明视野成像是由物镜孔径挡住衍射电子束，仅让直射电子束通过成像，如图 10.5(a)所示。

(2) 暗视野成像则由物镜孔径挡住直射电子束，仅让衍射电子束通过成像，如图 10.5(b)所示。

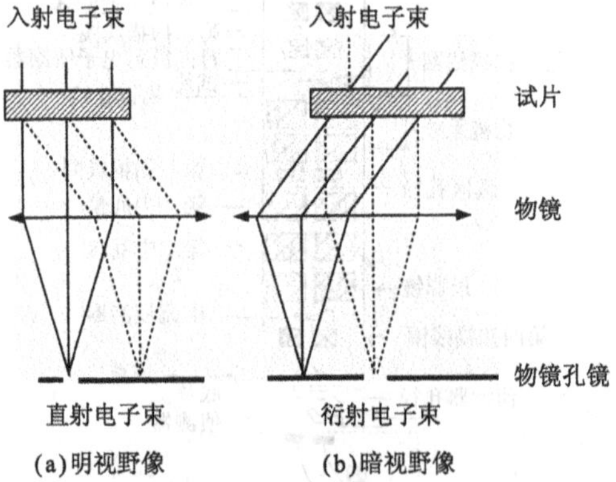


**图 10.5　透射电子显微镜分析中明视野及暗视野的成像示意图[4]**

双电子束衍射状况（Two-Beam (2B) Diffraction Condition）常用于配合衍射图样来进行一般的影像观察。针对特殊的材料结构或缺陷，通常试片座会配备倾斜（Tilting Stage）的功能，可以做成微弱电子束衍射状态（Weak Beam (WB) Diffraction Condition）或多重电子束衍射状态（Multi-beam (MB) Diffraction Condition），来改善成像的质量或加强对比。此外，如搭配具有冷却、加热或可变电性的基座，还可以实时观测材料的结构变化。

2. 应用实例

透射电子显微镜在材料科学研究领域被广泛且充分地利用,归类其优点为[5]:

(1) 在表面观察上有敏锐的分辨力,精确分析材料成分。

(2) 可做高解析的晶格影像观察,了解结晶状态与质量。

(3) 由电子衍射图的分析可计算出晶格结构,有助于判断材料是否正确排列或匹配。

(4) 搭配不同的试片基座可以有不同的分析功用。

上述的功能仅是现代透射电子显微镜的基本功能。若添加不同附属设备的透射电子显微镜,可做许多特殊的分析。

电子能量损失谱仪(Electron Energy Loss Spectrometer,EELS)是另一种分析成分的附属设备,其能量分辨率最小可至 0.5 eV,因此加装电子能量损失谱仪的透射电子显微镜除了可以分析成分外,也可以分析某一元素经过晶界或相界时,其键合的改变[6]。

透射电子显微镜常用于精确判断太阳能电池材料的非晶、微晶或单晶的状态。以下为透射电子显微镜用于观测硅薄膜太阳能电池用的微晶硅薄膜的例子。图 10.6 为微晶硅薄膜的择区衍射图及断面图[10],其制备条件为衬底温度

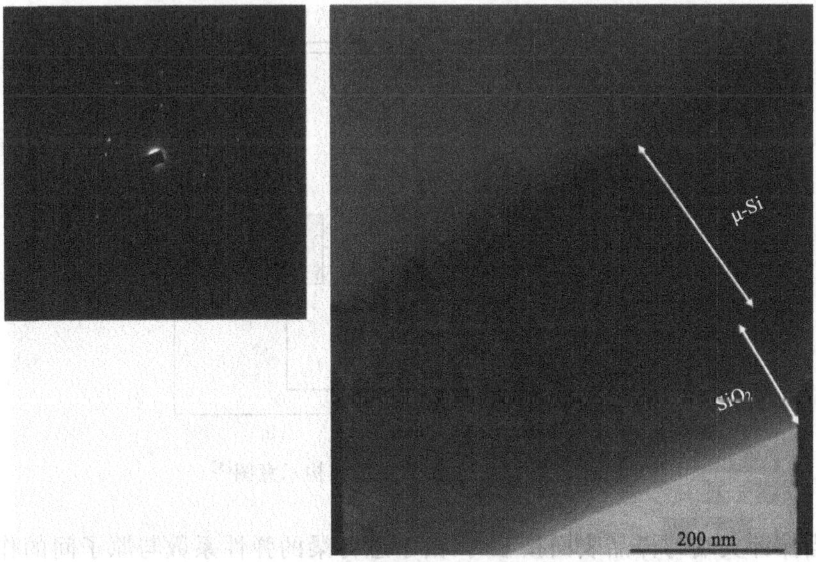


图 10.6 微晶硅薄膜的择区衍射图及断面图

300℃，射频功率 900 W，氢气/硅烷比例($R = H_2/SiH_4$)为 25 时，以高密度等离子体化学气相沉积系统所制备。很明显地，由择区衍射图可观察出图形由具有环状与点状的图形所构成，而断面图呈现长条状微晶硅结构。由此可知，此微晶硅薄膜内皆含有结晶硅与非晶硅的成分。

### 10.2.3 原子力显微镜

原子力显微镜在科学上的应用已不再局限于纳米尺度表面影像的测量，更广为应用于各类光电材料微观的物性测量。原子力显微镜是由 Binnig 等于 1986 年所发明的，具有原子级解像能力，可应用于多种材料表面微观形态检测[17]。

1. 基本构造与工作原理

图 10.7 是原子力显微镜的结构示意图[2,5]，其主要结构可分为探针、偏移量侦测器、扫描仪、回馈电路及计算机控制系统五大部分。原子力显微镜的探针是由附在悬臂梁前端成分为 Si 或 $Si_3N_4$ 的悬臂梁及针尖所组成，针尖尖端直径为 20～100 nm。通过针尖与试片间的原子作用力，使悬臂梁产生微细位移，以测得表面结构形状，其中最常用的距离控制方式为光束偏折技术。

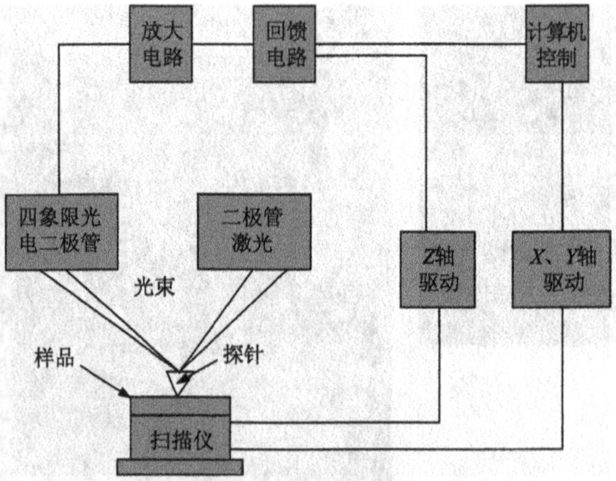


图 10.7　原子力显微镜的结构示意图[3]

当探针尖端与样品表面接触时，由于悬臂梁的弹性系数与原子间的作用力常数相当，因此针尖原子与样品表面原子的作用力便会使探针在垂直方向移动，亦即样品表面的高低起伏使探针做上下偏移。借着调整探针与样品的距离，便可在扫描过程中维持固定的原子力。扫描区域的等原子力图像，通常对应于样品的表面地形，称为高度影像[1,5]。目前最常用的距离调整方式为光束偏折技术，其原理为[24]：

(1) 光系由二极管激光产生出来后，聚焦在镀有金属薄膜的探针尖端背面，然后光束被反射至四象限光电二极管。

(2) 在经过放大电路转成电压信号后，垂直部分的两个电压信号相减得到差分信号。

(3) 当计算机控制 $X$、$Y$ 轴驱动器扫描样品时，探针会上下偏移，差分信号也跟着改变。

(4) 回馈电路控制 $Z$ 轴驱动器调整探针与样品距离，此距离微调或其他信号送入计算机中，记录成为 $X$、$Y$ 的函数，便是原子力显微镜影像。

原子力显微镜的操作模式可大略分为三种，图 10.8 为这三种方法的示意图[2,4,6]。

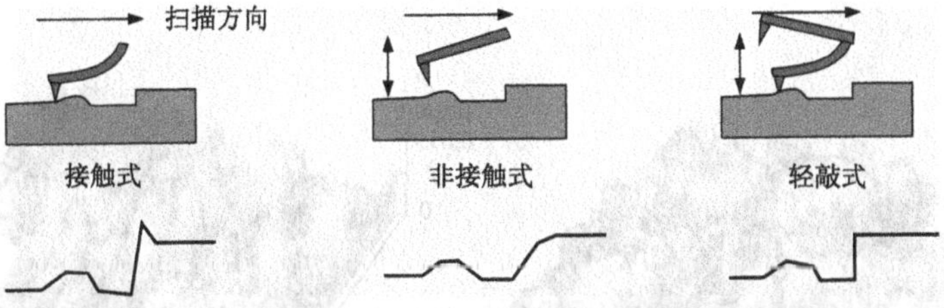


**图 10.8** AFM 的三种扫描方法[3]

(1) 接触式：在接触式操作下，探针与样品间的作用力是原子间的排斥力。这是最早被发展出来的操作模式，由于排斥力对距离非常敏感，所以接触式原子力显微镜较容易得到原子分辨率。由于接触面积极小，过大的作用力会损坏样品表面，但较大的作用力可得到较佳的分辨率。

(2) 非接触式：为了解决接触式操作可能损坏样品的缺点，而发展出非接触式原子力显微镜，这是利用原子间的范德华力来运作。范德华力对距离的变化非常小，因此须使用调变技术来增强信号对噪声比，以得到等作用力图像。在真空环境下操作，其分辨率可达原子级的分辨率，是原子力显微镜中分辨率最佳的操作模式。

(3) 轻敲式：轻敲式原子力显微镜则是将非接触式加以改良，其原理是将探针与样品距离加近，然后增大振幅，使探针在振荡至波谷时接触样品，由于样品的表面高低起伏，使得振幅改变，再利用类似非接触式的回馈控制方式，便能取得高度影像。

2. 应用实例

由于原子力显微镜具有原子级的分辨率，是各种薄膜粗糙度检测及微观表面结构研究的重要工具，因此很适合与扫描电子显微镜相搭配[3]。

以下为原子力显微镜亦用于观测硅薄膜太阳能电池用的微晶硅薄膜的例子。图 10.9 为微晶硅薄膜的表面形貌图，以高密度等离子体化学气相沉积系统制备，其制备条件为射频功率 900 W，氢气/硅烷比例（$R=H_2/SiH_4$）为 10 与 20 的扫描图[11]。在比例为 10 及 20 时有很明显的凸起颗粒，且其均方根粗糙度分别为 8.29 nm、3.39 nm。学者 Fejfar 等提到，当非晶与微晶混成时，粗糙度会在最高点，而随着微晶结构逐渐增加，粗糙度会下降。由此推断，在氢气/硅烷比例为 10 时，由于非晶上刚形成些许结晶，因而导致粗糙度变大，当氢气/硅烷比例为 20 时，微晶结构增加，所以粗糙度下降。

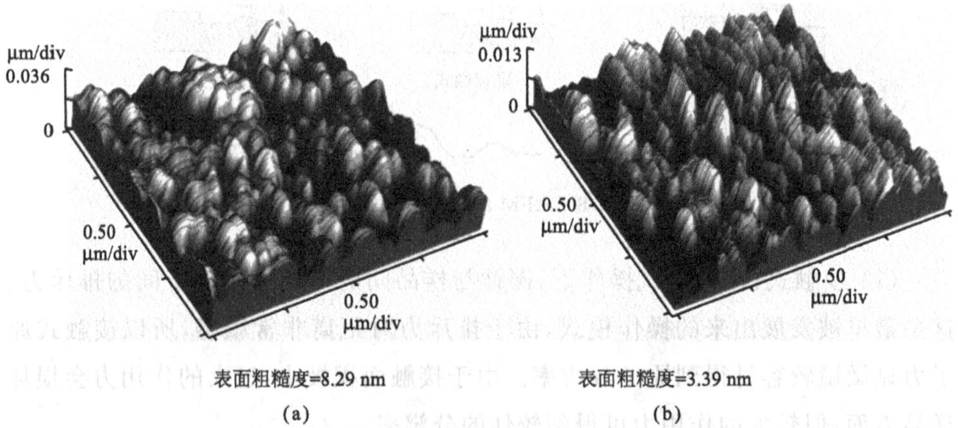


图 10.9　微晶硅薄膜的表面形貌图

# 10.3 晶体结构与成分分析

## 10.3.1 能量色谱仪

用电子显微镜观察特定的显微组织时，可以进一步利用能量色谱仪，在数分钟时间，完成选区的定性或半定量化学成分分析[18~23]。能量色谱仪相较于X射线波长散布分析仪的优点有：

(1) 快速并可同时侦测不同能量的X射线能谱。

(2) 仪器的设计较为简单，且接受信号角度大。

(3) 操作简易，不需做电子束的校准(Alignment)及聚焦(Focusing)。

(4) 所使用的一次电子束其电流较低，可得较佳的空间分辨率，且较不会损伤试片表面。

然而能量色谱仪仍具有以下几项明显的缺点：

(1) 侦测过程中产生额外能峰，易造成误判。

(2) 定量分析能力较差。

(3) 对轻元素的侦测能力较差。

(4) 侦测极限(>0.1%)及分辨率较差[3]。

### 1. 基本构造与工作原理

图10.10所示为能量色谱仪的结构示意图[4,18,19]。硅侦测器位于两块加了偏压的金属极之间，在面积约300 $mm^2$ 的硅晶上加上锂(Li)作为扩散层的表层。在液态氮77 K及高真空度的环境下，此硅晶成半导体的侦测器。当试片受电子束碰撞而产生特征X射线(Characteristic X-rays)时，所产生的特性X射线经过一个薄层的铍窗而到达硅侦测器，由于离子化而产生电子-空穴对及相对应的电动势及电流。所产生的电流再经由一场效晶体管来计数与放大，最后再由一多频道分析器依脉波的振幅大小加以分离和储存，可产生X射线光谱的强度-能量图。其中特性X射线产生原理简述如下：

当原子内层的电子受到外来能量源(如电子束、离子束或者光源等)的激发而脱离原子时，原子外层的电子将很快地迁降至内层的空穴并释放出两能级差能量。被释出的能量可能以X射线的形式释出，或者此释出的能量将转而激

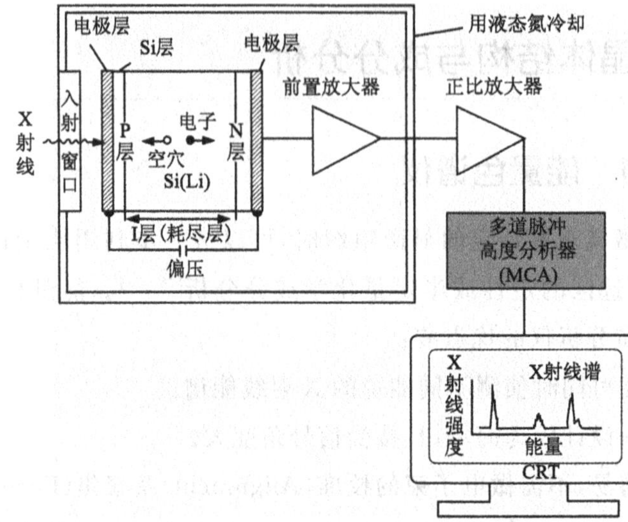


图 10.10　能量色谱仪的结构示意图[4]

发另一外层电子使其脱离原子，如图 10.11 所示[19]。由于各元素的能级差不同，分析此 X 射线的能量或波长即可鉴定试片的晶体结构与成分。

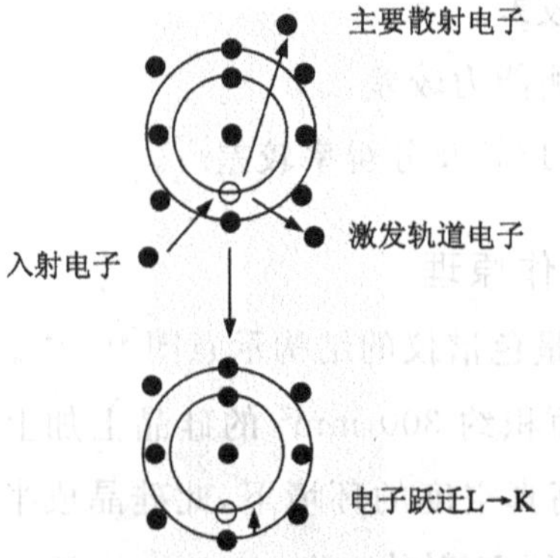


图 10.11　X 射线的形成示意图

2. 应用实例

能量色谱仪已成为极普遍的电子显微镜附属分析仪器，用于材料所含元素的定性、半定量、面扫描、线扫描分析、两相的合金元素的分布晶界的偏析，以及相的鉴定等方面的研究。举例来说，图 10.12 显示以高密度等离子体化学气相沉积系统于射频功率 600 W，制备衬底温度 250℃的条件下，所得到的微晶硅锗薄膜的能量色谱分析图[11]，其分析结果显示薄膜内的确含有硅锗二元素。

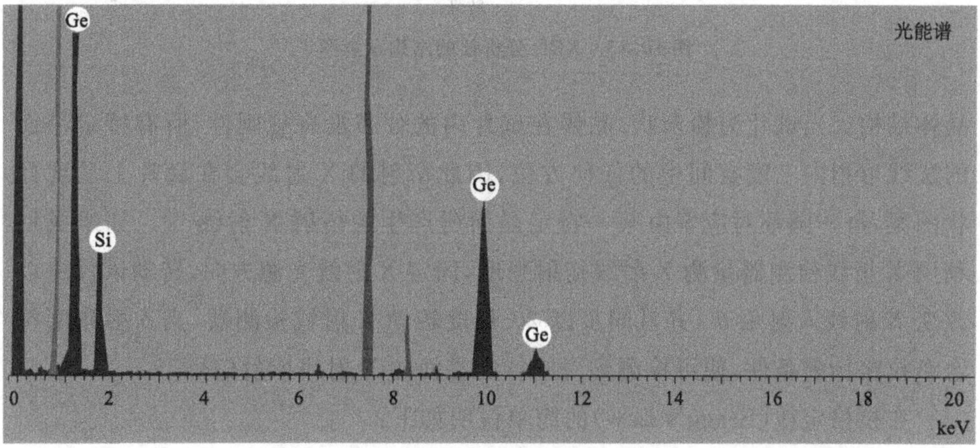


**图 10.12** 使用能量色谱分析探讨微晶硅锗薄膜的表面元素与半定量组成

## 10.3.2 X 射线衍射分析仪

X 射线为电磁波的一种，波长为 0.1～100Å。由于波长与晶体内原子间的距离相当，因此 X 射线会对晶体产生衍射[18~22]。

1. 基本构造与工作原理

X 射线衍射分析仪的结构示意图如图 10.13 所示[18,19]。在一装置中，将晶体与 X 射线固定一方位，当入射 X 射线包含波长大于最小值 $\lambda_0$ 的连续 X 射线，可使晶体的每一晶面皆产生衍射。由于试样不是只有一个单晶，而是有许多很小晶体的粉末，具有许多方位散乱的小晶体，故粉末试样的 $\theta$ 角为变数。用单一波长的 X 射线，由于粉末晶体在空间中的方位是散乱的，所以这些衍射线将不会出现在同一方向上，而是沿着与入射线成 $2\theta$ 夹角的圆锥表面方向射出。

以 X 射线底片记录便可以观察衍射光点影像，通过衍射图形决定材料的

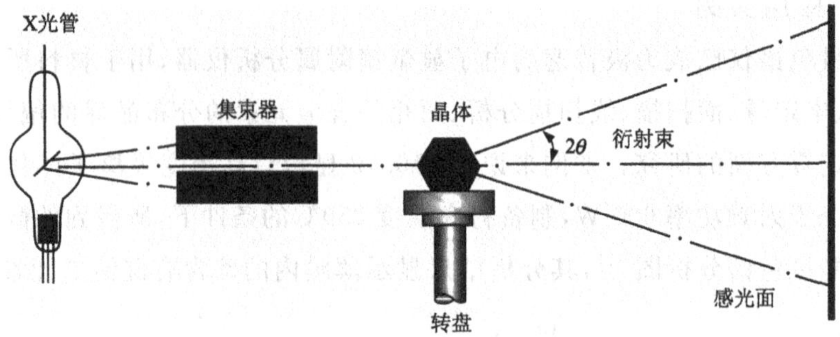


**图 10.13**　XRD 分析仪的结构示意图[4]

晶体结构。当试片为粉末状，晶体在试片内的分布没有规则性，所有特定晶面的法线可指向三度空间中的任何方位，因此衍射的 X 射线会在底片上呈现环状图案，每一圆环对应着由某一特定晶面所产生的衍射 X 射线[18]。如果我们利用 X 衍线检测器量测 X 射线衍射强度，固定 X 射线光源方向，转动试片座以改变 X 射线入射角 $\theta$ ，并且同步以 $2\theta$ 角度转动 X 射线检测器，当入射角度符合布拉格衍射条件，便可检测到对应特定晶面的 X 射线衍射信号[18]。

布拉格定律(Bragg's Law)的简单说明如下：

图 10.14(a)显示当一束平行的 X 射线以 $\theta$ 角投射到一个原子面上时[20]，其中任意两个原子 $A$、$B$ 的散射波在原子面反射方向上的光程差为

$$\delta=\overline{CB}-\overline{AD}=\overline{AB}\cos\theta-\overline{AB}\cos\theta=0 \tag{10.2}$$

$A$、$B$ 两原子散射波在原子面反射方向上的光程差为零，说明它们的相位相同。由于 $A$、$B$ 是任意的，所以此原子面所有原子散射波在反射方向上的相位均相同。

图 10.14(b)所示为一束波长为 $\lambda$ 的 X 射线以 $\theta$ 角投射到面间距为 $d$ 的一束平行原子面上。从图上可以看出，经 $P1$ 和 $P2$ 两个原子面反射的反射波光程差为：

$$\delta=\overline{CB}+\overline{BD}=2d\sin\theta \tag{10.3}$$

相长干涉时，光程差为波长的整数倍：

$$2d\sin\theta=n\lambda \tag{10.4}$$

式中，$n$ 为整数，称为反射级数；$\theta$ 为入射线或反射线与反射面的夹角，称为掠射角，$2\theta$ 称为衍射角。不同的晶体结构晶面间距 $d$ 会有所差异，因此会有不同组合的衍射角[6]。

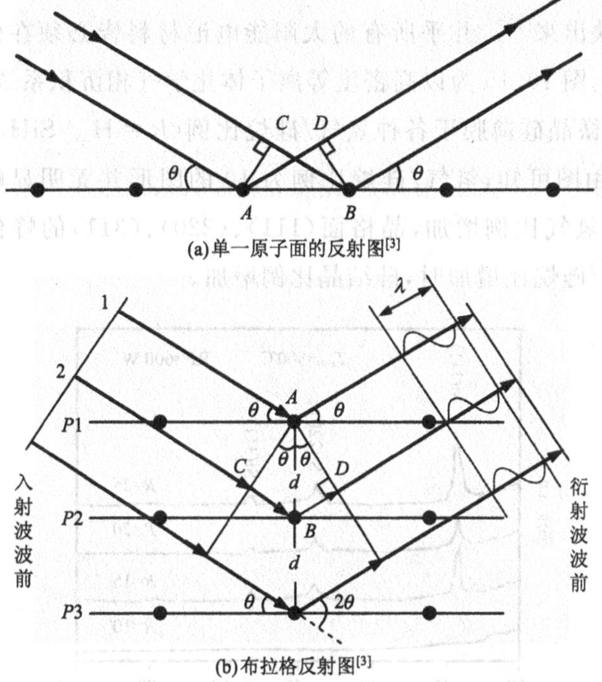


图 10.14

基本上晶体的 X 射线衍射实验所测得的衍射角大小($2\theta$)及衍射峰的强度($I$),提供了晶体的晶胞形状大小的数据及晶体内部组成原子种类和位置的数据。材料在 X 射线衍射之下,不同结晶化合物会产生不同的($2\theta$,$I$)的组合,称为衍射图谱(Diffraction Patterns)。

由图谱信号对应的布拉格角与信号峰的相对强度,可以分析试片内的材料化学组成,此种 XRD 分析称为相鉴定(Phase Identification)。许多薄膜具有多晶结构,其晶粒的晶面往往呈现不规则分布,因此其 XRD 图谱亦类似粉末试片。如果薄膜试片内某一晶面对应的衍射峰相对强度远较粉末试片强,则表示薄膜有此一晶格方位择优性的排列[20]。

2. 应用实例

X 射线衍射为非破坏式分析,可对材料进行原位(In Situ)分析,获得接近材料原制造环境或使用状况下的情形。无论是金属、半导体、陶瓷或高分子等材料,对于材料的结构与化学组成,特别是在晶体结构差异、晶格常数变化、元素种类不同、晶界及位错缺陷等状况下，都会因为原子排列不同，在 X 射线衍射实验中被反映出来[7]。几乎所有的太阳能电池材料皆必须在做成器件前后进行 XRD 分析，图 10.15 为以高密度等离子体化学气相沉积系统于 300℃下射频功率 600 W，微晶硅薄膜于各种氢气/硅烷比例（$R=H_2/SiH_4$）的 X 射线衍射分析图[11]。由图可知，氢气/硅烷比例为 10 的图形并无明显峰值表示薄膜为非晶结构，当氢气比例增加，晶格面(111)、(220)、(311)的峰值会越来越明显，显示当氢气/硅烷比增加时，硅结晶比例增加。

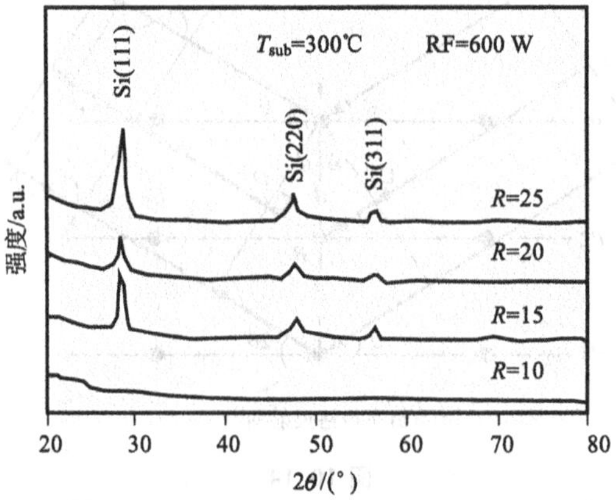


**图 10.15**　微晶硅薄膜于各种氢气/硅烷比例的 X 射线衍射分析图

## 10.4　光学特性分析

### 10.4.1　紫外线/可见光吸收光谱

可见光为一种电磁波，其范围波长为 4000～7000Å。透过棱镜可知可见光的组成颜色。紫外线也是一种电磁波，在电磁波谱中，其范围波长为 100～4000 Å 的电磁波。

1．基本构造与工作原理

图 10.16 为紫外线/可见光吸收光谱仪示意图[1,2,24]。利用可见光及紫外线的灯管作为光源，通过滤光镜调整色调后，经聚焦通过单色光分光棱镜，再经过狭缝选择波长，形成单一且特定波长的光线。未放样品时，光源直接与空气

作用，可作为背景值。之后再放入试片，通过试片所吸收的光能量，与背景值相比较，便可测定样本中的待测物透光率，也可以将它转换为反射率或光吸收率。物质吸收紫外线或可见光后，其外层电子或价电子会被提升至激发态。一般紫外线/可见光吸收光谱侦测波长涵盖范围为 1900～9000Å，有机物某些官能团(Functional Groups)含有较低能级的价电子，在此范围内会吸收能量，此类官能团称为发色团(Chromophore)。

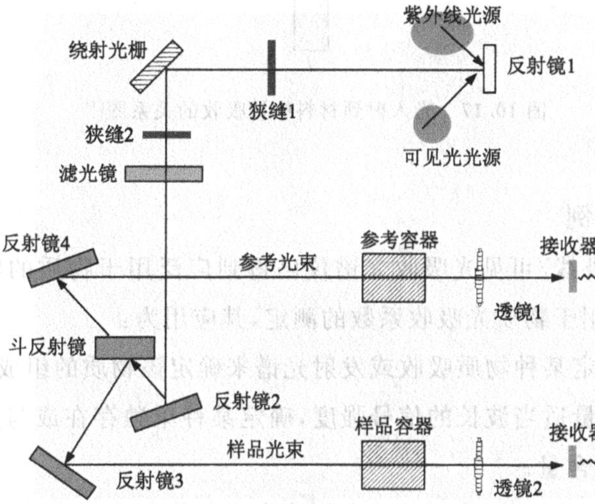


**图 10.16　紫外线/可见光吸收光谱仪示意图**[14]

将不同波长的光连续地照射到特定材料样品，当所照射的光波刚好可激发电子至较高的轨域时，该波长的光则会被吸收。样品吸收该波长的光之后，侦测器将侦测到一能量较弱的光束，并记录其光束强度(I)。最后计算机以波长(λ)为横坐标，吸收强度(Absorbance，$A$)为纵坐标，绘出该物质的吸收光谱曲线，利用该曲线可进行物质定性、定量的分析[2,6]。

Lamber 定律说明光的吸收量与所照射的光强度无关，而与透过吸收的路径长度 $l$ 成指数相关，亦即[4,6]

$$I = I_0 e^{-al} \tag{10.5}$$

式中，$\alpha$ 为吸收系数，单位为 $cm^{-1}$；$l$ 为吸收路径长，单位为 cm；$Z_0$ 为入射光强度；$I$ 为出射光强度。图 10.17 可用来说明光入射至材料中被吸收的关系[1,4,6]。大多数吸收光谱仪可直接测量 lg $I_0/I$ 的值$A$。透过光比例称为透光率(Transmittance，$T$)，可由出射光和入射光的比值求得($I\ /I_0$)。

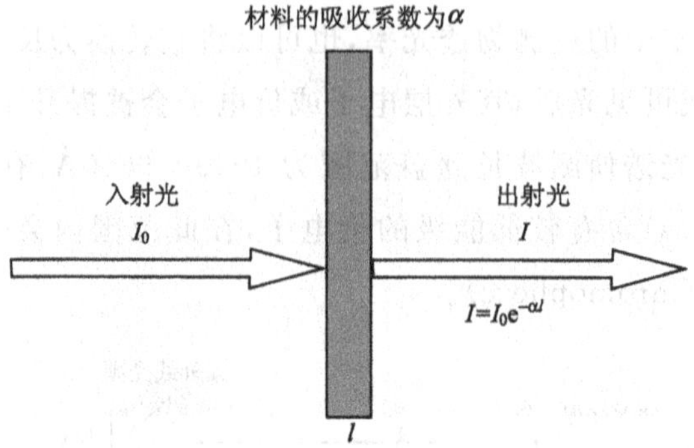


**图 10.17**　光入射到材料中被吸收的关系图[14]

2. 应用实例

近年来，紫外线/可见光吸收光谱仪已得到广泛用于物质的鉴定及结构分析，而且还可以用于物质光吸收系数的测定，其应用为：

(1) 透过测定某种物质吸收或发射光谱来确定该物质的组成。

(2) 透过测量适当波长的信号强度，确定某种单独存在或与其他物质混合存在的一种物质含量。

(3) 透过测量同时间某一种反应物消失或产物出现的量的关系，追踪反应过程。

(4) 通过探测材料的穿透度、光吸收系数，进一步知道材料的光学带隙。

图 10.18 为以高密度等离子体化学气相沉积系统于射频功率 600 W，微晶硅薄膜于各种氢气/硅烷比例($R=H_2/SiH_4$)的 UV-visible 光谱图[11]。由图中得知，该薄膜具有多波段的吸收，推断薄膜内含有非晶硅与微晶硅晶粒的存在。而材料的光学带隙 $E_{op}$ 可在得到吸收系数 $\alpha$ 后，代入

$$(\alpha h\nu)^2=c(h\nu-E_{op}) \tag{10.6}$$

式中，$c$ 为常数为；$\nu$ 为频率。取$(\alpha h\nu)^2$ 对 $h\nu$ 作图，取图中线性段部分作切线交 $h\nu$ 轴，即可得到材料的光学带隙。

## 10.4.2　傅里叶转换红外线光谱仪

红外光谱技术的演进已有相当长的历史。初期使用的是扫描式红外光谱，其光谱的分辨率和灵敏度受到很大限制[8]。1881 年，麦克森(Michelson)发明

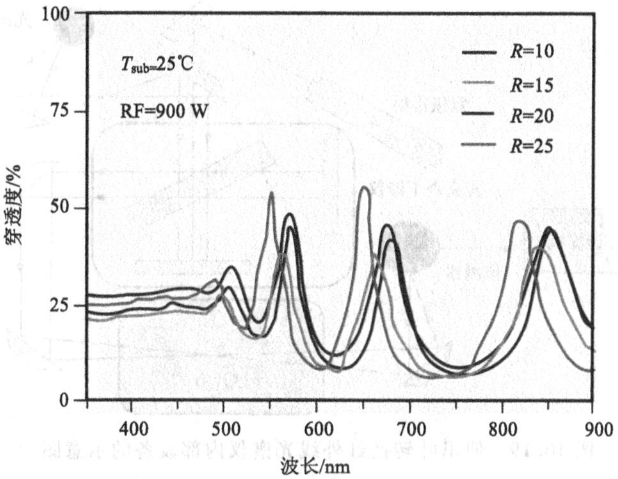


**图 10.18** 微晶硅薄膜于各种氢气/硅烷比例的 UV-visible 光谱图

了干涉仪(Interferometer),利用干涉现象得到的光谱信号,经由傅里叶数学转换将干涉光谱(Interferogram)换成与传统红外光谱相同的频谱图(Frequency Domain Spectrum),使得上述的种种缺点大有改进。

1. 基本构造与工作原理

傅里叶转换红外线光谱仪主要的结构包括内置的稳定红外线光源、麦克森干涉仪、反射镜片组、氦氖激光及侦测器等,内部设备的示意图如图 10.19 所示[25]。

麦克森干涉仪可说是整个傅里叶转换红外线光谱仪中光学系统的核心,如图 10.20 所示,其主要包含分光镜(Beam Splitter)、移动镜(Moving Mirror)、固定镜(Fixed Mirror)及侦测器[1,2,6]。

当光线聚光后形成平行的光线通过分光镜,部分光线穿透过分光镜,抵达固定镜反射回来,另一部分光线抵达移动镜反射回来后于分光镜集合成一束,通过样品后聚光于侦测器。通过移动镜来回移动,造成移动镜至分光镜与固定镜至分光镜的距离不同,故两光束再聚合后,因有光程差而产生相位差(Phase Difference),便产生干涉现象[24]。表示为:

(1) 当光程差为波长的整数倍时,即 $\delta=n\lambda$,其中 $n=1,2,3$,则两合并光源便产生建设性干涉(Constructive Interference)。

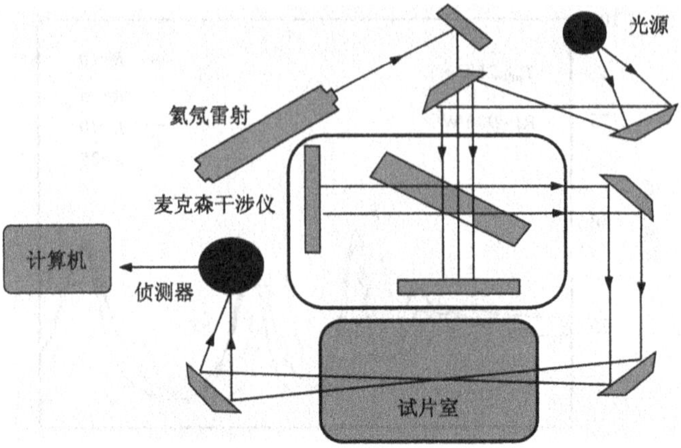


图 10.19　傅里叶转换红外线光谱仪内部设备的示意图[4]

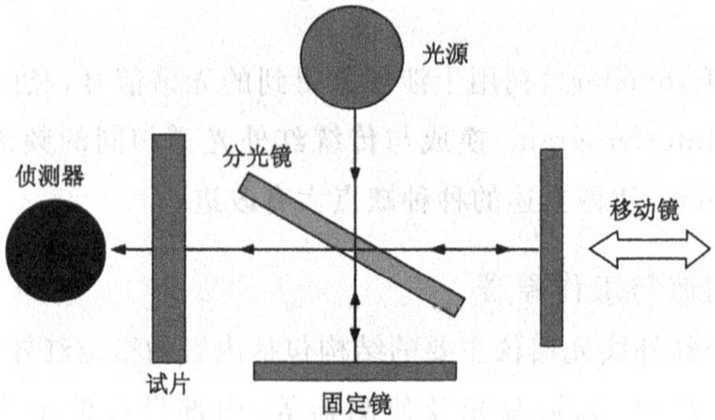


图 10.20　麦克森干涉仪构造示意图[4]

(2) 当光程差为半波长的奇数倍时，即 $\delta=\frac{n\lambda}{2}$，其中 $n=1,3,5$，则产生相消干涉(Destructive Interference)。

辐射强度的变化是移动镜移动位置的函数，输出光源的频率通过麦克森干涉仪来调整。经由干涉作用的光源最后被传送到侦测器，以一种连续的电学信号输出，即所谓的干涉光谱。通过计算机将这些干涉光谱进行傅里叶转换，进而得到实际量测的单一光束频谱(Signal Beam Spectrum)[6]。

整个辐射电磁波涵盖的范围非常广，光子所具有的能量也不同，对于不同能量，光子在与物质反应时则会有不同的跃迁情形。所谓红外光，一般定义是指波长在可见光和微波间的电磁波，其可区分为近红外线(Near-infrared)、中红外线(Middle-infrared)和远红外线(Far-infrared)，如表 10.2 所示。

表 10.2 红外光谱区

| 波段 | 波长(λ)/μm | 波数(ν)/(cm) |
|---|---|---|
| 近红外光 | 0.78～2.5 | 12800～4000 |
| 中红外光 | 2.5～50 | 4000～200 |
| 远红外光 | 50～1000 | 200～10 |

现今用于分析上的主要为能量 4000～400/cm 的中红外线区，其能量可产生振动能级与转动能级的跃迁[8]。

(1) 近红外光在鉴定上的用途较少，主要用于分量分析含有 C—H、N—H、O—H 官能团的化合物。

(2) 中红外光吸收光谱可获得分子的几何结构和键合种类，同时可应用在物质成分的定量与定性分析上。

(3) 远红外光主要应用于无机物的研究，因为金属原子和无机配位基的键的伸展与弯曲振动的吸收一般波数小于 650/cm，应用于无机固体的研究，提供晶体的晶格能和半导体物质跃迁能的信息，如 $H_2O$、HCl、$O_3$ 等。

2. 应用实例

傅里叶转换红外线光谱分析的出现，为红外光谱学带来了更多前瞻的应用。目前，可利用傅里叶转换红外线光谱仪来分析微晶硅薄膜的硅氢键合形态及薄膜中的氢含量，表 10.3 显示微晶硅薄膜的键合模式及其对应波数[6,8]。其中，硅氢键合形态是以一微结构参数(Microstructure Parameter)$R$ 来衡量：

$$R=\frac{I_{2060-2100}}{I_{2000}+I_{2060-2100}} \tag{10.7}$$

$R$ 值表示 $SiH_2$ 或$(SiH_2)_n$ 键合在硅薄膜的比例。理论上，$R$ 值越小越好，应用上应小于 0.1。

其薄膜中的氢含量则可通过式(10.8)来计算：

$$I_{640}=\int_{-\infty}^{+\infty}[\alpha_{640}(\omega)/\omega]\mathrm{d}\omega \tag{10.8}$$

其中，$\alpha_{640}(\omega)$是此模式中特定频率($\omega$)的吸收系数，氢含量 $C_H$ 正比于 $I_{640}$，其值为：

$$C_H=A_{640}\ I_{640} \tag{10.9}$$

$A_{640}$ 为比例常数 $2.1\times10^{19}\ cm^{-2}$，具良好质量的非晶硅薄膜，其氢含量最佳为 9～11 原子百分比。

**表 10.3　硅氢键合模式及其对应吸收峰波数**

| 键合型式 | 吸收波波数/cm | 振动模式 |
|---|---|---|
| Si-H | 2000 | 伸张模式 |
| | 630～640 | 摇摆模式 |
| $SiH_2$ | 2090 | 伸张模式 |
| | 880～890 | 弯曲模式 |
| | 630～640 | 摇摆模式 |
| $(SiH_2)_n$ | 2090～2100 | 伸张模式 |
| | 850 | 弯曲模式 |
| | 630～640 | 摇摆模式 |
| $SiH_3$ | 2120 | 伸张模式 |
| | 890,850～860 | 弯曲模式 |
| | 630～640 | 摇摆模式 |

图 10.21 为高密度等离子体化学气相沉积系统于射频功率 600 W，微晶硅薄膜于各种氢气/硅烷比例（$R = H_2/SiH_4$）的傅里叶转换红外线光谱分析图[11]。可观察到其峰值在 1950/cm 左右，呈现很平缓的波形，稀释比越高，波峰越明显，且 2250/cm 的波峰也逐渐显现，判断薄膜内有大量非晶硅的 SiH、$SiH_2$ 键合与少量微晶硅的 $SiH_2$、$SiH_3$ 键合。

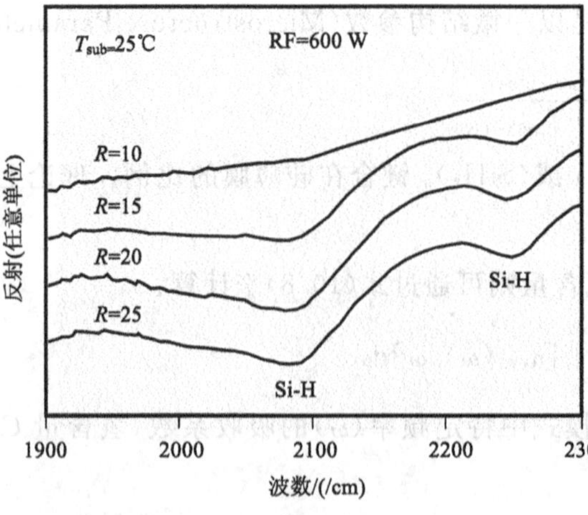


**图 10.21**　微晶硅薄膜于各种氢气/硅烷比例的傅里叶转换红外线光谱分析图

## 10.4.3 拉曼光谱仪

印度物理学家 Raman 发现，当一束光入射于介质时，介质会将部分光束散射至各方向，且被特定分子所散射的小部分辐射波长与入射光的波长不相同，而且其波长位移与散射分子的化学结构有关，这个发现可用来分析分子结构、官能团或化学键位置。自 20 世纪 60 年代以来，由于激光的发明，提供了高强度、高稳定性的单色光，使得拉曼光谱被广泛地应用在物理、化学、生物、医学、材料半导体器件等领域，成为极重要的研发工具[1,4]。

欲使分子呈现拉曼效应，入射光必须使分子产生感应偶极矩（Induced Dipole Moment）或改变分子的偏极化性（Polarizability）；而振动时分子的偶极矩（与感应偶极矩不同）发生改变会产生红外线吸收光谱[1,2]。拉曼光谱与红外光谱主要是与分子的振动能量相关。由于拉曼光谱与红外光谱有互补的关系，想得知分子全部的振动模式，必须检视此两种光谱[11]。

1. 基本构造与工作原理

拉曼光谱仪由三个基本部分组成，如图 10.22 所示[26]：

(1) 用于激发待测样品的激光光源。

(2) 接收散射光并将其各种不同频率的光分开的分光仪。

(3) 测量各种不同频率的能量检测器。

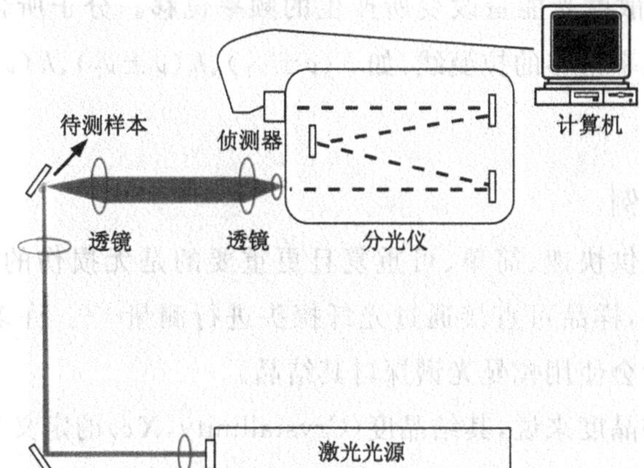


**图 10.22** 拉曼光谱仪基本结构图

激光具有单色光及一致的特性，是一种高强度的光源。普通的光源（如钨丝灯泡的光)混有不同频率、方向与相位的光，称为非一致的光。一般而言，拉曼光谱谱线强度只有光源的万分之一，即 0.01%，因此必须具有固定频率的强大光源，用以产生许多的散射光子，以便记录。典型拉曼光谱所使用的光源为汞弧光源，较常用的为 He-Ne 激光光源。

当光束入射到物质时，会以穿透、吸收或散射形式放出。而散射又可分为弹性散射和非弹性散射[8,24]。其中：

(1)弹性散射为入射光子与物质中原子做弹性碰撞而无能量的交换，此时光子的动量并不会改变，但入射光的传播方向发生变化；当入射光的波长(如 X 射线)与物质晶格间距接近时，为所谓布拉格散射(Bragg Scattering)；若入射光的波长(如可见光)远大于物质晶格间距时，为所谓瑞利散射(Rayleigh Scattering)。

(2) 非弹性散射系一个光子和一个分子交换了一个转动或振动能量声子(Phonon)，使散射光频率与入射光不同；此种由分子振动相互作用所产生的散射光称为拉曼散射(Raman Scattering)。

激光波长的光能量为 $E=h\nu$，式中，$E$ 为入射光的能量；$\nu$ 为入射光的频率。拉曼线的能量为 $E\pm\Delta E$，其中 $\Delta E$ 是分子的振动能量。因此，拉曼线的频率表示如下：

$$E\pm\Delta E=h(\nu\pm\nu_1) \tag{10.10}$$

式中，$(\nu\pm\nu_1)$是散射光能量改变所产生的频率位移。分子所含的数种振动能量对应于数种频率位移的拉曼线，如 $h(\nu\pm\nu_1)$、$h(\nu\pm\nu_2)$、$h(\nu\pm\nu_3)\cdots$[20] 如图 10.23 所示。

2. 应用实例

拉曼光谱提供快速、简单、可重复且更重要的是无损伤的定性定量分析。它无需样品准备，样品可直接通过光纤探头进行测量[12]。许多太阳能电池的光吸收层材料皆会使用拉曼光谱探讨其结晶。

以硅薄膜结晶度来说，其结晶度(Crystallinity，$X$c)的定义及计算公式如图 10.24 所示，并依照 Kaneko 所提出的公式[4,6,8]：

$$X\mathrm{c}=\frac{I_i+I_c}{I_i+I_c+I_a} \tag{10.11}$$

其中，$I_c$、$I_i$及 $I_a$ 分别为拉曼光谱在 519 $cm^{-1}$ 或 520 $cm^{-1}$ 结晶区(单晶硅)、

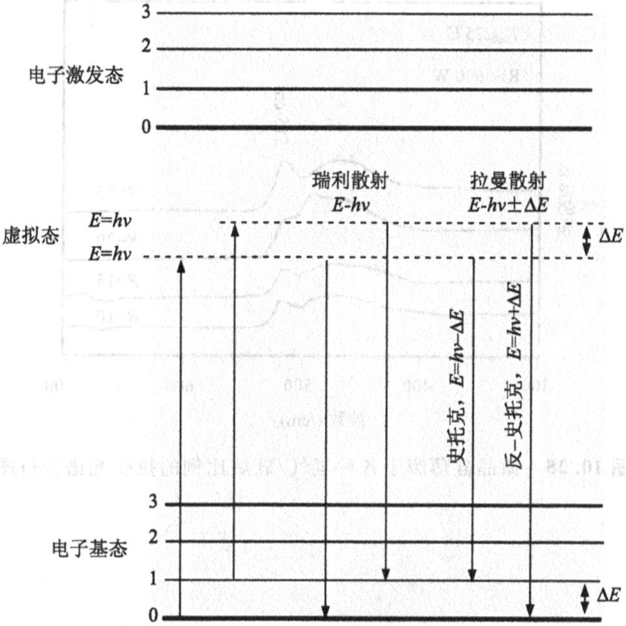


图 10.23　拉曼散射能级图

510～518/cm 过渡区(微晶硅)及 480/cm 非晶区(非晶硅)的波峰积分面积。图 10.25 为高密度等离子体化学气相沉积系统于射频功率 600 W，微晶硅薄膜于各种氢气/硅烷比例($R=H_2/SiH_4$)的拉曼光谱分析图[11]。可明显观察到此薄膜层中，薄膜的结构是由结晶区及非结晶区所构成，符合微晶硅的结晶特性，而良好的微晶硅薄膜的结晶度为 40%～60%。

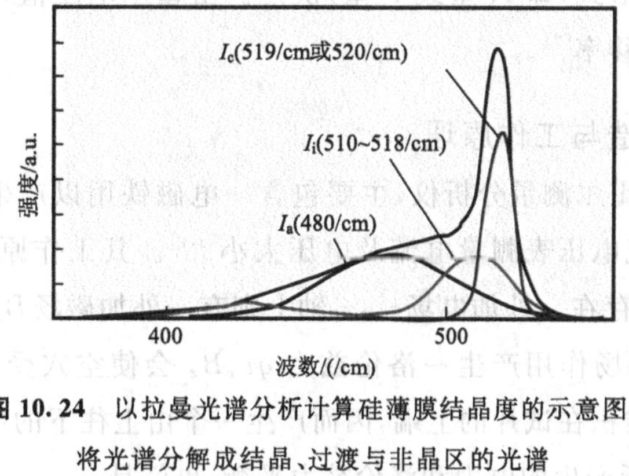


图 10.24　以拉曼光谱分析计算硅薄膜结晶度的示意图，将光谱分解成结晶、过渡与非晶区的光谱

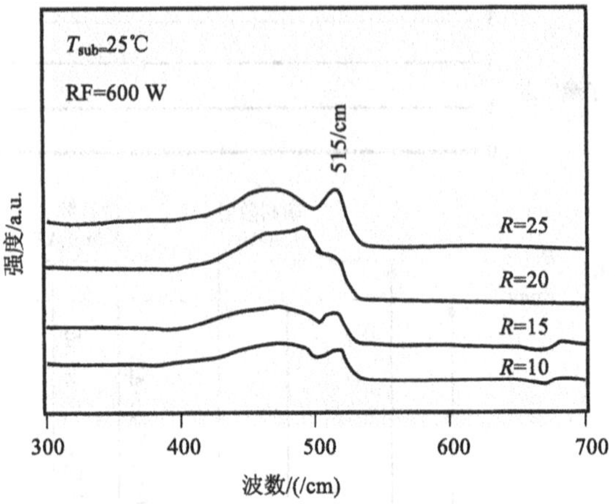


**图 10.25** 微晶硅薄膜于各种氢气/硅烷比例的拉曼光谱分析图

# 10.5 电特性分析

## 10.5.1 霍尔量测

在 1879 年，霍尔(Edwin H. Hall)利用向导体中导入电流，将导体置于外加磁场中，在垂直磁场的方向上外加电流，使得导电载流子受到洛伦兹力(Lorentz Force)而往另一轴向偏移，而衍生出一个霍尔电压。霍尔电压的极性由半导体的导电形式(即 N 型或 P 型)决定。由霍尔电压值，可以得到多数载流子的浓度与迁移率[7]。

1. 基本构造与工作原理

图 10.26 为霍尔测量分析仪，主要包含一电磁铁用以产生磁场，一电流源产生电流，一电流电压表测量电流及电压大小[2,4]。其工作原理如图 10.27 所示。于 $x$ 轴方向存在一外加电场 $\varepsilon_x$，$z$ 轴上则有一外加磁场 $B_z$。若试片为一个 P 型半导体，因磁场作用产生一洛伦兹力 $qv_xB_z$ 会使空穴受到一个往上的力量，而使得空穴堆积在试片的上端，因而产生一个由上往下的电场。在稳态时，在 $y$ 轴上，电场所产生的电力和洛伦兹力平衡，也就是

$$q\varepsilon_y = qv_xB_z \tag{10.12}$$

或者是

$$\varepsilon_y = v_x B_z \tag{10.13}$$

其中 $v_x$ 为空穴的漂移速度。此时，$y$ 方向不会有净电流。

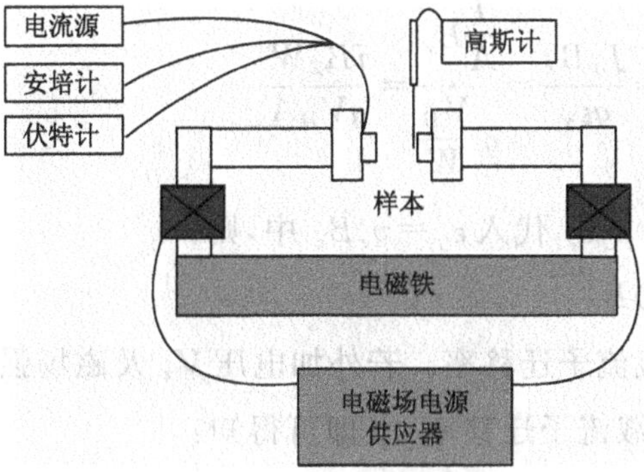


图 10.26 霍尔测量分析仪系统架构图

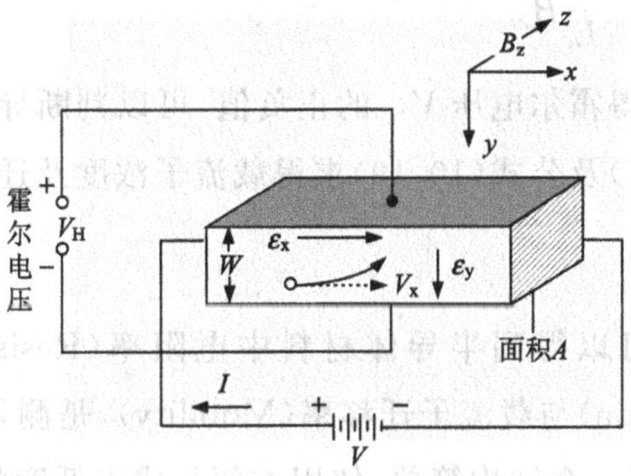


图 10.27 霍尔测量示意图[8]

当电场 $\varepsilon_y$ 和 $v_xB_2$ 相等，在 $x$ 轴方向流动的空穴就不会受到一个 $y$ 方向的净力作用，此种产生电场的效应叫做霍尔效应(Hall Effect)，产生的电场称为霍尔电场(Hall Field)，而端电压 $V_H=\varepsilon_y W$ 则称为霍尔电压(Hall Voltage)[7]。若将电流密度 $J_p=qpv_x$ 代入 $=v_xB_z$ 中，则

$$\varepsilon_y = (J_p/qp)B_z = R_H J_p B_z \tag{10.14}$$

$$R_H = 1/qp \tag{10.15}$$

其中，$R_H$ 称为霍尔系数(Hall Coefficient)。由式(10.14)知，霍尔电场 $\varepsilon_y$ 正比于电流密度及磁场大小的乘积。

同理可证，对 N 型半导体来说，其霍尔系数为负值：

$$R_H=-1/qn \tag{10.16}$$

假设电流及磁场强度 $B_z$ 已知，则霍尔电压 $V_H$ 可量出，则载流子浓度 $p$ 可求得

$$p=\frac{1}{qR_H}=\frac{J_pB_Z}{q\varepsilon_y}=\frac{\frac{I}{A}B_Z}{q\frac{V_H}{W}}=\frac{IB_ZW}{qV_HA} \tag{10.17}$$

此外，若将 $v_x=\mu_p\varepsilon_x$ 代入 $\varepsilon_y=v_xB_z$ 中，则：

$$\varepsilon_y=(\mu_p\varepsilon_x)B_z \tag{10.18}$$

其中，$\mu_p$ 为空穴的载流子迁移率。若外加电压 $V_x$ 及磁场强度 $B_z$ 已知，且霍尔电压 $V_H$ 可量得，则载流子迁移率 $\mu_p$ 即可得知：

$$\mu_p=\frac{\varepsilon_y}{\varepsilon_XB_Z}=\frac{\frac{V_H}{W}}{\frac{V_X}{L}B_Z}=\frac{V_HL}{WV_XB_Z} \tag{10.19}$$

因此，利用所量得霍尔电压 $V_H$ 的正负值，可以判断导体中载流子的极性，并可利用公式(10.17)及公式(10.19)求得载流子浓度及迁移率。

2. 应用实例

霍尔测量主要可以得到半导体材料中电阻率(Resistivity)、载流子浓度(Carrier Concentration)与载流子迁移率(Mobility)，是测量材料电性的重要依据。霍尔测量提供了一个结构简单、使用方便与成本低廉的方式来鉴别一个半导体材料是属于N型或P型，在透明导电膜与各种太阳能电池材料中，载流子迁移率是很重要的特性。图10.28为利用霍尔测量仪所测得的微晶硅载流子迁移率，可清楚发现到微晶硅薄膜其载流子迁移率的范围约在数十个 $cm^2/(V\cdot s)$[11]，由于非晶硅材料的载流子迁移率多半小于 1 $cm^2/(V\cdot s)$，因此可确定所测量的薄膜应有结晶，但尚不到单晶硅的状态。

## 10.5.2　直流电性量测系统($I$-$V$)

在第3章曾提及，太阳能电池的开路电压 $V_{oc}$ 与光吸收层的光暗电流(或光暗电导)的比值有极大关系。一个好的光吸收层材料，其光暗电流比值须至少大于 $10^3$。直流电性量测系统系用于评估该项指标。

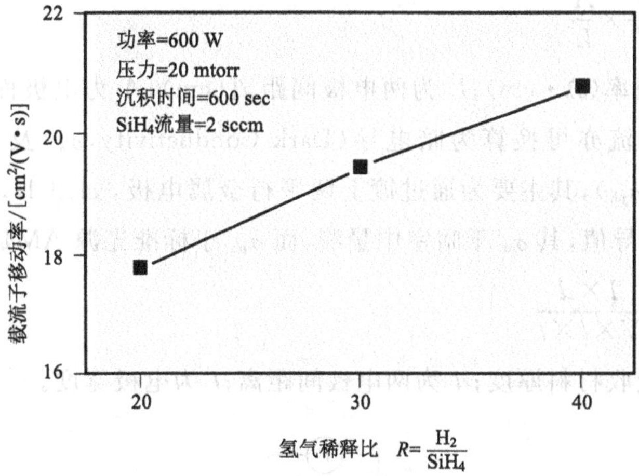


图 10.28 不同氢气稀释下微晶硅薄膜载流子迁移率测量图

1. 基本构造与工作原理

图 10.29 为直流电性量测系统，主要包含衬底座、探针、电压电流计(用以产生并测量不同电压下的电流大小)与计算机输出器[2,7]。对试片外加一个电压($V$)、量测电流($I$)及试片本身的电阻($R$)。若试片为导体，将遵守欧姆定律(Ohm's Law)[7]：

$$V = IR \tag{10.20}$$

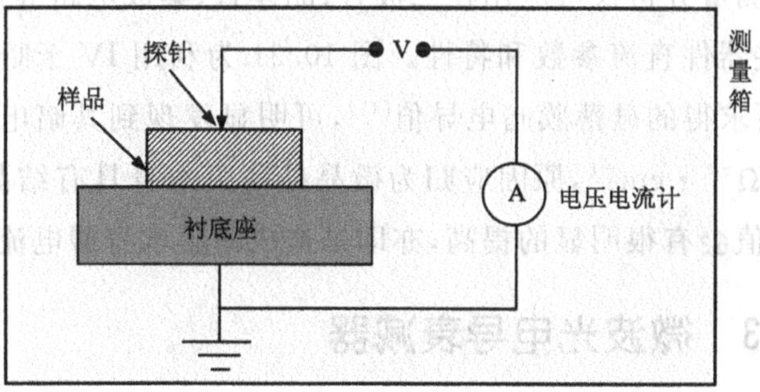


图 10.29 直流电性测量系统

而电阻($R$)又与导线长度成正比，且与截面积成反比，即 $R=\rho\dfrac{L}{A}$，其中 $\rho$ 为比例系数，亦即材料的电阻率(Resistivity)，故电阻($R$)可写成

$$R = \frac{V}{I} = \rho\frac{L}{A} \tag{10.21}$$

$$\rho=\frac{V}{I}\times\frac{A}{L} \tag{10.22}$$

其中，$\rho$ 为电阻率（$\Omega\cdot\text{cm}$）；$L$ 为两电极间距离（cm）；$A$ 为电极面积（$\text{cm}^2$）。测量所得的漏电流亦可换算为暗电导（Dark Conductivity，$\sigma_a$）及光电导（Photo Conductivity，$\sigma_{ph}$），其主要为通过镀上两平行金属电极，如图 10.30 所示，并通过下式得到电导值，其 $\sigma_d$ 于暗室中量测，而 $\sigma_{ph}$ 于标准光源 AM1.5 下测量：

$$\sigma_d=\frac{I\times d}{V\times l\times t} \tag{10.23}$$

其中，$t$ 为光吸收材料厚度；$d$ 为两电极间距离；$l$ 为电极宽度。

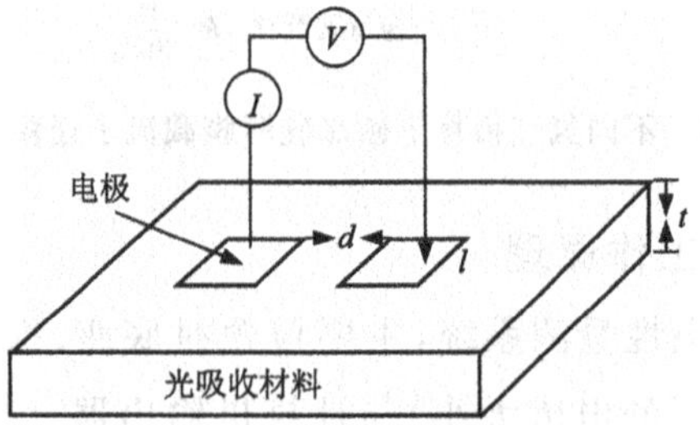


**图 10.30　测量电导的电路设置**

2. 应用实例

直流电性测量分析仪可应用在二极管、晶体管、集成电路等器件的测量、分析，并图示这些器件直流参数和特性。图 10.31 为利用 IV 于暗室中测量并经过式(10.23)所求得的硅薄膜暗电导值[11]，可明显发现到其暗电导值几乎分布于 $10^{-6}\sim10^{-7}\,\Omega^{-1}\cdot\text{cm}^{-1}$，原因应归为微晶硅薄膜本身具有结晶的情形产生，因此其暗电导值会有很明显的提高，亦即是造成薄膜本身漏电流提高的原因。

### 10.5.3　微波光电导衰减器

如第 2 章与第 3 章所述，少数载流子的寿命（Minority Carrier Lifetime）是评量晶圆质量的指针之一，会影响到太阳能电池的效率。因此必须通过测量晶圆的少数载流子的寿命，来找出不同硅衬底导致发光效率不同的原因。微波光电导衰减器（$\mu$－PCD）即是一种非破坏性测量，通过观察电导来推测载流子数目的变化，进而推算出载流子的寿命，以确认硅晶片的质量。

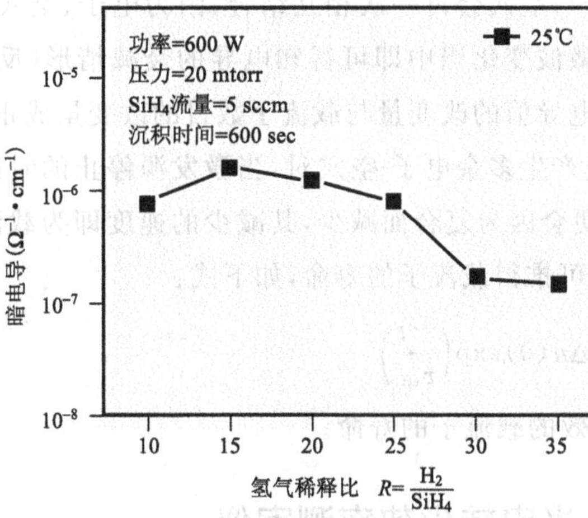


图 10.31 不同氢气稀释下微晶硅的暗电导值

基本构造与工作原理

图 10.32 显示了 μ-PCD 测量和测量系统[19]。μ-PCD 装置主要包含一微波源，将一微波经由波导打到待测物上；一外加光源(或激光)，将光源照射到待测物上；一侦测器，用以侦测反射波的能量。

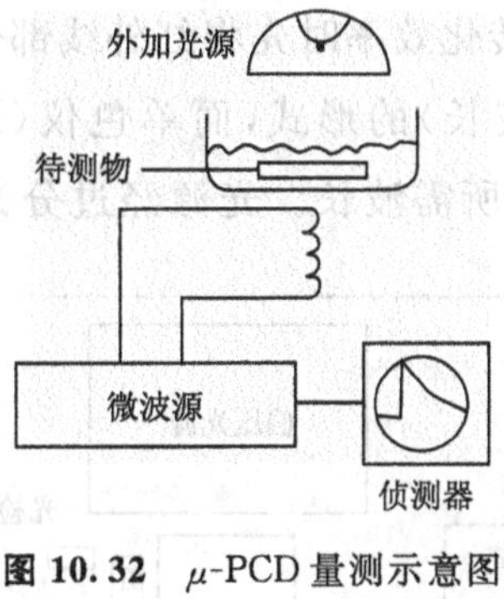


图 10.32 μ-PCD 量测示意图

μ-PCD 方式则是利用一微波经由波导打到待测物上，将待测物视为波导的终端电阻，但由于其阻抗与波导的特征阻抗并不匹配，因此会有反射波。此时将外加光源(或激光)打到待测物上，使其受激发产生多余的电子-空穴对，这些载流子数目的改变会使电导值改变，进而使待测物的阻抗改变，更进一步使反射波能量改变。因此我们便可由侦测器侦测反射波的能量，来推算等效的载流子的寿命[2,4,6,8,24]。

光激发后电子与空穴会再一次相互结合，因为电子、空穴结合后会放出微波，因此从反射的微波变化当中即可得知电导的衰减情形（反射微波强度正比于电导率）。由于电导值的改变量与载流子数目的改变量成正比。如果我们能够激发待测物使其产生多余电子-空穴对，当激发源停止的时候，这些多余的电子-空穴对的数目便会因为复合而减少，其减少的速度即为载流子的寿命，因此观察 $\Delta n$ 或 $\Delta p$ 便可推得载流子的寿命，如下式：

$$\Delta n(t)=\Delta n(0)\exp\left(\frac{-t}{\tau_{\mathrm{eff}}}\right) \tag{10.24}$$

其中的 $\tau_{\mathrm{eff}}$ 即为等效的载流子的寿命。

## 10.5.4　光电转化效率测定仪

### 1. 基本构造与工作原理

图 10.33 显示为光电转化效率测定仪（IPCE）的结构示意图[9]。该测定仪是用来测定入射光电转化效率的仪器，由多项仪器共同组装而成，主要可分为光源、红外线滤光片、单光分光仪，再加上电流计、能量计（Power Meter）、功率探测器（Power Detector）。光源为氙灯，是一包含紫外线、可见光与红外线的全波段光源。量测入射光电转化效率时先将红外线部分以红外线滤光片滤掉，再将全光谱分成单光（单一波长）的形式，而单色仪（Monochromator）是利用光栅，改变不同角度而选择出所需波长。光源经过分光仪分光后，可提供特定的

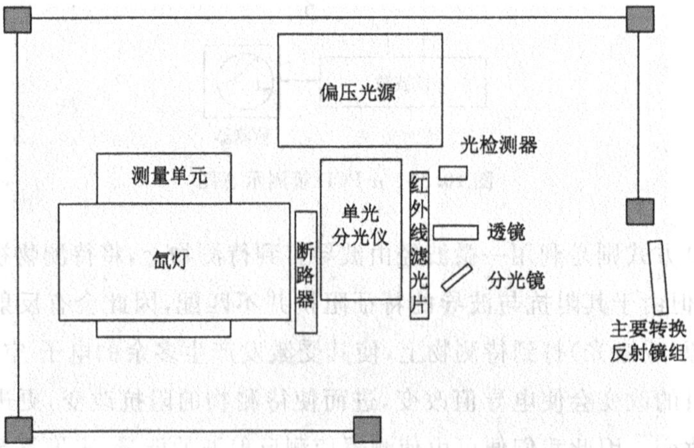


图 10.33　IPCE 的结构示意图

单一波长照射到待测样品上，样品所产生的光电流信号会经由系统的数字信号处理器转换为电压的信号，再送到计算机做进一步的分析处理。系统标准的偏压光源可提供调整强度范围为 0～120 $mW/cm^2$[9]。由于太阳能电池的量子效率是以光波长的函数来表示，即

$$量子效率=照射时所产生的光电流/入射光的能量 \quad (10.25)$$

（单位是 Amp/Watt）

入射光电转化效率也就是将特定波长下，光子转化成电子的效率，以特定波长下的单光，测该波长所激发出的电流值；而总效率则是在 AM 1.5 光源下，每波长激发出的电流总和。

$$\text{IPCE}=\frac{1.25\times10^3\times光电流密度(\mu A/cm^2)}{波长(nm)\times入射光强度(W/m^2)} \quad (10.26)$$

如式(10.26)所示，IPCE 的物理意义为入射光子数所转化成电子的比值。测量入射光电转化效率是为了量测某材料吸收光后，激发出电子的情形。理想的入射光电转化效率图，其图形变化应随着 UV-vis 吸收光谱图而变化，证明该材料吸收的波长位置即是放出电子的波长所在。相反地，若是 UV-vis 光谱上有吸收的位置，却没有反映在入射光电转化效率图形上，即可推断该材料被激发的程度低，或是电子转移时受到阻力太大而损耗，或是材料本身被激发出电子后迅速回到基态，对于判断材料产生电子的效果是一项重要性的指标[9]。

2. 应用实例

由式(10.26)可知，欲得到入射光电转化效率需得知入射光强度、电流值。而入射光强度是先以入射光投射在功率侦测器上，再以能量计读出其强度，其原理为入射光的热转化成电流信号的形式，敏感度相当高，最后得一入射光强度-波长的特性图。如第 7 章中的图 7.3 即是入射光电转化效率的典型应用，说明了 N3、N719 和 Black 染料的 UV-vis 吸收光谱所对应的入射光子对电流转换效率。

## 10.6 结 语

太阳能电池材料与器件的光吸收层材质往往取决于表面、界面与微结构特

性。在本章中我们就技术原理、仪器结构与分析应用简单介绍了数种普遍应用于太阳能电池材料的表面、微结构及组成分析技术。除了本书所介绍的分析技术外，尚有众多分析原理与应用方法各异的分析技术可以利用，若能精确有效地运用及整合各种分析测量技术，必然可以加速太阳能电池产品研发，提升产品效能与质量。

## 专有名词

1. **二次电子(Secondary Electron)**：试片表层原子价带及导带的电子，为非弹性散射形式，能量较低(<50 eV)，可清晰呈现试片表面形貌的变化，常应用于材料破断面观察。

2. **电子枪(Electron Gun)**：示波管、摄像管、电子束加工装置等器件中产生聚焦电子束的电极系统，电子束的方向和强度可以控制，通常由热阴极、控制电极和若干加速阳极等组成。

3. **绕射(Diffraction)**：波在传播时，若被一个大小接近或小于波长的物体阻挡，就会绕过这个物体，继续进行。若通过一个大小接近或小于波长的孔，则以孔为中心，形成环形波向前传播。

4. **表面粗糙度(Surface Roughness)**：加工表面具有的较小间距和微小峰谷不平度。其两波峰或两波谷之间的距离很小(在 1 mm 以下)，因此属于微观几何形状误差。表面粗糙度越小，则表面越光滑。

5. **X 射线(X-rays)**：波长介于紫外线和 γ 射线间的电磁辐射。其波长非常短，频率很高，为原子中最靠内层的电子跃迁时发出来的。X 射线在电场磁场中不偏转，这说明 X 射线是不带电的粒子流，因此能产生干涉、衍射现象。

6. **载流子迁移率(Mobility)**：在单位的电场中载流子的漂移速率，描述了施加电场影响电子运动的强度。

7. **可见光(Visible Light)**：一般可以见到的光线，其波长的分布范围是在400～700 nm。

8. **声子(Phonon)**：单一量子或晶格的振动能或弹性能。

9. **吸收(Absorption)**：是一种光学现象，当光线入射于材料，具有能量的光子将被此一材料所包容吸收，并产生电激发光或电子极化效应等物理现象。

10. **吸收系数(Absorption Coefficient)**：在半导体材料或器件中，每单位距离所吸收光子的相对数目，称之为吸收系数，其代表符号为 α。

11. **霍尔效应(Hall Effect)**：当固体导体有电流通过，且放置在一个磁场内，导体内的电荷载流子受到洛伦兹力而偏向一边，继而产生电压，除导体外，半导体也能产生霍尔效应，而且半导体的霍尔效应要强于导体。

12. **能量转换效率(Energy Conversion Efficiency)**：太阳能电池的最大输出功率以及其输入功率的比值。

13. **短路电流(Short Circuit Current,I)**：器件之间的电路连接在一起，而呈现电路导通的状态时的电流值。

14. **开路电压(Open Circuit Voltage,V)**：器件之间的电路不连接在一起，而呈现电路不导通的状态时的电压值。

15. **填充因子(Fill Factor,FF)**：最大电流及最大电压的乘积与其负载电流及开路电压的乘积的比值。

16. **入射单色光子-电子转化效率(Incident Photon-to-Electron Conversion Efficiency,IPCE)**：单位时间内外电路中产生的电子数与单位时间内入射单色光子数之比，又称为量子效率(Quantum Efficiency)。

## 本章习题

1. 说明电子束打在试片上会产生哪些电子信号？

2. 承上题，通过侦测上述的电子信号，分别可得到哪些信息？

3. 说明 XRD 分析仪的基本结构与其工作原理。如何利用 XRD 来鉴别硅薄膜材料的结晶度？

4. 何谓布拉格定律？

5. 傅里叶转换红外线光谱仪近年来广泛地被使用，其有何优点？

6. 说明傅里叶转换红外线光谱仪的基本结构与其工作原理。

7. 如何利用傅里叶转换红外线光谱仪来分析硅薄膜材料的质量？

8. 说明拉曼分析仪的基本结构与其工作原理。如何利用拉曼分析来鉴别硅薄膜材料的结晶度？

9. 说明霍尔测量的原理以及其可以测得的器件或材料性质。

10. 如何测得晶圆材料中少数载流子的寿命？

11. 说明原子力显微镜的工作原理。其操作模式可分为三种，请说明这三种方式及其优缺点。

12. 由紫外线/可见光吸收光谱所量测出的吸收光谱曲线可进行物质的定性、定量分析，试说明如何进行定量分析。

13. 说明 IPCE 的物理意义。由光电转换效率测定仪量测出某材料的 IPCE 值后，该如何得到该材料的光电流值？

14. 在玻璃上沉积厚度为 $t$ 的 a-Si:H 薄膜，并在 a-Si:H 薄膜上制作金属平行电极，以外加 100 V 电压于暗箱中测量电流值 $I$，则 a-Si:H 薄膜的暗电导为何？

15. 一未知材料，可利用哪些仪器进行分析，以获得该材料的组成成分？

## 参考文献

[1] 汪建民. 材料分析. 台湾材料学学会，2005，151.
[2] 台湾实验研究院仪器科技研究中心. 纳米检测技术. 台湾：全华图书公司，2009.
[3] 台湾纳米组件实验室寒暑训集成电路上课讲义.
[4] 高至钧，鲍忠兴. 纳米材料之检测分析技术与应用. 工业材料，1999，9(153).
[5] 张立德，牟季美. 纳米材料和纳米结构. 台湾：沧海书局，2002.
[6] 王应琼. 仪器分析. 台湾：图书出版社，1987.
[7] 施敏，黄调元. 半导体组件物理与制作技术. 台湾：交通大学出版社.
[8] 伍秀菁，汪若文，林美吟. 光学组件精密制造与检测，2007.
[9] 刘建惟，薛汉鼎. 太阳能电池检测技术. 电子月刊，2009，162：167-181.
[10] 廖庆聪，翁敏航，田伟辰. 以 ICP-CVD 制备之微晶硅薄膜与其光电特性之研究. 昆山科技大学机械工程研究所硕士论文，2008.
[11] 杨茹媛，庄子谊. 室温下制备微纳米晶硅之微结构及其光电特性之研究. 台湾：屏东科技大学机械工程研究所硕士论文，2008.
[12] J. C. Vickerman. Surface analysis: the principle techniques. New York: John Wiley & Sons, 1997.
[13] P. W. Hawkes, J. C. H. Spence. Science of microscopy. Berlin: Springer, 2007.
[14] D. B. Williams, C. B. Carter. Transmission electron microscopy. New York: Plenum Press, 1996.
[15] D. B. Williams, C. B. Carter. Transmission Electron Microscopy, New York: Plenum Press, 1996.
[16] A. Zangwill. Physics at surfaces. Cambridge University Press, 1998.

[17] F. A. Settle, ed. Handbook of instrumental techniques for analytical chemistry. Prentic-Hall, Inc. :795.

[18] 许树恩,吴泰伯. X 光绕射原理与材料结构分析. 台湾材料科学学会,1996.

[19] 林丽娟. 应用分析技术专题:X 光绕射在工业材料分析上之应用. 工业材料,1993,8(80).

[20] 林丽娟. X 光材料分析技术与应用专题-X 光绕射原理及其应用. 工业材料,1994,2(86).

[21] J. F. Moulder, W. F. Stickle, P. E. Sobol, K. D. Bomben. Handbook of X-ray photoelectron spectroscopy. Japan: ULVAC-PHI, Inc. ,1995.

[22] L. A. Feign, D. I. Svergun. Structure analysis by small-angle X-ray and neutron scattering. New York: Plenum Press, 1987.

[23] R. F. Egerton. Electron Energy-Loss Spectroscopy in the Electron Microscope. New York: Plenum, 1996.

[24] M. Born, E. Wolf. Principles of optics. Cambridge University, 2005.

[25] 陈瑶真,吴世全. 具显微及一般功能之傅立叶转换红外线微光谱仪. 纳米通讯,2006,13(4).

[26] G. Herzberg. Infrared and raman spectra of polyatomic molecules. New York: Van Nostrand Reinhold, 1945.

[27] J. W. Goodman. Introduction to fourier optics. McGraw-Hill, 1996.

